化学工业出版社"十四五"普通高等教育规划教材

资源循环工程理论与实践

刘维平 / 主编　　秦恒飞　张曼莹 / 副主编

化学工业出版社
·北京·

内容简介

《资源循环工程理论与实践》分为三篇，共11章内容。第一篇以资源循环工程理论基础为主线，阐述了资源循环利用的基本内涵、资源循环利用与城市矿产的相互关系，以及资源循环的基本原理及其分析方法。第二篇针对资源循环工程技术与应用，论述了工业固体废物、农林生物质资源、建筑垃圾和生活垃圾、退役动力电池资源化技术以及能源循环利用与低碳技术。第三篇结合作者的科研工作，阐述了资源循环工程创新与发展，主要包括生物质材料化技术与应用、膜分离技术与贵金属回收、生物电化学技术在资源循环中的应用等内容。

本书可作为我国普通高等学校资源循环科学与工程、环境工程、环境科学等相关专业的教材或教学参考用书，也可供资源循环利用及其相关领域的科技人员参考。

图书在版编目（CIP）数据

资源循环工程理论与实践 / 刘维平主编；秦恒飞，张曼莹副主编. -- 北京：化学工业出版社，2025. 4.
（化学工业出版社“十四五”普通高等教育规划教材）.
ISBN 978-7-122-47230-4

Ⅰ. X37

中国国家版本馆CIP数据核字第2025VF3235号

责任编辑：郭宇婧　满悦芝　　　　装帧设计：张　辉
责任校对：王鹏飞

出版发行：化学工业出版社
（北京市东城区青年湖南街13号　邮政编码100011）
印　　装：河北延风印务有限公司
787mm×1092mm　1/16　印张15¼　字数391千字
2025年3月北京第1版第1次印刷

购书咨询：010-64518888　　　　售后服务：010-64518899
网　　址：http://www.cip.com.cn
凡购买本书，如有缺损质量问题，本社销售中心负责调换。

定　　价：55.00元

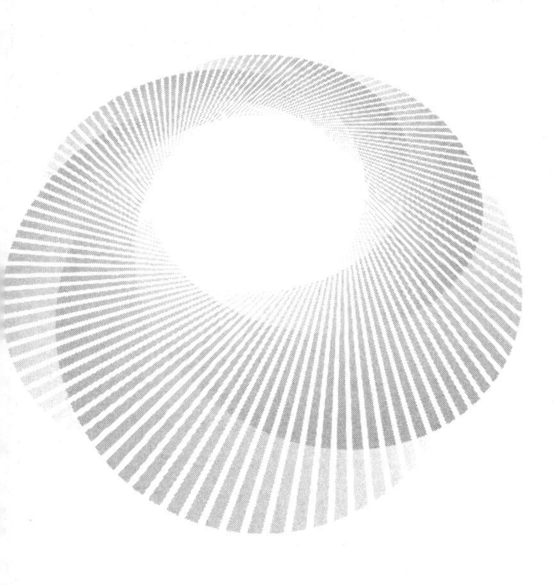

编写人员名单

主　　编： 刘维平

副 主 编： 秦恒飞　张曼莹

参编人员： 蒋　莉　孔　峰

前言

在浩瀚的人类文明进程中，资源的开发利用始终是推动社会进步的重要力量。然而，随着工业化、城市化的加速发展，传统的“资源-产品-废弃物”线性经济模式日益暴露出资源枯竭、环境污染、生态退化等严峻问题。在此背景下，资源循环科学与工程作为一门新兴的交叉学科应运而生。资源循环以促进资源高效循环利用以及实现经济社会可持续发展为目标，为构建循环经济体系提供坚实的理论基础与技术支撑。“绿水青山就是金山银山”，实践证明，资源循环在贯彻落实生态环境理论，推动经济高质量发展，解决我国社会主要矛盾和助力污染防治攻坚战等方面发挥着重要作用。

资源循环是应对资源危机的必然选择。资源的有限性是人类社会发展不可回避的现实，资源短缺已成为制约全球经济发展的重要因素之一。资源循环工程通过技术创新和制度创新，实现了资源从“废弃”到“再生”的转变，有效缓解了资源供给压力，为破解资源危机提供了新思路。矿产资源日益枯竭、水资源分布不均且污染严重、土地退化、生物多样性减少等问题频发，这些无不警示我们传统的资源消耗型发展模式已难以为继。随着传统资源的逐渐枯竭，如何寻找新的资源来源，提高资源利用效率，已成为全球关注的焦点。本书基于资源循环利用的理论与实践，提供了应对资源危机的新思路和新方法，通过这些方法和技术的应用，可以有效缓解资源短缺的压力，为经济社会的持续发展提供有力保障。

资源循环是推动绿色发展的必由之路。环境污染是制约可持续发展的一大难题，传统的资源利用模式往往伴随着大量的污染物排放，给自然生态系统带来了严重破坏。绿色发展是新时代中国生态文明建设的必然要求，资源循环是推动经济社会绿色转型的重要引擎。资源循环利用强调在资源开发利用全过程中，最大限度地减少资源消耗、降低环境污染、提高生态效率，实现经济效益、社会效益与生态效益的和谐统一。本书依据绿色发展的核心理念，强调资源循环利用在绿色发展中的重要作用，通过资源循环利用技术可以有效降低环境污染程度，保护自然生态系统的平衡与稳定，减少废弃物的产生，促进社会可持续发展。这不仅是对当前资源与环境问题的积极应对，更是对未来世代负责的体现。

资源循环是引领科技创新的重要方向，科技创新是推动社会发展的关键力量。资源循环工程涉及冶金学、材料科学、环境科学、化学工程等多个学科领域，是科技创新的重要阵地。随着科技的不断进步，资源循环技术日新月异，新技术的突破不仅推动了资源循环工程的发展，也为相关产业的转型升级提供了有力支撑。本书介绍了资源循环利用的相关技术与创新路径，通过科技创新，不断提升资源循环利用的效率和水平，推动相关产业的转型升级和高质量发展。

《资源循环工程理论与实践》分三篇，共11章内容，阐述了资源循环工程理论基础、资源循环工程技术与应用、资源循环工程创新与发展，详细介绍了工业固体废物、农林生物质资源、建筑垃圾和生活垃圾、退役动力电池资源化技术以及能源循环利用与低碳技术，论述了生物质材料化技术与应用、膜分离技术与贵金属回收、生物电化学技术在资源循环中的应用。

编写过程中，刘维平承担了第1章、第2章、第4章4.1~4.3及第11章的编写任务，并负责全书的结构编排与统稿；秦恒飞承担了第4章4.4、第5章、第7章7.2及第9章的编写任务；张曼莹承担了第4章4.6、第7章7.4及第10章的编写任务；蒋莉承担了第3章、第4章4.5及第8章的编写任务；孔峰承担了第6章以及第7章7.1、7.3的编写任务；孟娟、罗京、蒋杰、程龙、陆佳鑫、陈雪雪、王欣然、裴云霁、王松奇等承担了相关章节文献资料的整理及图表绘制工作，在此表示衷心的感谢！编写过程参考了相关文献资料和专家学者的研究成果，在此，特向专家学者表示衷心的感谢！感谢江苏理工学院、化学工业出版社，以及书中涉及的工程案例相关企业为本书的出版提供的支持！

随着技术创新与交叉学科的涌现，资源循环利用技术处于不断发展之中。科技进步和生态文明建设的日益增强将不断促进社会的可持续发展，资源循环将成为经济社会发展的重要驱动力。展望未来，资源循环利用将在全球范围内迎来更加广阔的发展前景，希望《资源循环工程理论与实践》的出版能为资源循环相关专业的教学，以及该领域的研究与实践提供有价值的参考。让我们携手共进，为推动资源循环利用、建设美丽中国贡献智慧和力量！

由于作者学识所限，书中难免存在不足之处，敬请读者批评指正！

编者

2024年夏于常州

目录

第一篇
资源循环工程理论基础

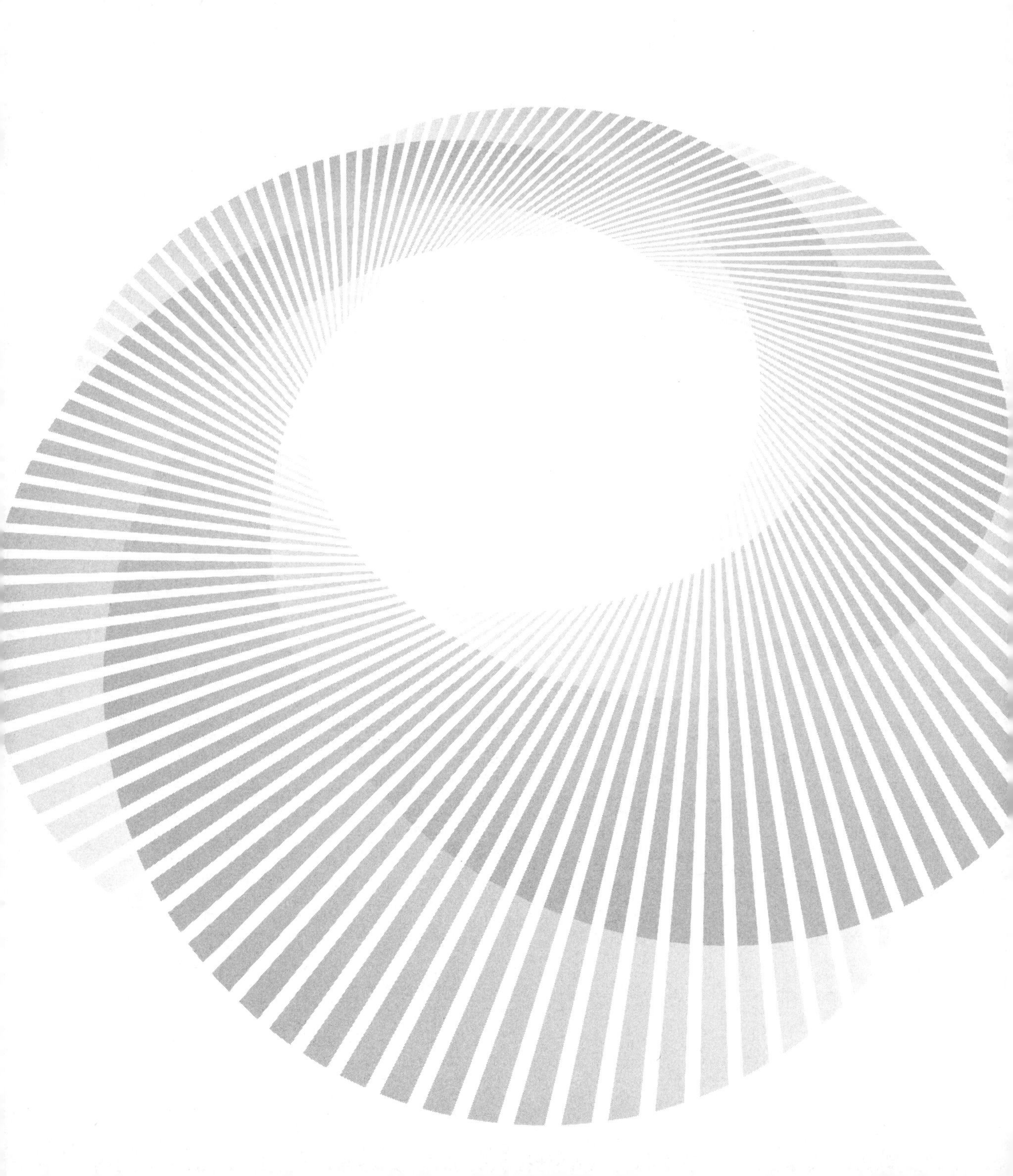

第1章 绪论

资源循环利用作为现代社会可持续发展的重要基石，其重要性日益凸显。在全球化与工业化的浪潮中，资源消耗急剧增加，环境问题日益严峻，传统的“资源-产品-废弃物”线性经济模式已难以为继。资源循环利用作为连接经济发展与环境保护的重要桥梁，对于推动全球向绿色、低碳、循环的经济发展模式转型具有不可估量的价值。资源循环利用旨在通过先进的技术手段和管理方式，将废弃物转化为再生资源，形成“资源-产品-再生资源”的闭环经济系统。在此背景下，对资源循环利用进行深入研究和广泛实践，具有重大的现实意义和深远的历史意义。资源循环利用不仅能够有效缓解资源短缺和环境压力，促进经济社会的绿色转型，还能推动科技创新和产业升级，为全球经济社会的可持续发展注入新的动力。

1.1 资源与再生资源

1.1.1 资源概念

资源是人类生存与发展的物质基础，从不同的视角看，资源这一概念有不同的解释。

联合国环境规划署关于资源的定义：一定时间、地点、条件下，能够产生经济价值以提高人类当前和将来福利的自然环境因素和其他要素。

从广义上理解，资源概念泛指一切资源，即一切可以开发为人类社会生产与生活所需的各种物质的、社会的、经济的要素，包括各种物质资源（各种自然资源及其转化物料）、人力资源（劳动力、智力等人才资源）、经济资源、信息资源和科技文化资源等。这些资源都是人类社会生活和经济发展必不可少的基本生产要素和生活要素。

从狭义上理解，资源概念仅指物质资源，即一切能够直接开发为人类社会所需要的用其作为生产资料和生活资料来源的、各种天然或经过人工加工合成的自然物质要素，以及在自然资源使用过程中对产生的剩余物和弃置物通过加工重新使其恢复使用价值的物质资料。

在资源循环利用中涉及的资源概念指物质资源的循环利用。人类在发展经济、从事物质再生产的过程中，依靠科学技术的进步，逐步加深对资源内在规律本质的认识和掌握；探索资源的性能、特点、运动形式、功能用途及其所依存的地域环境条件，进行开发利用；调整资源利用的产业结构，不断扩展资源的新领域、新品种和新功能，扩大资源开发利用的规模、广度、深度和强度，更多更好地将其转化为满足社会需要的物资产品。

物质资源是人类社会赖以生存与发展的基础，是人类生产与生活的源泉，调节着人与自然界物质和能量的交换循环，维系着自然生态系统的平衡。所以，物质资源在相当程度上决定着人口的分布转移、社会生产力的布局调整和产业结构的组合变化，制约着经济与社会的进步。

1.1.2 资源属性

资源是具有自然属性和社会属性的物质综合体。

（1）资源的自然属性

资源的自然属性是资源在自然界物质运动漫长过程中产生和形成的，具有自身的自然发展规律。各种物质资源的元素结构及化学组成不同，所存在的地域环境和运动规律也不相同，从而形成了不同的性质、特点和功能。多样性的物质资源相互渗透和相互依存，按照各自的特殊运动形式和规律进行物质与能量的交换、循环和转化，从而发挥资源的不同功能和用途。

1）资源在物质结构上具有多元性

资源的物理实体表现为物质形态。资源以各种不同的形态存在于生物圈、土壤岩石圈、水圈和大气圈，但就其物质本质来讲，都是由碳、氢、氮、氧、硫、磷等元素组成，或与其他金属、非金属元素相互作用和组合形成的。人类社会同资源或者说同自然物质要素进行物质和能量的交换循环，实质上就是合理有效地利用资源的物质元素或由多种物质元素相互作用和组合所构成的特殊使用价值功能，资源在物质结构上的多元素和多成分性决定了资源使用价值的多功能性。

2）资源在物理性质上具有共同性

不同类别的物质资源虽然都是由不同物质元素以不同的组合形式构成，但其物理性质都具有某些等同的基本属性，如具有物理实体的物质引力，这一性质决定了资源物理实体具有相应的吸引力；具有物质所具有的永恒惯性，表现为资源物理实体反抗外界对其静止状态或运动状态的任何改变，从而保持其静止状态或运动状态的惯性；具有气体、液体、固体三种物质形态，不同物质形态的资源所具有的性质和功能不同，但都能在一定条件下相互转化。

3）资源在赋存形式上具有共生与伴生性

该特性集中体现于矿物资源。矿物的共生是指由于成因上的共同性，在同一成矿阶段中出现不同种类矿物的现象。矿物的伴生是指不同成因或不同成矿阶段的矿物在空间上共同存在的现象。矿物是在漫长岁月的地质作用下形成的产物，由于地质作用，自然界中单一成分的矿物极少，绝大多数矿物都是两种或者多种矿物元素共生或伴生的地质综合体。

4）资源在相互联系上具有渗透结合性

各种自然资源既相互独立，又相互依存或者渗透结合在一起，构成相互制约的自然物质资源体系和自然生态系统。在这个物质资源体系和生态系统中，土地是其自然物质基础，是各种自然资源的物质载体。农作物生长发育的耕地、草原中的草地、森林中的林地、水和矿物资源赖以贮存的水域地和矿藏地（矿山、煤田、油田、气田等）以及海洋中的海底地、大陆架和滩涂等，都是承载各种自然资源的土地资源的主要构成部分。水土资源必须良好配置结合，并分布在温湿度适宜的气候资源中，才能形成良好的功能，从而适宜农作物和其他生物资源的生长发育。水贮存在地表和地下，与土地密不可分，并受气候的影响和制约。天上水、地表水、地下水和海洋水构成水的大循环系统，调节气候、滋润土壤、维系生物生长发育。水还构成人和生物的肌体成分，是水生生物的栖息生存空间，是地球生命的源泉。由于各种自然资源存在着这种综合整体性，因而，对任何自然资源的不合理开发利用，都会给自然资源和自然生态系统带来不良影响，甚至引起严重后果。

自然资源与其原材料、能源、废弃物和废旧物资也是互相联系与制约、相互影响和作用的。资源的利用率高，转化的有用物质资料就多，废弃物的产生和排放量就少。废弃物和废旧物资回收再生利用好，资源的物质功能和能量功能就发挥得充分，资源、能源的综合利用率就高，浪费就少，进而可以减少原生自然资源的消耗量。

5）资源在实际用途上具有多功能性

由于资源具有上述各种基本特征，因而对各有关资源都可以根据其物质构成、性质、特点、赋存形式、相互关系、功能及其物质能量关系等特征，从不同角度，以不同方式进行科学合理的开发利用，充分发挥其多种物质功能和能量功能用途，以满足社会经济生活多方面的需要。同时，各种资源的物质和能量功能，都可在一定条件下转换新的功能用途。对资源的合理开发利用，实质上就是全面、充分、合理利用资源的多种物质和能量功能，减少其物质和能量功能价值的浪费和流失，促使其更多地转化成生产成品和动力，以供社会多种消费需要。

6）部分自然资源在生存机能上具有可更新性

具有生命机能的生物资源，可通过科学合理的培育、保护，促使其在原有基础上再生增殖，扩大资源来源的规模、加快其再生速度、增大资源数量；无生命机能的水土资源，在使用后可通过整治、改良、复垦和保护等措施，提高其功能价值，为社会生产和生活提供更加良好的可循环利用的水土资源。但对于这些可更新资源而言，如果对其利用超过其可更新能力，破坏其生存循环规律，就会使其逐步退化成无更新能力的资源，甚至引起枯竭。因此，在开发利用可更新资源时，必须遵循自然生态规律，在保护自然生态平衡和更新能力的条件下，采取科学合理的保护性开发利用措施。

7）部分自然资源在储存量上的有限性

人类只有一个地球，地球的面积和体积及其物质构成的元素是有限的，这决定了赋存在地球上的资源储存量有限。赋存在地球上的不可更新的矿物资源是由于地质作用，经过若干地质年代演变而成的，人类开发一点就少一点，在短时间内不可能再生。即使是可更新的生物资源，因受地球表层土壤面积及其功能的有限性及生物资源自然生命运动和自然生态环境条件的制约，其更新的规模、速度和数量也是有限的。如果对资源开发利用的规模与速度超过了自然更新的极限能力，就会引起资源衰退和枯竭。

（2）资源的社会属性

资源的社会属性是资源在人类社会经济发展过程中形成的，有其自身的经济发展规律。

1）资源界定的相对性

要使自然界中的自然物质因素能够成为资源进而成为劳动对象和劳动资料，进入社会物质生产过程，从而转化成为社会成品，要受一定时间和空间内科学技术、经济条件及社会生产力发展水平的制约。对特定的自然物质因素，能否将其作为资源进行开发利用，要看在技术上是否可行，在经济上是否合理，其内涵界定并非一成不变。如某些自然资源在过去不能被开发利用，但随着科学技术的不断进步，生产技术手段的不断改进，到现在已被开发成为重要的资源，并被利用转化成为重要的社会产品。如长期埋藏在地下的铀元素，已被开发成为发展核工业的核燃料。地球上的一切自然物质因素，都是人类社会赖以生存发展的总资源，都是可以开发利用的资源或者待开发利用的潜在资源，但在一定的时间范围内和经济技术条件及社会生产力发展水平下，要将某些自然物质因素确定为资源进行有效的开发利用，还受着诸多主客观条件的制约，还有一个相对发展的过程。从这个意义上讲，资源是一个相对的概念。可以预见，在当代高新技术飞速发展和社会生产力水平迅速提高的推动下，一些新的更加重要的资源将会被探索开发出来，以适应当今世界经济高速发展的需要。

2）资源供需的矛盾性

由于资源的有限性，决定了通过开发利用资源可提供社会生产和生活所需物质资料的有限性。在当代，一方面由于人口的迅速增长，社会经济的高速发展，社会生产力和人民生活消费水平的大幅度提高，人类社会对资源提供给其所需物质资料的需求量日益剧增，从而强化了对资源开发利用的规模、强度、深度和广度，导致了某些资源的日益退化、减少甚至枯竭；另一方面，对资源的不合理开发利用，导致大量有用的宝贵资源未被充分合理利用而转化成为废弃物和废旧物资，造成资源的巨大浪费和流失，导致资源的供需矛盾十分尖锐，集中表现为当今世界范围内的资源短缺与危机。正是由于资源的这种供需矛盾，必须加强高新科技开发，广辟资源的新来源、新品种和新功能，并十分注意节约、保护和合理利用资源，从而促进社会经济的可持续发展。

3）资源的市场交换品属性

这里主要针对自然资源而言。在开发利用自然和改造自然的过程中，资源是一种可以在市场经济条件下进行有偿配置、转让的物质产品，亦是一种可以用特殊方式进行交换的商品。因此，资源具有一般商品所具有的使用价值和价值的双重属性。

① 自然资源具有使用价值属性。资源是一种有用的物质体，可以用来提供人类社会所需的物质资料。资源的这种有用性，集中表现为资源的使用价值，即资源所具有的物质功能和能量功能的效用，这是资源的自然本质的反映。资源在被开发利用之前，具有潜在使用价值。当对其开发利用时，资源就具有了使用价值。由于各种资源的自然属性不同，其功能也不同。一种资源的性能特征是多方面的，其功能也是多样的。探讨资源性质的多方面性和功能的多样性，可以根据生产和生活中的不同需要，合理开发利用资源，充分发挥资源的多种功能和用途。对资源多方面效能的表现和发挥是人类在开发利用资源的长期实践中不断积累的结果。使用价值构成资源财富的物质内容，成为其进行有偿配置、转让、交换的物质基础。

② 自然资源具有价值属性。价值存在的前提是由资源对于人类生产与生活的效用性和稀缺性决定的，价值实现的内涵与方式是由资源开发利用过程中人类劳动所决定的。由于资源是物质财富的实际载体，资源的价值也呈现出潜在的价值和现实价值的基本特征。资源的价格是价值的货币表现，受资源供求关系的影响，价格总是围绕其价值上下波动的。正确认识资源的价值属性，无论从实践上还是从理论上都有着重大的意义。

1.1.3 再生资源

从物质资源作为经济社会发展的基础以及资源形成过程中人类劳动的介入程度这一视角出发，可以将资源分为自然资源、人工物质资源和再生资源三大类。这种分类方法，从一定程度上反映出资源概念体系的发展历程，即由生产力低下时期的资源只包括基本上无人类劳动介入的自然资源，到引入有较多人类劳动介入的人工物质资源的概念体系，现在又将再生资源纳入资源概念体系范畴，这一历程是生产力发展、科技进步的直接结果。随着科技的发展，现在的概念体系还将不断被扩充。

自然资源的范围十分广泛，种类繁多，包括土地资源、气候资源、水资源、生物资源、矿产资源及海洋资源。按自然资源在自然界中的赋存形态，可以分为固体资源、液体资源和气体资源；按资源的赋存条件及其特征，可以分为地下资源和地表资源；按自然资源的赋存特点及其是否具有可更新性，可以分为可更新资源（如动物、植物、水、海洋等）、不可更新资源（如矿产资源）、恒定资源（如阳光、空气等）。

人工物质资源是指人类在生产过程中开发利用自然资源而形成的物质资料和制品，包括能源、原材料及制成品等。人工物质资源来源于自然资源，是所利用的自然资源的阶段性产品，是社会生产和生活所必需的物质资源。

对于再生资源的定义，学术界有很多讨论和解释，主要分为两类，一类学者主张狭义说，认为再生资源是指矿产开采中遗弃的共生伴生矿种和等外矿，生产中各个环节生产的废弃物，以及消费过程中排放的各种废物和垃圾等的统称，再生资源是生产和生活消费中排放的各种形态的金属和非金属废料，如在制造产品过程中剩下的对本生产过程不再有用的材料等；另一类学者主张广义说，认为再生资源是指在社会的生产、流通、消费等过程中，产生的不再具有原使用价值，并以各种形态积存，但可以通过某些回收加工途径使其重新获得使用价值的各种废弃物，包括各种废料，如废钢铁、废有色金属、废塑料、废橡胶、工业废渣等。有说凡属生产、生活中排放的废弃物质均为再生资源；有说二次资源、三次资源，……，*N* 次资源统称为再生资源。长期以来，学术界对再生资源的概念进行了不少研究，有的国家已上升为法律进行规范。比如，日本颁布的《再生资源利用促进法》对其定义：再生资源是指伴随着一次被利用或者未被利用而被废弃的可收集物品，以及在产品的制造、加工、修理、销售，或者能量的供给、土木建筑等产生的副产品中，可作为原料利用或者有可能利用的物料。从再生资源利用的实践来看，把狭义和广义两者分立、分别规制不够科学，容易造成概念不清和实施上的困难。将两种定义综合起来，再生资源是指在自然资源开采加工和使用过程中，将产生的剩余物和弃置物进行回收加工后能够恢复其使用价值的物质资料。

再生资源之所以具有可开发再次利用的性质，是因为资源在物质结构上具有多元素、多成分性，以及这种多元素、多成分的不同组合，构成了各种物质体的不同性能和在社会用途上的多种物质和能量功能。由于开发利用物质资源功能的广度、深度和有效程度始终受着以科学技术进步状况和生产经营管理水平为主要标志的社会生产力发展水平的制约，因而在开发利用物质资源进行生产的过程中，不可能一下就深入揭示物质资源的本质规律，即对其采取充分合理开发利用的最佳手段和方法，也就不可能一下就能深入穷尽其可开发利用的多种物质和能量功能。在生产和消费过程中，在开发利用的各个环节中，必然会有大量未被完全合理利用而存在着剩余使用价值功能的物质资源，以废弃物和废旧物资的形式弃置在环境中。由于物质资源在自然界中储存量的有限性和社会经济发展对物质资源需求量的无限性，这就形成了物质资源与社会经济发展之间的供需矛盾，这种供需矛盾也将随着人口的增多，社会经济的进一步发展而日益尖锐。然而物质资源所具有的物质和能量是不灭的，且是可以转换的，因而通过对废弃物资源进行加工改造，是可以促使其更新再生进行再利用的。随着科学技术的进步，生产劳动手段的改善和生产经营管理水平的提高，以及社会生产力的发展，采用循环利用的合理手段，进行废弃物质资源的再生，开发利用废弃物质资源中未穷尽的物质和能量日益增强并成为现实。由此可以看出：物质资源所具有的物质结构多元素、多成分性及其物质和能量的多功能性，以及物质和能量的不灭性和可转换性，是废弃物质资源可以再生并可对其进行开发利用的内在物质根据；物质资源与社会经济发展之间的供需矛盾，以及为解决这种矛盾需要采取综合、合理利用措施，对其进行开发利用，则是其外在的社会动力。

1.2　资源循环利用概念、特征和系统模型

1.2.1　资源循环利用概念

资源循环的出现，是社会发展到一定阶段的产物。随着科学技术的进步，人类对资源环境认知的不断深入，生产劳动手段的改善，以及社会生产力的发展，采用循环利用的合理手段，进行废弃物的循环利用，开发利用废弃物中物质和能量功能的可行性变为现实。资源循环利用可理解为：在社会的生产、流通、消费中产生的不再具有原使用价值并以各种形态赋

存的废弃物料，通过回收加工使其获得使用价值的再利用过程。日本《推进循环型社会形成基本法》中对资源循环利用的定义为：资源循环利用是指再利用、再生利用以及热回收，其中再利用指循环资源（废弃物中有用的物品等）作为产品直接使用（包括经过修理后进行使用）以及循环资源的全部或一部分作为零部件或其他产品的一部分进行使用，再生利用是指将循环资源的全部或一部分作为原材料进行利用，热回收是指对全部或一部分循环资源通过利用其可供燃烧或有可能燃烧的物质获取能量。《中华人民共和国循环经济促进法》中虽然没有关于资源循环利用的直接论述，但对资源循环利用涉及的再利用和资源化等相关领域进行了法律界定。该法认为，再利用是指将废物直接作为产品或者经修复、翻新、再制造后继续作为产品使用，或者将废物的全部或者部分作为其他产品的零部件予以使用；资源化是指将废物直接作为原料进行利用或者对废物进行再生利用。

资源循环利用是指对开采、生产加工、流通和消费等环节产生的各类有用废物进行再利用（再使用和再制造）、再生利用的过程。其中，再使用是指将废物的全部或一部分作为产品直接使用（包括经过简单维修后进行使用），这类物品通常称为二手产品或旧货；再制造是指对再制造毛坯进行专业化修复或升级改造，使其质量特性不低于原型新品水平的过程；再生利用是指将废物的全部或一部分作为原材料进行利用，主要涉及产业废物和再生资源，具体包括对矿产开采加工过程中产生的尾矿的再生利用，对生产过程中产生的废渣、废水（液）、废气等进行回收和再生利用，对汽车零部件、工程机械、农业机械、矿用机械、冶金机械、石油机械、信息产品及设备等机电产品进行再制造，对社会生产和消费过程中产生的各种再生资源（废橡胶、废塑料、废金属、废旧电器和电子产品等）进行回收再使用或再生利用。图 1-1 中给出了废物处理、废物回收利用、废物循环利用、废旧产品或零部件的再利用和再生利用等几个术语的包含关系。

<table>
<tr><td colspan="4">废物处理</td></tr>
<tr><td colspan="3">废物回收利用</td><td rowspan="3">废物处置</td></tr>
<tr><td colspan="2">废物循环利用</td><td rowspan="2">能量回收</td></tr>
<tr><td>废旧产品或零部件的再利用</td><td>材料回收(再生利用)</td></tr>
</table>

图 1-1　不同术语之间的包含关系

在实际使用过程中，资源循环利用与资源综合利用两术语之间往往混淆，两者的区别体现在以下五个方面：①资源综合利用的前提假设是不存在废物，一切皆为资源，而资源循环利用的前提假设是废物存在，并将其作为对象；②资源综合利用以提高资源利用效率为目标，而资源循环利用以提高资源循环利用率为目标；③资源综合利用的衡量指标通常为资源产出率，而资源循环利用的衡量指标为资源循环利用率；④资源综合利用为过程性（同步性）利用，而资源循环利用为结果性（废物已经产出）利用；⑤资源综合利用具有资源利用的相对确定性，一般在事前会进行生产工艺和资源综合利用的设计，而资源循环利用由于一些废物产生的时间、地点、规模、流向带有不确定性，使得其利用过程带有不确定性。

现实中，受生产力水平、技术先进性、消费者偏好变化的影响，废物是存在的。因此，对于废物的利用问题，使用循环利用更为合适。

1.2.2　资源循环利用特征

资源循环利用具有如下特征：

（1）客观性

客观性是指资源循环利用的出现是人类社会经济发展进程中所必然出现的一种社会生产

和再生产方式，也可称为内在规律性，是不以人的意志为转移的社会经济发展的客观现象，是人类社会发展到一定程度之后面对有限的资源与环境承载力所做出的必然选择。

（2）科技性

资源循环利用的出现和发展是以先进的科学技术作为依托的。只有通过不断的技术进步，才能实现更大范围和更高效率的资源循环利用，同时不断拓展可供人类使用的资源范围，从源和流两个方面解决人类所面临的资源短缺和生态环境保护问题。

（3）系统性

资源循环利用是一个涉及社会再生产领域各个环节的系统性、整体性的经济运作方式，在不同的社会再生产环节上，有不同的表现形式，但不能因此将其割裂开来看待，只有通过整个社会再生产体系层面的系统性协调，才能真正实现资源的高效循环利用。

（4）统一性

统一性包括两个层面的含义，第一层含义是指通过资源循环利用的社会再生产方式，既可以解决人类目前所面临的资源、环境两大危机，又能实现人类社会经济的可持续发展，因此资源循环利用与人类社会经济发展和生态环境保护是统一的；第二层含义是指资源循环利用无论是在社会再生产的宏观层面还是在产业和企业的中微观层面，物质生产与产品流通实现形式都体现于资源的循环利用。

（5）能动性

资源循环利用是人类对自身面临的资源和环境危机的理性反思的产物，是人类对客观世界认识的进一步深化。资源循环利用理论与行动的目的是节约资源、减废治污、治理和保护环境，进而从整体上推进经济持续发展与社会全面进步。在资源循环利用过程中，环境保护与治理是一直伴随着的行动和措施，以实现生态环境与资源得到保护的目的，最后达到人与自然的和谐。循环利用指“资源-产品-废弃物-再生资源”的反馈式循环过程，可以更有效地利用资源和保护环境，以尽可能小的资源消耗和环境成本获得尽可能大的经济效益和社会效益，从而使经济系统与自然生态系统的物质循环过程相互和谐，促进资源永续利用。

1.2.3 资源循环利用系统模型

依据资源循环利用的定义，废物的存在是资源循环利用的前提条件。资源循环利用强调在经济合理、技术可行的基础上最大限度循环利用废物。当然，并不是所有的废物都能循环利用，只有无危险性、技术上可行、经济成本效益合理的废物才能成为循环的对象，这种废物称为循环资源，即废物中有用的物品。根据废物的不同性能，最大限度保留和利用废物原先制造时注入零部件中的能源价值、劳动价值和设备工具损耗价值，以及最大限度降低能源和资源的新投入，是资源循环利用遵循的重要原则。依据这一原则，资源循环利用的方式及先后顺序为再使用、再制造、再生利用。在对象和方式确定的基础上，资源循环利用系统模型如图 1-2 所示。

在矿产开采加工、原材料制造、制品制造、建筑、农林水产、运输等过程中均会产生废渣（尾矿）、废水（液）、废气等产业废物，通过再生利用，可成为建筑建材业、农林水产业、原材料制造业等产业的原料，使得各产业之间通过废物交换利用、能量梯次利用、废水循环利用构筑成为链接循环的产业体系。消费环节产生的废旧产品以及开采、生产加工、流通环节产生的废旧设备，经检测可继续使用的可通过旧货市场交换后继续使用，经检测不可继续使用但可再制造的可通过再制造加工恢复到原型新品质量后进入市场销售，经检测不可再使用和再制造的可通过再生利用方式作为其他产业的原料再生利用。对于无法再生利用的产业废物以及一般废弃物，可供燃烧的物质可获取其能量，最终的剩余废物需要进行无害化

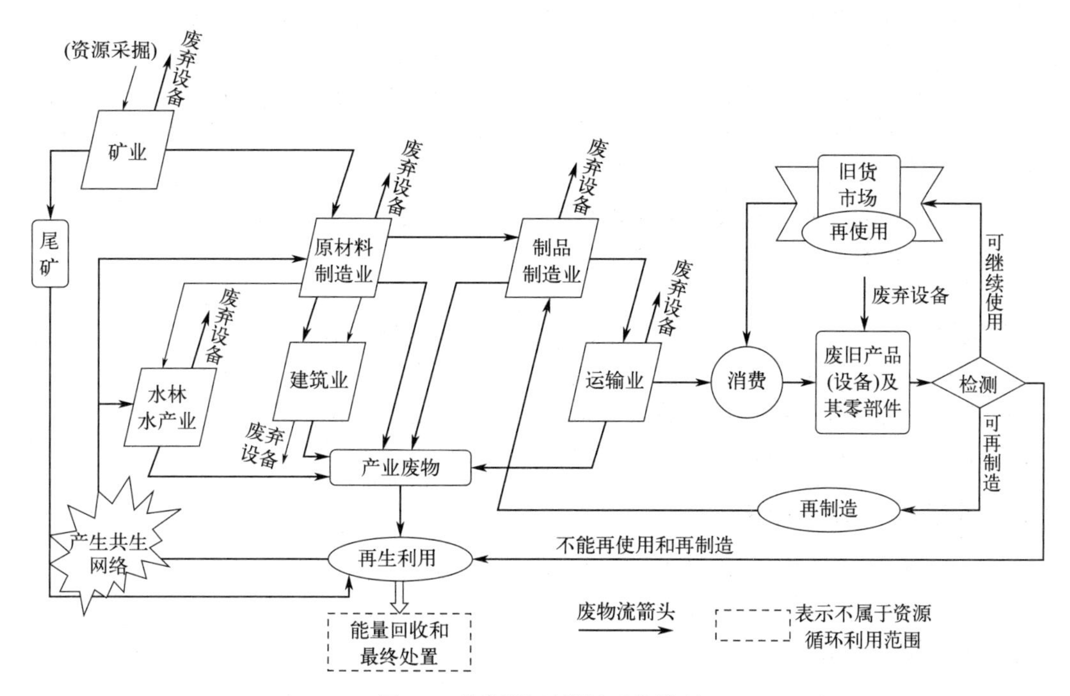

图 1-2 资源循环利用系统模型

处理，但这部分不属于资源循环利用的范畴。可见，在资源循环利用的系统模型中，废物成为再利用（再使用和再制造）以及再生利用等利用方式的对象，强调了资源循环利用方式的先后次序，以最大限度保留废物的原有价值。研究人员提出通过构筑链接循环的产业体系（产业共生网络）和园区的循环化改造实现废物的交换利用和原料化，以最大限度实现废物的循环利用，提高资源的循环利用率，破解经济发展的资源环境瓶颈难题。

1.3 城市矿产与资源循环

1.3.1 城市矿产概念

经过工业革命以来300多年的开采和利用，全球80％可工业化利用的矿产资源已经从地下转移到地上，以垃圾的形式堆积，总量已达数千亿吨，并以每年100亿吨以上的速度增长。国家发改委、财政部于2010年下发《关于开展城市矿产示范基地建设的通知》后，城市矿产概念得以广泛使用。城市矿产指的是工业化和城镇化过程产生和蕴藏在废旧机电设备、电线电缆、通信工具、汽车、家电、电子产品、金属和塑料包装物以及废料中，可循环利用的钢铁、有色金属、稀贵金属、塑料、橡胶等资源，城市矿产是对废弃资源再生利用规模化发展的形象比喻。随着经济、技术的发展，城市矿产的外延将进一步扩大。

要更广泛和综合地理解城市矿产，城市矿产概念包含的对象不只是材料，还应该包含能源，如冶炼过程中产生的热能。城市矿产这一新概念，作用在于将单向的生产消费型结构转变为闭合系统，从而使资源消费由单通道转变为循环系统。

（1）城市矿产与再生资源

再生资源是指在社会生产和生活消费过程中产生的，已经失去原有全部或部分使用价值，经过回收、加工处理，能够使其重新获得使用价值的各种废弃物。城市矿产与再生资源的概念十分相似，二者的区别有以下两方面：第一，两个概念侧重的性质不一样，再生资源概念强调的是废旧资源的自然属性，即可以被二次利用的自然禀赋，城市矿产概念更多着眼于社会属性，强调资源的战略性及开发的环保价值；第二，两个概念侧重的对象不一样，过去开发再生资源，主要以工业废弃物为原料，然而，城市矿产的提出正值城市化进程加速，城市居民消费结构发生重大改变，城市的生活废弃物大量产生，因此，如今开发城市矿产，还包括了以生活废弃物为原料的再生资源。

（2）城市矿产与固体废物

固体废物是指人类在生产、消费、生活等活动过程中产生的固态、半固态废弃物质。固体废物俗称垃圾，是废弃物的一种形态。城市矿产是具有经济价值、环境价值和社会价值的资源，并不是所有固体废物在现有的技术条件下都能转变为城市矿产资源被开发利用。但随着科学技术的进步，将有越来越多的固体废物转化为城市矿产。

1.3.2 城市矿产环境效益

从宏观层面来看，城市矿产的实施可以减少对自然矿产的需求量，而且城市矿产的开采成本比自然矿产要低。据调查，全球有62%的铜、45%的钢、40%的铅、30%的锌都来自再生资源的回收和利用。城市矿产的实施同时还可以减少甚至避免对土壤、水体、空气等的污染，达到保护环境的目的。

从微观层面来看，发展城市矿产对生产商也有重要意义。通过对回收的废弃产品的分析可以使生产商及时了解消费者对产品的反馈，发现产品存在的问题，进而对产品的生产流程和内在设计等进行改进和完善，加强对产品的质量管理，提升企业的核心竞争力。同时，在经过回收、检验、拆卸、再加工、资源化等过程后，将废弃产品转换成可再利用的零部件或者原材料，也减少了企业的生产成本。

城市矿产所带来的环境效益主要包括固体废物的减量化带来的环境效益、避免开发自然资源带来的环境效益，以及避免加工自然资源带来的环境效益。城市矿产环境净效益为环境效益减去环境成本，见式（1-1）。

$$B=B_1+B_2+B_3-C_4 \tag{1-1}$$

式中，B 为城市矿产环境净效益；B_1 为固体废物减量化带来的环境效益；B_2 为避免开发自然资源带来的环境效益；B_3 为避免加工自然资源带来的环境效益；C_4 为再生资源转化过程中的环境成本。

（1）固体废物减量化带来的环境效益

固体废物减量化带来的环境效益见式（1-2）。

$$B_1=B_{11}+B_{12}+B_{13}+B_{14} \tag{1-2}$$

式中，B_{11} 为固体废物减量带来的土地效益；B_{12} 为固体废物减量带来的大气效益；B_{13} 为固体废物减量带来的土壤效益；B_{14} 为固体废物减量带来的水体效益。

固体废物减量带来的土地效益 B_{11} 是指由于发展城市矿产使固体废物减量化所减少土地占用的效益，采用机会成本法进行估算，见式（1-3）。

$$B_{11}=Q\div D\times C \tag{1-3}$$

式中，Q 表示固体废物总量；D 表示单位面积土地上固体废物的堆放量；C 表示单位面积土地的机会成本。

固体废物减量带来的大气效益 B_{12} 是指因固体废物的减量化使扬尘污染减少带来的环境效益；土壤效益 B_{13} 是指因固体废物的减量化使土壤污染减少带来的环境效益；水体效

益 B_{14} 是指因固体废物的减量化使水体污染减少带来的环境效益。固体废物的减量化使环境污染减少带来的效益主要通过排污处理费来进行估算，见式（1-4）。

$$B_{12}+B_{13}+B_{14}=Q\times P_{\mathrm{G}} \tag{1-4}$$

式中，Q 表示固体废物总量；P_{G} 表示排污处理费。

（2）避免开发自然资源带来的环境效益

开发自然资源会造成一系列的环境污染，城市矿产的发展在节约自然资源的同时，也减少了开发自然资源过程中造成的环境污染，因此带来了一定的环境效益，即为避免开发自然资源带来的环境效益 B_2，见式（1-5）。

$$B_2=\sum Q_i\times K_i\times H_i \tag{1-5}$$

式中，Q_i 表示第 i 种再生资源的产量；K_i 表示第 i 种再生资源向自然资源的质量转化率；H_i 表示开发单位质量的第 i 种自然资源带来的环境效益损失。

（3）避免加工自然资源带来的环境效益

城市矿产的发展减少了在开发自然资源过程中造成的环境污染，也减少了加工利用过程中的环境污染。在计算避免自然资源的加工带来的环境效益时，需要将再生资源向自然资源进行数量转化，计算单位质量的再生资源相当于多少自然资源的生产加工数量，再乘以加工单位质量的自然资源带来的环境效益损失，见式（1-6）。

$$B_3=\sum Q_i\times K_i\times S_i \tag{1-6}$$

式中，S_i 表示加工单位质量的第 i 种自然资源带来的环境效益损失。

（4）再生资源转化过程中的环境成本

城市矿产发展过程中将固体废物转化成可用的再生资源会造成一定的环境污染，包括废水、废气、固体废物等，形成环境成本。

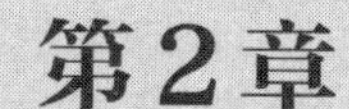

第2章 资源循环基本原理

资源循环利用的理论体系，根植于生态学、经济学、环境科学等多学科交叉融合的土壤之中。强调资源的有限性与生态系统的脆弱性，倡导通过技术创新、制度创新和管理创新，实现资源的高效利用与循环利用。在这一理论框架下，资源的价值被重新评估，从传统的“末端治理”转向“源头减量、过程控制、末端资源化”的全过程管理，力求在经济发展的同时，最大限度地减少对环境的影响。就资源循环利用理论体系而言，需要构建一套完善的政策体系、市场机制和技术支撑体系。政策体系应明确目标导向，制定科学合理的法律法规和标准规范，为资源循环利用提供制度保障；市场机制则应充分发挥价格杠杆作用，通过税收优惠、补贴激励等政策措施，引导社会资本投入资源循环利用领域；技术支撑体系则需不断突破关键技术瓶颈，提高资源回收利用率和再生产品质量，降低循环利用成本，增强市场竞争力。

2.1 资源循环生态学原理

2.1.1 生态学基本概念

生态学是研究生物与其环境之间相互关系的科学，关注生物如何在环境中生存、繁衍以及与环境进行物质和能量交换的过程，强调生物与环境之间的相互作用和依存关系。

生态学的发展大致可分为萌芽期、形成期和发展期三个阶段。从古代的朴素生态学知识积累到现代生态学的独立学科形成，再到如今的多个研究热点和广泛应用，生态学的发展历程充满了人类对自然界不断探索和理解的智慧。

生态学为人类认识、利用和保护自然提供了理论基础和解决方案，生态学的研究成果有助于人们更好地理解自然界的运行规律，为环境保护和自然资源利用提供科学依据。生态学是生态文明建设的重要科学基础，在生态文明建设中，生态学理论和方法的应用对于促进人与自然和谐共生、实现可持续发展具有重要意义。生态学作为一门交叉学科，与生物学、地理学、气候气象学、土壤学、环境科学、资源科学、信息与遥感技术、数理科学等诸多学科都有着密切的联系，其发展不仅推动了自身理论的完善，也促进了其他学科的发展。

2.1.2　物质循环的生态学原理

物质循环是生态系统保持平衡和稳定的重要基础。通过物质循环，生态系统中的物质和能量得以持续利用和流动，从而维持生态系统的正常运转。物质循环为生物体提供了必需的营养元素和能量来源，促进了生物的生长和发育。在调节环境方面，物质循环发挥着重要作用，例如，碳循环的失衡会导致全球气候变化，而氮循环的顺畅进行则有助于减少水体富营养化等环境问题。

可以通过技术创新和科学管理等方式提高物质循环的效率和可持续性。例如，通过发展循环经济、推广资源回收利用、实施清洁生产等措施，可以减少资源的浪费和污染物的排放，实现资源的高效利用和对环境的保护。然而，不合理的人类活动可能对物质循环造成负面影响。例如，过度开采自然资源、不合理排放废弃物等行为会破坏生态系统的平衡和稳定性，导致资源短缺和环境污染等问题。这些问题反过来又会限制资源的循环利用和生态系统的可持续发展。

（1）物质循环的定义

物质循环是指生态系统内的各种化学元素及其化合物在生态系统内部各组成要素之间，以及在地球表层生物圈、水圈、大气圈和岩石圈等各圈层之间，沿着特定的途径从环境到生物体、再从生物体到环境，不断地进行着反复循环变化的过程。这种循环过程确保了生态系统中物质的持续利用和能量流动，是生态系统保持平衡和稳定的重要基础。

（2）物质循环的类型

物质循环在生态系统中具有多种类型，一些重要的循环包括水循环、碳循环、氮循环、磷循环和硫循环等。这些循环过程具有独有的特征和重要性，共同构成了复杂的生态系统物质循环网络。

水循环：水在地球表面和大气之间循环，包括蒸发、降水、流入水体等环节。水是所有生命活动的介质，对维持生态系统的正常运转至关重要。

碳循环：碳在生物体和无机环境之间循环，主要通过光合作用、呼吸作用、分解作用等过程实现。碳循环的失衡是导致全球气候变化的主要原因之一。

氮循环：氮是生物体必需的营养元素，其循环过程包括固氮作用、氨化作用、硝化作用和反硝化作用等。氮循环的顺畅进行对维持生态系统的生产力和稳定性具有重要意义。

磷循环和硫循环：磷和硫同样是生物体必需的营养元素，在生态系统中的循环过程中对生物体的生长和发育具有重要作用。

（3）物质循环的特点

全球性：物质循环是一个全球性的过程，涉及多个圈层的相互作用和物质交换。

周而复始：物质在生态系统中不断循环，从无机环境到生物体，再从生物体回到无机环境，形成一个闭环。

多层次性：物质循环在生态系统的不同层次上进行，包括个体、种群、群落和生态系统等层次。

动态平衡：正常情况下，物质循环在生态系统中保持一种动态平衡状态，确保生态系统的稳定和持续发展。

（4）生态学原理在资源循环中的应用

生态平衡原理：生态平衡是生态系统稳定性的重要标志，在资源循环过程中，需要遵循生态平衡原理，合理控制资源的开采和利用强度，避免对生态系统造成不可逆的破坏。

生态位原理：生态位是指生物在生态系统中所占据的位置和所发挥的功能，在资源循环过程中，可以通过优化生态位配置，实现资源的合理布局和高效利用。

物质循环再生原理：物质循环再生是生态系统的重要特征之一，在资源循环过程中，需要充分利用这一原理，通过回收、再利用和再生等手段，实现资源的循环利用和再生利用。

2.2 可持续发展理论

2.2.1 可持续发展理论的形成过程

（1）萌芽阶段（20 世纪 50—60 年代）

在这个时期，随着经济增长、城市化、人口膨胀和资源消耗的增加，人们开始感受到环境压力，对传统的“增长＝发展”模式产生怀疑，这标志着可持续发展思想的初步萌芽。1962 年，美国女生物学家 Rachel Carson 发表了《寂静的春天》，揭示了农药污染对生态系统的毁灭性影响，引发了公众对环境保护的关注。

（2）理论探索阶段（20 世纪 70—80 年代）

1972 年，罗马俱乐部发表了《增长的极限》，提出了地球资源有限性和环境承载能力的问题，明确提出了“持续增长”和“合理的持久的均衡发展”的概念。同年，联合国召开了首届人类环境会议，发表了《联合国人类环境宣言》，标志着全球环境问题正式提上议程。1980 年，国际自然保护同盟制定了《世界自然保护大纲》，首次在国际文件中使用了“可持续发展”一词，为其后的理论发展奠定了基础。

（3）概念提出与确立阶段（20 世纪 80 年代末—90 年代初）

1987 年，以挪威首相 Gro Harlem Brundtland 为主席的联合国世界环境与发展委员会发表了《我们共同的未来》，正式提出了可持续发展的概念，并进行了全面论述。该报告强调经济发展、社会进步和环境保护的协调统一，成为可持续发展理论的重要里程碑。1992 年，联合国环境与发展大会在巴西里约热内卢召开，通过了《21 世纪议程》等一系列文件，将可持续发展战略推向全球行动层面。

2.2.2 可持续发展理论的基本原则

可持续发展理论是一个旨在实现经济、社会、环境三者协调发展的综合性理论框架，这一理论强调在经济发展、社会进步和环境保护之间找到平衡点，以实现长期、稳定、可持续的发展。可持续发展的最终目标是达到共同、协调、公平、高效、多维的发展，包括实现经济的稳定增长和高效益，同时减少对环境的负面影响；促进社会的全面进步和人的全面发展，消除贫困、饥饿和不平等现象；保护生态环境和自然资源，维护生态系统的平衡和稳定，确保生物多样性的保护和恢复。

为了实现可持续发展目标，需要采取一系列措施和行动，包括转变经济发展方式，推动绿色低碳循环发展；加强环境保护和生态修复，提高资源利用效率和减少污染排放；推动社会公平正义和包容性增长，消除贫困和饥饿现象；加强国际合作与交流，共同应对全球性环境问题和发展挑战。

可持续发展理论的基本原则主要包括以下几个方面：

（1）公平性原则

代内公平：强调同一代内所有人，无论种族、国籍、性别、经济水平或社会地位，都应享有平等的发展机会和获得资源的基本权利。发展不能以损害部分人的利益为代价，而应努力消除贫富差距，实现社会的公平与正义。

代际公平：指当代人的发展不能以损害后代人满足其需求为代价，当今的发展需要为后代人保留足够的资源和环境容量，确保后代能够享有与当代相同的发展机会。

（2）持续性原则

强调人类的经济活动和社会发展必须建立在生态环境的承载能力之内，不能超过自然资源的再生速度和环境系统的自我恢复能力，即需要采取节约资源、保护环境的措施，实现经济发展与环境保护的良性循环。持续性原则要求在满足当前需求的同时，不损害未来满足需求的能力，确保自然资源的可持续利用和生态系统的长期稳定。

（3）共同性原则

可持续发展是全球性的目标，需要全球各国、各地区、各民族共同努力，加强国际合作与交流，共同面对全球性的环境问题和发展挑战，共同制定和执行可持续发展的战略和政策。共同性原则还强调，各国在追求自身发展的同时，应尊重他国的权利和利益，遵循国际法和国际准则，推动建立公正合理的国际经济新秩序。

（4）需求性原则

可持续发展应满足人类的基本需求，包括食物、水、能源、卫生、教育、就业等。这是实现人类全面发展的基础，也是推动社会进步和经济发展的动力。需求性原则要求在制定可持续发展战略时，要充分考虑人类的基本需求，努力消除贫困和饥饿，提高人民的生活水平和生活质量。

（5）质量性原则

可持续发展不仅关注经济增长的数量，更关注经济增长的质量，需要转变传统的经济增长方式，从粗放型向集约型转变，注重提高经济效益和资源利用效率。同时，还要关注经济发展的社会效应和环境效应，努力实现经济、社会、环境的协调发展。

2.2.3　可持续发展理论的核心内涵

可持续发展理论的核心内涵在于强调经济发展、环境保护与社会发展的相互协调与平衡，以实现经济、社会、环境的综合效益最大化。这一理论不仅是对传统发展模式的深刻反思和重大变革，也是人类社会未来发展的必然趋势和方向。

（1）经济发展

核心地位：经济发展是可持续发展的基础，也是其重要组成部分，强调的是健康、稳定、长期的经济增长，而非短期的经济繁荣。

目标：可持续发展的经济目标是在不损害生态环境的前提下，实现经济的高效、持续增长，以满足人类不断增长的物质和文化需求。

措施：要求通过技术创新、产业结构调整、资源高效利用等手段，提高经济活动的生态效益和经济效益，实现经济发展与环境保护的双赢。

（2）环境保护

重要性：环境保护是可持续发展的必要条件，强调在经济发展的同时，必须注重生态环境的保护和恢复，确保自然资源的可持续利用。

原则：可持续发展的环境保护原则包括资源的永续利用和生态系统的可持续性，意味着人类的经济和社会发展不能超过资源和环境的承载能力，必须保持生态系统的平衡和稳定。

措施：为了实现环境保护目标，需要采取一系列措施，如加强环境保护法律法规的制订和执行、推广绿色生产方式和生活方式、加强生态修复和治理等。

（3）社会发展

全面性：社会发展是可持续发展的综合体现，涵盖了教育、卫生、文化、社会保障等多个方面。

目标：可持续发展的社会目标是在经济发展的基础上，实现社会的全面进步和人的全面发展，包括提高人民的生活水平、改善人民的生活质量、促进社会公平正义等。

路径：实现社会发展目标需要政府、社会和个人共同努力，加强社会建设和管理，提高社会公共服务水平，促进社会和谐稳定。

（4）相互协调与平衡

原则：可持续发展的基本原则包括公平性、持续性和共同性。公平性原则强调机会选择的平等性，包括代内公平和代际公平；持续性原则强调资源的永续利用和生态环境的可持续性；共同性原则则强调实现可持续发展是全人类的共同责任和义务。

策略：为了实现可持续发展的目标，需要采取综合性的策略，包括政策引导、技术创新、公众参与等多个方面。政策引导是推动可持续发展的重要手段，技术创新是实现可持续发展的重要驱动力，公众参与则是实现可持续发展的重要基础。

2.3　循环经济理论

2.3.1　循环经济理论的起源与发展

循环经济理论的起源可以追溯到20世纪60年代的美国，其核心理念和理论基础主要受到当时环境保护思潮和资源有限性认识的深刻影响。20世纪60年代，随着工业化进程的加速和环境污染问题的日益严重，人们开始意识到环境保护的重要性。这一时期的环境保护思潮为循环经济理论的产生提供了重要的思想基础。随着资源的不断消耗和人口的增长，人们逐渐认识到资源的有限性，从而开始思考如何更加高效地利用资源，减少浪费，从而推动了循环经济理论的发展。

循环经济理论的发展经历了从萌芽到逐步成熟的多个阶段，其发展历程可以概括为以下几个关键时期：

（1）萌芽阶段（20世纪60年代）

美国经济学家波尔丁受宇宙飞船的启发，在20世纪60年代提出了“宇宙飞船理论”，这一理论将地球比作一艘孤立的宇宙飞船，资源有限且无法从外部获取。他认为，为了延长“飞船”（即地球）的寿命，必须实现飞船内资源的循环利用，尽可能减少废物的排放。这一理论为循环经济理论的形成提供了重要的启示。在波尔丁等人的推动下，循环经济作为一种新的经济发展模式逐渐被提出，强调在经济发展过程中要注重资源的节约和循环利用，实现经济与环境的协调发展。同期，美国生态学家Rachel Carson发表了《寂静的春天》，进一步揭示了生物界以及人类所面临的危险，增强了人们的环境保护意识，为循环经济的提出提供了社会背景。

（2）产生阶段（20世纪70—80年代）

20世纪70年代，世界各国开始意识到环境污染的严重性，并开展了一系列整治活动。然而，这一时期的治理方式仍然属于“先污染，后治理”的传统模式。到了80年代，人们逐渐认识到这种治理方式的局限性，开始探索废弃物资源化处理和利用的新途径。在这一时期，循环经济的思想逐渐从理念走向实践，各国开始在政策制定上推动循环经济的发展。

（3）发展阶段（20世纪90年代至今）

20世纪90年代以后，随着可持续发展战略成为世界潮流，循环经济作为实现可持续发展的重要途径之一，得到了广泛的关注和推广。我国从20世纪90年代起引入了关于循环经济的思想，并在此后进行了深入的理论研究和实践探索。例如，1998年引入德国循环经济概念，确立了3R原则的中心地位；2002年从新兴工业化的角度认识了循环经济的发展意义；2003年将循环经济纳入科学发展观等。现阶段，循环经济已经成为全球经济发展的重要趋势之一，各国都在积极推动循环经济的发展，以实现经济、社会和环境的可持续发展。

2.3.2 循环经济理论基础

循环经济理论融合了多个学科的知识和原理，以指导经济活动的循环和可持续发展。循环经济理论基础涉及物理学、生态学、经济学、哲学等多个学科领域，这些理论共同构成了循环经济理论体系的核心内容，为循环经济的发展提供了坚实的理论支撑。

（1）质量守恒定律

物质虽然能够变化，改变其存在形式，但不能消灭或凭空产生。在任何与周围隔绝的物质系统（孤立系统）中，不论发生何种变化或过程，其物质的总质量保持不变。循环经济的物质循环正是建立在此基础之上。从理论上讲，一切物质都可以循环利用，所不同的是物质在利用后，其性质发生改变，产生具有新属性的物质。只要人类掌握新物质的属性，利用技术研发，就可以将其变成新的原材料。

（2）能量守恒与转化定律

在任何与周围隔绝的物质系统（孤立系统）中，不论发生什么变化，能量的形态虽然可以发生转换，但能量的总和保持不变。非孤立系统由于与外界可以通过做功或传递热量等方式发生能量交换，其能量会有改变，但从整体看来，能量之和仍然是不变的。循环经济正是能量守恒与转化定律运用于人类经济活动中的体现，能源的循环利用也是可行的。

（3）生态学基础

循环经济本质要求是重新耦合生态复合系统的结构与功能。物质循环、再生利用是一个基本生态学原理，经济体系与生态系统共生，生态平衡与生态阈限原理是发展循环经济必须遵循的基本生态规律。在循环经济中，不同产业和企业需要找到自己的生态位，实现错位竞争和协同发展。通过生态位理论的应用，可以指导产业和企业进行转型升级和结构调整，实现资源的优化配置和高效利用，同时，也可以避免同质化竞争和资源浪费等问题。

（4）经济学基础

生态政治经济学：研究生态与经济的相互关系，揭示经济活动对生态环境的影响及其规律。

生态计量经济学：研究生态国民经济核算体系，如绿色GDP（绿色国内生产总值），以更全面地评估经济发展的可持续性。

生态经济伦理学：研究经济价值、伦理价值与生态价值之间的关系，为循环经济的发展提供伦理支撑。

（5）哲学基础

每一事物都与别的事物有关，循环经济强调经济活动与自然环境的紧密联系，倡导构建“资源-产品-再生资源”的反馈式流程，强调自然界的自组织、自演化、自调节的生态规律，经济活动应遵循这些规律以实现可持续发展。任何生产都是有代价的，循环经济强调经济效益的获得要以对自然破坏最小的代价为前提。

(6) 工业生态学原理

生态工业是按生态规律和生态经济原理组织的循环网络型工业，既充分考虑生态系统承载能力，又具有高效的经济过程与和谐的生态功能。运用工业生态学规律指导经济活动的循环经济，是建立在物质、能量不断循环使用基础上与环境友好的新型范式。

2.3.3 循环经济与资源循环利用的关系

循环经济理论是一种基于生态经济原理的经济发展模式，其理论含义主要包括以下三方面：

(1) 资源高效利用

循环经济强调在资源投入、企业生产、产品消费及其废弃的全过程中，实现资源的高效利用和循环利用，通过提高资源利用效率减少资源浪费和废弃物的产生。循环经济能够降低对自然资源的依赖和消耗。

(2) 生态化生产

循环经济要求将经济活动组织成一个“资源-产品-再生资源”的反馈式流程，实现低开采、高利用、低排放。这种生态化生产方式有助于减少环境污染和生态破坏，实现经济与生态的协调发展。

(3) 可持续发展

循环经济的最终目标是实现经济、社会和环境的可持续发展。通过推动循环经济的发展，可以缓解资源短缺问题、减少环境污染和生态破坏、推动经济结构的优化升级等，从而实现经济社会的可持续发展。

循环经济与资源循环利用之间存在着密切的关系，主要体现在：

(1) 资源循环利用是循环经济的核心

循环经济的核心内涵是资源循环利用。通过实现资源的循环利用，可以最大限度地减少资源浪费和废弃物的产生，提高资源利用效率和经济效益。

(2) 循环经济推动资源循环利用的发展

循环经济的发展为资源循环利用提供了重要的推动力和制度保障。通过制定相关政策、完善法律法规、加强技术创新等手段，可以推动资源循环利用的规模化、产业化和市场化发展。

(3) 资源循环利用促进循环经济的实现

资源循环利用是实现循环经济的重要途径之一。通过加强废弃物的回收、加工、再利用等环节的管理和监管，可以促进资源的循环利用和再生利用，从而推动循环经济的实现和发展。

2.4 3R原则及其拓展

2.4.1 3R原则

资源循环利用的3R原则，即减量化（reduce）、再利用（reuse）和再循环（recycle），是循环经济的核心思想和基本原则。3R原则旨在通过最小化资源消耗和废物排放，促进资源的持续利用，实现从线性经济模式向循环经济模式的转变。

3R原则的理论基础主要源于可持续发展理论和循环经济理论。可持续发展理论强调在满足当代人需求的同时，不损害后代人满足其需求的能力。循环经济理论则在此基础上进一步提出，通过资源的循环利用和废弃物的减量化、再利用、再循环，实现经济、社会和环境的协调发展。3R 原则作为循环经济理论的核心内容，为可持续发展提供了具体的实践路径和操作指南。

（1）减量化原则

减量化原则强调在生产和消费过程中减少资源的消耗和废物的产生，这是循环经济的第一原则，也是实现可持续发展的基础，具体措施包括：

产品设计优化：通过采用轻量化材料、简化产品结构等方式，从源头上减少资源的使用。例如，汽车制造商可以采用铝合金等轻质材料替代传统的钢铁材料，以降低车身重量，减少油耗和排放。

提高能源和材料利用效率：在生产过程中，通过技术创新和工艺改进，提高能源和材料的利用效率。例如，采用先进的节能设备和生产技术，减少能源消耗和废弃物产生。

推广绿色消费模式：倡导绿色消费理念，鼓励消费者选择环保、节能、可循环利用的产品。例如，推广使用可重复使用的购物袋、水杯等日用品，减少一次性用品的使用。

采取节能减排措施：在物流运输、建筑、农业等领域推广节能减排技术和措施，如优化物流运输路线、减少空驶率；在建筑领域推广绿色建筑和节能技术；在农业领域推广节水灌溉和生态农业等。

在生产领域，企业可以通过采用先进的生产技术和设备，提高生产效率和资源利用效率，减少废弃物的产生。例如，采用轻量化材料、优化产品设计、提高生产自动化水平等措施，都可以有效降低资源消耗和废弃物排放。在消费领域，政府可以通过制定相关政策法规，引导消费者树立节约意识，减少不必要的消费和浪费。例如，推广绿色消费理念、限制一次性用品的使用、鼓励使用环保型产品等措施，都可以有效促进减量化的实现。

（2）再利用原则

再利用原则是指将废弃物或副产品重新用于生产或其他消费过程中，延长其使用寿命，减少对新材料的需求，具体措施包括：

产品修复和翻新：对损坏或老旧的产品进行修复和翻新，使其重新发挥作用。例如，对旧家电进行维修和改造，延长其使用寿命；对废旧家具进行翻新和重新设计，使其焕发新生。

捐赠或出售闲置物品：鼓励捐赠或出售闲置物品，让其继续为他人服务。例如，通过二手交易平台或慈善机构捐赠衣物、书籍等物品，减少资源浪费。

重复使用产品和包装：开发可重复使用的产品和包装材料，减少一次性用品的使用。例如，使用可重复使用的购物袋、餐具等日用品；采用可循环使用的包装材料如纸板箱、玻璃瓶等替代一次性塑料包装。

模块化设计：在产品设计中采用模块化设计思想，便于产品的维修、升级和再利用。例如，设计可拆卸、可组装的家具和电子产品等，方便用户根据需要进行组合和升级。

再利用原则在实践中的应用主要体现在产品设计和消费模式上。在产品设计方面，制造商可以通过设计可拆卸、易维修的产品结构，便于产品的维修和升级，延长产品的使用寿命。例如，一些电子产品和家具产品就采用了模块化设计，使得用户可以轻松更换损坏的部件，而无须更换整个产品。在消费模式方面，可以通过捐赠、交换或修复使用过的物品，减少对新产品的需求。例如，二手市场、跳蚤市场等平台的兴起，提供了更多的再利用渠道。

（3）再循环原则

再循环原则是指将废弃物转化为新的原料或产品，这是实现资源闭路循环的关键步骤，通过回收和再加工可以减少对原始资源的依赖并减少废物的数量，具体措施包括：

分类回收废弃物：建立完善的废弃物分类回收体系，提高回收利用率。例如，在城市设置分类垃圾桶引导居民进行分类投放；在企业内部建立废弃物分类回收制度确保废弃物的有效回收和处理。

开发再生资源加工技术：研发先进的再生资源加工技术提高资源利用效率。例如，通过化学或物理方法将废塑料、废纸等废弃物转化为新的原材料；通过冶炼和精炼技术将废旧金属加工成新的金属制品等。

利用再生资源生产新产品：鼓励企业利用再生资源生产新产品，减少原生资源的消耗。例如，使用再生塑料生产包装材料、建筑材料等；使用再生纸张生产书籍、报纸等印刷品等。

政策引导和支持：政府制定相关政策法规引导和支持再生资源产业的发展。如，对再生资源产业给予税收优惠、资金补贴等政策支持；加强对再生资源产业的监管和指导，确保其健康有序发展。

再循环原则在实践中的应用主要体现在废弃物的分类回收和加工处理上，同时，还需要发展再生资源加工技术。

3R 原则并非孤立存在，而是相互联系、相互促进的。减量化是基础，通过减少资源的消耗和废弃物的产生，为再利用和再循环提供条件；再利用是中间环节，通过延长产品的使用寿命和减少废弃物的产生，为再循环提供更多的资源（未利用的资源越多，进入再循环的资源也越多）；再循环则是最终环节，通过废弃物的加工利用，实现资源的循环利用和经济的可持续发展。

2.4.2 5R 原则

资源循环利用的 5R 原则是在传统 3R 原则的基础上进一步拓展和完善形成的。这一原则旨在更全面、深入地推动资源的循环利用，促进经济社会的可持续发展。资源循环利用的 5R 原则通常包括以下几个方面：

（1）研究（research）

研究是 5R 原则的基础，要求在生产、消费和处理废弃物等活动中，进行充分的调查研究，了解相关材料、工艺和技术，选择最优方案，以最大程度地减少对环境的影响。企业应加强环境对策的研究，如循环经济、清洁生产等绿色技术的研究与推广应用。通过深入研究，可以不断优化生产流程，提高资源利用效率，减少废弃物产生。

（2）重复使用（reuse）

重复使用指尽可能延长产品的使用寿命，减少一次性用品的使用。消费者可以选择可重复使用的购物袋、餐具和水瓶等，避免使用塑料袋、一次性餐具和纸杯等。企业也可以设计易于维修和升级的产品，鼓励消费者进行产品升级而非直接更换新产品。

（3）减量化（reduce）

减量化是指从源头上减少资源消耗和污染排放。在生产过程中，企业可以提高生产效率，减少原材料消耗和废弃物产生；在消费过程中，消费者应树立节约意识，减少不必要的消费。例如，减少包装材料的使用，选择简洁包装的产品。

（4）再循环（recycle）

再循环是指将废弃物收集、分类并加工成新的产品或原料，以减少资源消耗和污染排放。通过建立完善的废弃物分类回收体系，提高废弃物的回收利用率。同时，发展再生资源加工技术，将回收的废弃物转化为新的原材料或产品。例如，废纸可以加工成再生纸，废塑料可以加工成再生塑料颗粒用于制造新产品。

（5）挽救（rescue）、修复（repair）或回收（recycle）

挽救或修复是指对即将报废或被丢弃的物品进行修复或改造，使其重新发挥作用。包括对旧物品的改造、修复以及功能升级等。对旧衣服进行改造以制作新的服饰或家居用品，对废旧电子产品进行维修以延长其使用寿命等，这些做法都有助于减少对新资源的需求和废弃物的产生。

在某些解释中，第五个 R 被解释为“回收（recycle）”，但这里的“回收”更侧重于广义上的资源回收和再利用过程，与第四个 R 的“再循环”有所重叠但侧重点略有不同。为了避免混淆，采用“挽救（rescue）”或“修复（repair）”作为第五个 R 的解释。

2.5　资源循环利用微生物技术

2.5.1　微生物技术基本原理

微生物技术是指利用生物有机体或其组成部分（主要是微生物）来发展新产品或新工艺的一种技术体系，涵盖了微生物的分离、培养、鉴定、基因操作、发酵工艺以及微生物代谢产物的提取、纯化和应用等多个方面。微生物技术是一个综合性的技术体系，基于微生物学的基本原理，利用微生物的代谢活动、生理特性及其与环境的相互作用，来解决实际问题或实现特定目标。

微生物技术通过控制和优化微生物的生长条件，使其进行特定的代谢活动，从而生产出所需的产品或实现特定的环境处理效果。微生物具有独特的生理特性，如吸附、降解、转化等能力，这些特性被广泛应用于废水处理、固体废物处理、生物修复等领域。微生物与环境之间存在着密切的相互作用关系，通过调节微生物群落的结构和功能，可以实现对环境的改善和资源的循环利用。

资源循环利用微生物技术主要基于微生物的代谢、分解、转化等生物学特性，通过特定的工艺条件和操作手段，将废弃物中的有用成分转化为有价值的资源或无害物质。

（1）微生物代谢原理

微生物的代谢过程是其进行生命活动的基础，也是资源循环利用微生物技术的核心。微生物代谢包括同化代谢和异化代谢两种类型。

同化代谢：微生物利用外界环境中的营养物质合成自身细胞物质的过程。在资源循环利用中，微生物通过同化代谢将废弃物中的有用成分转化为自身细胞物质，进而通过细胞分裂等方式增殖，为后续的转化过程提供生物量。

异化代谢：微生物分解自身或外界环境中的有机物质，释放能量的过程。在资源循环利用中，微生物通过异化代谢将废弃物中的有机物质分解为小分子有机物或无机物，如二氧化碳、水、甲烷等，同时释放能量供自身生长和繁殖所需。

（2）微生物发酵原理

发酵是微生物在特定条件下利用底物进行无氧或微氧代谢的过程，是资源循环利用微生物技术中的重要手段之一。发酵过程中，微生物通过酶的作用将底物转化为目标产物，同时产生二氧化碳、酒精等副产物。根据不同的发酵条件和微生物种类，可以生产出不同的发酵产品，如酒精、乳酸、醋酸、沼气等。

（3）微生物降解原理

微生物降解是指微生物通过其代谢活动将有机物质分解为小分子有机物或无机物的过程。在资源循环利用中，微生物降解技术被广泛应用于处理有机废弃物和环境污染。微生物通过分泌胞外酶将大分子有机物质分解为小分子物质，进而通过细胞壁和细胞膜的吸收作用使有机物进入细胞内进行代谢。降解过程中产生的能量和营养物质可供微生物自身生长和繁殖，同时减少有机废弃物对环境的污染。

（4）微生物转化原理

微生物转化是指微生物通过其代谢活动将一种物质转化为另一种物质的过程。在资源循环利用中，微生物转化技术被用于生产高附加值的化学品、药物等。例如，通过微生物发酵可以生产出维生素、氨基酸等营养品；通过微生物转化可以生产出生物柴油、生物塑料等可再生能源和环保材料。

2.5.2 微生物浸出

微生物浸出又称生物浸出，是一种利用微生物及其代谢产物的化学作用，将固体形态的金属或矿物转化为可溶性离子，从而实现金属回收或矿物处理的方法。

微生物浸出主要基于微生物的氧化和还原特性，在有水和空气的条件下，微生物（如氧化铁硫杆菌等）能够氧化矿石中的金属硫化物，释放出金属离子进入溶液。这一过程可能通过直接作用（微生物直接附着在矿物表面进行氧化）或间接作用（微生物代谢产生的化学氧化剂与矿物反应）来实现，有时两者同时存在，形成复合作用。微生物浸出过程通常是在水溶液中进行的多相体系反应，同时包含了化学氧化、生物氧化和电化学氧化等多种反应类型，这些反应相互耦合，实现其有用成分的浸出。

用于生物浸出的微生物通常是嗜酸菌，这类微生物能够在酸性环境中生长并发挥浸出作用。常见的微生物种类包括氧化铁硫杆菌、氧化硫杆菌等。

微生物浸出工艺通常包括原料准备、浸出、固液分离和金属组分回收等步骤。原料准备阶段需要将原料破碎至合适的粒度，以便于微生物的渗透和反应；浸出阶段则是利用微生物的代谢活动将有用成分转化为可溶性物质；固液分离阶段将浸出液与固体渣分离；最后通过金属组分回收工艺从浸出液中提取有用金属成分。

微生物浸出主要包括直接浸出和间接浸出两种方式。

（1）直接浸出

直接浸出是指将含有目标金属的固体物料直接与微生物接触，使微生物直接作用于物料表面，加速固体物料被氧化成可溶性盐的反应过程。在这个过程中，微生物通过其细胞壁上的酶或其他生物分子与原料表面发生相互作用，催化目标金属的溶解。细菌的“催化”功能通常是通过酶催化溶解机制来完成的。

（2）间接浸出

间接浸出是通过微生物代谢产物与目标金属或矿物发生化学反应，使其转化为可溶性离子。这些代谢产物通常包括强氧化剂，能够进一步氧化矿物中的有用成分。在间接浸出中，微生物首先代谢产生化学氧化剂，然后这些氧化剂再与物料发生反应，将其中的有用成分溶解出来。例如，硫酸亚铁可以被细菌进一步氧化为硫酸铁，硫酸铁可以通过化学氧化作用溶解矿物中的金属离子。

在实际浸出过程中，直接浸出和间接浸出往往同时存在，形成一种复合作用机制。微生物既可以直接作用于物料表面，也可以通过其代谢产物间接促进金属的浸出。

2.6 有色金属材料循环利用冶金原理

2.6.1 火法冶金

火法冶金是一种在高温条件下，利用燃料燃烧或电能产生的热能，使原料经历一系列物理化学变化，从而分离出金属及其他杂质的冶金方法。在有色金属资源循环利用中，火法冶金主要用于处理废旧有色金属材料，如废旧电线电缆、废旧金属零件、废旧电池等。废旧电线电缆及金属零件中含有大量的铜、铝等有色金属，通过火法冶金技术，可以从废旧有色金属材料中提取有价金属成分，实现资源的再利用。在废旧电池的回收利用中，通过火法冶金可以回收废旧电池中的有价金属，并进行无害化处理。

2.6.1.1　熔炼

（1）基本原理与过程

1）基本原理

熔炼主要是通过升温将金属和非金属物质转化为熔融状态，并利用其不同的物理和化学性质进行分离和提纯的过程。在高温条件下，原料中的金属氧化物、硫化物等化合物与加入的熔剂、还原剂等发生化学反应，生成金属单质和炉渣。这些反应使得金属元素从原料中分离出来，并富集在熔融的金属相中。

2）主要过程

将原料进行破碎、筛分等处理，以获得适合熔炼的细粒物料。同时，根据原料的性质和熔炼工艺的要求，可能还需要进行焙烧、干燥等预处理。将预处理后的物料与熔剂、还原剂等一起加入熔炼炉中，通过加热使原料熔化并与熔剂发生化学反应，包括氧化还原反应、造渣反应等，共同促进金属元素的分离和富集。在熔炼过程中，金属氧化物与还原剂（如焦炭、一氧化碳、氢气等）发生还原反应，生成金属单质和相应的气体（如 CO_2、水蒸气等），气体随后从熔体中逸出，从而实现金属与杂质的初步分离。生成的氧化物与加入的熔剂结合成炉渣。炉渣的密度通常小于金属，因此在熔炼结束后可以通过物理方法将其与金属相分离。炉渣的形成不仅有助于去除金属中的杂质元素，还可以保护炉衬和减少金属的损失。

（2）熔炼热力学基础

熔炼的热力学基础涉及多个方面，主要包括能量转换、热传递、相变以及热力学定律的应用等。

1）能量转换与热传递

能量转换：熔炼过程是将金属原料加热至熔点以上，使其从固态转变为液态的过程，这一过程中，化学能、电能或燃料燃烧产生的热能等被转换为金属的内能，使其温度升高并熔化。

热传递：在熔炼过程中，热量通过传导、对流和辐射三种方式传递。传导主要发生在固体与固体之间，对流主要发生在液体与气体之间，而辐射则主要发生在高温物体与外界之间。这些热传递方式确保了金属原料能够均匀受热并达到熔化所需的温度。

2）相变与热力学平衡

相变：熔炼过程中会发生固态到液态的相变。相变过程中伴随着能量的吸收或释放，这种能量变化会影响熔炼过程的热力学平衡。为了保证熔炼过程稳定进行，需要精确控制输入和输出的热量，以确保金属保持在合适的温度范围内。

热力学平衡：熔炼过程遵循热力学的基本定律，如能量守恒定律和熵增原理。在熔炼过程中，输入系统的总能量等于系统储存的能量与输出系统的能量之和。这意味着在熔炼过程中，需要精确计算和控制各种能源的消耗和转化效率，以确保熔炼过程的能量平衡和高效运行。熵是描述系统无序程度的物理量，在熔炼过程中，由于热量传递、物质混合和化学反应等因素的影响，系统的熵通常会增加。熵增原理要求在设计熔炼工艺时考虑如何减少不必要的能量损失和物质浪费，以提高熔炼过程的整体效率。

3）其他热力学因素

金属比热容：金属比热容是指金属在加热或冷却过程中吸收或释放热量的能力。不同种类的金属具有不同的比热容值，影响熔炼过程中热量的吸收和释放速率。因此，在选择熔炼工艺和设备时，需要考虑金属的比热容特性，以确保熔炼过程的顺利进行。

相图的应用：金属的相图是描述金属在不同温度和压力下的相态变化的图表，通过相图可以了解金属在熔炼过程中的相变行为以及不同相态之间的稳定性关系，有助于更好地控制熔炼工艺参数，如温度、压力和时间等，以确保得到所需的金属组织结构和性能。

2.6.1.2　吹炼

吹炼是火法冶金的一个重要过程，通常在转炉中进行。通过向熔融的金属或金属化合物中鼓入空气或富氧空气，使金属中的杂质元素（如硫、铁等）与氧发生氧化反应，生成氧化物或气体（如二氧化硫、一氧化碳等）逸出，或者金与加入的熔剂结合成渣，从而与主体金属分离，达到提纯金属的目的。根据吹炼的部位和方式的不同，吹炼可以分为顶吹、底吹和顶底复合吹炼等多种方式，不同方式适用于不同的金属冶炼过程。

吹炼的主要化学反应包括杂质氧化和造渣。

氧化反应：在吹炼过程中，金属中的杂质元素（如硫、铁等）与鼓入的氧发生氧化反应。例如，铁与氧气反应生成氧化铁，硫与氧气反应生成二氧化硫。

造渣反应：生成的氧化物与加入的熔剂（如石英砂、石灰石等）结合，形成炉渣，从而实现杂质与金属的分离。炉渣的密度通常小于金属，熔体会自然分层，上层炉渣可以定期排出。随着杂质的不断脱除，金属中的杂质含量逐渐降低，金属品位逐渐提高。

以铜锍吹炼为例，其吹炼过程可分为造渣期和造铜期两个阶段：

造渣期：主要目的是脱除铜锍中的铁和大部分硫，使铜锍中的铜得到富集。铜锍中的 FeS 与鼓入的氧（来自空气或富氧空气）发生氧化反应，生成 FeO 和 SO_2。FeO 与加入的熔剂结合形成炉渣，硫逐步以 SO_2 的形式进入烟气，从而实现硫和铁的脱除。随着吹炼的进行，铜锍中的铁含量逐渐降低，铜含量逐渐升高，最终得到白锍（含铜 70%以上的白冰铜）。

造铜期：进一步脱除白锍中的硫，产出粗铜。

在造铜期，白锍中的 Cu_2S 与鼓入的氧继续发生氧化反应，生成 Cu_2O 和 SO_2。生成的 Cu_2O 与未完全氧化的 Cu_2S 发生相互反应，生成金属铜和 SO_2。白锍中的硫被进一步脱除，铜含量逐渐提高，最终得到粗铜。

2.6.1.3　精炼

（1）基本原理

火法精炼是指在高温条件下，脱除粗金属中杂质的火法冶金过程。这一过程主要利用主金属与杂质在物理性质（如熔点、沸点、蒸气压、溶解度等）和化学性质（如氧化还原性、亲和势等）上的差异，通过控制适当的温度或添加特定物质引发化学反应，使主金属与杂质分离，从而达到提纯的目的。

火法精炼过程涉及多个化学反应，这些反应的热力学性质对于精炼的效率和效果具有决定性的影响。在火法精炼中，主要关注反应的热（ΔH）、熵变（ΔS）以及吉布斯自由能变化（ΔG）。

反应热（ΔH）：表示反应过程中吸收或释放的热量。在火法精炼中，某些反应是放热的（$\Delta H<0$），有助于维持反应体系的温度；而有些反应是吸热的（$\Delta H>0$），需要从外部提供热量。

反应熵变（ΔS）：反映了反应体系的混乱度或无序度的变化。在火法精炼中，气体分子的生成或消耗往往伴随着显著的熵变，这会影响反应的自发性。

吉布斯自由能变化（ΔG）是判断反应在恒温恒压条件下能否自发进行的关键参数。当 $\Delta G<0$ 时，反应能够自发进行；当 $\Delta G>0$ 时，反应不能自发进行。在火法精炼中，通过控制反应条件（如温度、压力、反应物浓度等）来使 ΔG 尽可能小，从而促进杂质的去除和金属的提纯。

火法精炼主要包括氧化和还原两个核心步骤。

氧化阶段：在氧化阶段，金属中的杂质元素被氧化成气体或易于分离的氧化物。例如，在铜的火法精炼中，硫、铁等杂质元素与氧气反应生成相应的氧化物（如 SO_2、Fe_2O_3 等），这些氧化物在高温下呈现气态或易于与金属铜分离。氧化阶段的反应通常是放热的，有助于维持反应体系的温度。

还原阶段：在还原阶段，金属氧化物被还原成金属单质。以铜的火法精炼为例，氧化铜会被还原剂（如碳、氢气等）还原成金属铜。这一阶段的反应通常是吸热的，需要从外部提供热量以维持反应的进行。

（2）火法精炼过程

火法精炼大致分为以下几个步骤：

1）熔化

将待精炼的金属加热至熔化状态，以便进行后续的化学反应和物理分离。

2）氧化除杂

向熔化的金属中通入氧气或加入氧化剂，使杂质元素发生氧化反应并生成易于分离的氧化物，通过控制氧气的通入量和反应时间，可以实现对杂质元素的高效去除。

3）造渣

氧化后的杂质与熔剂反应生成不溶于金属的氧化物渣，这些渣会浮在金属熔体表面，从而与金属分离。造渣过程的关键在于选择合适的熔剂和控制适当的反应条件以促进渣的形成和分离。

4）还原提纯

在除去大部分杂质后，通过加入还原剂将金属氧化物还原成金属单质。还原剂的选择和反应条件的控制对于提高还原效率和金属纯度具有重要意义。常用的还原剂包括碳、氢气等。

5）浇铸与冷却

经过上述步骤后，金属熔体被浇铸成所需形状的铸锭或阳极板，以便进行后续的加工或使用。浇铸过程中需要注意控制冷却速度和温度梯度以避免产生内部应力和裂纹等问题。

2.6.2　湿法冶金

随着全球工业的快速发展，金属的需求量不断增长，传统的金属生产方式对环境造成了极大的压力，因此，开发环保型金属生产技术成了当务之急。湿法冶金作为一种重要的金属提取技术，因其环保、高效、低能耗等优点，在有色金属资源循环利用中展现出广阔的应用前景。

（1）湿法冶金基本原理

湿法冶金是将矿石、经选矿富集的精矿或其他原料经与水溶液或其他液体相接触，通过化学反应，使原料中所含有的有用金属转入液相，再对液相中所含有的各种有用金属进行分离富集，最后以金属或其他化合物的形式加以回收的方法，主要包括浸出、固液分离、溶液净化、溶液中金属提取等单元操作过程。

1）浸出

浸出是湿法冶金的第一步，也是关键步骤。利用浸出剂（如酸、碱、盐等）将矿石或精矿中的有用组分转化为可溶性化合物，得到含金属的溶液。影响浸出速度的因素主要有固体物料的组成、结构和粒度、浸出剂的浓度、浸出的温度、液固相相对流动的速度和矿浆黏度等。

2）固液分离

固液分离是将浸出后的矿浆分离成液相和固相的过程，常用的方法有沉降分离和过滤分离。沉降分离是借助重力作用将浸出矿浆分离为含固体量较多的底流和清亮的溢流的分离方法；过滤分离则是通过过滤介质将固液两相分离。

3）溶液净化

溶液净化是为了去除溶液中的杂质，提高金属离子的浓度和纯度。常用的净化方法有结晶、蒸馏、沉淀、溶剂萃取等。其中，溶剂萃取是利用萃取剂将金属离子从溶液中分离出来的过程，具有选择性好、分离效率高的优点。

4）溶液中金属提取

从净化后的溶液中提取金属是湿法冶金的最终目的。常用的提取方法有电解法、化学沉淀法、置换法等。电解法是利用电解原理将溶液中的金属离子还原为金属单质；化学沉淀法则是通过加入沉淀剂使金属离子形成沉淀物而析出；置换法根据金属活动性顺序，利用前面的金属将后面的金属从其盐溶液中置换出来。

（2）湿法冶金方法分类

1）按浸出剂分类

酸浸出：利用酸性溶液（如硫酸、盐酸、硝酸等）作为浸出剂，使矿石或精矿中的金属元素以离子或配合物的形式进入溶液。这种方法适用于处理多种金属矿石，特别是那些易于与酸反应的金属硫化物、氧化物等。

碱浸出：采用碱性溶液（如氢氧化钠、碳酸钠等）作为浸出剂，通过化学反应将金属元素从矿石中溶解出来。碱浸出通常用于处理那些难以用酸浸出的矿石，或者用于选择性提取特定金属元素。

盐浸出：使用盐类溶液（如硫酸铁、氯化钠等）作为浸出剂，通过特定的化学反应将金属元素从矿石中浸出。这种方法在某些特定条件下具有较高的浸出效率和选择性。

2）按浸出反应类型分类

氧化浸出：在浸出过程中加入氧化剂（如空气、氧气等），使矿石中的金属元素或低价金属离子被氧化为高价离子并进入溶液，适用于处理难以直接溶解的金属氧化物或硫化物。

还原浸出：加入还原剂（如二氧化硫、亚铁离子等），使矿石中的高价金属离子被还原为低价离子或金属单质进入溶液。这种方法在某些特定条件下可以实现金属的选择性提取。

3）按浸出方式分类

堆浸：将矿石堆放在浸出池中，通过喷淋或滴加浸出剂的方式使矿石中的金属元素溶解出来。这种方法适用于处理低品位、大规模的矿石堆。

就地浸：直接在矿体或矿层中注入浸出剂，使矿石中的金属元素在原地溶解并进入溶液，然后通过收集系统回收溶液。这种方法适用于埋藏较深、开采难度大的矿体。

渗滤浸、搅拌浸出、热球磨浸出、管道浸出、流态化浸出等浸出方式各有特点，适用于不同的矿石类型和工艺条件。例如，搅拌浸出可以提高浸出过程的传质效率；热球磨浸出则结合了破碎和浸出的过程，提高浸出效果。

（3）湿法冶金在有色金属资源循环利用中的应用

湿法冶金过程不产生或少产生有害气体与固体废物，有利于环境保护。相比传统的火法冶金，湿法冶金在金属提取和精炼过程中能够显著减少二氧化碳等温室气体的排放，降低对环境的污染。湿法冶金可以处理低品位、难选矿、废渣等资源，提高金属资源的利用率。随着金属资源的开采殆尽，低品位金属资源将成为未来金属材料研究的重要方向，湿法冶金技术在这方面具有明显优势，能够实现对这些资源的有效提取和利用。湿法冶金工艺灵活，可以根据金属的性质和需求，灵活调整工艺参数，实现金属的精炼和制备，这种灵活性使得湿法冶金在有色金属资源循环利用中具有广泛的应用前景。

1）提取有色金属

湿法冶金技术在提取铜、铅、锌、镍等有色金属方面取得了良好效果。这些金属在工业生产中具有广泛应用，如电气、建筑、交通等领域。湿法冶金通过浸出、萃取、电解等工艺，能够高效地从矿石和废料中提取这些金属，为有色金属产业的发展提供了有力支持。

2）废旧金属回收

湿法冶金技术可以有效回收废旧金属，减少资源浪费，提高金属资源的利用率。例如，在废旧电池、电子废弃物等资源中，含有大量的有色金属和稀有金属，通过湿法冶金技术，可以从这些废料中高效回收金属，实现资源的循环利用。这不仅有助于减少对新资源的开采需求，还能够降低对环境的污染。

3）稀有金属回收

稀有金属在新能源、高科技等领域具有重要应用，但因资源匮乏，回收利用具有重要意义。湿法冶金技术在稀有金属回收方面具有显著优势，例如，稀土元素、钴、锂等金属的提取和回收都可以通过湿法冶金技术实现。通过从废旧电池、电子废弃物等资源中回收这些金属，可以实现资源的循环利用，为新能源和高科技产业的发展提供有力支持。

4）贵金属提取

贵金属如金、银、铂等具有极高的经济价值。湿法冶金技术在贵金属提取和精炼方面具有重要应用。湿法冶金可以实现贵金属的高效提取和回收，提高资源利用率。

2.7 高分子材料循环利用理论基础

2.7.1 物理循环

2.7.1.1 物理循环方法

（1）直接利用法

直接利用是指不需经过各类改性，将废旧高分子材料经过清洗、破碎、塑化直接加工成型或通过造粒后加工成型制品。直接利用也包含加入适当助剂组分（如稳定剂、防老剂、润滑剂、着色剂等）进行配合，加入助剂仅可起到改善加工性能、外观或抗老化作用，并不能提高再生制品的基本力学性能。直接利用的主要优点是工艺简单、再生制品的成本低廉；缺点是再生料制品的力学性能下降较大，不宜制作高质量的制品。

（2）改性利用法

为提高通过处理得到的再生料的力学性能，需对其进行各种改性，经过改性的再生料的某些力学性能能达到或超过原制品的性能。改性利用的缺点是工艺复杂、制品成本高；优点是制品使用价值高。改性利用可以分为两种：

1）物理改性法

① 活化无机粒子填充改性。这种改性是通过在废旧高分子材料中加入适量的经表面活性剂活化处理的无机粒子，从而提高制品的强度。常用的无机粒子有碳酸钙、硅灰石、滑石

粉、云母、高岭土、白炭黑、钛白粉、炭黑、氢氧化铝等。

② 加入弹性体的增韧改性。通常使用弹性体或共混热塑性弹性体进行增韧改性。近年来又出现了利用有机硬粒子增韧的新途径，该方法可以改善再生塑料的耐冲击性能。

③ 混入短纤维的增强改性。经纤维增强改性后，复合材料的强度和模量可以超过原来的树脂强度和模量。

④ 与另外一种树脂并用的合金化改性。采用合金化技术制得的改性共混物比用低分子助剂进行改性更持久，可以保持塑料制品的长期使用效能。制备再生塑料合金还具有特殊的意义，如回收的塑料制品分拣困难，可以直接实施熔融共混并选择性地加入某种再生塑料，以调节再生塑料合金的性能，这不仅能降低再生塑料制品的成本，而且可提高其力学性能，充分发挥再生塑料的使用价值。

2）化学改性法

① 交联改性。交联改性可提高聚烯烃的拉伸强度和模量、耐热性能、尺寸稳定性、耐磨性等。交联改性包括化学交联和辐射交联。化学交联工艺比辐射交联工艺简单易行，而辐射交联工艺需要特种辐照装备，因此，化学交联更具有适用性。

② 接枝共聚改性。接枝改性的目的是提高高分子材料与金属、极性塑料、无机填料的粘接性或增容性。所选用的接枝单体一般为丙烯酸及其酯类、马来酰亚胺类、顺丁烯二酸酐及其酯类。接枝共聚方法有：辐射法、溶液法和熔融混炼法。辐射法是在特种辐照装备下进行接枝共聚，溶液法是在溶剂中加入过氧化物引发剂进行共聚，熔融混炼法是在熔融状态下进行接枝共聚。

③ 氯化改性。聚乙烯树脂进行氯化可制得氯化聚乙烯，采用类似方法可对废旧聚乙烯进行氯化改性。氯化聚氯乙烯是聚氯乙烯（PVC）的氯化产物。对回收 PVC 再生料的氯化改性与 PVC 的氯化改性一样，有两个目标：一是提高 PVC 的连续使用温度，普通 PVC 连续使用温度为 65℃左右，而聚氯乙烯连续使用温度可达 105℃；二是氯化改性后可用作涂料和胶黏剂。此类氯化改性采用溶液氯化工艺，其产品俗称过氯乙烯。

2.7.1.2 物理循环技术

物理循环基本技术手段有机械法再生、溶剂法再生和热熔加工法再生。

（1）机械法再生

① 将简单分离的物料输入专用生产线，切碎、筛选和烘干；

② 分离和清洗；

③ 制成粒料或粉料，作为再生原料出售或利用。该技术适用于所有热塑性废塑料［如 PVC、聚乙烯（PE）、聚对苯二甲酸乙二酯（PET）等］和热固性废塑料［如聚氨酯（PU）、酚醛树脂、环氧树脂和不饱和树脂等］及废橡胶等的再生利用。

（2）溶剂法再生

① 将高分子材料废弃物切片、水洗；

② 加入合适溶剂使其溶解至最高浓度；

③ 加压过滤除去不溶解成分；

④ 加入非溶剂使残留在溶液中的聚合物沉淀；

⑤ 对沉淀的聚合物进行过滤、洗涤和干燥。

该法的关键是要根据不同高分子材料选择最佳溶剂和非溶剂，如：聚丙烯（PP）的最佳溶剂是四氯乙烯、二甲苯，非溶剂是丙酮；聚苯乙烯（PS）泡沫塑料的最佳溶剂是二甲苯，非溶剂是甲醇；PVC 的最佳溶剂是四氢呋喃或环己酮，非溶剂是乙醇；尼龙 6 废纤维先溶解于 135～143℃的甲醇和水的混合物中，再冷却至 80～85℃即可得到尼龙 6 的精细粉末。用过的溶剂/非溶剂可通过分馏处理加以分离，以便循环再用。由于溶剂法能获得最佳性能的高分子再生原料，所以被广泛用于 PS、PP、PVC 及尼龙 6 等废塑料的再生。

（3）热熔加工法再生

热塑性废塑料经分离、清洗、粉碎、干燥后通过混合机、单螺杆挤出机或双螺杆挤出机进行熔融加工，挤出造粒，作为再生原料出售或直接成型制品。热固性废塑料和橡胶的粉碎料可与热塑性塑料或胶黏剂混合，实现熔融加工。

2.7.2　化学循环

2.7.2.1　化学循环基本原理

化学循环指的是在有氧或无氧条件下经热或水、醇、胺等物质的作用使高分子材料发生降解反应，形成的低分子量产物有气体（氢气、甲烷等）、液体（油）和固体（蜡、焦炭等）可进一步利用，如单体可再聚合，油品可作燃料，也可进行深度加工。目前化学循环的主要方法是化学降解，化学降解又可分为解聚、热裂解、催化加氢裂解和气化裂解等。

（1）解聚

解聚是将高分子材料降解成单体或低分子化合物，可用于高分子再合成等。解聚对废旧高分子材料洁净度要求较高，因此添加剂的除去、单体的纯化成为该技术的关键。

（2）热裂解

热裂解是在无氧或有氧气氛下大分子热裂解成更小分子的过程，如木料热裂解生成小分子气体，石油把分子链较长的烷烃热裂解成分子量小的烷烃和烯烃。高分子裂解也是利用热作用，把高分子断裂成低分子产物，产物的组成依赖于裂解条件，如温度、压力、时间、气氛等。

裂解反应是一种吸热反应，反应须加一定的热量，热可以直接或间接提供，间接提供时需要分离燃烧室和裂解室。有机物质一般会裂解产生气体、液体和固体焦炭残留物。裂解反应有一些规律，气氛是 O_2 时，气体产物具有较高的热值；当空气作气氛时，会产生氮的氧化物；气氛是水蒸气时，焦炭量会减少。从以上反应可以看到，C 与 H_2O 反应生成一氧化碳和氢气。加料量和粒子的大小均会影响反应速度和产物的分布。粒子越细，反应速率越快，气体产物越多，与此相对应，液体产物和固体产物就越少。裂解反应温度提高将减少固体残留物、水和轻油组分的生成，气体量提高。

（3）催化加氢裂解

废旧聚合物材料在氢气下裂解称为加氢裂解，一般是在高压、较低温度下进行，其裂解产物的纯度优于热裂解产物，可在炼油厂直接精炼，但加氢裂解需要预先对材料进行严格的分离和粉碎。高分子材料催化裂解要在较高温度下进行，因此催化剂要有耐热性。

（4）气化裂解

气化裂解是高分子材料在高温高压下裂解产生气体的过程。气化是指废旧聚合物在高温下进行降解，其产物是 CO 和 H_2，既能燃烧或用于蒸汽发电，又能用于化学合成制备甲醇及有关的产品。高分子材料在一定条件下能发生类似反应，用于制取甲烷，其催化剂可用耐热良好的 MgO、$A1_2O_3$、SiO_2 和硅藻土等。

2.7.2.2　化学循环基本方法

化学循环包括热分解和化学分解两类。热分解根据其产物不同可分为油化、气化和炭化；化学分解根据其所使用的催化剂或溶剂的不同可分为水解、醇解等。

（1）热分解

热分解是指高分子材料在还原性气体气氛中以及高温下分解为低分子的过程。热分解法适用于聚乙烯、聚丙烯、聚苯乙烯等非极性塑料和一般废弃物中混杂废塑料的分解，特别是塑料包装材料。塑料的热分解需要专门的设备，操作工艺较复杂。由于塑料是热的不良导体，达到热分解需较长时间或较苛刻的条件。

(2) 化学分解

1) 水解法

水解就是在水的作用下使缩聚物或加聚物分解成为单体的过程，水解反应的实质是缩合反应的逆向反应。水解法适用于含有水解敏感基团的高聚物，这类高聚物多由缩聚反应制得，有聚氨酯、聚酯、聚碳酸酯（PC）和聚酰胺（PA）等。这类聚合物在常规的使用条件下是稳定的，因此，这类塑料的废弃物必须在特殊的条件下才能够进行水解得到单体。

2) 醇解法

醇解是利用醇类来降解聚合物及回收原料的方法，这种方法可用于聚氨酯、聚酯等塑料。

① 聚氨酯

聚氨酯醇解后产生胺和乙二醇的混合物，二者需要分离才可回收再用。具体过程是将预先切碎的泡沫塑料送入用氮气保护的反应器内，以乙二醇为醇解剂，醇解温度可控制在185～200℃之间。由于泡沫塑料密度小，易浮于醇解剂的液面上，因此需要进行有效搅拌与掺混，使溶解反应充分。反应产物主要是混合多元醇，这种混合多元醇无须分离即可再次使用，如此制得的多元醇生产成本低，有较高的经济效益和社会效益。

② 聚酯

废旧 PET 醇解回收可获得对苯二甲酸乙二醇酯和乙二醇，其质量与新料相同。在 PET 的醇解中，有用甲醇为溶剂的甲醇分解法，用乙二醇为溶剂的糖原醇解法和利用酸或碱性水溶液的加氢分解法等。将废旧 PET 瓶粉碎成薄片，将其加入甲醇或乙二醇溶剂，于 200℃下加压分解。

(3) 其他化学处理法

将废旧塑料加入各种化学试剂，使其转化成胶黏剂、涂饰剂或其他高分子试剂，如将废聚苯乙烯泡沫塑料制成防水涂料、胶黏剂。

2.7.3 能量循环

(1) 燃烧

废旧高分子材料是高热值的废料，对于难以回收的废旧高分子材料，通过燃烧回收利用其热能是一种有效的解决方案，也是废旧高分子材料的另一利用途径。一般情况下在1000℃以上进行燃烧，可以用于取热、制蒸汽或发电。

热能利用是指将废旧高分子材料作为燃料，通过控制燃烧温度，充分利用其燃烧时放出的热量。这种方法的优点包括：①不需繁杂的预处理，特别适用于难以分拣的混杂型废料；②废旧高分子材料的燃烧热较高，燃烧后产生的热量可观；③从处理废弃物的角度看十分有效，燃烧后可使其质量减少 80%以上，体积减小 90%以上，燃烧后的渣滓密度较大，作掩埋处理也很方便。

采用燃烧法回收热能时，值得注意的问题包括：有些塑料燃烧时产生有害物质，如 PVC 燃烧时产生氯化氢气体，聚丙烯腈燃烧时产生氰化氢，聚氨酯燃烧时也产生氰化物等，所以如何做到保护环境、不致产生二次公害是热能利用的关键。

(2) 制备燃料

废塑料是热值很高的材料，利用废旧高分子材料可直接制成固体燃料，用于燃烧，也可先液化成油类，再制成液体燃料。这些利用废弃物制成的燃料称为废物燃料。

资源循环分析方法

资源循环分析方法作为一种综合性的评估与优化工具，旨在评估与优化资源在生产、消费及废弃过程中的循环利用效率与效果。在分析过程中，通过界定研究范围与边界，明确资源种类、循环利用环节及利益相关者，构建资源循环流动模型，模拟资源在不同环节间的流转过程，分析资源利用效率与损耗情况。同时，结合物质流分析与生命周期评价，量化循环利用活动对环境的正面与负面影响。资源循环分析方法综合运用了经济学、环境科学、系统工程等多学科理论，通过量化分析资源流动路径、评估循环利用效益、识别潜在障碍与瓶颈，为制订科学合理的资源循环利用策略提供重要依据，为提高资源利用效率、减少环境污染、推动循环经济发展提供强有力的技术支持。

3.1 物质流分析

3.1.1 物质流分析基本概念

物质流分析（MFA）是指对某一指定系统在指定时间和空间范围内的物质流量与存量变化的系统分析，如果分析对象为某一种元素，则称为元素流分析（SFA）。通过 MFA 能够综合分析物质来源、流动路径、中间媒介以及最终物质存量的整个系统过程。MFA 遵守质量守恒定律，所以，借助简单的质量平衡便可以对某一过程的所有输入、输出和存量进行物质流分析。简单来说，MFA 的基础是对物质的投入和产出进行量化分析，建立物质投入和产出账户，以便进行以物质流为基础的资源管理、废物管理、环境管理，并为政策评价提供有力的决策支持。

对于界定空间范围的某一系统，MFA 能够提供某些物质的所有流量和存量随时间变化的序列信息，借助输入输出平衡关系，可以刻画出物质流、环境负荷变化的特征，识别其来源。因此，MFA 能够实现物质存量枯竭或累积的早期预警，从而增加资源储备或制订使用策略，例如对于城市矿产开发可以及早准备应对方案。此外，如果进一步拉长时间跨度，MFA 还有可能识别出那些在短期内变化不明显但是长期缓慢累积能引发破坏的改变因素。

MFA 遵循的质量守恒原则是 2000 多年前由希腊哲学家提出的。法国化学家安托万·洛朗·拉瓦锡通过实验证明了在化学反应过程中，物质的质量并不会发生变化。到了20世纪，MFA开始在多个领域初步应用，尽管此时MFA的称谓并未统一，系统的MFA方法也尚未建立，但是很多研究人员都开始应用质量守恒原则来平衡分析各种过程。比如，在化学工程与工艺领域，通过分析和平衡化学反应的输入和输出进行物质流分析；在经济学领域，20世纪30年代列昂惕夫发明的投入产出表奠定了应用投入产出方法定量分析经济问题的基础；在资源保护和环境管理领域，MFA的研究出现于20世纪70年代，起初的应用主要是两方面，城市的代谢分析和流域（或城市）等区域污染物调查。20世纪70年代以来，MFA逐步发展成为在诸多领域广泛使用的工具，例如过程控制、废物和废水治理、农业营养盐管理、水环境质量管理、资源保护与恢复、产品设计、生命周期评价等。

资源环境领域的MFA最早可以追溯到20世纪60年代末，主要是围绕区域重金属开展的，为了识别、量化金属来源，诸如路径分析、物质平衡等方法也得以发展并应用于区域研究中。其中一项著名的区域物质流研究在1972年由亨茨克、弗里德兰德和戴维森完成，该研究建立了洛杉矶盆地来自汽车排放的铅物质平衡关系。20世纪80年代早期，研究人员分析了1885—1985年一百年间哈德逊-拉里坦盆地主要污染物的源、流和汇，选择重金属（镉、铬、铜、汞、铅和锌）、杀虫剂（滴滴涕、环氧乙烷、艾氏剂、六六六、氯丹等）以及其他重要污染物（多氯联苯、多环芳烃、氮、磷、总有机碳）等作为研究对象，利用研究结果识别和分析了每种污染物的主要源和汇，区分出点源和非点源污染、生产和消费过程的关联程度，发现了多种污染物的主要来源。此外，通过模型还可预测人口、土地利用以及政策变动等对环境污染物的影响。在随后的十年中，艾瑞斯等学者进一步将单一物质的研究扩展到更多综合系统中，并发展成为“产业代谢”的概念。艾瑞斯利用MFA方法研究各不同产业系统中的复杂物质流动和循环特征，目标是通过改进技术体系，实施基于资源和环境保护的远期规划，减少废物产生量和推进材料循环利用，实现更加高效的产业代谢。20世纪80年代和20世纪90年代，艾瑞斯和亨茨克等研究者带动了很多人在流域、国家或全球尺度上开展区域元素流研究。

20世纪90年代以来，德国伍帕塔尔研究所先后提出了“单位服务的物质投入”和“生态包袱”等重要概念，催生了著名的卡诺勒斯（Carnoules）宣言。加拿大生态经济学家William等在1992年提出生态足迹这一新理论，之后由他的博士生Wackernagel在1996年完善。他将生态足迹描述为“一只负载着人类与人类所创造的城市、工厂等的巨脚踏在地球上留下的脚印”，其定义为：任何已知人口（如个人、一个城市或一个国家）的生态足迹是生产这些人口所消费的所有资源和吸纳这些人口所产生的所有废弃物所需要的生物生产性土地总面积和水资源量。

日本的Shinsuke Murakami运用物质流分析方法对废旧家电的回收状况进行了研究，认为物质流分析可以为政府制定能适应未来变化的回收制度提供依据，是日本构建物质循环型社会评价体系必不可少一部分。20世纪末以来，美国耶鲁大学的工业生态学中心利用物流分析方法对全球的Cu、Zn、Ag、Fe、Cr、Ni、Sn、Pb等金属的库存及流动进行研究，其研究结果为全球及一些国家的环境资源管理及政策制定提供了一定的理论依据。

3.1.2 物质流分析类型与分析方法

3.1.2.1 物质流分析类型

按照研究系统空间边界的不同，物质流分析可以分为对全球、国家、地区或企业等不同尺度的研究，其中全球或国家层面的物质流分析属于宏观层次，区域或城市的研究是中观层次，而针对企业或特定产品的研究属于微观层次。从时间尺度来看，物质流分析可分为静态和动态两种，前者又叫定点观察法，描述特定时间范围（通常是 1 年）内物质的流动和库存情况，不考虑物质的平均使用寿命，基于简单的质量守恒定律来理解系统；后者也叫跟踪观察法，时间范围通常是一个时间段，后者更关注系统内流量和存量随时间的变化趋势，且可以对未来一定时间内的发展趋势和环境影响进行情景模拟。

静态分析法研究的是某种产品生命周期中的物质流状况，选定物流中的一个区间，观察区间内物流的变化，对这一区间内生命周期各阶段流入和流出的有关物质的量进行核算，根据获得的数据建立定点模型。静态 MFA 提供了某一系统某个时间点的状态特征，同时，还可以在多个不同的尺度上开展相对复杂的研究。MFA 方法在发展之初，主要是对物质流量与存量系统进行静态描述和分析。开展静态 MFA 研究的价值在于：①在很多情况下，静态 MFA 研究适合并可充分了解一个物质系统；②开展静态 MFA 消耗的资源要远远小于动态 MFA；③在静态 MFA 的基础上，开展动态 MFA 往往更为高效。

随着研究的深入，做出决策需要了解流量与存量随时间的动态变化，因此就需要开展动态 MFA 研究。如此一来，必须引入系统的时间因子模型。人类社会物质流量与存量大多是时间的函数，如果物质流动随时间的变化以及相应的影响因子能够确定，就可以基于预设目标，对物质系统的发展施加影响。因此，近年来 MFA 领域的一个关键进展就是动态 MFA 方法的广泛应用，借助确定性或随机函数，依据当前状态描述未来的物质系统状态。20 世纪 90 年代，动态 MFA 方法出现后，应用动态模型分析物质流系统随时间的变化趋势的研究开始大量涌现。金属材料由于在社会中被广泛使用和大量积累，以及作为可再生材料具有巨大潜力，成了许多动态 MFA 研究的对象。此外，动态 MFA 还基于过去和当前存量的函数关系，研究了某些有毒有机物的管理，通过掌握物质存量的变化趋势，预测出未来物质流动的特征，以提高资源回收率或废物削减的效率。

建立动态物质流模型需要大量数据，因此，当数据来源复杂且质量参差不齐时，就需要进行模型校准并检查数据的适用性，以评估模型结果的合理性。不确定性和敏感性分析对于动态物质流分析非常重要，被用来评估结果的稳健性，识别关键因子。

开展动态物质流分析，常常采用自上而下的方法估算物质存量（基于净流入量、净流出量和产品生命周期函数）。不过，近年来，很多研究者尝试采用独立的自下而上的方法进行真实性检测和模型校准，或者完全依赖自下而上的方法分析存量随时间的变化。后者常常需要大量的数据，不过在针对空间或者组织结构等特定分析对象时，也表现出了高精度的优势。

动态物质流研究的一个新方向是考虑材料的品质差异和回收再生的污染因素，分析再生利用循环的潜力函数的限定因子，特别是对于合金和塑料混合物。品质问题在一定程度上可能会限制循环利用的价值，多个对铝的动态 MFA 研究发现了这一问题并进行了讨论。

尽管动态 MFA 发展迅猛，但静态 MFA 仍然非常重要。静态 MFA 和动态 MFA 的应用领域依然集中在环境管理与工程、产业生态学、资源与废物管理以及人类社会代谢等领域。在环境领域，持久性有机污染物以及纳米颗粒引起了 MFA 研究者的关注。不过，近年来 MFA 研究者的兴趣似乎明显开始从环境问题向资源问题转移，例如涉及特殊金属（稀土金属、铂族金属）或无机营养元素（以磷为主）的清单研究逐渐增多，以及从建筑废物、废弃电子电气设备、塑料等特定废物流中回收可再生材料的研究也吸引了不少研究者的关注。

3.1.2.2　物质流分析方法

物质流分析方法随着经济社会的发展而有所变化，现有的广义物质流分析方法主要有以下几种：

（1）经济系统总物质流分析

经济系统总物质流分析也叫总物质需求及产出分析，主要通过建立物质流账户来分析一个国家或地区整个经济系统与环境之间物质流的总量交换。这种方法考虑“隐流”，即“生态包袱”，指人类为获得有用的物质和生产产品而动用的没有直接进入交易和生产过程的物料。输入物质主要包括固体物质（化石燃料、金属和工业矿物等）输入、水输入、气体物质输入、进口物质，输出物质主要包括固体废物输出、废水输出、废气和其他气体输出、出口物质。

（2）元素流分析

元素流分析法是研究全球、某个国家、某个地区或某一区域内某种特定物质（如 Fe、Al、Cu、Cr、C、S、P、Hg 等）整个流动过程的分析方法，主要跟踪某一物质的整个生命周期，或者是分析该物质所在产业的产业链，了解每一阶段中该物质的输入和输出，把握其来源和走向，大多通过物质代谢图的绘制，直观显示某一时间该物质在代谢过程中的量。

（3）投入产出表格分析

投入产出表格分析是通过跟踪资源进入生产、加工、使用的整个过程，根据各部门之间物质输入和输出关系，列出相应的矩阵进行分析，从而评价累积的环境负荷。与特定物质流分析相比较，其更适合于分析部门间的物质输入、输出，即使研究某种物质，其着眼点也主要集中在该物质所在部门。

（4）生态足迹分析

生态足迹分析通过测定人类维持自身生存而利用自然资源的数量（包括某个国家或地区人类消费的资源和能源数量）来评估人类对生态系统的影响，将所利用的自然资源数量按一定转换因子转换成陆地和海洋面积（生物生产面积），与该地区的生态承载力相比较来判断其可持续发展情况。

（5）生命周期评价

生命周期评价是评估一种材料、过程、产品或系统在其整个生命周期中的环境影响，研究对象主要集中于某种产品或材料，更加强调的也是对环境的影响。

3.1.2.3　物质流分析软件

随着物质流分析的应用领域不断拓展，相应的操作软件也逐渐被开发。目前针对商品层面的分析软件有 Umberto 4.0、GaBi4、SIMBOX、STAN、ODYM，此外，Microsoft Excel 也可以作为物质流分析的工具。在元素流层面只有少数软件如 SIMBOX 和 STAN 能够将商品的流量和存量与元素的流量和存量结合起来，其中 STAN 是一款为物质流分析量身定制的软件。经过近 20 年的发展，STAN 已经逐渐发展成为一款成熟可靠的物质流分析应用软件，已成为物质流分析的热门软件，被广泛应用于不同复杂程度的区域或工厂层面的物质流分析中。

STAN 软件在商品和元素层面的 MFA 都获得了广泛应用。STAN 软件主要包括以下特点：①可直接在软件中构建包含流、过程、系统边界和文字等要素的图像模型；②模型可同时包含商品、元素和物质三个尺度，可以处理多种类型的数据，如流量、存量、浓度和转换系数；③数据可以手动输入，也可直接从 Excel 数据表导入，支持为数据定义单位，操作方便；④当导入数据不一致时，可以利用非线性数据校正方法对数据进行核对并调整；⑤可以利用误差传播方法计算未知流及其不确定性；⑥物质流分析结果可以根据输入系统流量的总和、输出系统流量的总和进行标准化；⑦MFA 的结果以桑基图形式表现，即箭头的宽度与数值大小成一定比例，并且支持多种格式打印和导出；⑧模型中所有数据均支持以 Excel 的形式导出。

3.1.2.4　MFA 与 SFA 的优缺点及适用范围

（1）MFA 与 SFA 的优缺点

MFA 非常适合分析各种尺度的物质和化学系统，从某种纯物质的代谢过程到由多个子系统组成的复杂系统均可以通过 MFA 逐层分析，清晰地描绘出物质从资源到贮存的全过程。

在环境及废物管理领域，利用 SFA 识别经济环境系统中特定污染的产生原因，寻找预防和修复污染的可能途径，而 MFA 用来分析经济系统的物质（如矿物质、建筑材料等）吞吐量。MFA 通常把经济系统当作“黑箱”，考虑一定时期内经济系统内产品和服务的供应、使用和消费情况，包括进出口产品量，不考虑经济系统内部各行业之间以及经济系统与自然环境之间的物质流动；而 SFA 则具体分析某物质通过经济系统内部的流动、转化方式，追踪该物质从开采到进入产品系统，最后回归到自然环境中的流动过程，估算物质在流动过程每一阶段的输入与输出，定量评价资源利用效率。

MFA 方法为资源、废弃物和环境管理提供了方法学上的决策支持工具，也为区域循环经济的评价与研究提供了新的思路。MFA 从实物的质量出发，通过追踪人类对自然资源和物质的开发、利用与遗弃过程，研究可持续发展问题，即通过对自然资源和物质的开采、生产、转移、消耗、循环、废弃等过程的分析，可以发现各种资源和不同行业的物质、能量流动的方式和效率，揭示物质在特定区域内的流动特征和转化效率，找出环境压力的直接来源，并在此基础上，制定物质循环利用和产业发展的有关政策。MFA 方法可以表达和追踪无货币价值但对自然环境有较大影响的物质的流动过程，同时还更加真实地反映经济发展过程中资源利用与环境影响之间的关系及相互响应规律，因此，物质流分析可为国家或行业循环经济建设提供政策支持。

SFA 常用来分析某种元素在使用过程中不同阶段的流向和地理分布及其在不同时间、地点以不同形态对环境的潜在影响，识别释放到环境中的有害物质的来源，评价物质利用效率和环境影响。其优点是能追踪估算物质通过经济系统和自然环境各个阶段的输入与输出，计算元素在各生产过程节点间流动的数量，然后用网络流图表示流动路线。SFA 有助于从原子经济的角度考察物质的利用效率，有助于从更详细的细节研究某种元素的流动、储存、排放状况，进而追根溯源判断投入物质的种类和来源。该分析方法可为产业和企业的节能减排、清洁生产、提高效率和效益提供数据支持。

MFA 的局限性主要表现为：通过经济系统较大的物质流往往主宰以质量为基础的物质流指标，致使可能具有较大环境影响的较小物质流被忽略。在大多数 MFA 研究中，社会行为者如企业、消费者等对物质流的影响及其造成的影响程度尚未调查，不能为物质减量化及可持续发展研究提供切实可行的操作手段和途径，因此对于政府决策的参考价值并不大。降低物质消耗是达到可持续发展的必要前提，但问题依然是必须能找到具体的调控物质，MFA 一般是计算总量，很难细化到具体的物质。

SFA 的局限性包括：SFA 只是针对一种物质的分析，所以在污染防治过程中，若用另一种物质来代替该物质，则与替代物质相关的问题就不在 SFA 的研究范围内。一种物质或元素往往只是产品的一部分，经济价值与物质流动难以联系起来，所以难以把可能的经济措施用于该物质流的影响调控。

（2）MFA 与 SFA 的适用范围

MFA 更适合应用于中观和宏观层面的物质流分析，通过分析评价经济发展和环境压力的关系，为区域产业结构调整、循环经济模式的选择、可持续发展目标的确定提供良好的依据。而 SFA 适合于行业和企业层面的物质流分析，通过分析元素流在企业、行业生产、消费、再利用等过程中各个环节的流动，追踪元素的输入和输出情况，识别释放到环境中的有害物质的来源，评价物质利用效率和环境影响。当然，如果为了更好地了解整个区域物质来源、取向、利用效率、环境影响等，也可以在区域物质流分析中采用 SFA 的方法。

3.1.3　物质流分析步骤与指标体系

3.1.3.1　物质流分析步骤

一般来说，MFA 从确定问题与目标开始，然后选择与之相关的元素、商品、过程，划定适当的系统边界，通过这些步骤定义系统，建立定性分析模型。之后，基于测量、文献数据以及估计值，确定这些流中的物质流量、商品存量以及流中的元素含量。在此基础上，基于物质守恒，建立每个过程及整个系统的流量与存量平衡关系，同时考虑不确定性，这一步骤通常利用 MFA 软件实现。通过上述步骤，建立定量分析模型，利用软件完成计算，得到结果，并实现可视化，为制订目标导向的决策提供支持。这些步骤并非是严格连续完成的，而是一个不断迭代优化的过程。MFA 执行过程中的各种选择及给出的数量值都需要不断进行核查，如有必要，必须根据项目的目标进行调整。总的来说，最好是先利用获得的数据和粗略估计进行分析，之后再不断优化、改进系统和数据，直到数据质量满足不确定性的要求，图 3-1 是一个具体的 MFA 执行过程，由于目标、方法和不确定性有很大差异，该过程包括多个迭代过程。

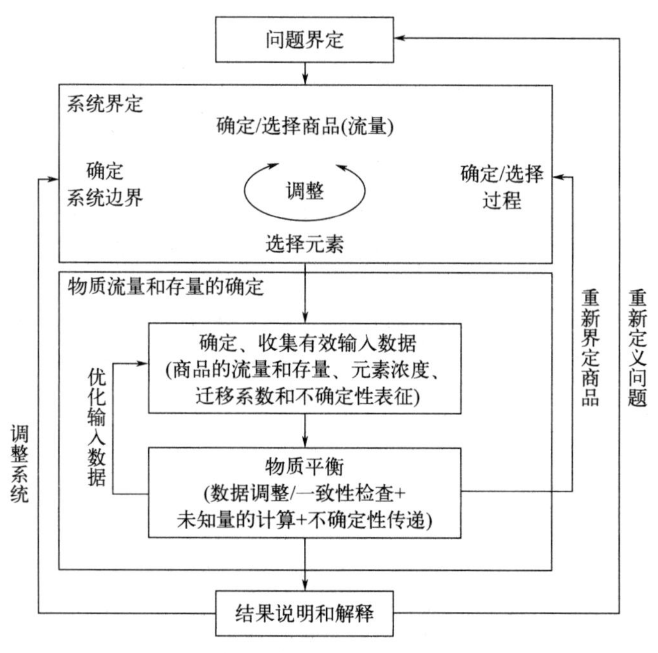

图 3-1　MFA 执行过程

一个完整的物质流分析包括七个步骤：①明确物质流分析的目标和需要监测的参数；②界定系统空间边界；③定义系统时间边界；④识别相关流、存量、汇并定义流程步骤；⑤绘制流程图；⑥绘制平衡图；⑦对结果进行解释并得出结论。第②～⑤也被称为系统分析。在系统分析的过程中，识别出相关的系统要素并建立各要素之间的关系。

3.1.3.2　物质流分析指标体系

根据物质和能量守恒定律，一定时期内一个系统的物质输入量等于储存量的变化与输出量之和，因此，通过对输入端、输出端、储量变化的定量化及指标分解，就可以确定相应的核算或分析指标，从而列出相应的指标体系。目前，国际上开展的物质流分析主要是针对固体物质进行的，采用的指标主要有：

（1）输入指标

直接物质输入量（DMI）：包含有经济价值的和直接用在生产和消费活动中的全部物质，

通常指一个国家经济发展所需物质的总投入量，在数量上等于国内资源使用量（DE）加资源进口量（import），用式（3-1）表示。

$$DMI=DE+import \tag{3-1}$$

物质总输入量（TMI）：等于直接物质输入量加上未使用的国内资源使用量（UDE），用式（3-2）表示。

$$TMI=DMI+UDE \tag{3-2}$$

物质总需求量（TMR）：包含物质总输入量和国内外隐藏的物质流，表示一个国家支持经济系统运行所需要的物质总量，用式（3-3）表示。

$$TMR=TMI+国内隐藏流(DHF)+国外隐藏流(FHF) \tag{3-3}$$

（2）消费指标

国内物质消费量（DMC）：指经济发展过程中国内物质消耗的量，不包括隐藏流和出口总量（export），接近国民核算体系中的累计收入，用式（3-4）表示。

$$DMC=DMI-export \tag{3-4}$$

物质消费总量（TMC）：指国内生产和消费所使用的物质总量，等于物质总需求量减去出口总量及其隐藏流，用式（3-5）表示。

$$TMC=TMR-export-FHF \tag{3-5}$$

库存净增加量（NAS）：指某些物质从环境开采出来后，以建筑物、基础设施和耐用消费品形式储存于经济体系中（该部分称为新增库存量），直到建筑物被拆除、耐用消费品被淘汰后再回到环境中（该部分称为折旧库存量），二者之差即为库存净增加量，用式（3-6）表示。

$$NAS=新增库存量-折旧库存量=DMI-国内过程输出量 \tag{3-6}$$

（3）输出指标

国内过程输出量（DPO）：指生产和消费过程中以各种形式排放到国内自然环境中的废弃物综合，包括排放到空气和水中的、填埋的和散失的物质，见式（3-7）。

$$DPO=废气+废水+工业废弃物+城市垃圾+散失废弃物 \tag{3-7}$$

直接物质输出量（DMO）：等于国内过程输出量与出口总量之和，见式（3-8）。

$$DMO=DPO+export \tag{3-8}$$

物质总输出量（TMO）：包括国内物质总输出量（TDO）及出口总量，见式（3-9）。

$$TMO=TDO+export=DPO+DHF+export=DMO+DHF \tag{3-9}$$

（4）资源效率指标

资源生产率（RP）：指国内生产总值（GDP）与直接物质输入量的比值，见式（3-10）。

$$RP=GDP/DMI \tag{3-10}$$

RP 越大，说明资源发挥的效率越高。

资源循环利用率（RU）：指废弃物再生循环利用量（WRI）与直接物质输入量的比值，见式（3-11）。

$$RU=WRI/DMI \tag{3-11}$$

RU 越大，说明废弃物再生循环利用率越高，循环经济发展得越好。

从目前提出的物质流分析指标体系和核算方法看，其主要针对国家层面的物质流分析或区域层面的物质流分析。作为企业层面、产业层面、行业层面或城市层面的物质流分析，可以参照上述指标体系进行更深入、更系统的物质流分析，一是可以清楚地知道企业或行业内部物质流的变化情况及对环境的影响程度，二是对这些数据进行全面梳理整合，可以得到更可靠的区域层面和国家层面的物质流分析数据。

3.2 生命周期评价

3.2.1 生命周期评价基本概念

目前，生命周期评价（LCA）的定义有多种，政府、企业和一些机构站在各自的立场上对其会有不同的描述。具有代表性的是国际环境毒理和化学学会（SETAC）对其所下的定义：生命周期评价是一种客观评价产品、过程或者活动的环境负荷的方法，该方法通过识别与量化所有物质与能量的使用以及环境排放来评价由此造成的环境影响，评估和实施相应的改善环境表现的机会。生命周期评价包括产品、过程或者活动从原材料获取和加工、生产、销售、使用/再使用/维修，再循环到最终处置的整个生命周期。

生命周期评价理论最早在美国提出，20 世纪 60 年代，美国中西部资源研究所（MRI）为了分析不同材质饮料罐对环境的影响，对可口可乐的易拉罐从原材料开采到最终废弃物处置整个过程进行了跟踪和分析，评估了复用式的玻璃瓶包装与一次性塑料包装的整体环境影响，最终确定了塑料包装的环境友好性，这是生命周期评价的方法在世界范围内首次应用，当时被称为资源与环境状况分析，随后美国陆续使用该方法对其他包装物进行了相关研究。20 世纪 70 年代初期，英国、德国、瑞典等一些国家相继开展了有关生命周期评价的研究，其中大多是以包装材料和容器为研究中心。20 世纪 70 年代，欧美的一些研究机构开始逐步关注产品能源消耗和污染，并提出了清单分析方法。到 20 世纪 80 年代末期，全球环境污染问题集中呈现，各国民众环保意识逐步加强，可持续发展理念得到普及，环保逐渐成为学术界研究的热点，基于生命周期评价方法的研究也继续深入开展，并逐渐形成了系统完善的研究标准体系。1993 年，SETAC 发布了《生命周期评估指南：实践准则》。1997 年，ISO 在新颁布的 ISO 14040 标准中将 LCA 标准纳入其中，新的 ISO 标准纳入了定义研究目的和范围、清单分析、影响评价和结果解释的要求。随后欧洲部分国家出台了生命周期评价的相关法律法规。美国环保署在 21 世纪初建立了 ACCESS 数据库，用作未来 LCA 的依据。中国环境科学研究院和中国科学院生态环境研究中心最早开展 LCA 的研究，建立起了我国第一批 LCA 的数据库。

LCA 理论从 20 世纪 60 年代首次开始应用并逐步发展，经过各国组织完善，至今已经 60 多年的历史。近年来，随着全球变暖、环境污染等问题出现，能源紧张态势显现，环境保护和可持续发展的理念愈加深入人心并得到世界各国的认可，资源及能源的有效利用、环境污染的治理、废弃物的循环利用等成为经济活动的重要内容。LCA 理论作为环境管理及评估的重要工具也更多地得到重视和发展，并被广泛使用。

生命周期评价是分析产品或工艺全生命周期的环境影响，涉及大量的数据和计算。LCA 软件经过多年开发和发展，目前 GaBi、Simpro、OpenLCA 以及 eBalance 等 LCA 软件应用最多。这四种软件均内置了欧洲生命周期数据库（ELCD）和瑞士 ecoinvent 数据库，eBalancc 软件还包含了中国生命周期基础数据库（CLCD）。

3.2.2 生命周期评价框架与程序

生命周期评价是研究产品、服务、过程或活动在其从“摇篮”到“坟墓”的整个生命周期内，所有输入及输出对环境造成的和潜在的影响的方法。国际标准化组织将 LCA 纳入了 ISO 14000 环境管理体系，其中 ISO 14040 标准通过建立原则和框架以及要求和指南在国际水平上对 LCA 工作进行统一。ISO 14040 标准将 LCA 研究分为四个阶段：目标和范围定义、生命周期清单分析、生命周期影响评价和结果解释。图 3-2 为 LCA 方法的基本框架和执行过程。

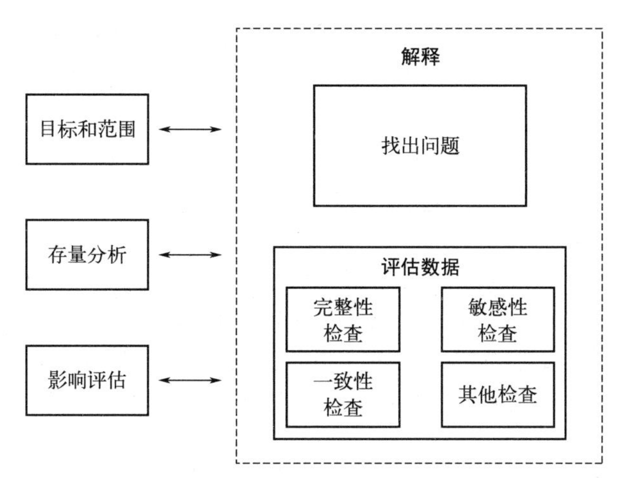

图 3-2 LCA 方法的基本框架和执行过程

3.2.2.1 目标与范围界定

此步骤为生命周期评价框架中的首要工作，主要是在评价前，基于对预分析的案例了解后着手界定目标、范围及预期结果。在此步骤中重点考量系统边界、功能单位、影响种类、评估方法、研究限制等项目。其中，功能单位是 LCA 中所有分析的基础，并允许基于功能单位对结果进行解释并等效地对多个产品或过程进行比较，为系统的输入和输出进行关联提供了参考依据。系统是线性建模的，结果都与功能单位线性缩放，其大小是不重要的。例如在生物质能实验中，各批次所消耗的最小电力可用单位 kWh/批次表示。

系统边界是用来将所研究的产品系统与其他部分分开的，包含了产品系统的所有相关阶段。定义系统边界在一定程度上是基于主观的选择，这种选择是在边界最初设定的范围阶段做出的。一般可以考虑以下边界：

(1) 技术系统和自然之间的边界

一个生命周期通常开始于从大自然中提取原材料和能源载体，最后阶段通常包括产生废物或热量。

(2) 地理区域

在大多数生命周期评价研究中，地理位置起着至关重要的作用，例如电力生产、废物管理和运输系统等基础设施因地区而异。

(3) 时间范围

边界不仅要设定在空间上，而且要设定在时间上。通常生命周期评价是用来评价目前的影响和预测未来的情况。

3.2.2.2 清单分析

将目标及范围确定之后，对系统中各项资料进行收集及归整。首先建立单元过程输入输出清单，再将单元过程数据汇总得到生命周期清单。通过中间流的输入与输出建立单元过程之间的关联，中间流包括基本材料、中间产品、待处理的废弃物等。单元过程数据主要包括以下几方面：原材料消耗（原料及生产用料）、能源消耗、中间产品、水体排放、固体废物以及气体污染物。清单数据来源有以下几方面：①行业报告、统计年鉴等，包括产量、耗能、产品投入等技术参数；②排放标准、清洁生产；③国内外 LCA 数据库，例如 Ecoinvent、CLCD 等，可获得较为完整的清单数据列表；④学术论文，相同领域的学术论文可获得 LCA 数据；⑤企业清洁生产数据、环评报告等；⑥实地调研以及实验室测试，得出相应数据。

资料的完整度与界定范围有关，即清单分析项目越细，相应的投入也越高，因此应当综合考虑人力资源及经费投入成本，将目标界定在合理范围中，有效并合理地作评估分析。

3.2.2.3　影响评价

将清单的结果量化及加和处理，转化成对环境以及健康的影响程度的单位和指数，并进行分析及比较，影响评价包含以下四点：

（1）特征化

特征化是将各类污染物转化为生命周期评价指标的过程，通过特征化因子，将产品的清单数据与环境指标相关联。具体就是将清单中环境负荷与排放因子转化成环境影响及损坏，进行量化后，以相同单位或形态进行表示。举例来说，对于材料方面的 LCA，将不同的运输及前处理环节如破碎、干燥等特征化后，均可以电能单位来表示。

（2）标准化

将特征化后的各单独项环境影响类别与损害量值进行无因次归一化，归一化目的是更好地比较特征化后的环境影响大小，以探讨并比较各环境影响类别间的差异性。

（3）权重

经过专家学者的分析及建议，对于不同环境影响类别，给予相对应的权重，此环节评估方会受到主观因素的影响。

（4）指标

各项环境影响类别标准化的数值乘以权重后，可将影响类别进行整合并加和成为单一环境影响指标，用来与整体指标作差异性比较。

3.2.2.4　结果解释

结果解释主要是对上述各步骤的结果，包含清单分析及影响评价的总结性论述，用于识别、量化与评价清单分析和影响评价阶段的结果，以数值方式、敏感性分析及一致性分析等方法进行解释，形成的结论、建议可作为决策者的后续参考及作为重大工作的相关依据。

3.2.3　生命周期评价应用案例

通过 LCA 可以对生物炭在整个生命周期中产生的碳排放、资源消耗以及其他环境影响进行全面的系统分析，这样的分析能够评估生物质焙烧技术的经济可行性，并提供系统运行和优化方面的建议。下面以典型农业废物小麦秸秆微波热解生物炭为例介绍 LCA 在该领域的应用。

小麦秸秆生物炭 LCA 模型的系统边界见图 3-3，具体包括：①生物质原料收集和运输；②原料预处理（包括烘干和破碎）；③生物质焙烧和运行维护；④小麦秸秆生物炭转运；⑤小麦秸秆生物炭燃烧发电。

（1）数据来源与处理

根据图 3-3，对生物质原料小麦秸秆的收集、运输、生物炭制备、转运以及应用过程中的生命周期清单数据进行收集、分析和筛选。

（2）生物质收集和运输

小麦秸秆作为常见农作物废弃物，在农户生产过程中常被收集集中处理，收集时直接从农户手中获得即可，因此，在收集阶段无额外能量投入。运输过程的主要物质投入为运输车

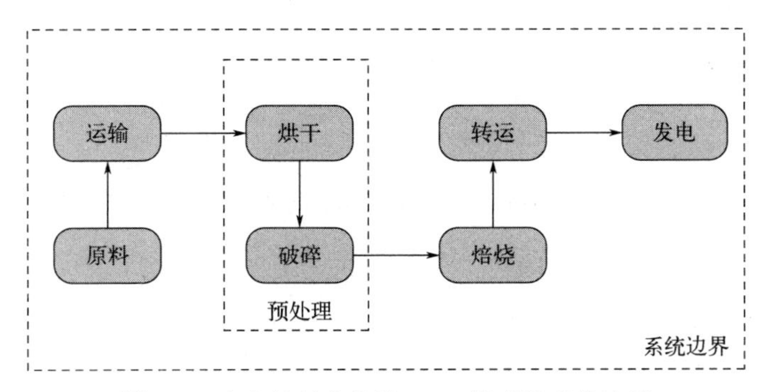

图 3-3　小麦秸秆生物炭 LCA 模型的系统边界

辆消耗的柴油。一辆装载量为 10t 的卡车耗油量为 0.226kg/km，汽油的碳排放量（以 CO_2 当量计）为 2.7kg/kg，所以一辆卡车 CO_2 当量排放量为 0.61kg/km。在运输阶段，每吨秸秆的碳排放（TransGHG）=平均运输距离×每千米 CO_2 排放量/卡车装载量，设定秸秆的平均运输距离 D 为 20km。

（3）前处理阶段

预处理成本包括生物质干燥和破碎，见式（3-12）和式（3-13）。对于生物质的干燥和焙烧传热过程，必须考虑 25%的传热损失。生物质粉碎所需的电量通过电能消耗来计算，每吨生物质粉碎所需的电力为 71.2kWh，即 256.32MJ/t。

$$H_{dry}=\frac{M_{biomass}\times \Delta T\times c_{biomass}}{1-0.25} \tag{3-12}$$

式中，H_{dry} 为生物质干燥处理成本，MJ；$M_{biomass}$ 为生物质总干重，t；$c_{biomass}$ 为生物质比热容，kJ/(kg·℃)，其值为 3.4 kJ/(kg·℃)；ΔT 为干燥初温和终温差，℃，此处选为 80℃。

$$H_{grind}=M_{biomass}\times 273.32 \tag{3-13}$$

式中，H_{grind} 为生物质破碎所需的电量，MJ。

（4）生物质焙烧

把秸秆运输到工厂后立即进行热处理，生成生物炭、生物油和合成气。根据实际情况，生物质热转化产生生物质油和生物质气的技术存在一些限制，并不适用于市场上的能源产品销售。热处理厂的整体运行包括生物质的干燥、粉碎以及热处理过程中的电力输入，可以通过生物质油和生物质气的燃烧来供能，可将剩余生物质气用于电厂发电并计算收益和燃煤减排量。

本阶段的碳排放来源于热处理所使用的电力。30g 小麦秸秆原料在实验条件为 416.70W，热处理 20min 时制得生物炭，生物炭的热值为 17.08MJ/kg，该条件下的产量为 69.12%，即 0.02074kg。全球平均燃煤发电效率为 37.5%。根据研究，生产每含有 1MJ 热值的产品需要消耗 0.017kWh 的电能，即耗能 0.0612MJ。因此，此部分生物炭发电量及焙烧所消耗能量分别用式（3-14）和式（3-15）表示。

$$E_{power}=\text{产量}\times\text{热值}\times 0.375 \tag{3-14}$$

式中，E_{power} 为生物炭发电量，MJ；

$$H_{p}=\text{产量}\times\text{热值}\times 0.0612 \tag{3-15}$$

式中，H_p 为焙烧所消耗能量，MJ。

每生产 1000kWh 电量会排放 997kgCO_2（当量），则焙烧生产生物炭的碳排放=生产该产物所需电量（kWh）×0.997。小麦秸秆干燥、粉碎和焙烧总排放量及微波反应排放量的公式分别如式（3-16）和式（3-17）所示，而同等电量下燃煤发电的排放量计算如式（3-18）所示。

$$GHG=(H_{dry}+H_{grind}+H_{p})\times\frac{0.997}{3.6} \tag{3-16}$$

$$GHG_{m}=微波使用量\times 0.997 \tag{3-17}$$

$$GHG_{coal}=\frac{E_{power}}{3.6}\times 0.997 \tag{3-18}$$

式中，GHG 为小麦秸秆干燥、粉碎、焙烧总排放量（以 CO_2 当量计），kg；GHG_m 为微波反应排放量（以 CO_2 当量计），kg；GHG_{coal} 为同等电量下燃煤发电的排放量（以 CO_2 当量计），kg；E_{power} 为燃煤产生的电量，MJ。

生物炭燃烧的碳排放因子可参考焦煤的碳排放因子，焦煤的碳排放因子（以 CO_2 当量计）为 0.73kg/kg，所以生物炭用于发电的 CO_2 排放量（以 CO_2 当量计）的计算公式如（3-19）所示。

$$GHG_{power}=产量\times 0.73 \tag{3-19}$$

式中，GHG_{power} 为生物炭用于燃烧发电的 CO_2 排放量（以 CO_2 当量计），kg。

生物炭用于发电相对于煤发电的 CO_2 减排量计算如公式（3-20）所示。

$$DGHG_{power}=GHG_{coal}-GHG_{power} \tag{3-20}$$

式中，$DGHG_{power}$ 为生物炭用于发电相对于煤发电的 CO_2 减排量（以 CO_2 当量计），kg。

（5）生物炭转运

生物炭转运过程与秸秆的运输过程相似，运输车辆的柴油消耗为主要物质投入。生物炭转运过程的碳排放计入秸秆的运输环节，以 TransGHG 表示。

（6）生物炭发电总减排

单位产物发电排放量减去煤炭生产同等电力的排放量的差值为产物的减排贡献，由于此值为负，取其相反数减去运输、热解、干燥等排放，最终所得为总减排量，见式（3-21）。

$$DGHG=DGHG_{power}-GHG-GHG_{m}-TransGHG \tag{3-21}$$

式中，DGHG 为单位产物发电总减排量（以 CO_2 当量计），kg。

（7）结果阐释

尽管我国正在积极推动水力发电、风力发电等可再生能源的发展，但由于受到环境条件的限制，火力发电依然是主要的发电方式。利用焙烧产物进行燃烧发电成为替代传统火力发电的一种重要途径。经过计算，每吨秸秆用于发电可以减少约 539.53kgCO_2 当量的排放。因此，无论生物炭的用途如何，就碳减排而言，将生物质焙烧是最佳选择。

第二篇

资源循环工程技术与应用

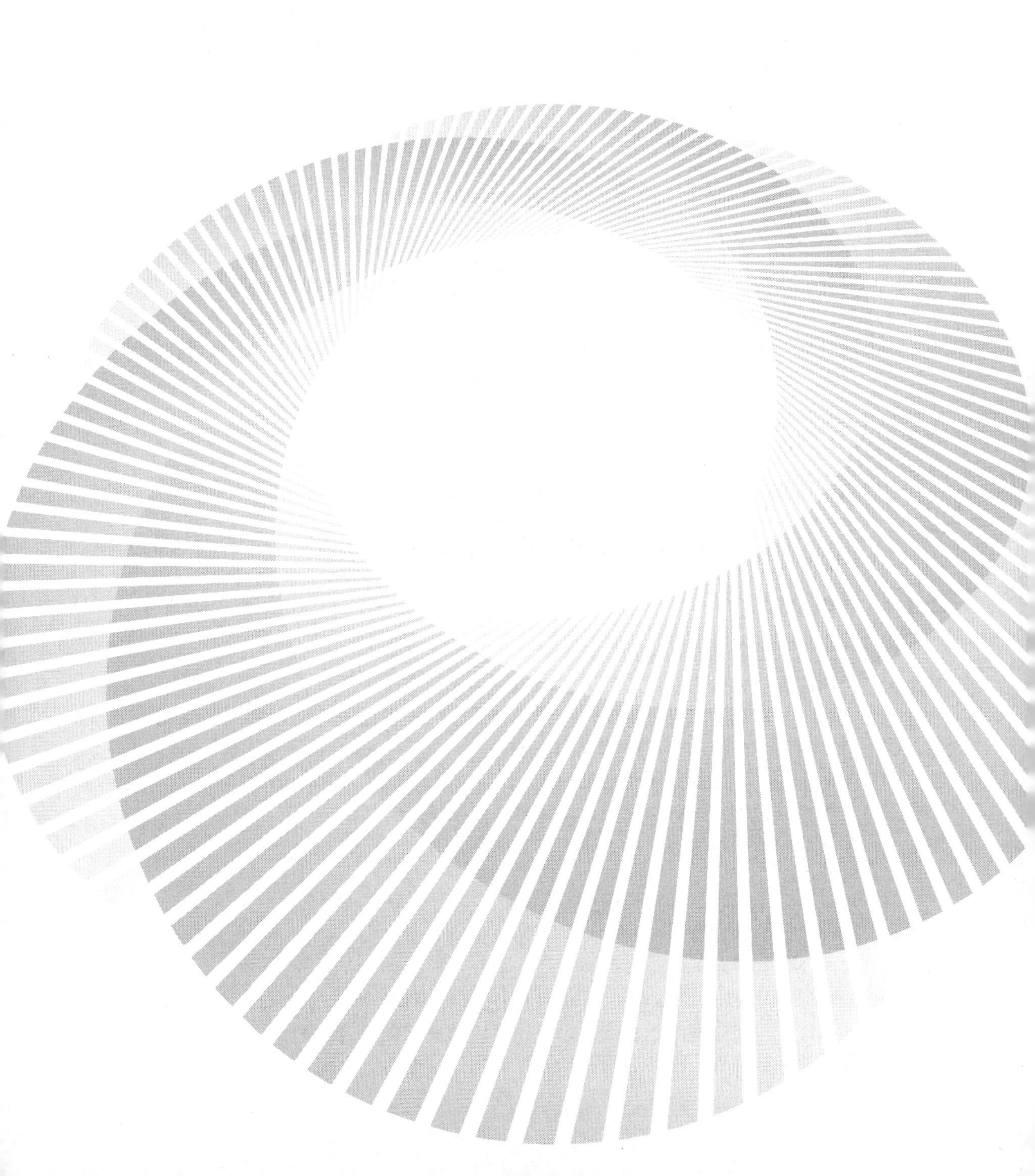

第4章 工业固体废物循环利用

工业固体废物，简称工业固废，是指在工业生产活动和加工过程中产生的各种固体废物。工业固体废物循环利用作为应对资源枯竭与环境污染双重挑战的关键策略，正逐步成为推动全球绿色转型与可持续发展的重要举措。工业固体废物循环利用涵盖了废弃物的分类收集、预处理、高值化转化及最终产品的市场推广等多个环节，通过物理、化学或生物等技术手段对工业固废进行加工处理，实现污染物的治理与再生利用。随着技术的不断进步和应用领域的持续深化，工业固体废物循环利用将为实现资源的可持续利用、减轻环境压力、推动经济社会的绿色发展提供有力支撑。

4.1 废杂有色金属循环利用

4.1.1 有色金属简介

有色金属又称非铁金属，狭义上是指铁、锰、铬及其合金以外的所有金属。广义上，有色金属还包括以有色金属为基体，加入其他元素构成的有色合金。

有色金属及其合金是现代材料的重要组成部分，广泛应用于现代建筑、交通运输、机械制造、电力工程、电子信息、国防军工和航空航天等行业。铜、铝、铅、锌、镍、锡、金、银8种有色金属的产量虽仅为钢产量的5.4%，但其产值却达到钢产值的50%以上。有色金属和黑色金属相辅相成，共同构成现代金属材料体系。

有色金属通常包括重金属、轻金属、贵金属和稀有金属四类。

（1）重金属

通常将密度在4.5g/cm^{3}以上的金属称作重金属，从密度意义上讲，有几十种金属都是重金属。但是，在进行元素分类时，其中有的属于稀土金属，有的属于贵金属，有的归入难熔金属。在工业上真正划入重金属的为10种金属元素：铜（Cu）、铅（Pb）、锌（Zn）、锡（Sn）、镍（Ni）、钴（Co）、锑（Sb）、汞（Hg）、镉（Cd）和铋（Bi）。重金属普遍具有一些共同的理化性质，如高密度、高熔点、高硬度以及良好的导电性和导热性。这些性质使得重金属在多个领域都有着广泛的应用，如铅主要用于蓄电池、电缆护套、管道等；锌常用作镀锌钢板（防锈）及制造黄铜等合金；镍具有优良的耐腐蚀性，用于制造不锈钢、合金钢和电池等；钴主要用于制造硬质合金和磁性材料等；铜具有良好的导电性和导热性，是电力、电子和建筑等领域的重要材料。

纯铜由于呈紫红色，故常称为紫铜。纯铜的熔点为1083℃，密度为8.9g/cm^3，其特点是具有优良的导电性、导热性和抗磁性，其塑性很高，可承受各种形式的冷、热加工。纯铜主要用作各种导电材料、导热材料以及磁学仪器、定向仪器和其他防磁器械等。纯铜的机械性能较低，通过加入不同的合金元素，可以制成铜合金，提高材料性能。铜合金按化学成分可分为黄铜、青铜和白铜三大类：

① 黄铜。黄铜的主要合金元素为锌，因加入锌后合金呈黄色而得名，简单的二元Cu-Zn合金为普通黄铜，在二元Cu-Zn合金基础上再加入一种或数种合金元素的复杂黄铜称为特殊黄铜。

② 青铜。青铜是应用最广泛的铜合金，因最早使用的铜锡合金呈青黑色而得名。青铜是指除以Zn、Ni为主要合金元素以外的铜合金，主要有锡青铜、铝青铜、硅青铜、铍青铜等。

③ 白铜。以镍为主要合金元素的铜合金称为白铜，但是镍质量分数要低于50%，若镍质量分数超过50%，则称为镍基合金。这类铜合金不能经热处理强化，主要借助于固溶强化和加工硬化来提高机械性能。如果再加入其他合金元素，则称为特殊白铜。

（2）轻金属

轻金属是指密度相对较小的金属，其定义可能略有不同，但通常指的是密度小于5g/cm^3（或某些定义中为小于4.5g/cm^3）的金属。轻金属主要包括有色轻金属和稀有轻金属两大类。

有色轻金属：包括铝（Al）、镁（Mg）、钙（Ca）、钛（Ti）、钾（K）、锶（Sr）、钡（Ba）等。这些金属在工业上有着广泛的应用，尤其是铝、镁、钛及其合金，因其相对密度较小、强度较高、抗蚀性较强，被广泛用于飞机制造、宇航等工业部门。纯铝的密度仅为2.7g/cm^3，是铁的1/3。由于铝极易与空气中的氧形成一层致密的氧化铝薄膜，所以在某些介质（如大气）中抗蚀性好。另外，由于铝强度低、塑性好、压力加工及成型性能良好，广泛应用于电力工业。工业纯铝强度很低，一般不用作结构材料。根据合金的成分范围及用途，可把铝合金分为形变铝合金和铸造铝合金。形变铝合金又可分为可热处理强化的形变铝合金和不可热处理强化的形变铝合金。对于不可热处理强化的铝合金，可以通过冷变形提高强度；对于可热处理强化的铝合金，可用热处理的方法提高其性能。

稀有轻金属：包括锂（Li）、铍（Be）、铷（Rb）、铯（Cs）等。这些金属在自然界中含量相对较少，但具有独特的物理和化学性质，因此在某些特定领域有重要应用，如锂在电池、合金、催化剂和烟火等领域的应用，铍在原子能反应堆材料和宇航工程材料中的应用等。

轻金属大多具有较低的密度和良好的延展性、导电性、导热性等物理性质，化学性质活泼，多数都是强还原剂，在冶金工业中有重要的应用。例如，铝、镁、钛及其合金因其轻质、强度高的特性，被广泛用于飞机制造和宇航器材料；铝材因其轻质、耐腐蚀、易加工等特性，在建筑领域有广泛应用，如铝合金门窗、幕墙等；锂是电池行业的重要原料，锂电池作为绿色能源的代表，在电动汽车、储能等领域发挥着重要作用。轻金属还在电子、化工、医疗等领域有广泛应用，如钾、钠等碱金属在化工催化剂中的应用，钛在医疗设备中的应用等。

轻金属的冶炼和加工通常需要特殊的工艺和设备。例如，铝、镁等金属通常通过电解法冶炼得到，而锂、铍等稀有轻金属则可能需要通过熔盐电解、热还原法等复杂工艺进行提取和加工。在加工过程中，利用轻金属的延展性和可塑性可以制成各种形状和尺寸的产品，以满足不同领域的需求。

（3）贵金属

贵金属主要指金、银和铂族金属（钌、铑、钯、锇、铱、铂）等8种金属元素。这些金属大多数拥有美丽的色泽，具有较强的化学稳定性，一般条件下不易与其他物质发生化学反应。

几千年前，黄金就被认为是贵重的材料。由于黄金具有美丽的色泽，非常稳定的化学性质以及良好的机械性能，又是最佳的保值物品，因此，黄金首饰在所有的首饰中占有最重要的地位。在现代首饰中，黄金可以与不同金属制成合金以便得到所需的各种色彩，如金黄色、水绿色、纯白色、蓝色等。除了金外，银是较广泛应用于首饰制作的金属之一。在首饰业中使用银主要出自两方面的原因：一是使用银更加经济；二是银具有美丽的白色，具有最强的金属光泽，用在首饰上能取得较好的光色效果。铂金，俗称白金，是一种非常珍贵的贵金属，与金、银相比，铂具有艳丽的白色、优异的延展性以及耐磨、耐酸性，从19世纪开始，就广泛应用于首饰产品中。

贵金属在工业上的应用极为广泛，在多个领域发挥着不可替代的作用。作为催化剂，铂、钯、铑等贵金属在汽车尾气处理系统中扮演着核心角色，有效转化有害气体为无害物质，减少环境污染。在化工工业中，贵金属是重要的催化剂，促进化学反应的进行，提高生产效率。此外，贵金属还因其优异的导电性，在电子工业中广泛应用于导电材料的制备，如镀银接插件、银线连接芯片封装、导电银浆在太阳能电池板中的应用等。在电子元器件领域，金、银、铂等贵金属被制成连接线、接触片、电阻器和电极等关键部件，确保电子设备的稳定运行。在航空航天、冶金工业等领域，贵金属同样因其耐腐蚀、稳定性高等特点被用于制造特种容器、反应器、电极和传感器等关键部件。

（4）稀有金属

稀有金属是地壳中含量较少、分布稀散或难以从原料中提取的金属，通常具有耐高温、抗腐蚀、强度高，以及高电导和高热导等特殊物理、化学性能。稀有金属根据其物理和化学性质、赋存状态、生产工艺以及其他特征，一般从技术上分为以下几类：

稀有轻金属：如锂（Li）、铷（Rb）、铯（Cs）、铍（Be）等，这些金属的密度较小，化学活性强。

稀有难熔金属：包括钛（Ti）、锆（Zr）、铪（Hf）、钒（V）、铌（Nb）、钽（Ta）、钼（Mo）、钨（W）等，这些金属的熔点较高，与碳、氮、硅、硼等生成的化合物熔点也较高。

稀有分散金属（稀散金属）：如镓（Ga）、铟（In）、铊（Tl）、锗（Ge）、铼（Re）以及硒（Se）、碲（Te）等，这些金属大部分赋存于其他元素的矿物中。

稀土金属：包括钪（Sc）、钇（Y）和镧系元素［如镧（La）、铈（Ce）、镨（Pr）、钕（Nd）等］，其化学性质非常相似，在矿物中相互伴生。

稀有放射性金属：包括天然存在的钫（Fr）、镭（Ra）、钋（Po）和锕系金属中的锕（Ac）、钍（Th）、镤（Pa）、铀（U），以及人工制造的锝（Tc）、钷（Pm）等。

4.1.2 金属材料循环利用预处理

4.1.2.1 金属材料循环利用预处理概述

金属材料循环利用预处理是指将金属二次资源变成能够进行有效的后续加工的过程。预处理方法包括机械方法、重力方法、化学方法等。主要的预处理设备包括剪切机、破碎机、压块机等。

（1）预处理工艺流程

预处理的主要工序有：分类、金属检验、切割分解、爆破分解、破碎、打包、压块、粉磨、磁力分选、洗涤、去污、干燥等。对于一些特种物料需要采用特制的机械设备或专门的生产线，如废旧汽车、钢渣、废蓄电池、废电动机、废电线、镀锡钢板废料、各种镀层废料等。金属二次资源预处理工艺流程如图 4-1 所示。

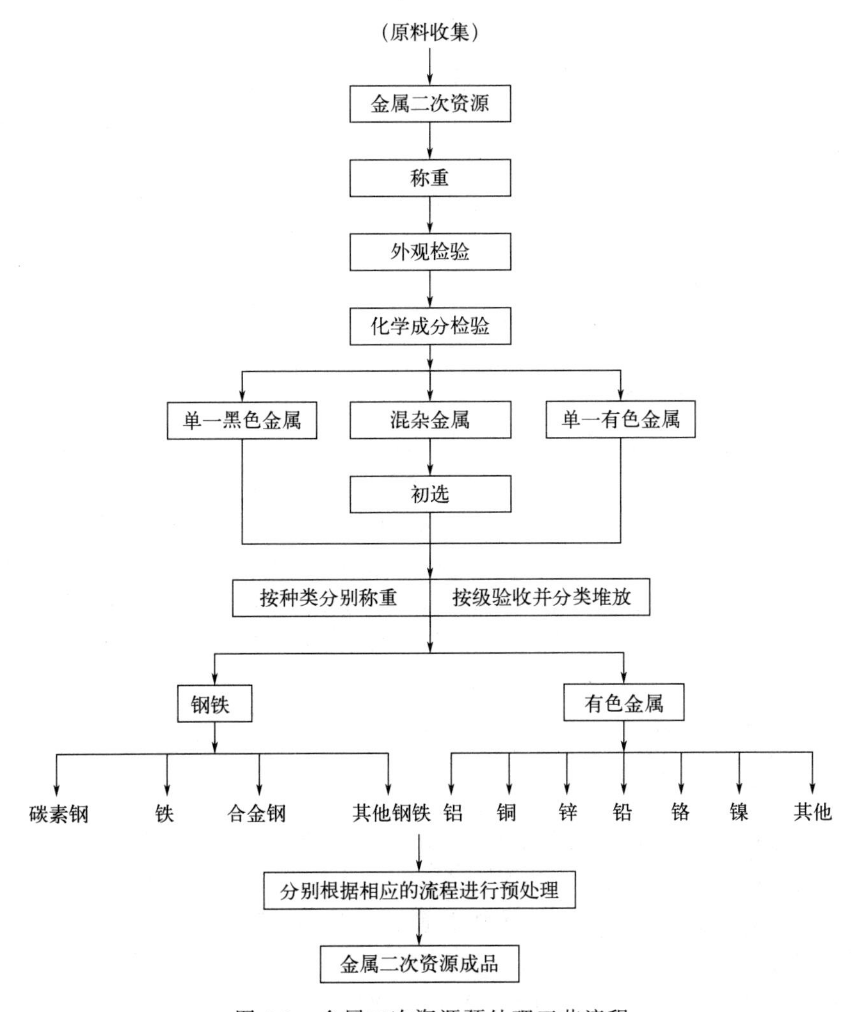

图 4-1　金属二次资源预处理工艺流程

（2）预处理方法

由于金属二次资源来源不同，资源构成状况离散，化学成分复杂，加上钢铁、有色金属与木材、玻璃、塑料、橡胶等非金属混杂共生，金属二次资源的几何形态差异很大，使得金属二次资源预处理加工变得异常困难和复杂。因此，为了提高金属资源循环利用效率，往往需要采用各种不同的加工处理方法和相应的机械设备与设施。预处理过程中，金属再生原料在几何尺寸、物理形态及化学成分等方面均可能会发生变化，其预处理的基本类型如表 4-1 所示。一般情况下，预处理主要以几何变形为主，辅以物理分离就能加工出符合要求的原料，特殊情况下才采用化学处理方法，例如涂镀层金属的分离、废钢的脱漆以及金属的提纯等。

表 4-1 金属二次资源预处理的基本类型

基本类型	变化特征	原料种类	采用方法、设备
几何变形	长到短	长板料、棒料、螺旋金属二次资源屑	剪切机、碎屑机
	松到紧	轻薄金属二次资源、金属双屑、统料废钢	打包机
	大到小	铸锻件、废钢锭模、底盘、飞轮、钢渣砣	落锤、爆破、破碎机
	小到大	钢屑、铁末等	压块机
物理分离	按长度分离	破碎后的金属二次资源	滚筒筛
	按粒度分离	破碎后的金属二次资源	振动筛等
	按密度分离	破碎后的金属二次资源	振动给料器、分选池
	按磁性分离	含非磁性材料废钢	磁盘、磁力辊
化学处理	氧切	废钢锭、大型结构件	氧气切割机
	还原	—	回转窑
	复分解	—	酸碱处理

在实际加工过程中，由于金属二次资源本身的几何尺寸、物理形态或化学组成上的特殊性以及后续工艺对原料在尺寸、密度、成分等方面的要求，有时仅靠单一的加工方法往往难以完成，因此，需要两种或两种以上的方法联合使用进行加工处理。例如有些不能直接打包或压块的，需要先行破碎，在破碎过程中又需要进行筛选；若掺杂物较多或油污严重则需磁性分选或去污处理才行。铁末、铝屑等若油污严重，需先行洗涤或焙烧去污，再进行干燥处理，最后压成块；若无油污则可直接压块。粒度较大的钢渣原料必须先行破碎，有时需要三级破碎才能进行后续处理。此外，在预处理过程中，综合使用单一方法或多种方法时，一般都会遇到方法的选择问题，因为达到某种加工处理功效的方法不止一种。比如使金属二次资源的尺寸由长变短、由大变小时，就可以采用氧切、机械破碎、剪切等若干方法。加工方法或设备选择的一般原则是金属损失少、生产效率高、劳动强度低及生产安全性好等。

(3) 预处理设备

金属二次资源来源于不同的领域和产业部门，几何尺寸、物理及化学特性差异很大，有时又经常是黑色与有色金属混杂，金属与非金属混杂，因此，需要各种不同的加工设备进行加工处理。按照设备功能，加工设备分为工艺加工设备和辅助加工处理设备两类。

1) 工艺加工设备

工艺加工设备的作用是改变金属的几何形状和尺寸，使之成为符合循环利用要求的原料，按照金属的几何特征及机械性能，工艺加工设备分为以下五种：

① 打包机械

轻金属二次资源最常用的加工方法是打包，打包可以减少金属二次资源的装运损失，改善其质量指标。挤压成形的金属二次资源包块不仅易于贮运，而且可降低金属熔炼时的烧损率。

打包机械没有分选除杂功能，不能保证包块的纯洁度。尽管金属打包机有不尽人意之处，但因金属打包机规格、品种齐全，还可根据用户要求专门设计包块形状、大小和出包方式，是目前大中小型金属回收行业、废钢加工中心和钢铁企业的首选设备。

② 剪切机械

剪切机械用于改变金属二次资源的几何尺寸。剪切后的金属二次资源可以作为打包或压块的原料，也可直接作为炉料重熔。

③ 压块机械

压块机械是金属二次资源加工中的主要设备之一，压块机械用于将金属屑（末）压成密实状态的块状体或饼状体，使之成为符合要求的原料。压块机的成品有圆饼状和长方体状两种。金属切屑的加工机械是金属屑压块机，其加工方法是在常温下将铸铁屑、铜屑、铝屑直接压制成密度较高的圆柱体。如果是长条状钢屑，则在压制前先将钢屑破碎，再压制。

④ 破碎机械

破碎机械用于大型铸锻废钢铁件、金属切屑以及一般金属二次资源的破碎，使之符合后续加工要求。根据破碎对象的不同可选择不同的破碎机，如电缆破碎机、易拉罐切碎机、电路板专用破碎机等。

⑤ 特种加工机械设备

常用的特种加工机械设备有：废旧钢轨的切分设备、废旧船板剪切机组、搪瓷废钢处理设备、氧化铁皮处理设备、冶金渣处理设备等。

2）辅助加工处理设备

辅助加工处理设备的作用是协助工艺加工设备完成金属二次资源的加工，在工艺加工过程中或加工过程前后对金属二次资源进行某些加工处理。按照设备功能，常用的辅助加工处理设备有以下五种：

① 分选设备

分选设备主要用于清除金属二次资源中掺杂的其他金属和非金属以及将金属二次资源加工后不符合尺寸要求的部分分离出来并送去重新加工等。如用电磁盘将金属与非金属分离；用金属成分探测仪挑选特种合金钢；用磁力器分辨黑色与有色金属；用滚筒筛、振动筛、格筛进行金属二次资源几何尺寸的分类等。

② 清洗与干燥设备

用于清洗金属切屑中的油污，清洗液主要采用水或碱性溶液，清洗后再进行烘干以便机械加工。清洗常用洗涤筒，干燥常用干燥筒进行。

③ 金属屑脱脂设备

用于清除金属切屑中的润滑油。一般采用离心机将金属切屑中的水分、润滑油和冷却液分离出来，也有采用焙烧炉进行脱脂去污的。

④ 废钢铁熔化炉

经机械加工的废钢炉料有时先在熔化炉中熔化，之后送去炼钢。废钢熔化炉一般与电炉或转炉配套使用。

⑤ 起重搬运设备

在金属循环利用加工处理过程中，集料、装料、工序间的传送以及原料和产品的运进、运出、装卸等作业都需要大量的起重、装卸、搬运、传输机械等设备。

4.1.2.2 金属材料循环利用预处理实例

以多种类型的废杂铜为例，说明其预处理工艺与设备。废杂铜是再生铜资源的主要类型，一般分为紫杂铜、黄杂铜，还有铜渣和铜灰等。能直接加工成原级产品的废料通常又称为新废料，如铜及合金冶炼中产生的各种金属废料和碎屑，轧材生产中的废品、切头、锯末、氧化皮，铸造中的浇口、浮渣、冒口，电缆生产中的线头、乱线团，机械加工边料，这些废料一般都直接返回加工厂熔炼炉，在企业内消化，很少进入市场流通。只能加工成次级产品的废料称为旧废料，主要为报废的设备和部件、用过的物品等，主要来源是工业、交通、建筑和农业部门报废的固定资产，如军事装备、机器和设备、大修的构件和维修的设备及日用废品等。旧废料量大且杂，回收利用难度也大些。在回收的旧废料中，也有少量纯铜或合金废料，如果能分拣出来可直接处理，以提高废杂铜的直接利用率。

(1) 废杂铜的类型

废杂铜主要包括废电线电缆、废电机、废变压器、废铜管、废铜板等。这些废杂铜的成分和形态各异，如纯铜、铜合金等，具有很高的回收再利用价值。根据不同的分类标准，废杂铜可分为以下几种类型：

1) 按成分分类

根据成分的不同，废杂铜可分为纯铜和铜合金。纯铜是指由铜元素组成的金属材料，具有较高的导电性和导热性，广泛用于电力、通信、建筑等领域。铜合金是指以铜为基础元素，添加其他金属元素组成的合金，具有优良的机械性能和耐腐蚀性，主要用于制造电线电缆、电机、变压器等设备。

2) 按形态分类

根据形态的不同，废杂铜可分为颗粒状、块状、线状等。颗粒状废杂铜是指经过破碎、碾磨等工艺处理后的铜颗粒，具有较高的纯度和密度；块状废杂铜是指经过切割、打磨等工艺处理后的铜块，具有较高的体积和质量；线状废杂铜是指经过剥离、拉伸等工艺处理后的铜线，具有较大的长度和直径。

(2) 废杂铜的来源

废杂铜的来源广泛，涵盖了工业生产、建筑行业、汽车行业和电子行业等领域。

1) 工业生产废杂铜

在电力、通信、交通等行业的设备制造过程中，会产生大量的废电线、废电缆、废电机等废杂铜资源。这些废杂铜经过回收、分类、清洗等环节后，可再次用于制造新的电线、电缆、电机等产品，实现资源的循环利用。工业生产废杂铜的特点是数量较大、质量稳定，是废杂铜回收再利用的主要来源之一。

2) 建筑行业废杂铜

在建筑拆除和改造过程中，会产生大量的废电线、废电缆、废铜管、废铜板等废杂铜资源。这些废杂铜经过回收、分类、处理等环节后，可再次用于制造新的建筑材料或其他工业原料，实现资源的循环利用。建筑行业废杂铜的特点是种类繁多、质量参差不齐，需要加强分类和处理技术的研究和应用。

3) 汽车行业废杂铜

在汽车的生产和使用过程中，会产生大量的废电线、废电缆、废电机等废杂铜资源。这些废杂铜经过回收、分类、处理等环节后，可再次用于制造新的汽车零部件或其他工业原料，实现资源的循环利用。汽车行业废杂铜的特点是含有多种金属元素，需要加强分离和提取技术的研究和应用。

(3) 废电线、废电缆的拆解

电缆、电线种类繁多，线径不同，绝缘皮成分各异，质量相差悬殊，含金属量差别大。进口废电线、电缆的规格比较简单，而废铜电线、电缆成分和型号复杂，其中有规格相同的电缆、电线，外皮都以塑料皮为主。电缆除塑料皮外，还有铅皮和橡胶皮，一般都剪成长段，规范地打成捆，也有盘成卷或散装的。规格不同的废电线和混杂的废通信电线，也以塑料外皮为主，线径不同，基本上是散装，各种型号的废电线混杂在一起，也可打成捆。碎电线的线径不同，长度不一，一些电线的端头有焊锡，多数情况下以袋装为主，也可散装。不同规格的废裸线，线径不同，一般都以废铜碎料或废铝碎料报关，可打捆或散装。焚烧过的废电线，多数为细线，也以废铜碎料报关。废电线是回收铜和铝的原料，由于线径不同，金属含量有较大区别。废电线、电缆要进行拆解和分选之后才可利用，主要是利用铜、铝和外

皮。经过拆解和分选之后的裸线利用价值高，可以直接替代电解铜和纯铝使用。由于进口带皮废电线、电缆主要是铜线，因此以下主要介绍废铜电线、电缆的拆解技术。

目前废电线、电缆的拆解基本采用半机械化或机械化处理，常用的方法有：

1）采用导线剥皮机拆解

导线剥皮机是一种半机械化的剥皮机器，可分为两种。一种是剖割式剥皮机，适宜于处理粗电线和电缆。该机器的构造简单，由推进的滚齿和切片组成，生产时，工人将单根的导线推入机器，从机器另一端出来的是裸铜线和塑料皮、铅皮或橡胶皮。目前导线剥皮机以国产为主，功率大的导线剥皮机可以处理大直径的铅皮电缆。另一种是滚筒式剥皮机，适合处理直径相同的废电线和电缆，效果很好。首先将废电线、电缆剪切成长度不超过 300mm 的线段，然后送入特制的转鼓切碎机，在转鼓切碎机内，电线和电缆被破碎脱皮，碎屑从转鼓刀片底部的筛孔漏出。从筛孔漏出的碎屑用皮带送到料仓，再通过振动给料机将碎屑送到摇床上进行选别，最终得到铜屑、混合物和塑料纤维，铜屑可直接作为炼铜的原料，也可用作生产硫酸铜的原料，混合物返回转鼓切碎机处理，塑料纤维可作为产品出售。

工艺特点：优点是可综合回收废电线、电缆中的铜和塑料，综合利用水平较高；产出的铜屑基本不含塑料，减少了熔炼时塑料对大气的污染；工艺简单，易于机械化和自动化；缺点是工艺过程中耗电较高，刀片磨损较快。

2）采用铜米机拆解

铜米机是一种处理废铜线的机器，效率高、处理量大，是一种有发展前途的处理废电线的设备。废电线经过处理和分选分离，可以得到基本纯净的铜米粒、化学纤维和塑料。铜米机处理废电线的工艺流程如图 4-2 所示。

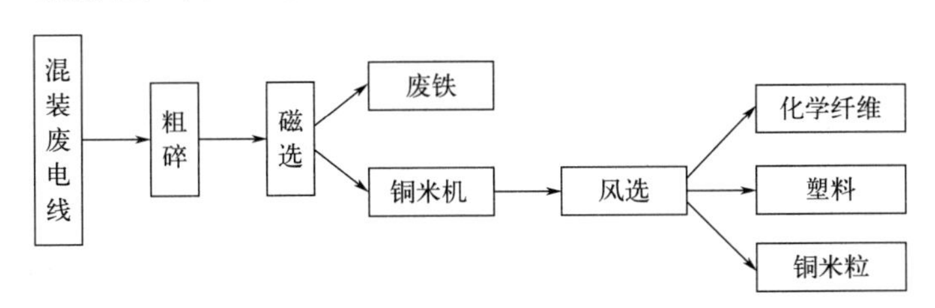

图 4-2　铜米机处理废电线的工艺流程

3）低温冷冻法

低温冷冻法适合处理各种规格的电线和电缆，可使废电线的铜与绝缘层分离。一般采用液氮为制冷剂，使废电线、电缆的绝缘层在低温（－110℃）下冷冻变脆，然后经振荡破碎使绝缘层与铜线分离。此法的缺点是成本高，难以工业化生产。

4）化学剥离法

该方法采用有机溶剂将废电线的绝缘层溶解，达到铜线与绝缘层分离的目的。优点是能得到优质铜线，但溶液的处理比较困难，而且溶剂的价格较高。

5）热分解法

废电线、电缆先经过剪切，由运输给料机加入热解室热解，热解后的铜线送到出料口水封池，然后被装入产品收集器中，铜线可作为生产精铜的原料。热解产生的气体送到补燃室中烧掉其中的可燃物质，然后再被送入反应器中用氧化钙吸收其中的氯气后排放，生成的氯化钙可作为建筑材料。

（4）废五金电器及废电机拆解

常见的废五金电器有各种小型废机械设备、废电器、废家电、废水暖件、废炊具、废办公设备等，这些废料多数是混杂在一起的。废五金电器经过拆解、分类得到废钢铁、废有色金属等。部分废五金电器的拆解和分类靠人工进行，对一些体积大或难以手工拆卸的机械设备，可用氧气和乙炔切割解体后分类。废五金电器的拆解流程如图 4-3 所示。

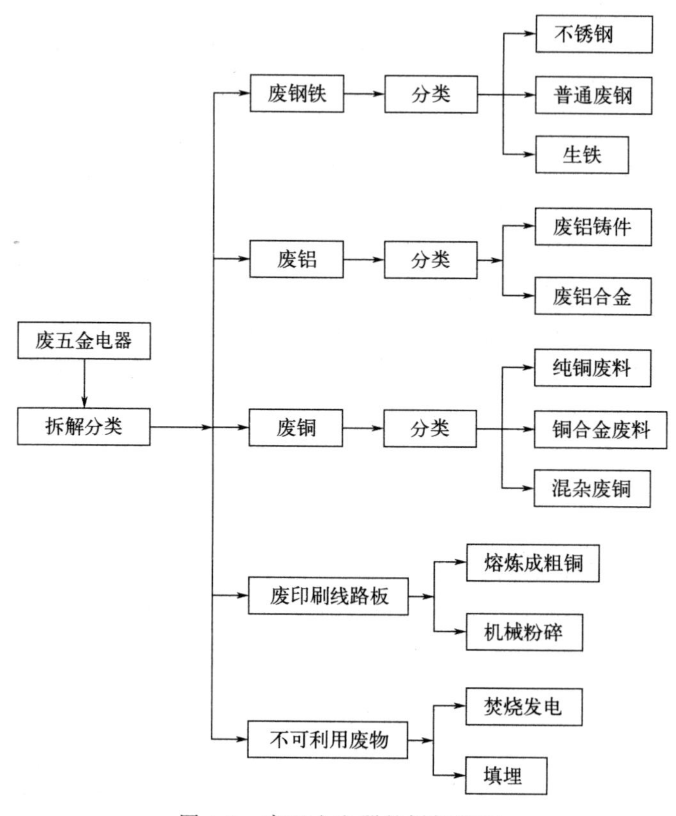

图 4-3　废五金电器的拆解流程

废电机含铜量一般为 7%～8%，可高达 15%。废电机拆解难度相对较大，人工拆解劳动强度大、效率低。由于电机的转子和定子的绕组与硅钢片结合得非常牢固，拆解困难，比较有效的拆解方法是采用焚烧预处理，在高温下绕组中的绝缘漆燃烧脱落，绕组和硅钢片脱离，然后再拆解，效果较好。但也有不足之处：一是铜线表面氧化，降低铜线的质量；二是焚烧产生的烟气对环境造成污染。手工拆解和焚烧拆解处理废电机流程如图 4-4 所示。焚烧预处理虽然可以提高废电机的拆解效率，但废电机某些组件的利用价值下降，如过火的硅钢片完全不能再用，绕组铜线表面氧化，不能直接生产铜米粒。

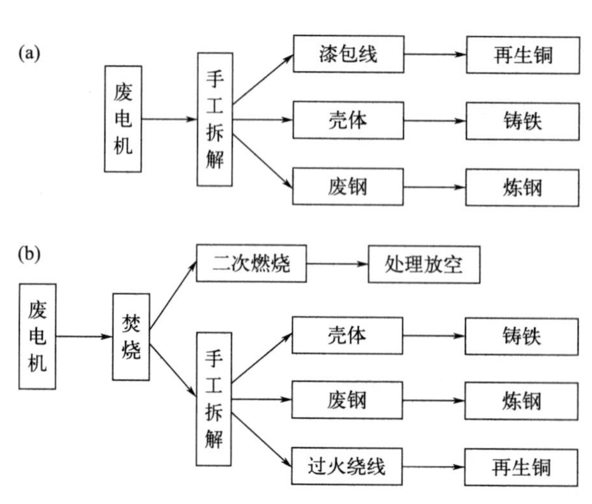

图 4-4　手工拆解（a）和焚烧拆解（b）处理废电机流程

（5）废杂铜的除铁与除油

1）除铁

铁及其合金是铜及其合金中的有害杂质，对铜和其他有色金属及其合金性能影响最大，因此，在预处理工序中，要最大限度地分选出夹杂的铁及其合金。对于废铜碎料，磁选是分选铁及其合金较为理想的方法。磁选设备比较简单，磁源来自电磁铁或永磁铁，工艺设计多种多样，比较容易实现的是传送带的十字交叉法。传送带上的废铜沿横向运动，当进入磁场之后废铁及其合金被吸起离开横向皮带后，立即被纵向皮带带走，运转的纵向皮带离开磁场之后，铁及其合金失去了引力而自动落下并被集中起来。磁选法工艺简单、投资少，很容易被采用。磁选法处理的废铜碎料的单体不宜过大，一般的碎铜料都比较适合，大块的废料要经过破碎之后才能进入磁选工艺。磁选法分选出的废铁及其合金还要进一步处理，因为有一些废铁器及其合金器件中有机械结合的以铜为主的有色金属零部件，很难分开，如废件上的螺母、电线、水暖件、小齿轮等。对这部分的分选是非常有必要的，因为分选出的有色金属可以提高产值，还可提高废铁件的档次，由于分选难度大，一般采用手工拆解和分选，但效率低。为了提高生产效率，对于分选出的难拆解的铜和铁结合件，最有效的处理方法是在专用的熔化炉中加热，利用熔点温度差，使铜熔化后分离。

2）除油

废杂有色金属及其合金的零部件在使用过程中都沾有油污，在循环利用之前要进行清洗，如果此类废料数量大，可以采用滚筒式洗涤设备，效果很好。

滚筒以水为介质，加入洗涤剂，不仅可以洗掉油污，还可以浮选出轻质杂质，如废塑料、废木头、废橡胶。主要设备有螺旋式的推进器，废铜随螺旋推进器被推出，轻质废料被一定流速的水冲走，在水池的另一端被螺旋推进器推出。在整个过程中，泥土和灰尘等易溶物质大量溶于水中，并被水冲走，进入沉淀池。污水在经过多道沉降澄清之后，返回循环使用，污泥定时清除。此种方法可以使废铜表面的油污较好地被清除掉，使相对密度较小的轻质材料全部分离，并可以分离出大量的泥土，是一种简易的方法。

4.1.3　废杂有色金属资源循环利用实例

实例一：铜循环利用

二次铜资源的循环利用方法主要分为两类：新废料多采用直接利用法，即将废料直接熔炼成铜合金或紫精铜；旧废料多采用间接利用法，即将废料经火法熔炼成粗铜，然后再电解精炼成电解铜。间接利用法较复杂，按废料所需回收的组分采用一段法、两段法和三段法三种流程。主要工艺设备有鼓风炉、转炉、反射炉和电炉等。

（1）直接利用

通常原料是废纯铜或铜合金，按原料性质直接利用有如下处理方法：

1）废纯铜生产铜线锭

主要原料为铜线锭加工废料、铜杆剥皮废屑、拉线过程产生的废线等。冶炼过程与原生铜的生产类似，包括熔化、氧化、还原和浇铸等工序。

2）铜合金生产

铜加工厂的相应铜合金废料可不经精炼和成分调整直接熔炼成原级产品，回收的纯铜或合金废料往往需经精炼和成分调整后才能产出相应的合金。

3）废纯铜生产铜箔

废纯铜或铜线经高温和酸洗除去油污后，在氧化条件下用硫酸溶解制取电解液，再用辊筒式不锈钢或钛阴极产出铜箔。

4）铜灰生产硫酸铜

铜加工厂产出的含铜 60％～70％的铜粉和氧化铜皮等，在 700～800℃高温下去油渍并氧化，再用硫酸浸出得到硫酸盐化工产品。

（2）间接利用

按原料性质不同间接利用可分别采用以下火法冶金工艺处理：

1）一段法

将分类后的紫杂铜和黄杂铜用反射炉处理成阳极铜，原料中的锌、铅、锡应尽量回收。一段法只适宜处理杂质少而成分不复杂的废杂铜。一段法流程短、设备简单、投资少、建厂快，适宜中小厂应用。

2）二段法

适宜成分更复杂的废料，如含锌高的黄铜废料可采用鼓风炉-反射炉工艺，含锡和铅高的青铜废料可采用转炉-反射炉工艺，这样有利于回收锌、铅和锡等有价成分。

3）三段法

难分类、混杂的废杂铜等原料适宜用三段法处理，先用鼓风炉熔炼成黑铜，二段用转炉吹炼成粗铜，再用反射炉精炼成阳极铜。二、三段法适合于大型铜厂。

图 4-5 是冶炼厂处理铜废料的原则流程，处理的铜废料包括：从废旧汽车马达、开关和继电器等上拆卸的铜和铁不能分离的物料，粗铅脱铜浮渣，铜熔炼和铜合金厂的烟尘，铜电镀产生的泥渣。采用火法熔炼时，大部分废铜只需重熔和浇铸，但有一部分铜废料须精炼处理才能再用，这些废料包括：与其他金属混合的废料、包覆有其他金属或有机物的废料、严重氧化的废料、混合的合金废料。无论如何，必须在熔炼中除去铜二次原料中的杂质并铸成适当的锭块，然后再加工。处理这些废料有两种方式：一种是在专门的铜二次原料冶炼厂处理，另一种是在原生铜冶炼厂与原生铜原料一起处理。

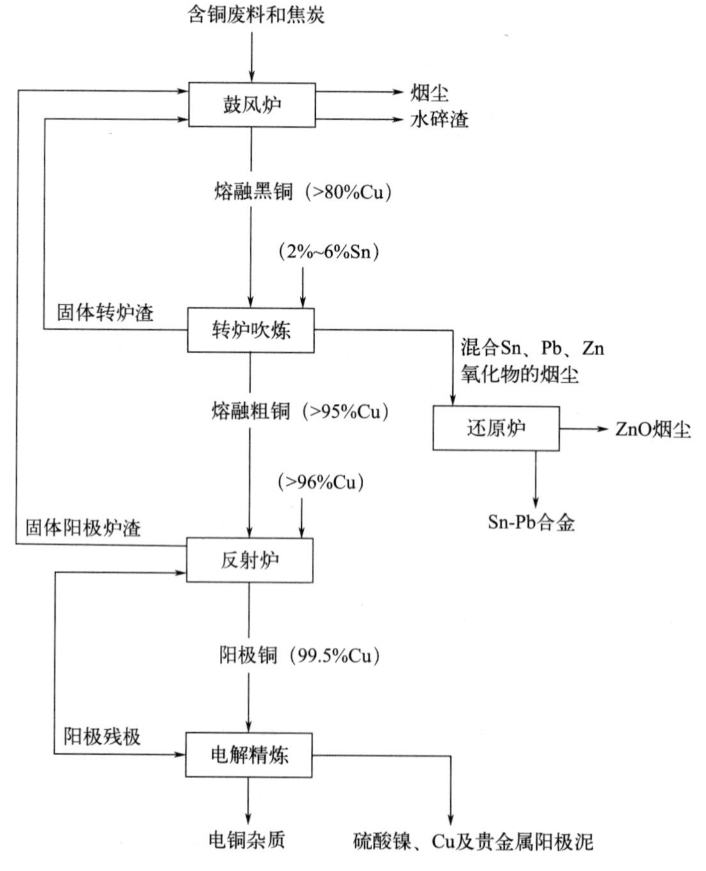

图 4-5　冶炼厂处理铜废料的原则流程

在原生铜转炉吹炼作业中加入高品位铜二次原料是常见的处理方式，这正好利用原生铜吹炼中硫和铁氧化放热来熔化废铜，也可将高品位铜二次原料加入精炼炉处理，但此时必须外加更多的燃料。低品位铜二次原料一般不太适合在原生铜冶炼厂的转炉和阳极炉中处理，因为这种铜废料冶炼中要吸收大量热。通常块（粒）度较大时，也不适合在一些铜精矿熔炼炉（如闪速炉）中处理，但有几种原生铜冶炼工艺适合处理这种铜二次原料，如反射炉、顶吹回转炉等。阳极炉处理的原料主要限于高品位铜二次原料，如废铜丝、废铜线，不合格阳极、残极等。

图 4-6 是熔炼-吹炼工艺处理铜废料的流程。小颗粒废料与铜精矿一起由旋转喷枪加入熔炼炉，大块料通过炉顶和炉墙溜槽加入熔炼炉和吹炼炉。

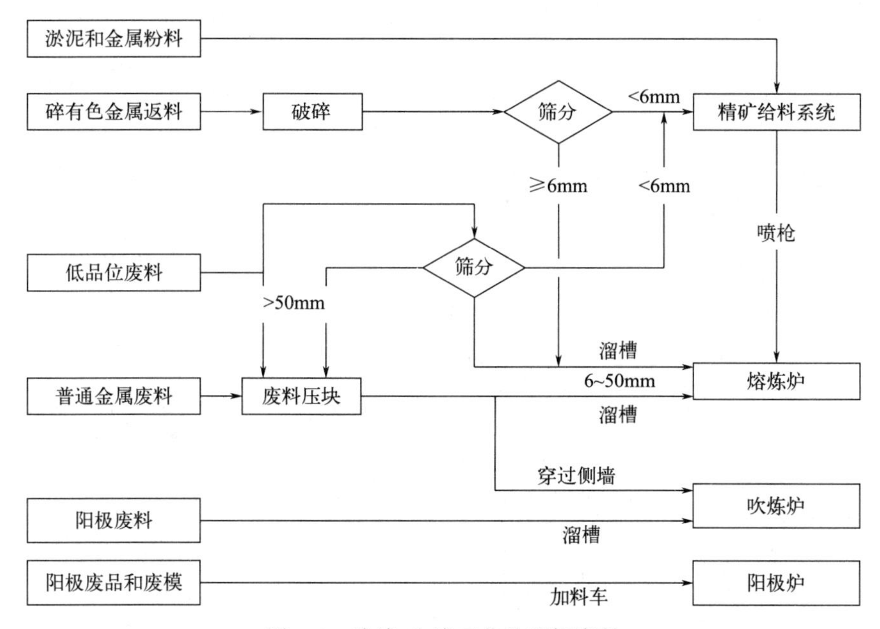

图 4-6　熔炼-吹炼工艺处理铜废料

实例二：铝循环利用

铝具有优良性质，在使用过程中几乎不被腐蚀，可回收性很强。目前，我国的循环铝约占原生铝产量的四分之一。图 4-7 为铝循环流程。

与铜不同，循环铝的生产工艺和原生铝完全不同，所以循环铝原料通常都不回到原生铝冶炼厂去处理，而是单独建立循环铝生产厂。循环铝的熔炼技术和设备比循环铜要简单，基本工艺是熔化过程，且循环铝几乎全部以铝合金形式产出。除熔化过程外，须按产品要求适当进行合金成分调配。回收的废铝一般经过重熔炼或精炼，然后经铸造、压铸、轧制成循环铝产品。循环铝及合金的生产一般采用火法，熔炼设备有反射炉、竖炉、回转炉、电炉。选用何种工艺一般由原料性质、当地的能源结构（煤、电、油和气等）以及拥有的技术等来决定。废杂铝宜生产循环铝及合金；废杂灰料可生产硫酸铝、铝粉、碱式氯化铝；优质废铝可生产合金、铝线或铸件；废飞机铝合金可直接重熔再生。

火法熔炼必须在熔剂覆盖层下进行，防止铝的氧化，还可起到除杂质的作用。常用的熔剂是氯化钠、氯化钾，再加 3%～5%的冰晶石。循环铝及合金熔炼的原则流程如图 4-8 所示。

反射炉熔炼是国内外用的最广泛的工艺，80%～90%的循环铝是用反射炉熔炼的。反射炉适应性强，可处理各种铝废料。工业上有一（单）室、二室和三室炉。常用的电炉包括熔

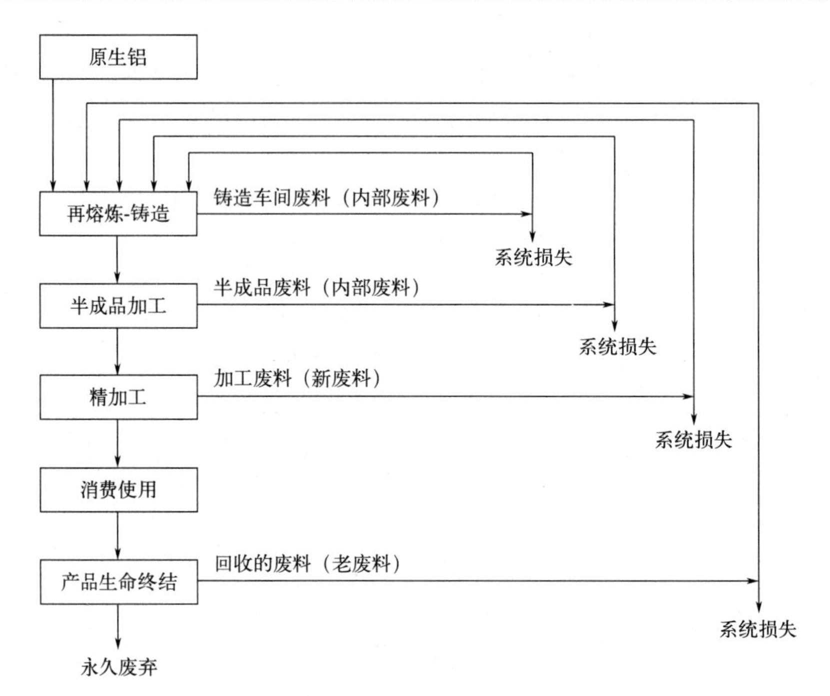

图 4-7　铝循环流程

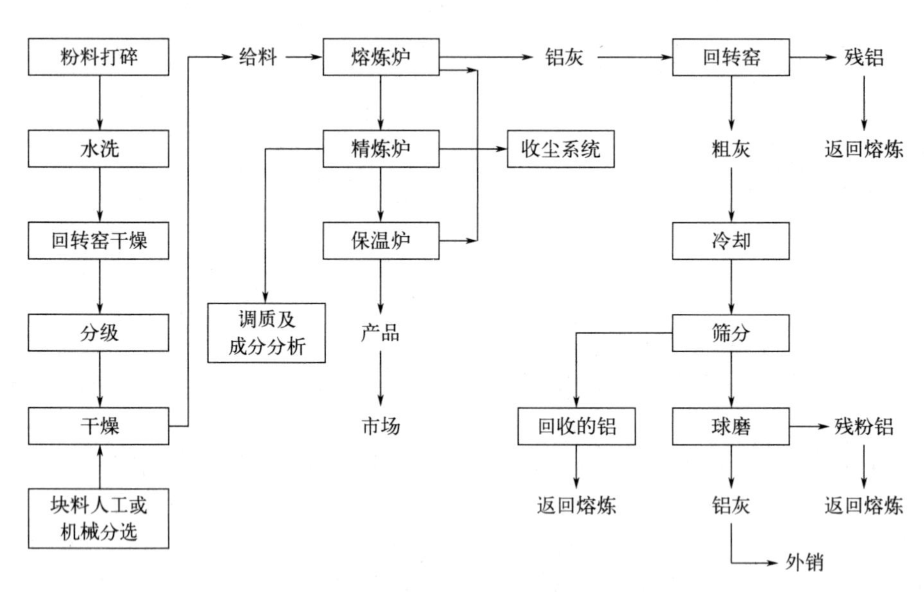

图 4-8　循环铝及合金熔炼的原则流程

沟式有芯感应电炉和坩埚感应电炉，适宜处理铝屑、打包废料、饮料罐、铝箔等，多用于合金熔炼。回转炉多用于处理打包的易拉罐和炉渣，以油或天然气加热，炉子和炉料是活动的，效率高。竖炉后一般再接一个平炉，竖炉熔化，平炉精炼。竖炉的优点是传热好，熔化速度快，能耗低；缺点是物料烧损大，只适宜处理块料。

消费者从市场购买的循环铝制品，无论是金属锭还是合金，都可能在不同程度上含有一些杂质。这是因为循环铝和其他再生有色金属（如铜、铅、镍等）不同，其他二次有色金属原料部分可与原生料一起处理，或金属加工时通过电解或蒸馏法提纯后，产品质量与原生金属相差不多；循环铝的生产则与原生铝相差很远，这无疑使循环铝及其制品的质量受到较大影响。通常，循环铝及其制品生产过程中最容易出现的有害杂质有三种：氢、碱金属和非金属夹杂物。

目前循环铝工业存在的主要问题是重熔损失大，特别是用有油污的废料、轻量化的废铝罐和铝箔等作原料时。重熔时为了防止铝的氧化，通常加入熔盐，这不仅增加了生产成本，而且对环境也不利。一般循环铝质量比原铝低。

铝灰是循环铝熔炼过程必然要产出的中间产物，处理好坏可能直接影响行业的经济效益。刚出炉的铝灰含铝 65%～85%，产量约占熔融铝的 15%。从铝灰中回收铝是循环铝行业的重要课题，影响到金属的回收率和生产成本。一个月产量 3000t 的循环铝企业，铝灰产量约 450t，铝灰中铝回收率为 45%或 70%，将相差约 112t 铝，相当于企业的毛利润。要达到 70%的铝回收率，技术上还有困难。含铝大于 30%的灰渣作为炼钢的辅料正好可被有效地利用。

我国开发了压榨式铝灰渣处理装置，又称铝灰压榨机，克服了搅拌式铝灰处理法的缺点，可以达到较高的铝回收率，能耗也少，经济上有优势。以铝灰月产量 100t 的企业为例，将搅拌法处理铝灰和压榨法进行比较，搅拌法的铝回收率为 45%～50%，而压榨法可达 55%～60%，甚至有时可达 70%。

实例三：锌循环利用

二次锌原料主要是钢铁厂产生的含锌烟尘、热镀锌厂产生的浮渣和锅底渣、废旧锌和锌合金零件、化工企业产生的工艺副产品和废料、次等氧化锌等，这类废料属于旧废料，而生产锌制品过程中产生的废品、废件及冲轧边角料，则属新废料范畴。锌灰、锌浮渣、熔剂撇渣和喷吹渣是钢板或钢管在不同镀锌操作中产生的主要二次锌原料。锌灰是干镀锌过程中由于熔融锌的氧化而产生的，浮在熔融锌的表面。锌灰主要是锌氧化物，也有少量金属锌以及其他杂质。在湿镀锌过程中，熔剂是为了减少熔融锌的氧化，熔剂撇渣的主要组成是金属锌、氧化锌、氯化锌等。此外，在镀锌过程中镀锌槽底由于钢锅壁和钢部件与熔融锌反应，形成一种 Zn-Fe 合金，沉淀在槽底，称之为底渣。喷吹渣是在钢管镀锌过程中进行表面清渣时得到的。电弧炉炼钢时，往炉中加入各种钢铁废料，有的废料可能含有锌或其他金属，一些易挥发的金属（如锌）在冶炼过程中会挥发进入烟尘，电弧炉烟尘主要含氧化锌、铁酸锌以及其他金属氧化物等（视入炉原料不同而有所不同）。硫化锌精矿湿法冶金中产生的含锌渣主要有浸出渣、净化渣和熔锅撇渣，其中浸出渣是最主要的回收锌原料。其他的二次锌原料还包括废电池、汽车含锌废料等。

含锌废料回收锌的方法有火法和湿法两种，其中以火法为主。新废料一般在炼锌厂或锌制品厂内部处理，经仔细分类的纯废锌或合金可直接重熔；含锌杂料（包括氧化物）可采用还原蒸馏法或还原挥发法富集于烟尘中处理。回收锌的冶炼设备有平罐或竖罐蒸馏炉、电热蒸馏炉等。这些火法冶炼设备用于处理二次原料时，操作条件与处理原生锌原料类似。许多二次锌原料可在原生锌的生产过程中同时处理，如电热法、熔炼法等生产过程中都可以处理部分锌废料。威尔兹法主要处理锌浸出渣及钢铁工业的含锌烟尘等。从二次锌原料中用湿法生产循环锌的量虽不及火法，但却有某些独特优势，如在处理钢铁工业废镀锌板以及电弧炉烟尘时，用火法处理也不是很理想，用湿法处理却有较大进展，特别是湿法处理中采用溶剂萃取技术分离和提纯，得到了业内许多人士的认可。目前先用火法从烟尘中产出粗氧化锌，经净化后再将较纯的氧化锌加入电锌厂的湿法系统处理，最终产出高纯电锌。此外，湿法处理环境条件好。

可以将各种含锌废料和循环料看作是易于开采的富锌矿，近些年来，已开发了许多从这类物料中回收锌的工艺（主要是火法），大多是用热蒸馏法使锌转化成锌氧化物，这种锌氧化物含有大量重金属和卤化物杂质。要将这种锌氧化物转化成金属锌，主要采用硫酸浸出-电积法和密闭鼓风炉（ISP）法，图 4-9 是 ISP 法工艺流程。

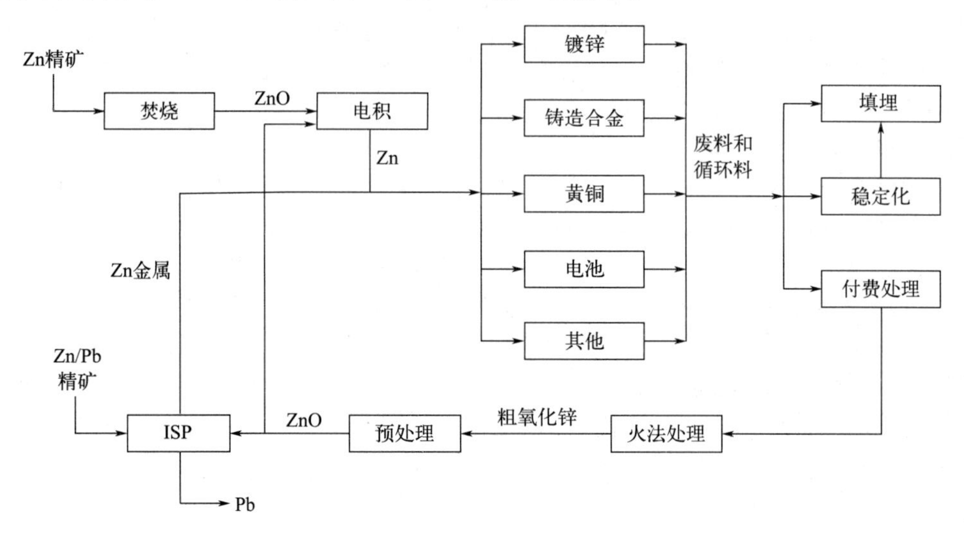

图 4-9　ISP 法工艺流程

意大利 Engitech 公司开发了 Ezinex 工艺和主要用以处理电弧炉烟尘的 Indutec 法。Indutec 是火法工艺，主设备是无芯低频感应炉。Ezinex 法主要用于将锌氧化物转化成金属锌，Ezinex 法的流程如图 4-10 所示，工艺过程主要由五部分组成：

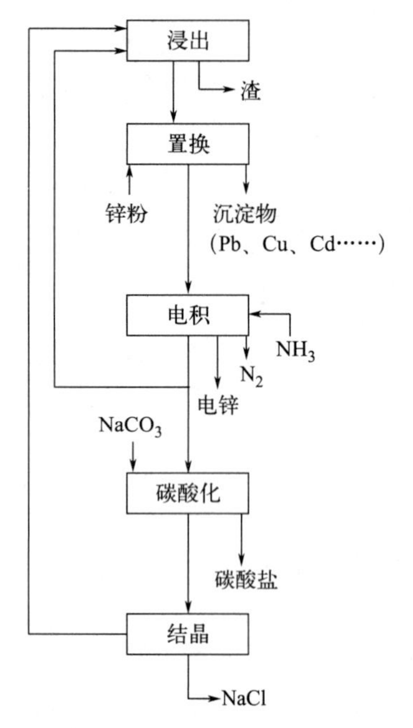

图 4-10　Ezinex 法的流程

（1）浸出

锌氧化物以氨配合物被浸出，铁不被浸出，铅以配合物被浸出。

（2）置换

为了防止其他金属与锌在阴极上共沉积，必须将溶液中比锌正电性更强的金属除去，可通过往溶液中加锌粉置换来实现。置换出的杂质包括银、铜、镉和铅，置换出的沉淀物送去铅冶炼厂处理以回收有价元素。

（3）电积

该单元中电解液为氯化铵溶液，采用钛制的阴极母板，阳极为石墨。阴极上沉积锌，阳极反应放出氯气，放出的氯气立即与溶液中的氨反应放出氮气，而氯则转化成氯化物返回过程使用。往电解液中通入空气搅拌，加强溶液中离子的扩散作用。

（4）碳酸化

在该单元作业中通过添加碳酸盐以控制溶液中的钙、镁和锰含量。这些杂质沉淀物送去 Indutec 工艺处理，钙、镁造渣和锰进入生铁中。

（5）结晶

在该单元作业有两个主要任务，一是维持系统水平衡，二是碱金属氯化物结晶。该单元作业很重要，因为绝大多数锌废料和循环料都含有碱性氯化物，碱性氯化物会对锌氧化物转化成金属锌的其他工艺造成很大麻烦，所以，在这里进行锌氧化物的预处理以除去碱金属氯化物。

Indutec 和 Ezinex 两种工艺联合，将为含锌废料和循环料的处理提供更有效的工艺和更多机遇，可使这类原料直接产出金属锌，并避免了其他工艺所需采用的麻烦作业，如洗涤。联合工艺的理论流程如图 4-11 所示。这种联合大大提高了整个工艺的灵活性，拓宽了原料的处理范围，使过去许多填埋的废料有机会得到处理。研究表明，许多工业部门的含锌废料都可用这种联合工艺处理。例如，可以处理碱性或锌碳电池、镀锌行业的含锌废料等。可将联合工艺中 Indutec 看作是 Ezinex 的前阶段作业，联合使过程更简化，提高了生产效率，原料中存在的氯化物、氟化物和金属杂质的问题很容易地得到了解决。在联合工艺中，原来废料中的一些有害元素在这里成了有价元素，提高了经济效益。

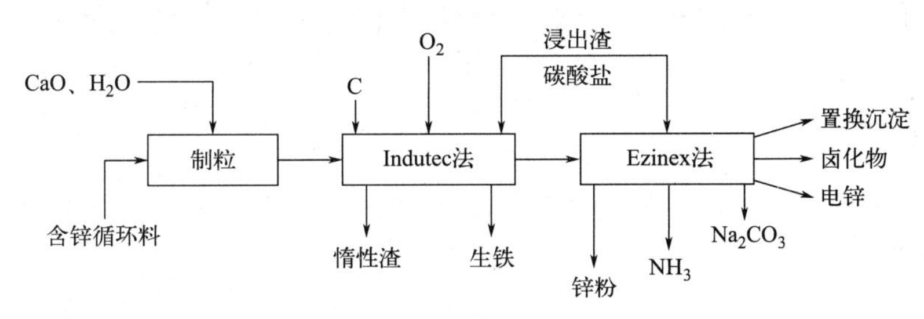

图 4-11　联合工艺的理论流程

4.1.4　有色金属资源循环利用工程实践

（1）美国 Toxco 公司

美国 Toxco 公司总部位于美国加利福尼亚州，是一家专业从事电池回收利用的公司。Toxco 公司在锂离子电池回收领域拥有先进的技术和丰富的经验，其回收工艺高效且环保。Toxco 公司开发了 Toxco 工艺，该工艺采用湿法浸出方法从废旧锂离子电池中回收锂、铜、铝等有价值的金属。Toxco 湿法工艺已成功应用于英属哥伦比亚工厂，可回收 70%以上的电池组材料，年处理废旧锂电池量达 5000t。回收工艺主要包括以下步骤：

收集与分类：废弃的锂离子电池首先被收集并进行初步的分类和检查，以区分不同型号和化学性质的电池，确保后续处理过程的安全性和效率。

预处理：对收集的电池进行放电处理，防止在后续拆解过程中发生短路或自燃。放电通常通过将电池正负极浸入导电盐溶液中实现短路放电，或使用充放电机收集残余电量。

低温磨碎：利用液氮等低温介质将电池冷却至极低温度（如－198℃），有效降低了电池内部的锂元素活性，然后进行磨碎处理。这一步骤有助于减少电池内部的热量和化学反应，同时使电池材料更容易分离。

湿法冶金处理：磨碎后的电池材料进入湿法冶金处理阶段。Toxco 公司采用独特的电化学分离和光谱分析等技术，从电池材料中高效提取出纯锂金属及其他有价值的金属元素（如钴、镍、铜、铝等）。湿法冶金处理过程包括浸出、萃取、净化除杂、湿法分离等多个步骤，通过化学反应和物理分离技术实现金属元素的分离和提纯。

材料回收与再利用：取出的金属元素经过进一步的处理和提纯后，被用于生产新的电池或其他产品，实现了资源的循环利用和可持续发展。

环保处理：Toxco 公司注重回收过程中的环保问题，确保气体排放被控制在最小范围内，整个回收过程无需高温环境，降低了能源消耗和环境污染。

Toxco 公司的锂离子电池回收工艺具有以下技术优势：①高效性，采用低温磨碎和湿法冶金处理技术，提高了金属元素的回收率和纯度；②环保性，采用湿法冶金工艺，能源消耗低、环境污染小；③灵活性，能够处理不同型号和化学性质的锂离子电池，具有广泛的适用性；④自动化程度高，生产线高度自动化，提高了回收效率和安全性。

（2）比利时 Umicore 公司

比利时 Umicore 公司又称优美科公司，是一家历史悠久的全球性材料技术和回收公司，其历史可以追溯到 1805 年，最初由多家矿业和冶炼公司合并而成。Umicore 在全球各大洲开展运营，客户遍及全球，在多个国家和地区设有工厂和研发中心。Umicore 的业务主要分为四个部分：①电池材料，专注于电动汽车所需的正极活性材料和预混合正极活性材料的大规模工业化生产；②催化，在催化领域拥有丰富的经验和技术实力，为汽车、化工等多个行业提供高效的催化解决方案；③回收，致力于从废旧电池、催化剂等废弃物中回收有价值的金属和材料，实现资源的循环利用；④特种材料，生产和销售各种特种材料，以满足不同行业的特殊需求。

Umicore 在废旧动力电池回收领域拥有独特的 Val’Eas 工艺，该技术以其独特的处理方式和高效的回收能力在行业内具有较高的知名度。Val’Eas 工艺避免了传统机械拆解与物理分选的复杂过程，通过采用直接与造渣剂混合搭配后投入特制高炉中熔炼的方式，实现对废旧电池的高效处理。Val’Eas 工艺已成功应用于比利时安特卫普的霍博肯工厂，锂回收量达 92%以上，年处理废旧锂离子电池量约 7000t。该工艺处理流程包括：①混合搭配，报废的电池单体不经机械拆解与物理分选，直接与造渣剂混合搭配；②熔炼处理，将混合后的物料投入特制高炉中进行熔炼处理，产出钴镍铜铁合金；③湿法工艺处理，采用加压氧化浸出等湿法工艺处理合金，回收钴、镍、铜等金属，并生产正极材料。

Val’Eas 工艺将废弃锂离子和镍氢电池搭配熔渣协同处理，富氧熔炼温度为 1100～1200℃，熔炼结束产出高价值合金材料（Co、Cu、Ni）和炉渣，熔炼过程产生的有害气体经吸收塔无害化处理后达标排放。合金材料（Co、Cu、Ni）经酸浸处理后，采用化学沉淀方法以金属盐沉淀形式回收。

Val’Eas 工艺与常规电池回收工艺相比优势明显：①安全性能好，无电池解体破碎预处理工序，避免了电池解体过程破碎困难、安全风险高的问题；②金属回收率高，充分利用塑料与石墨碳自身燃烧热，高温熔炼过程能耗低、流程短，炉渣清洁无污染，实现了钴、镍、锰、铜等有价金属绿色高效回收，回收得到的钴、镍化合物产品纯度高，可直接应用于电池材料生产；③原料适应性强，Val’Eas 工艺能够处理不同正极、外壳材料的锂离子电池，具有较强的原料适应性；④系统处理能力强，该技术实现了大量废旧电池的快速处理，系统处理能力强大；⑤环保效益显著，避免了复杂的机械拆解与物理分选过程，充分利用了含铝外壳、负极石墨碳素及隔膜塑料等材料的还原性与蕴含的能量，实现了对其中有毒有害物质的集中无害化处置，并产出环境友好的固体废渣。尽管 Val’Eas 工艺具有诸多优势，但也存在一些不足之处。例如，该工艺需要与钴精矿搭配熔炼，随着报废电池数量的迅速增加，搭配比例的矛盾日益突出；产出的渣量大，成为制约渣资源化利用的不利因素。

（3）日本同和公司

日本同和公司，全称为日本同和控股（集团）有限公司，是一家在日本拥有 120 多年历史的知名企业，以其在有色金属领域的卓越表现而著称，是日本的有色金属企业之一。同和公司的多种有色金属循环再利用产品产量在世界上占有较大的市场份额，在世界有色金属循环产业领域有重要的地位。

同和公司开发了 Dowa 工艺，针对不同电子废弃物原料分别采用湿法浸出和火法熔炼工艺从中回收铜、金等金属，工艺流程如图 4-12 和图 4-13 所示。湿法浸出工艺中，使用自动剥离设备对基板等电子废弃物进行剥离预处理，剥离得到的残渣作为铜原料回收，剥离液中的金通过电解精炼高效回收，金纯度高达 99.995%以上。此外，部分含铜较高的 CPU 直接用王水处理，含铜较高的残渣作为铜原料进一步回收，尾液经无害化处理后达标排放。火法熔炼工艺中，使用粉碎机对基板等电子废弃物进行深度破碎预处理后投入熔炉中，富氧熔炼温度控制在 1100℃左右，熔炼过程采用先进滤袋式集尘器高效去除粉尘，应用急速冷却技术有效抑制了二噁英的产生，产生的有毒有害气体经喷淋塔和活性炭吸收处理后达标排出。该工艺铜回收率 90%以上，流程短，环境友好，实现了电子废弃物中有价金属的高效回收，有良好的经济效益。Dowa 工艺已成功应用于同和公司旗下的小坂冶炼公司，主金属回收率 90%以上，年处理电子废弃物 5 万吨以上。

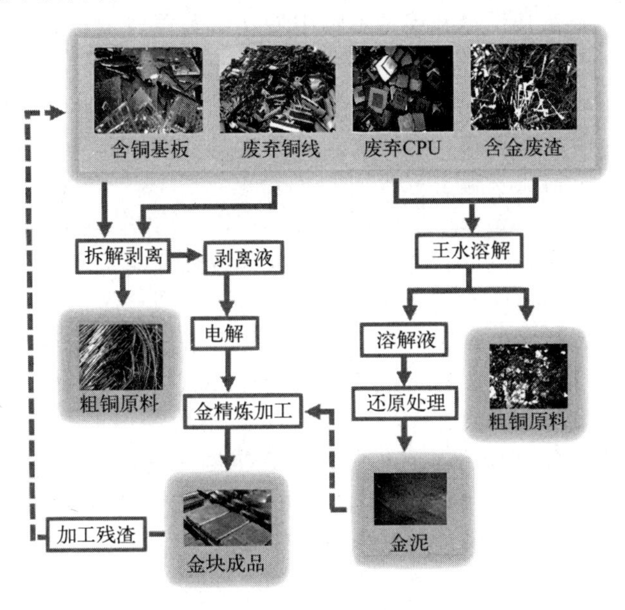

图 4-12　同和公司电子废弃物湿法浸出工艺流程

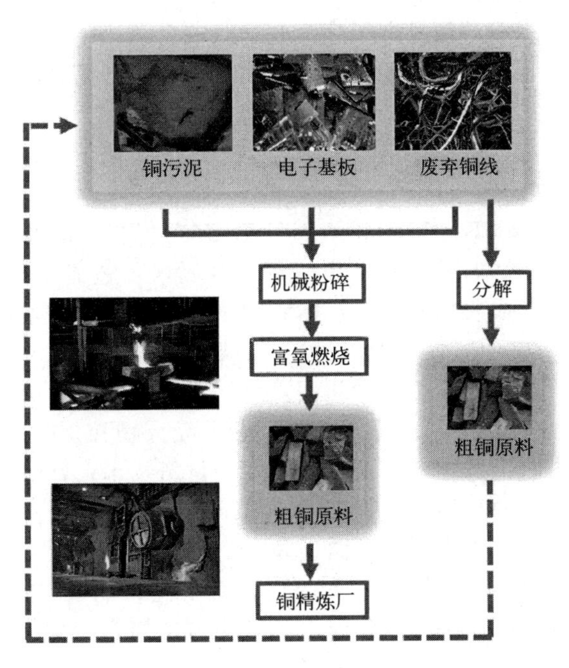

图 4-13　同和公司电子废弃物火法熔炼工艺流程

（4）瑞典Boliden公司

瑞典波立登（Boliden）公司是北欧地区的大型矿冶集团之一，主要从事铜、铅、锌、黄金和白银等金属的开采、冶炼和销售，每年生产大量金属，包括15t黄金、450t白银以及4t铂族金属，其生产能力和规模在行业内处于领先地位。作为伦敦黄金市场的会员单位，Boliden公司在全球金属市场中享有较高的声誉和地位。Boliden公司旗下Ronnskar冶炼厂自1980年起就开始商业化处理电子废弃物，已累计处理废弃电子废弃物30多万吨。

Boliden公司开发了Boliden-Kaldo工艺，也称为Kaldo技术或卡尔多炉技术。Kaldo工艺在有色金属冶炼领域，尤其是铅和镍的冶炼中展现出其独特的优势：①高效性，Kaldo炉能够在同一台炉子内周期性地完成加料、氧化熔炼、还原和放铅、出渣等阶段，大大缩短了冶炼周期；②节能性，通过高压喷枪喷入矿粉，在氧化反应的瞬间又进行还原反应，充分利用了硫化矿的燃烧热，降低了能耗；③环保性，整个系统都被罩在一个密封的环保烟罩下，有效防止了烟气、烟尘、铅蒸气等对操作环境的影响。1979年，用于有色金属冶炼的第一台Kaldo转炉在瑞典北部的Ronskar冶炼厂出现，首先被用来处理含铅烟尘，随后又投产了处理铅精矿的Kaldo炉。在20世纪80年代，我国金川有色金属公司已将Kaldo技术成功地用来吹炼镍精矿，将其熔化吹炼成金属镍。

随着城市矿山和资源循环的兴起，Kaldo工艺被用于从电子废弃物中分离回收铜、镍、锌等有价金属。该工艺将电子废弃物与铅精矿按1∶4配比投入Kaldo熔炼炉，高铜废料进入传统铜熔炼工序，熔炼温度控制在1000～1300℃，熔炼产出的合金进入铜吹炼工序进一步回收铜、镍、硒、锌等有价金属，烟灰中铅、硒、铟、镉等有价金属采用湿法工艺进回收。该工艺尾气中SO_2经1200℃高温处理后可回收制硫酸，对于卤素含量较高的尾气，采用石灰吸收氟形成惰性沉淀物，尾气经处理后达标排放。

（5）格林美股份有限公司

格林美股份有限公司是一家专注于循环经济与低碳制造的高新技术企业，已建成覆盖我国广东、湖北、江西、河南、天津、江苏、山西、内蒙古、浙江、湖南、福建等省级区域的循环产业园，是国内从事废旧电池及电子废弃物回收的企业。格林美的主营业务涵盖废物循环、资源再生和新能源材料制造三大领域。在废物循环方面，公司专注于电子废弃物、废旧电池的回收利用；在资源再生方面，公司致力于将回收的废物转化为有价值的资源，如铜、钴、镍等金属材料；在新能源材料制造方面，公司专注于锂离子电池正极材料、三元前驱体等产品的生产与销售。

格林美公司开发了Green Eco-Manufacture（GEM）工艺，该工艺结合火法和湿法冶金方法，从电子废弃物中分离回收铜、铝、金等有价金属，工艺流程如图4-14所示。公司针对电子废弃物分布广泛、形成规律不明确、回收网络不健全、回收过程效率低等问题，构建了典型城市矿山大数据系统，创建了“互联网＋分类回收”运营模式，开发了物联网全程可追溯信息化平台；针对废旧家电拆解自动化程度低、处理环境差、塑料资源化率低等问题，研发了废旧家电自动化立体式拆解系统，开发了电子废弃物控制性破碎与智能识别分选系统，发明了电子废弃物中非金属物料直接生产塑木型材新技术；针对电子废弃物处理过程各阶段产生的不同类型和纯度的金属物料，发明了电子废弃物金属分拆件短流程再造高品质合金新技术、低温热解高效清洁处理废旧电路板技术，开发了含铜混杂物料高效精炼新技术，发明了控电位氧化-配合浸出-协同萃取分离贵金属新工艺。Green Eco-Manufacture工艺已成功应用于公司旗下各循环产业园区，年回收处理废弃物资源总量400万吨以上，回收铜、镍、钴、铝、金、银、铂、钯等二十多种金属，实现了城市矿山二次资源中有价金属综合回收和全组元的高值化利用。

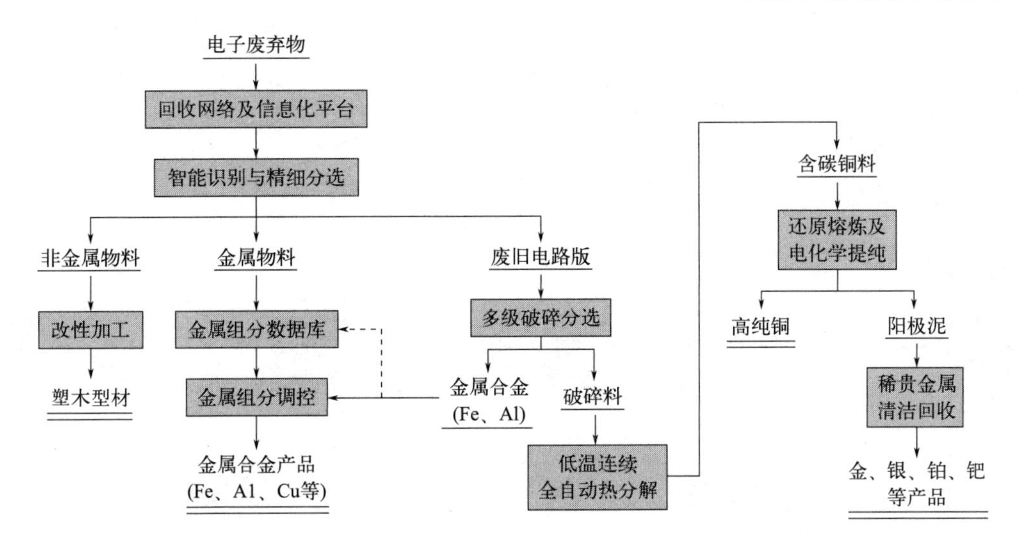

图 4-14　GEM 工艺流程

(6) 中国节能环保集团有限公司

中国节能环保集团有限公司（简称中国节能）是一家致力于节能环保领域的大型企业集团，在国内外具有广泛的影响力和竞争力，旗下拥有 500 余家下属企业，业务分布在国内各省市及境外约 110 个国家和地区，旗下某再生资源技术有限公司是国内火法处理废旧电路板的典型企业。

中国节能开发了熔池熔炼处理废旧电路板新工艺，该工艺采用富氧顶吹熔池熔炼法从废弃线路板中分离回收铜、金、银等有价金属，将经拆解破碎预处理后的废旧电路板搭配造渣剂一同加入顶吹熔池熔炼炉中，补充适量焦炭的同时利用废旧电路板的自身燃烧热控制熔池温度在 1000～1300℃。原料中有价金属以粗铜合金形式回收，余热由余热锅炉吸收循环利用，废烟气经二次燃烧处理后，二噁英等有毒有害气体含量显著降低，尾气经布袋收尘和碱液吸收后达标排放。该工艺产出粗铜合金含 Cu 85%～95%、Au 30～200g/t、Ag 300～3000g/t、Pd 5～38g/t，主金属的回收率在 95%以上。

(7) 桑德集团

桑德集团是生态型环境与新能源综合服务商，在环境及新能源产业处于国际领先地位。旗下某新材料有限公司一直致力于废旧电池等有色金属废料回收与循环再造及再生资源综合利用，在锂电池资源循环领域有重要影响。

桑德集团开发了 Sander 工艺，该工艺将物理分选与化学提取相结合从废旧电池中分步回收锂、钴等有价金属。废旧电池经放电、拆解、剥离预处理后得到粉末状电池正极材料，用醋酸等 pH 值在 4～6 之间的弱酸浸出后固液分离得到含钴渣和含锂溶液；利用 pH 值低于 1.0 的硫酸、硝酸等强酸浸出含钴渣后固液分离得到酸浸渣和含钴溶液。在含锂溶液和含钴溶液中加入适量碳酸钠，水浴加热至 60℃以上分别得到碳酸锂和碳酸钴。该工艺通过控制浸出体系 pH 值，实现了废旧锂电池中锂和钴的梯级回收，得到的碳酸钴和碳酸锂纯度高。Sander 工艺已成功应用于湖南某新材料有限公司。

(8) 邦普集团

邦普集团是一家专业从事再生资源的高新科技企业，是全球专业的废旧电池及报废汽车资源化回收处理企业，拥有先进的回收技术和设备，能够高效、环保地处理各类废旧电池和报废汽车。通过回收处理废旧电池和报废汽车，邦普能够提取出有价值的金属材料，并用于生产高端电池材料，如三元前驱体等。这些材料在新能源汽车、储能等领域具有广泛的应用前景。邦普集团开发了 Bomp 工艺，该工艺将高温热解与湿法浸出相结合从废旧电池中分步回收镍、钴、锰氢氧化物，工艺流程如图 4-15 所示。

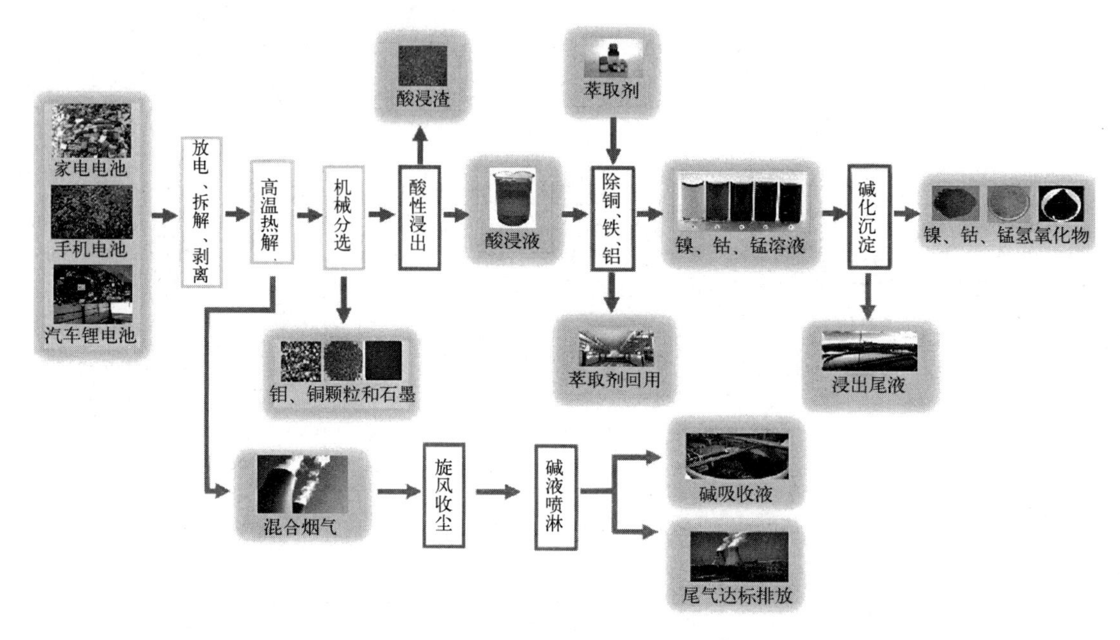

图 4-15　Bomp 工艺流程

该工艺通过拆解、剥离废旧电池回收金属外壳，电池主体经高温热解处理去除有机溶剂，热解过程产生的有毒烟气经旋风除尘、碱液喷淋吸收工艺处理后达标排放。热解后电池主体经破碎和机械分选后，分离出塑料外壳、正极、负极和隔膜等材料。正极材料酸浸液经萃取铜、铁、铝后得到纯度较高的镍、钴、锰萃余液，萃余液通入适宜浓度的氨水碱化沉淀后生成镍、钴、锰氢氧化物，镍、钴、锰氢氧化物可作为原料供应到三元材料前驱体的制备当中，继续添加碳酸锂经烧结处理后可制备三元材料。Bomp 工艺已成功应用于该公司旗下长沙废旧电池回收基地。

4.2　黑色金属循环利用

黑色金属是指铁、铬、锰及钢铁和其他铁基合金材料。目前使用的金属材料中，钢铁所占的比例在 90%以上，钢铁中又以普通钢材的用量最大，约占整个钢材生产总量的 80%～90%。随着资源的日益枯竭和环境问题的出现，以废钢铁为原料基础的钢铁冶金体系逐步建立，是社会可持续发展的重要组成部分。从资源意义上理解，对废钢进行再生利用是发展“第二矿业”。钢铁企业多用废钢，少用铁矿石，不仅有利于保存自然资源，而且有利于节约能源，减少污染。目前经济发达国家将废旧金属视为“第二矿业”，形成了新兴的工业体系。

4.2.1　废钢铁来源及分类

对钢铁产品来说，钢铁生产、钢铁产品制造加工、钢铁制品的使用是其生命周期中的三个阶段。在钢铁产品的生命周期中，产生三种不同来源的废钢。钢铁产品生命周期的第一阶段是钢铁生产，在此过程中，含铁物料经选矿、烧结、炼铁、炼钢、轧钢等工序，一步步变成钢材等钢铁产品。在这一阶段产生的废钢，称为内部废钢，如金属锭冒口、返回料等。钢铁产品生命周期的第二阶段是钢铁产品制造加工，钢铁产品经机械加工后，产生边角料和车屑等废钢，这种废钢是由生产出来的钢铁产品演变而成的，所以称这种废钢为短期废钢。这些废钢，经回收后返回钢铁工业，进行重新处理。钢铁产品生命周期的第三阶段是钢铁制品的使用，各种钢铁制品，经过一定年限的使用之后报废而成为废钢。这些钢铁制品包括船舶、机器设备、金属构件、机车和车辆、武器装备等，使用寿命都较长，一般在 10 年以上，只有少数制品寿命较短。这些金属制品经若干年使用后才会成为废钢，这部分废钢经回收后，重新进入钢铁生产流程中，是钢铁工业的重要原料之一。从经济成本方面来说，对生产过程中每一阶段产生的废物，应首先在该阶段内部进行循环利用，既提高资源的利用率，也减轻末端治理的负担。

废钢铁是比较特殊的商品，每年都有几百万吨的废钢铁产生，这些废钢铁按来源可分为七大类。

（1）生产性废钢铁

生产性废钢铁一部分是各个钢材制造终端使用商品的边角余料，这一部分通过市场交易回到钢铁企业进行再次冶炼；另一部分是各钢铁企业自产的返回废钢铁，是企业内部各个生产单元（如车间、分厂）在生产过程中的边角余料，例如：切头、切尾、铸余、废品、试样、钢屑、下脚料等。生产性废钢铁的特点有：质量很好、钢水收得率高、钢种明确、化学成分清楚。管理好这部分废钢铁对于降低生产成本有着重要意义。但是，随着各个行业的技术进步和对节能降耗、降低成本的追求，以及钢铁企业实现转炉（电炉）＋全连铸，钢铁成材率提高，自产返回废钢铁减少，生产性废钢铁趋于减少。

（2）农业废钢铁

农业废钢铁来源于损坏的各种农业设施，如闸、坝、桥、农具、工器具等，由于我国农业现代化起步较晚，农业废钢铁目前主要是废铸铁、工具钢较多。

（3）基本建设业废钢铁

来自基本建设业的废钢铁数量较大，特别是近几年，随着铁路建设、公路建设、市政建设、工业与民用建设的发展，这方面的废钢铁越来越多，预计在未来的 20 年内将会保持着较高的产出量。来自这方面的废钢铁质量较好，品种有拆下来的各种型号的钢筋、角、槽、板，工程用角、槽、板的下脚料，淘汰报废的建筑设备和工器具。近几年来随着拆迁量的加大，各种建筑物拆下来的废钢铁越来越多，这部分废钢铁绝大部分是普通碳素钢。

（4）铁路废钢铁

目前我国的铁路建设发展很快，随着高铁、动车组、铁路提速的大发展，原有的铁路设施与之越来越不相适应。因此，淘汰报废了许许多多的铁路设施，如机车、车厢、道轨等。这部分废钢铁质量优越，绝大部分是重型料，且化学成分清晰，钢水回收率高。这部分废钢铁是各钢铁企业的抢手货。随着铁路事业的发展，这方面的废钢铁会越来越多，应当引起废钢铁经营者和使用者的关注。来自铁路的废钢有碳素钢和合金钢。

（5）矿山废钢铁

我国矿产资源丰富，特别是煤的产量居世界第一，煤的贮存量位居世界第三，产煤的历史较长，因此，这方面淘汰下来的废钢铁很多。煤矿是高风险行业，设备淘汰更新较快，同样也是废钢铁产生较多的地方。例如，各种液压支架、巷道支架、运输车辆，各种采掘机械工器具等，这类废钢铁也是优质废钢铁。矿山废钢铁的特点是重型料多、合金钢多。

（6）民用废钢铁

民用废钢铁在整个废钢铁市场中占比相当大。但是，质量参差不齐，绝大部分是轻薄料和小型料，易氧化生锈，钢水回收率较低。例如，家电的外皮、钢铁制桌椅家具、办公家具、灶具、厨具、上下水管道、钢制门窗、脚踏工具、健身器材、饮料容器。要较好地回收使用民用废钢铁就必须对民用废钢铁进行加工。例如，使用打包机、剪切机、破碎机，以增加堆密度。另外，尽快使用以减少氧化，变不利为有利。民用废钢要注意各种含有锌、锡的废钢，如易拉罐、罐头盒、各种筒体。

（7）军用废钢铁

军用废钢铁数量较少。在我国，一些淘汰报废的军事武器装备在销毁时必须有军事人员监管，并到指定的钢铁企业销毁。

4.2.2 废钢铁加工

废钢和铁矿石一样，是钢铁工业的主要原料。铁矿石是地下开采出来的自然资源，而废钢是通过回收获得的可再生资源。由于来源不同，废钢原料和矿石原料在性质上有很大差异：第一，废钢原料的物理形态有板状、块状、带状、丝状、粉状等类型，而铁矿石经粉碎后，按统一规格处理；第二，废钢表面常有油脂类物质，这对废钢再生熔炼不利，而矿石原料没有这类问题；第三，从化学成分上来看，废钢原料比精矿原料的杂质含量高，而且杂质的品种多，可能含有铜、锌、镍、锡、铅、锑等杂质，化学成分变化较大。为了适应冶炼过程的需要，冶炼前必须进行严格的预处理。再生金属材料的性能，在很大程度上取决于废钢材料的预处理。

20 世纪 70 年代前，国内废钢加工工艺主要以落锤、爆破、氧割、人工拆解为主，从 20 世纪 80—90 年代开始，大体经历了引进研发-扩大国产化-提升创新技术能力三个发展阶段。目前，我国废钢加工设备已形成系列化，主要有 Y81 系列液压金属打包机、Q43/Q43Y 系列鳄鱼式剪切机、Q91/Q91Y 液压龙门剪、PSX 系列废钢破碎线，有近 70 个规格型号。废钢铁装卸设备主要有 WZY、WZY(D)、WZYS、JY、JYL 等系列抓钢机，这些装备是废钢铁加工配送体系建设重要的组成部分。

在废钢加工设备产业发展过程中，设备产品标准化体系建设逐步完善。目前，已有 3 类 5 个行业标准。其中废钢打包类的金属打包液压机执行中华人民共和国机械行业标准 JB/T 8494.2—2012，重型液压废金属打包机执行中华人民共和国机械行业标准 JB/T 11394—2013，废钢剪切类的鳄鱼式剪断机执行中华人民共和国机械行业标准 JB/T 9956.2—2012，废钢破碎生产线执行中华人民共和国机械行业标准 JB/T 10672—2018。标准体系建设是保证废钢加工设备产业持续健康发展的根基，是规范行业发展必不可少的条件。

机械加工技术不仅使效率得到提高，也提升了生产过程中的环保治理和再生资源的分类回收水平。废钢铁破碎生产线配置的除尘设备和非铁分选设备，降低了加工过程中粉尘的排放，把废有色金属、废橡胶、废塑料等物资分类选出，提高了再生资源的综合利用水平。机械加工解决了废钢铁氧割加工气体污染问题，废钢铁加工企业现场环境得到很大改善，废钢铁加工设备在清洁生产、保护环境方面发挥了重要的作用。

4.2.3 废钢铁循环利用

废钢铁的用途很广，其循环利用的途径大致有四种：挑选利用、直接利用、修旧利用和改制利用、综合利用。

（1）挑选利用

从各钢铁厂和机械加工厂的废钢铁里可以挑选出相当一部分废次钢材、边角余料，用于生产农具、小五金和生活器具，是一种比较合理的选择。

(2) 直接利用

废钢铁的主要用户是钢铁厂、铸造厂和铁合金厂。一般情况下，重型优质废钢供给特殊钢厂生产军工钢和优质合金钢，中小型废钢供给转炉钢厂作冷却剂，渣钢、轻型废钢和钢屑供给平炉钢厂回炉冶炼，铁屑和氧化屑供给高炉或化铁炉用来炼铁或铸造，轧钢厂产生的铁鳞和锻造车间产生的氧化铁皮可以供钢厂作为助熔剂和洗炉材料，含铁粉尘、铁泥可用于烧结生产。

(3) 修旧利用和改制利用

工厂企业日常生产、维修过程中更换下来的零部件、生产工具、管理阀门、轴套轴瓦、轧辊、钢锭模等，经过拆解、清洗、焊补、打磨、拼接等方法，常可以整旧如新，变废为宝，使其重新投入使用。钢铁厂产生的短锭、中注管、汤道、注余、切头切尾和边角料、废次钢材、废旧钢轨等经过加热再轧或切分、冷拔、冷轧等，均能改制成一般用途的钢材。火车、汽车、轮船等交通工具报废后，经过拆解，其中的大梁、箱板、船板都可以改制利用。

(4) 综合利用

废钢铁中常混杂着一些尚可直接利用的组分。如电机、电缆、电子元器件及各种合金刀具、模具、器皿、铜套、轴瓦、阀门等，可以从中回收有色金属、稀贵金属和合金元素。

在废钢循环过程中，影响材料性能的主要原因是材料的化学成分和加工工艺。当材料中含有一些不需要的杂质时，往往会影响材料的性能。特别是利用回收的废钢为原料，循环利用中生产出的钢材性能就会退化。例如，制造汽车用的钢板，必须要杂质极低的钢材，而从报废汽车回收的钢材经电炉熔炼后，不能达到汽车用钢的原有要求，只能用于生产建筑用钢筋。当再生金属用于原用途时，可能遇到处理代价太大、经济上不合理或技术不成熟等问题，此时，要根据再生钢的性质和需要，开发其他利用途径，作为另一种产品降级使用。合金钢经几次再生循环，钢中的 Cu、Ni、Sn、Mo 等元素的浓度会由于累积效应而增大。这些元素本身最初是作为合金化元素加入钢中来提高性能的，但累积效应对于钢材的热加工性能有不良影响。因此，在钢铁再生循环过程中应设法控制其含量。

在传统工艺中，产品设计往往只从经济和使用性能出发，而不考虑产品的回收和利用问题，这给废品的回收利用带来很大困难。所以新的产品设计概念，要有利于产品的回收和产品的性能，有利于环境保护。废钢的再生利用不但要求不同部门、不同行业的合作，还要求开发新的工艺流程，从源头上减少废弃物，提高废钢利用率，改善产品性能。

4.3 耐火材料循环利用

4.3.1 耐火材料简介

4.3.1.1 耐火材料的定义与特性

通常将耐火度不低于 1580℃的一类无机非金属材料称为耐火材料。耐火度是指耐火材料锥形体试样在没有荷重情况下，抵抗高温作用而不软化、熔倒的摄氏温度。但仅以耐火度来定义已不能全面描述耐火材料了，1580℃并不是绝对的。现定义为凡物理化学性质允许其在高温环境下使用的材料均为耐火材料。耐火材料通常具备以下特性：

高熔点：耐火材料具有较高的熔点，能够在高温环境下保持结构的稳定性，这是其最基础也是最重要的特性之一。

抗化学侵蚀：耐火材料能够抵抗酸、碱、盐等化学物质的侵蚀，不会因化学反应而破坏，从而保护设备免受化学侵蚀的损害。

热膨胀系数匹配：耐火材料的热膨胀系数与周围材料相匹配，这有助于避免热应力引起的开裂和破损，确保设备在高温下的稳定运行。

高热导率：耐火材料能够有效传导热量，避免热点集中和热应力的积累，这对于提高设备的热效率和延长使用寿命具有重要意义。

化学稳定性：耐火材料在高温下不会发生化学变化，能保持稳定性并不受化学反应的影响，这是其能够在极端条件下正常工作的关键。

结构稳定性：耐火材料具有良好的结构稳定性，能够承受机械应力和热震引起的变形和破裂，确保设备在高温下的结构完整性。

4.3.1.2 耐火材料的分类

耐火材料的种类繁多，可以按照不同的标准进行分类：

按矿物组成分类：包括氧化硅质、硅酸铝质、镁质、白云石质、橄榄石质、尖晶石质、碳质、锆质及特殊耐火材料等。

按制造方法分类：分为天然矿石和人造制品。天然矿石如硅石、石英、黏土等，经过加工处理即可使用；而人造制品则是通过特定的工艺过程，如烧结、熔融等制成的。

按形状和尺寸分类：包括块状制品（如耐火砖）和不定形耐火材料（如耐火浇注料、耐火泥等）。块状制品具有固定的形状和尺寸，适用于炉体结构等部位的砌筑；而不定形耐火材料则具有更大的灵活性，可以根据需要进行现场浇筑或修补。

按耐火度分类：分为普通、高级及特级耐火制品。普通耐火材料的耐火度在1580～1770℃之间，高级耐火材料的耐火度在1770～2000℃之间，而特级耐火材料的耐火度则大于2000℃。

按应用分类：如高炉用、水泥窑用、玻璃窑用、陶瓷窑用耐火材料等，这种分类方式主要根据耐火材料在特定工业领域中的应用场景进行划分。

4.3.1.3 耐火材料的发展与应用

耐火材料的历史可以追溯到古代，大致起源于青铜器时代。我国在4000多年前就使用杂质少的黏土烧成陶器，并已能铸造青铜器。东汉时期已用黏土质耐火材料做烧瓷器的窑材和匣钵。20世纪初，耐火材料向高纯、高致密和超高温制品方向发展，同时发展了完全不需烧成、能耗小的不定形耐火材料和高耐火纤维（用于1600℃以上的工业窑炉），如氧化铝质耐火混凝土，常用于大型化工厂合成氨生产装置的二段转化炉内壁。

随着高炉、焦炉、热风炉等工业设备的出现，对耐火材料的需求也越来越大，具有耐高温、抗腐蚀、耐热震和耐冲刷等综合优良性能的特种耐火材料应运而生。这些特种耐火材料在航空航天、核能等高科技领域得到了广泛应用，为这些领域的发展提供了有力支持。同时，相关人员还研制出了低耗能、不需烧制、不定型的耐火材料和高耐火纤维（1600℃以上）。这些新型耐火材料的出现，极大地推动了工业的发展。

耐火材料广泛应用于钢铁、有色金属、玻璃、水泥、陶瓷、石化、机械、锅炉、轻工、电力、军工等国民经济的各个领域，耐火材料是保证上述产业生产运行和技术发展必不可少的基本材料，在高温工业生产发展中起着不可替代的重要作用，主要包括以下几个方面：

建筑领域：耐火材料隔热保温，可用于防火墙、防火门等部位，提高建筑物的耐火等级和安全性能。在高层建筑和大型公共建筑中，耐火材料的应用尤为重要。

冶金领域：在钢铁、有色金属等冶炼过程中，耐火材料用于炉膛、炉底、炉门等部位的

制造和维修，保证生产过程的安全和稳定。耐火材料在冶金工业中发挥着不可替代的作用。

石化领域：在石油化工、化肥生产等高温工艺中，耐火材料广泛应用于反应器、管道等设备的保温和隔热。这些设备在高温下运行，需要耐火材料来保护其免受高温和化学侵蚀的损害。

电力领域：在火力发电厂的锅炉等设备中，耐火材料用于提高热效率、降低设备的热损失。同时，耐火材料还用于保护锅炉的炉膛和炉墙等部位免受高温和腐蚀的损害。

航空航天领域：在火箭、飞机发动机等高温部件中，耐火材料发挥着关键作用。如火箭发动机燃烧室衬里采用高纯度氧化铝陶瓷材料，其优异的耐高温和耐腐蚀性能确保发动机的稳定运行；航空发动机涡轮叶片采用复合陶瓷材料可以提高叶片的耐高温和耐磨损性能；在航天器的热防护系统中，采用多层结构的耐火材料组合共同构成有效的热防护屏障。

4.3.2　耐火材料循环利用方法

废旧耐火材料主要来源于两个方面：一是高温产业及各类工业窑炉在使用过程中产生的废弃耐火材料；二是耐火材料生产企业在生产过程中产生的废品和废料。

（1）预处理

1）回收与分类

回收：废旧耐火材料在拆除过程中应细心操作，避免混入泥土、杂物等。回收后的材料须进行初步的分类，以便后续处理。

分类：根据耐火材料的种类、成分和性能进行分类，如镁碳砖、铝镁碳砖、高铝砖等。分类后的材料更易于进行针对性的处理。

2）清洗与去除杂质

清洗：使用水或其他清洗剂去除废旧耐火材料表面的灰尘、泥土等杂质。

去除杂质：通过人工或机械方法去除耐火材料表面的渣层和渗透层等有害成分。这些有害成分会影响再生产品的性能和使用寿命。

3）破碎与加工

破碎：将清洗后的废旧耐火材料破碎成不同粒径的颗粒或细粉。破碎过程中需注意控制粒度分布，以满足不同用途的需求。

加工：对破碎后的颗粒进行进一步的加工处理，如磁选、筛分等，以去除金属铁等杂质并优化粒度分布。

（2）循环利用方法

1）直接使用法

将拆除后的耐火材料，不经过加工直接用于其他非主要部位或安全要求更低的区域。这种方法适用于损坏较少的耐火材料，能够物尽其用，避免浪费。

2）精选使用法

将用后的耐火材料经过拣选和粉碎，加工成不同颗粒料后使用。这种方法虽然会降低产品质量，但能有效解决环保问题，实现循环使用。

3）再加工利用

在精选使用法的基础上，进一步进行破碎复合颗粒、物理化学加工和处理，使废弃耐火材料更接近原始原料的质量水平。例如，通过高温熔炼、烧结等工艺，将废旧耐火材料加工成新的耐火材料。

4）合成使用

利用新材料合成原理，在拣选和粉碎加工后，加入一些材料，利用化学和高温物理原理合成新材料，或者以此为原料提取纯物质，如从用后的镁铬砖或高铬砖中经过提纯和反应制得金属铬。还可以将废旧耐火材料加工成微粉甚至纳米粉，提高产品的附加值。

5）作为混凝土添加剂或建筑材料

破碎后的耐火材料可以作为混凝土的添加剂使用，提高混凝土的性能。同时，一些耐火材料也可以被用于制造建筑材料，如砖、瓦等，为建筑行业提供新的材料来源。

6）能源回收

在某些情况下，废旧的耐火材料也可以通过焚烧等方式转化为能源。但这种方式需要考虑到环境保护和能源效率等因素，确保不会对环境造成二次污染。

（3）循环利用工艺流程

耐火材料循环利用是一个复杂而精细的过程，涉及废旧耐火材料的回收、处理、再利用等多个环节。废旧耐火材料的循环利用一般遵循以下过程：废弃耐火材料收集→分类堆放→分拣→除去渣层→破碎→筛选→分出规格→按一定比例掺入新产品中→配料、混炼→成型→热处理→制品。在这个过程中，需要根据不同种类的废旧耐火材料特性和使用要求确定相关的技术参数，制订相应的处理方案。

1）废旧耐火材料的回收

废旧耐火材料的回收是整个循环利用流程的起点。这一步骤主要包括从高温工业窑炉、耐火材料生产企业等源头收集废弃的耐火材料。回收过程中，需要特别注意避免将泥土、杂物等非耐火材料混入其中，以保证回收材料的质量。

2）分类与拣选

回收后的废旧耐火材料需要进行分类与拣选。由于耐火材料种类繁多，不同材质的耐火材料在性质、用途和回收处理方式上存在差异，因此分类拣选是必要的。分类时，通常按照耐火材料的材质、使用状况等因素进行划分。拣选则是通过人工或机械的方式，去除废旧耐火材料中的杂质、附着物等，以提高后续处理效果。

3）清洗与去渣

经过分类拣选的废旧耐火材料表面往往附着有灰尘、泥土、炉渣等杂质。这些杂质的存在会影响再生耐火材料的性能和质量。因此，在破碎加工之前，需要对废旧耐火材料进行清洗和去渣处理。清洗通常采用水洗或酸洗的方式，以去除表面的泥土和灰尘；去渣则通过人工敲击、机械切割等方法，去除黏附在耐火材料表面的炉渣等有害成分。

4）破碎与加工

清洗去渣后的废旧耐火材料需要进行破碎加工，以制备成符合要求的颗粒或细粉。破碎加工通常在各种破碎设备中进行，如颚式破碎机、圆锥破碎机、对辊破碎机等。破碎过程中，需要根据再生产品的需求，将废旧耐火材料破碎成不同粒径的颗粒。同时，为了防止铁质等杂质对再生耐火材料性能的影响，还需进行磁选或酸选处理，以去除金属铁等杂质。

5）均化处理

破碎加工后的废旧耐火材料颗粒在成分、粒度等方面可能存在不均匀性。为了提高再生产品的质量和稳定性，需要进行均化处理。均化处理通常是将破碎后的颗粒放在均化堆场进行机械或人工掺合，使其均匀分布。这样可以保证再生产品的原料质量一致性，从而提高产品的整体性能。

6）再利用

经过上述处理后的废旧耐火材料颗粒或细粉，可以根据不同的需求进行再利用。再利用的方式多种多样，主要有：

直接利用：将废旧耐火材料拆下来不加工而直接利用到其他非主要部位或更安全的

部位。

初级利用：将废旧耐火材料经过简单的拣选和破碎，加工成不同颗粒料，以少量加入质量较高的产品或将较高比例的废旧耐火材料加入冶金辅料等附加值不高的产品中。

中级利用：对废旧耐火材料进一步进行破碎复合颗粒、物理化学加工和处理，使其更接近原始原料水平。

高级利用：在中级利用的基础上，将废旧耐火材料分离提纯作为化学试剂和合成原料，或将再生产品加工成微米粉或纳米粉，进而产生更高的附加值。

4.3.3　耐火材料循环利用实例

（1）钢铁行业案例

宝钢集团作为国内钢铁行业的大型企业，在废旧耐火材料的循环利用方面取得了显著成效。宝钢将高炉主沟浇注料全部回收用作渣沟浇注料的原料，实现了资源的有效循环。此外，宝钢还对用后镁碳砖进行再生处理，制备出具有抗氧化、抗渣性能强、使用寿命长的再生镁碳砖。这些再生产品在实际应用中表现出色，不仅降低了生产成本，还减少了环境污染。

武汉钢铁集团则将用后铝镁碳残砖进行分类、清除杂质后，经过磁选和水化处理，再用破碎机加工成所需粒度，制备出再生铝镁碳砖。这些再生砖在钢铁生产中得到了广泛应用，取得了良好的经济效益和环境效益。

（2）水泥行业案例

在水泥行业中，废旧耐火材料的循环利用也取得了显著进展。水泥回转窑废弃的镁铬砖经过拣选、加工后，可以制成再生料用于生产回转窑低温带部位使用的镁铬砖。这一举措不仅减少了废弃物对环境的污染，还节约了原材料资源。

（3）玻璃行业案例

玻璃工业中废弃的硅砖也可以进行循环利用。欧洲玻璃工业每年拆除的窑炉会产生大量废弃硅砖，其中30％～35％可以重新利用制作成工作池和蓄热室顶用硅质砖和轻质隔热硅砖。这些再生硅砖在玻璃生产中发挥了重要作用，减少了新材料的消耗和废弃物的产生。

（4）陶瓷行业案例

陶瓷工业中废弃的匣钵和窑具也可以通过循环利用转化为新的耐火材料。北京某公司将废弃的碳化硅匣钵、熔融石英匣钵以及废陶瓷破碎成各种粒度作为不定形耐火浇注料的骨料，取得了良好的经济效益和使用效果。此外，景德镇陶瓷学院还开发了以废匣钵料为骨料生产的渗水砖和高档耐磨研磨介质等产品，进一步拓宽了废旧耐火材料的利用途径。

4.4　废旧塑料循环利用

4.4.1　废旧塑料来源

目前，从树脂合成、成型加工到消费使用，涉及的废旧塑料众多。一般把合成、加工时产生的塑料废料称为消费前塑料废料或工业生产塑料废料，把消费使用后的塑料废弃物称之为消费后塑料废料。消费前塑料废料产生的量相对较少，易于回收且回收价值大，所以一般其回收工作由生产工厂独立完成。通常所说的废旧塑料主要指消费后的塑料。

（1）树脂生产中产生的废料

在树脂生产中产生的废料包括以下三方面：①聚合过程中反应釜内壁上刮削下来的贴附

料（俗称“锅巴”）以及不合格反应料；②配混过程中挤出机的清机废料以及不合格配混料；③运输、贮存过程中的落地料等。

废料的多少取决于聚合反应的复杂性、制造工序的多少、生产设备及操作的熟练程度等，在各类树脂生产中聚乙烯产生的废料最少，聚氯乙烯产生的废料最多。

(2) 成型加工过程中产生的废料

在塑料的各种成型加工中均会产生数量不等的废品、等外品和边角料。如注射成型中的流道冷料、浇口冷固料和清机废料等；挤出成型中的清机废料、修边料和最终产品上的截断料等；吹塑过程中的吹塑机上的截坏口，设备中的冷固料和清机废料以及中空容器的飞边等；压延加工中从混炼机、压延机上掉落的废料、修边料和废制品等；滚塑加工中模具分型线上的溢料、去除的边缝料和废品等。

成型加工中所产生的废料量取决于加工工艺、模具和设备等。一般来说，这种废料再生利用率比较高，品种明确，填料量清楚，且污染程度小，性能接近于原始料，预处理工作量小，通常可作为回头料掺入新料中，并且对制品的性能和质量影响较小。

(3) 配混和再生加工过程中产生的废料

在配混和再生加工过程中产生的废料仅占所有废旧塑料的很小部分，是在配混设备清机时的废料和不正常运行情况下出的次品，其中大部分为可回收性废旧塑料。

(4) 二次加工中产生的废料

二次加工通常是将从成型加工厂购买的塑料半成品经转印、封口、热成型、机械加工等工序制成成品，这里产生的废料往往要比成型加工厂产生的废料更加难以处理。如经印刷、电镀等处理后的废品，要将其印刷层、电镀层去除的难度和成本都很大，而直接粉碎或造粒得到的回收料，其价值则要低得多。经热成型、机械切削加工产生的废边、废粒，回收再生就比较容易，而且回收料的价值也比较高。

(5) 消费后的塑料废料

这类废旧塑料来源广，使用情况复杂，必须经过处理才能回收再用。这类废弃物包括：①化学工业中使用过的袋、桶等；②纺织工业中的容器、废人造纤维丝等；③家电行业中的包装材料、泡沫防震垫等；④建筑行业中的建材、管材等；⑤罐装工业中的收缩膜、拉伸膜等；⑥食品加工中的周转箱、蛋托等；⑦农业中的地膜、大棚膜、化肥袋等；⑧渔业中的渔网、浮球等；⑨报废车辆上拆卸下来的保险杠、燃油箱、蓄电池箱等。

(6) 城市生活垃圾中的废旧塑料

这类废旧塑料也属于消费后塑料，由于其数量大、回收利用困难，已对环境构成严重威胁，是今后回收工作的重点，所以将其单独归类。城市生活垃圾中的废旧塑料约占2%～4%，其中大部分是一次性的包装材料，基本上是聚乙烯、聚丙烯、聚苯乙烯、聚氯乙烯、聚对苯二甲酸乙二醇酯等，在这些废旧塑料中聚烯烃约占70%。

4.4.2 废旧塑料分类与鉴别

参照美国塑料协会提出并实施的材料品种标记，我国制定了《塑料制品的标志》(GB/T 16288—2008)，塑料包装制品回收标志如图4-16所示。

4.4.2.1 废旧塑料的分类

废旧塑料品种很多，其来源于不同的行业。废旧塑料的分类方法较多，常用的有理化特性（热性能）分类法、用途分类法、制品分类法和来源分类法等。

(1) 理化特性分类法

废旧塑料按照理化特性，可分为热塑性塑料和热固性塑料两大类。

1）热塑性塑料

热塑性塑料指加热后会熔化，可流动至模具冷却后成型，再加热后又会熔化的塑料，即可运用加热及冷却，使其产生可逆变化（液态⇌固态），是所谓的物理变化。通用的热塑性塑料连续的使用温度在100℃以下，聚乙烯、聚氯乙烯、聚丙烯、聚苯乙烯并称为四大通用热塑性塑料。热塑性塑料又分烃类、含极性基因的乙烯基类、工程类、纤维素类等多种类型。热塑性塑料受热时变软，冷却时变硬，能反复软化和硬化并保持一定的形状，其可溶于一定的溶剂，具有可熔的性质。热塑性塑料具有优良的电绝缘性，特别是聚四氟乙烯（PTFE）、聚苯乙烯、聚乙烯、聚丙烯都具有极低的介电常数和介质损耗，宜作高频和高电压绝缘材料。热塑性塑料易于成型加工，但耐热性较低，易于蠕变，其蠕变程度随承受负荷、环境温度、溶剂、湿度而变化。为了克服热塑性塑料的这些弱点，满足其在空间技术、新能源开发等领域应用的需要，各国都在开发可熔融成型的耐热性树脂，如聚醚醚酮（PEEK）、聚醚砜（PES）、聚芳砜（PASU）、聚苯硫醚（PPS）等，以这些材料作为基体树脂的复合材料，具有较高的力学性能和耐化学腐蚀性，能热成型和焊接，层间剪切强度比环氧树脂好。如用聚醚醚酮作为基体树脂与碳纤维制成复合材料，耐疲劳性超过环氧树脂基碳纤维复合材料，耐冲击性好，在室温下具有良好的耐蠕变性，加工性好，可在240～270℃连续使用，是一种非常理想的耐高温绝缘材料。用聚醚砜作为基体树脂与碳纤维制成的复合材料在200℃具有较高的强度和硬度，在−100℃尚能保持良好的耐冲击性，无毒，不燃，发烟最少，耐辐射性好，可制作成航天飞船的关键部件，还可模塑加工成雷达天线罩等。

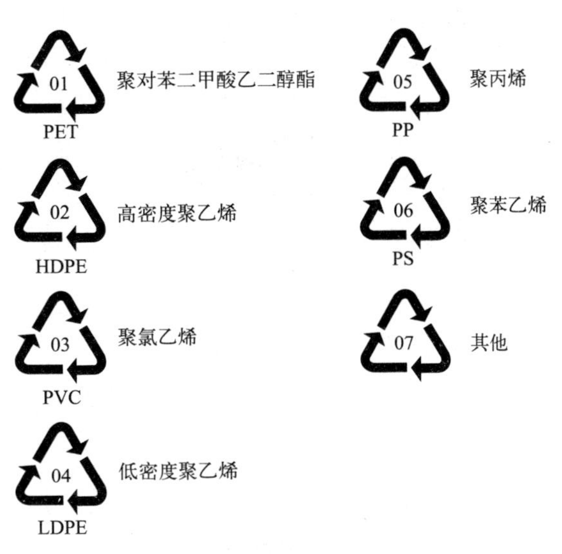

图4-16 塑料包装制品回收标志

2）热固性塑料

热固性塑料是指在受热或其他条件下能固化或具有不溶不熔特性的塑料，如酚醛塑料、环氧塑料等。热固性塑料又分甲醛交联型和其他交联型。热加工成型后形成具有不溶不熔特性的固化物，其树脂分子由线型结构交联成网状结构，再加强热则会分解破坏。典型的热固性塑料有酚醛、环氧、氨基、不饱和聚酯、呋喃、聚硅醚等材料，还有较新的聚苯二甲酸二烯丙酯等，具有耐热性高、受热不易变形等优点。缺点是机械强度一般不高，但可以通过添加填料，制成层压材料或模压材料来提高其机械强度。热塑性塑料和热固性塑料的区别如图4-17所示。

（2）用途分类法

根据塑料的用途不同分为通用塑料和工程塑料。

通用塑料是指产量大、价格低、应用范围广的塑料，主要包括聚烯烃、聚氯乙烯、聚苯乙烯、酚醛塑料和氨基塑料五大品种。日常生活中使用的许多制品都是由这些通用塑料制成的。

工程塑料是可作为工程结构材料和代替金属制造机器零部件等的塑料。例如聚酰胺、聚碳酸酯、聚甲醛、聚四氟乙烯、聚酯、聚砜、聚酰亚胺等。工程塑料具有密度小、化学稳定性高、力学性能良好、电绝缘性优越、加工成型容易等特点，广泛应用于汽车、电器、化工、机械、仪器、仪表等工业，也应用于航天、火箭、导弹等方面。

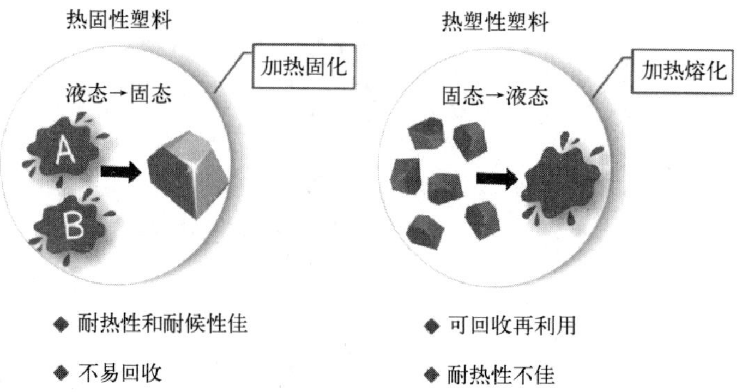

图 4-17　热塑性塑料和热固性塑料的区别

(3) 制品分类法

一次性塑料消费品：日用包装袋、一次性塑料快餐盒、一次性医用制品等。

年度塑料消费品：农用薄膜（地膜、大棚膜）、包装薄膜和其他包装用品。

耐用塑料消费品：管材、板片材、型材、装饰和装修材料、鞋底、凉鞋、桶、瓶等。

长久性塑料制品：塑料结构制品和大多数热固性塑料及其复合材料结构制品。

(4) 来源分类法

塑料合成中产生的废料，如聚合过程反应釜上贴附料以及不合格反应料，配混过程中挤出机的清机废料以及不合格配混料，运输、贮存过程中的落地料等。

成型加工过程中产生的废料，如注射成型中的流道冷料、浇口冷固料、清机废料等，挤出成型中的清机废料、修边料和最终产品上的截断料等，压延加工中从混炼机、压延机上掉落的废料、修边料和废制品等，以及滚塑加工中模具分型线上的溢料、去除的边缝料和废品等。该过程产生的废料量取决于加工工艺、模具和设备等。

塑料件二次加工产生的废料，如废边料、废粒、印刷或电镀不合格品等。

消费后产生的废料，此类废旧料来源复杂，质量参差不齐，较难处理。如食品工业用包装袋、蛋托、油桶、矿泉水瓶、饮料瓶、周转箱和其他包装材料（包装膜、铝塑膜等）及快餐盒等。

城市生活垃圾中废旧塑料，此类废旧塑料通常占城市生活垃圾的 4%～8%，品种繁多，质量差，回收利用非常困难。主要包括有各种包装制品（如瓶类、膜类、袋类等）、日用品（如桶、盆、杯）、玩具、娱乐用品、服装鞋类、捆扎绳、打包带、编织袋、卫生保健用品等。这些制品基本上都是用聚乙烯、聚丙烯、聚苯乙烯、聚氯乙烯、聚对苯二甲酸乙二醇酯等制成，其中聚烯烃占 70%以上。

4.4.2.2　废旧塑料的鉴别

鉴别废旧塑料种类的方法主要有物理方法和化学方法。物理方法主要有塑料的外观鉴别、密度鉴别、折射率鉴别、静电试验鉴别和溶解鉴别。化学方法主要包括塑料的燃烧鉴别、热裂解试验鉴别、显色反应鉴别、元素鉴别等。光谱分析法和仪器分析鉴别技术均是近代发展起来的鉴别技术，包括红外光谱、热分析、激光发射光谱、X 射线荧光光谱和等离子发射光谱等。

常用塑料的识别方法有以下几种：

(1) 外观鉴别法

外观鉴别是根据塑料的形状、颜色、光泽、透明度、耐曲折性、硬度和弹性等的不同来鉴别塑料的种类。一般情况下，塑料制品有热塑性塑料、热固性塑料和弹性体三类。热塑性塑料分为结晶性和无定形两类。结晶性塑料外观呈半透明、乳浊状或不透明，只有在薄膜状态呈透明状，硬度从柔软到硬质；无定形塑料一般为无色，在不加添加剂时为全透明，硬度从硬质到具有橡胶弹性（此时常加有增塑剂等添加剂）。热固性塑料通常含有填料且不透明，不含填料时为透明。弹性体具有橡胶状手感，有一定的拉伸率。表 4-2 列出了几种常用塑料的外观性状，但需要指出的是表中所指的是不含大量添加剂的塑料制品本身的外观性状。

表 4-2 几种常用塑料的外观性状

塑料种类	外观性状
PE	未着色时呈乳白色半透明，蜡状，用手摸制品有滑腻的感觉，柔而韧，有延展性，可弯曲，但易折断。一般 LDPE 较软，透明度较高，HDPE 较硬
PP	未着色时呈白色半透明，蜡状，光滑，划后无痕迹，可弯曲，不易折断，比 PE 轻，透明度较 PE 高，比 PE 刚硬
PVC	本色为微黄色半透明，有光泽，透明度胜于 PE、PP，差于 PS。随助剂用量不同，分为软、硬 PVC，软制品柔而韧，手感黏，硬制品的硬度高于 LDPE，低于 PP，在曲折处会出现白化现象
PS	未着色时透明，制品落地或敲打有金属似的清脆声，光泽很好，类似于玻璃，光滑，划后有划痕，性脆易断裂，改性 PS 不透明
丙烯腈-丁二烯-苯乙烯共聚物（ABS）塑料	外观为不透明呈象牙色粒料，其制品可着各种颜色，并具有高光泽度，有极好的冲击强度，尺寸稳定性好，耐磨性优良，弯曲强度和压缩强度属塑料中较差的
PET	乳白色或浅黄色，为高度结晶的聚合物，表面平滑有光泽，透明度很好，强度和韧性优于 PVC 和 PS，不易破碎

（2）密度鉴别法

不同种类的塑料，其密度通常差别很大。利用这一性质，在工业上将混合废旧塑料依次通过不同密度的液体，根据塑料在液体中的沉浮情况，即可将大多数通用塑料分离。但密度法很少单独用于塑料的鉴别，因为塑料中的各种添加剂以及成型加工方法和工艺条件等都会对塑料制品的密度产生影响；废旧薄膜和泡沫制品的鉴别和分选也不宜采用此方法。表 4-3 列出了几种利用不同密度的溶液鉴别塑料的方法。根据塑料的密度范围，可以将其分为以下几类：①密度为 0.85～1.00g/cm^3 的有 PE、PP、聚异丁烯和天然橡胶等；②密度为 1.00～1.15g/cm^3 的有 PS、ABS、PA、聚烯烃共聚物（PO）、苯乙烯-丙烯腈共聚物（AS copolymer）等；③密度为 1.15～1.35g/cm^3 的有 PC、PA、聚甲基丙烯酸甲酯（PMMA）等。

表 4-3 利用不同密度的溶液鉴别塑料的方法

溶液种类	密度/(g/cm^3)	配制方法	浮于溶液的塑料	沉于溶液的塑料
水	1.00	—	PE、PP	其他塑料
饱和食盐溶液	1.19(25℃)	水 74mL，食盐 26g	PS、ABS	PVC、PMMA
酒精溶液（质量分数 58.4%）	0.91(25℃)	水 100mL，质量分数为 95%的酒精 160mL	PP	PE
酒精溶液（质量分数 55.4%）	0.925(25℃)	水 100mL，质量分数为 95%的酒精 140mL	LDPE	HDPE
$CaCl_2$ 溶液	1.27	$CaCl_2$ 100g，水 150mL	PE、PP、PS、PMMA	PVC

（3）热裂解鉴别法

通过检验塑料在不与火焰接触下的加热行为来鉴别塑料的种类。将少量样品装入裂解管中，在管口放上一片经润湿的 pH 试纸，从逸出气体使 pH 试纸发生的颜色变化来判断塑料的类别，裂解气 pH 值所对应的塑料类别见表 4-4。

表 4-4　裂解气 pH 值所对应的塑料类别

pH 值	塑料类别
0.5～4.0	含卤素的聚合物、聚乙烯酯类、纤维素酯类、聚对苯二甲酸乙二醇酯、线型酚醛树脂、聚氨酯弹性体、不饱和聚酯树脂、含氟聚合物
5.0～5.5	聚烯烃、聚乙烯醇(PVA)及其缩醛、聚乙烯醚、苯乙烯聚合物、聚甲基丙烯酸酯类、聚甲醛、聚碳酸酯、线型聚氨酯、酚醛树脂、硅塑料、环氧树脂、交联聚氨酯
8.0～9.5	聚酰胺、ABS、聚丙烯腈、酚醛树脂、甲酚甲醛树脂、氨基树脂

(4) 仪器分析法

混合废旧塑料的再生利用往往需要较高的鉴别准确度，以避免不同种类物质的混入，使再生料尽可能保持原始料的性能。但传统的鉴别方法往往没有触及物质的化学结构，很难达到较高的准确度，而仪器分析法能实现塑料的高精度鉴别。但该方法对混合物的定性分析比较困难，可结合上述几种鉴定方法，对未知种类塑料进行判断。另外仪器分析法所使用的仪器都较昂贵，一般的企业在经济上难以承受。

(5) 综合鉴别法

对于回收再生利用废旧塑料的企业，在生产中所用的废旧塑料数量大、种类复杂，故不宜采用元素鉴别法和仪器分析法等较复杂昂贵的方法，而应尽量采用简便易行的鉴别方法。一些简易的鉴别方法是靠人的感官或附加某些简单实验就可以及时完成的。例如，可首先采用直观鉴别法，用眼看、鼻闻、手摸、耳听的简单、直观鉴别方法，虽较粗略，但以经验为基础，能鉴别出绝大多数废旧塑料的品种。丰富的知识和经验的积累对塑料种类的判别是有利的，如废旧光盘大多是 PC 材料，废旧电线电缆材料大多是 PE 或 PVC 材料，废旧农用薄膜大多是 PE 材料，废旧塑料编织袋多是 HDPE 和 PP 材料，废旧塑料管材则多是 PVC 或 HDPE 材料等。

在实际情况下，若废旧塑料中混有铁和碳素钢等杂质，在鉴别前必须进行清洗、干燥、磁选等预处理。若由于有些塑料性质相似，如外观类似或塑料品种已被着色、电镀、涂漆，使人难以辨认，或者是由于鉴别人员经验不足，仅采用一种方法不能判断时，需要采用燃烧鉴别法或密度鉴别法鉴别，这是塑料鉴别的简易方法。

4.4.3　废旧塑料循环利用技术

4.4.3.1　废旧塑料成型技术

废旧塑料再生成型的常见加工技术有挤出成型、注射成型、压延成型和中空吹塑成型等。各种工艺之间优缺点的比较如表 4-5 所列。

表 4-5　各种工艺之间优缺点的比较

技术名称	优点	缺点
挤出成型	应用广泛，产品花样多；连续喂料，生产效率高；操作简便；投资少，收效快	无法生产大面积板材
注射成型	生产自动化，成型周期短；可制作外形复杂、精度要求高的产品；适应性强，生产效率高	操作难度大、要求高；一次性投资大；对物料熔体的流动性具有一定要求
压延成型	加工能力强，生产效率高；既可生产成品亦可生产坯料；与轧花辊配合可生产带图案的片材等	设备庞大，一次性投入高；配套设备(开炼机、密炼机、挤出机等)大；产品种类少，仅限于膜和片材
中空吹塑成型	自动化程度高，加工能力大；原料适应性广；商品化程度高	产品相对单一，仅为 PE 类再生膜、PVC 再生膜等

4.4.3.2　废旧塑料热解制油技术

燃料油是分子量在 100～500 的混合烃，塑料是分子量在 10^4～10^7 的聚合物。两者的最基本的元素皆为 C、H。以废旧塑料为原料，通过热裂解、催化裂解等手段生产车用汽油及柴油是废旧塑料回收利用的重要途径之一。比较典型的有德国的 Veba 法、英国的 BP 法和日本的富士回收法等，规模都较大并已进入了商业化阶段。我国对此技术的研究推广已有 10 余年的历史，目前在工业生产中主要存在油品收率偏低、油品质量个别指标不合格、工业化连续进出料系统不完善及相关催化剂研究较为缺乏等问题。

废旧塑料裂解油化工艺因设备形式不同主要可分为四类：槽式法、管式炉法、流化床法、催化法。此外，还有螺杆式、熔盐法和加氢法。不同的方法可用于不同塑料品种的热裂解回收，所得的裂解产物以油类为主，其次是部分可以利用的燃料气、残渣、废气等。各种热分解工艺根据各自的处理需要有粉碎、筛选、干燥、溶解（熔融）、分解、回收、气体净化、水处理及焚烧等工序。

（1）槽式法油化工艺

目前，槽式法油化工艺有聚合浴法和分解槽法两种，设计原理完全相同。槽式法的热分解与蒸馏工艺相似，加入槽内的废旧塑料在开始阶段急剧分解，但在蒸发温度达到一定蒸气压以前，生成物不能从槽内馏出。因此，在馏出前低分子油分先在槽内回流，在馏出口充满挥发组分，待以后排出槽外，然后经冷却、分离工序，将回收的油分放入储槽，气体则作燃料用。槽式法的油回收率为 57%～78%。槽式法中应注意部分可燃馏分不得混入空气，严防爆炸。另外，因采用外部加热，加热管表面有炭析出，须定时清除，以免降低导热性能。

以槽式法油化工艺为例分析其工艺流程。先将废旧塑料破碎成一定尺寸的小块，干燥后由料斗送入熔融槽（300～350℃）熔融，再送入 400～500℃的分解槽进行缓慢热分解。各槽均靠热风加热。焦油状或蜡状高沸点物质在冷凝器内冷凝分离后须返回分解槽内，再经加热分解成低分子物质。低沸点成分的蒸气在冷凝器中分离成冷凝液和不凝性气体，冷凝液再经过油水分离器分离可回收油类。这种油黏度低，发热量高，凝固点在 0℃以下，但沸点范围广，着火点极低，是一种优质燃烧油，使用时最好能去除低沸点成分。不凝性气态化合物经吸收塔除去氯化氢后可作燃料气使用。所回收油和气的一部分可用作各槽热风加热的能源。槽式法油化工艺的热解反应器如图 4-18 所示。反应器的上部设有回流区，此处温度为 200℃左右，备有热分解产物的内回流装置。废料从料斗进入热分解室，热分解产物在类似于蒸馏塔盘的托盘式容器中形成气液接触，然后经过冷却区，靠气体冷却管使其保持所需温度。重质产物冷凝后落到托盘上，与上升的气体接触后经过分解区。部分生成物燃烧产生高温气体，可用于分解槽加热，分解槽排出的废气则可在熔融和干燥过程中加以利用。一般情况下，槽式法油化工艺适用于聚乙烯、无规聚丙烯（APP）、聚丙烯、聚苯乙烯。

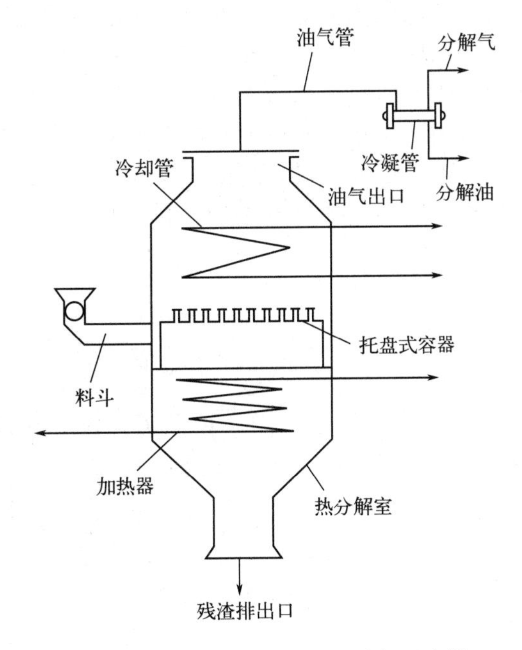

图 4-18　槽式法油化工艺的热解反应器

（2）管式炉法油化工艺

管式炉法也可称为管式法，所用的反应器有管式蒸馏器、螺旋式炉、空管式炉、填料管式炉等。其与槽式反应器一样，都属于外热式，需要大量加热用燃料。管式法中螺旋式工艺所得油的回收率为51%～66%。管式法油化工艺要求原料均匀单一，易于制成液状单体的聚苯乙烯、聚丙烯和聚甲基丙烯酸甲酯，比槽式法的操作工艺范围宽，收率高。管式炉法油化工艺如图4-19所示，在管式法工艺操作中，如果在高温下缩短废旧塑料在反应管内的停留时间，以提高处理量，则塑料的气化和炭化比例将增加，油的收率将降低。在500～550℃分解，以聚烯烃为原料，可得到15%（体积分数）左右的气体；以PS为原料，则可得到1.2%（质量分数）的挥发组分，但残渣多达14%（质量分数），这是由于物料在反应管内停留时间短、热分解反应不充分造成的。

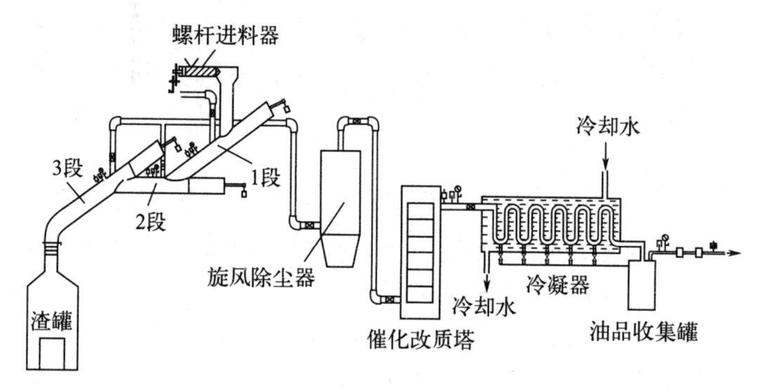

图4-19 管式炉法油化工艺

（3）流化床法油化工艺

以德国汉堡大学的流化床热分解工艺为例进行简单介绍。将废旧塑料破碎成5～20mm的小块，加入流化床分解炉，同时使用0.3mm沙子等固体物质作热载体，当温度升到450℃时热沙使废旧塑料熔化为液态，附着于沙子颗粒表面，接触加热面的部分塑料生成炭化物，与流化床下部进入的气体接触，燃烧发热，载体表面的塑料便分解，与上升的气体一起导出反应器，经冷却和精制，得到优质油品。在燃烧中生成的水和二氧化碳需要进行油水分离，生成的气体和残渣等在焚烧炉中燃烧，余热制水蒸气或热水。

采用流化床法油化工艺（图4-20），油的收率较高，燃料消耗少。例如，将废旧PS进行热分解，因以空气为流化载体发生部分氧化反应使内部加热，故可不用或少用燃料，油的回收率可达76%；在热分解APP时，油的回收率高达80%，比槽式法或管式法提高30%

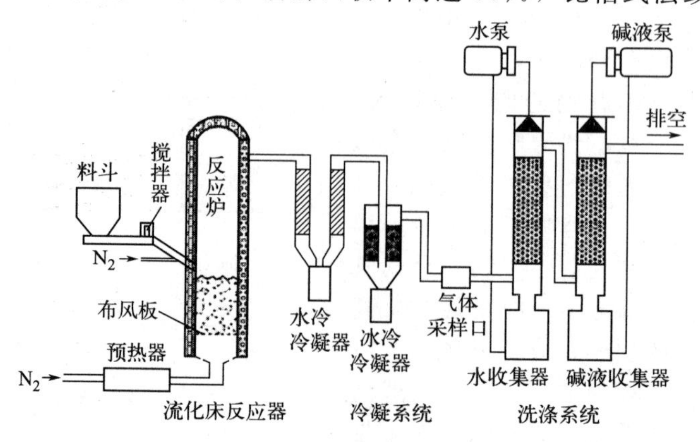

图4-20 流化床法油化工艺

左右。流化床法用途较广，且对废旧塑料混合料进行热分解时可得到高黏度油质或蜡状物，再经蒸馏即可分出重质油与轻质油。但以流化床法处理废旧塑料时往往需要添加热导载体，以改善高熔体黏度物料的输送效果。

聚乙烯热解的主要产物为乙烯单体，苯的产量取决于流化介质；聚苯乙烯热解的主要产物为苯乙烯单体；聚氯乙烯热解时产生约 50%（体积分数）的氯化氢气体和大量的炭；各种废料的收率均可在 97%以上。实验室流化床反应器中的热解产物如表 4-6 所示。

表 4-6　实验室流化床反应器中的热解产物

项目		PE	PE	PS	PVC
条件	流化介质	N_2	裂解气	沸石裂解气	裂解气
	温度/℃	1013	1013	1013	1013
热解产物及含量（质量分数）/%	H_2	0.3	0.5	0.03	0.7
	甲烷	7.0	16.2	0.3	2.8
	乙烯	35.1	25.5	0.5	2.1
	乙烷	3.6	5.4	0.04	0.4
	丙烯	22.6	9.4	0.02	0
	异丁烯	8.7	1.1	0	0
	1,4-丁二烯	10.3	2.8	0	0
	戊烯和己烯	0.01	2.0	0.01	0
	苯	0.01	12.2	2.1	3.5
	甲苯	0.05	3.6	4.5	1.1
	二甲苯和乙烯	0	1.1	1.2	0.2
	苯乙烯	0	1.1	71.6	0
	萘	0	0.3	0.8	3.1
	高级脂肪族和芳香族	10.53	17.3	15.2	19.3
	炭	0.4	0.9	0.3	8.8
	氯化烃	0	0	0	56.3

（4）催化法油化工艺

与上述 3 种工艺相比较，催化裂解法的独特之处在于因使用固体催化剂，致使废旧塑料的热分解温度降低，优质油的收率增高，而气化率低。该工艺以固体催化剂为固定床，用泵送入较洁净的单一品种的废旧塑料（如 PE 或 PP），在较低温度下进行热分解。此法对废旧塑料的预处理要求较严格，应尽量除去杂质、水分等。催化裂解法一般用于单一品种塑料的油化，适用的塑料有聚乙烯、聚丙烯、聚氯乙烯等。催化法油化工艺流程见图 4-21。

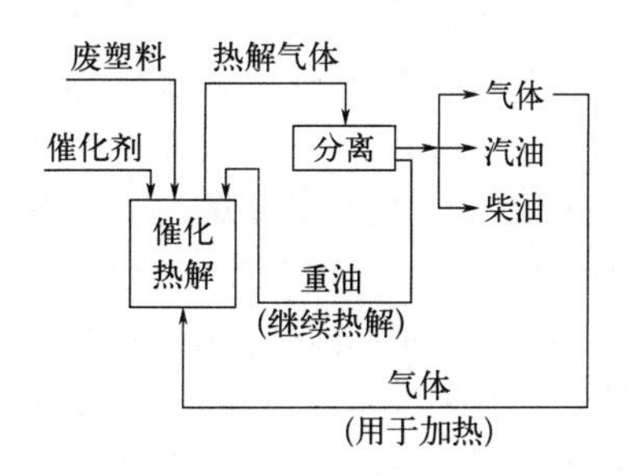

图 4-21　催化法油化工艺流程

首先将废旧聚烯烃塑料（如聚乙烯、聚丙烯、聚氯乙烯、聚苯乙烯）进行粉碎等预处理，然后送入热分解工序。将进入挤出机的塑料碎块加热到 230～270℃，使其变成柔软团料并挤入原料混合槽中。聚氯乙烯中的氯在较低的温度（170℃）下会游离出来（达 90%以上）。回收的氯通过碱中和或回收盐酸等方法进行处理。废旧塑料油化工艺中各方法的比较如表 4-7 所示。

表 4-7 废旧塑料油化工艺中各方法的比较

方法	原料种类	反应温度/℃	特点		优点	缺点	催化剂	产物特征
			熔融	分解				
槽式法	PE、PP、PS	310	外部加热或不加热	外部加热	技术较简单	加热设备和分解炉大；传热面易结焦	ZSM-5 等	轻质油、气（残渣）
管式炉法	PE、PP、PS、PU、PVC、PMMA	400～500	用重质油溶解或分散	外部加热	加热均匀，油回收率高；分解条件易调节	易在管内结焦；需均质原料	$AlCl_3$、$ZrCl_4$ 等	油、废气
流化床法	PO、PS、PET	400～600	不需要	内部加热（部分燃烧）	不需熔融；分解速度快；热效率高；容易大型化	分解生成物中含有机氯化物，但可回收其中馏分	无	油、废气
催化法	PE、PP、PS、PVC等	300～450	外部加热	外部加热（用催化剂）	分解温度低，结焦少；气体生成率低	炉与加热设备大；难以处理 PVC 塑料；应控制异物混入	各种类型催化剂	汽油、燃料油

（5）超临界水废塑料油化工艺

超临界水废塑料油化方法是一种新型的裂解方法，与现有的热裂解法相比，这种方法可以加速塑料分解，减小设备尺寸，且不需任何催化剂和反应药品，成本低廉。使用超临界水作反应溶剂将废塑料转化成油相的过程相当容易，只需控制处理时间与温度及水的添加量，反应时间较短。选择聚丙烯、聚苯乙烯、聚碳酸酯和聚对苯二甲酸乙二醇酯进行水热液化制油，在水的超临界温度（400～450℃）下，多数塑料分解为油相产物，最高产油率从 PET 的 16%到 PS 的 86%不等。废旧塑料在超临界水中解聚生成燃油的速度较快（T >400℃）。此外，PP 和 PS 油的热值（HHV=44～45MJ/kg）较高，与汽油热值（HHV≈43.4MJ/kg）相当。

4.4.3.3 废旧塑料制备炭材料技术

废旧塑料在一定热分解条件下炭化，并经相应处理即可制得活性炭或离子交换树脂等吸附剂，当炭化物质排出系统外用作固体燃料时，应采用高效率且无污染的燃烧工艺。

（1）聚氯乙烯废旧塑料的炭化工艺

聚氯乙烯经加热分解，脱出氯化氢后即可生成炭化物，可用于生产活性炭或离子交换树脂等吸附剂。将 PVC 先进行热分解使其炭化，并采取适当措施使炭化物形成具有牢固键能的立体结构，即得高性能活性炭。在所采取的措施中，要注意调节升温速度、引入交联结构和使用添加剂等。其具体过程是将 PVC 在 350℃脱氯化氢后的生成物以 10～30℃/min 的速度升温，加热到 600～700℃获得炭化物，然后在转炉中用水蒸气于 900℃活化，即得到比表面积为 400m^2/g、亚甲基蓝脱色能力为 120mL/g 的活性炭。工艺调控十分重要，升温速度过快将降低炭化物的力学强度，而炭化过程温度超过 750℃，将阻碍孔隙结构的发展。如果活化时的水蒸气温度低于 800℃，活化反应缓慢，活化效率低；而高于 900℃时，活性炭微孔不再发展，表面积不会增大。在活化过程中，除用水蒸气等气体活化外，还可用脱水性物质（氯化锌和氯化钙等）或氧化性物质（如重铬酸钾和高锰酸钾等）与废旧 PVC 一起加热，使炭化和活化同时进行，活化湿度一般比用水蒸气低。在加速形成交联结构的研究中，通过在空气中脱除氯化氢或在氨水中加压加热，以促进交联作用，对提高活性炭的活性有明显作用。回收的 PVC 废弃物中，因含有各种不同的助剂，制得的活性炭的收率和活性都不尽相同。废旧 PVC 中的增塑剂（邻苯二甲酸酯类）、碱式硫酸铅盐稳定剂和碳酸钙添加剂等对炭化均有一定影响。废旧 PVC 来源不同，所产活性炭的质量也有较大差异。表 4-8 中列出了用聚氯乙烯生产活性炭工艺。

表 4-8　用聚氯乙烯生产活性炭工艺

原料	生产方法	比表面积/(m^2/g)	炭利用率/%
PVC 废料	脱 Cl：350℃； 炭化：700℃； 活化：转炉，水蒸气 800～900℃	400	7.5
纯 PVC 粉末 （平均聚合度 1000）	脱 Cl：高压釜中加碱，200～280℃； 炭化：石英蒸馏瓶，180～800℃； 活化：转炉，水蒸气 800～900℃	500	47
		1000	11

用废旧通用塑料制取活性炭时，应综合考虑产量和排放量等问题，废旧 PVC 是最主要的回收利用对象。在一般气氛中热分解 PE 和 PS 等热塑性树脂时，低分子化以后得不到其炭化物；而在氯气中使之炭化，则可以制得较好收率的活性炭。这说明在炭化过程中，氯对高分子碳链反复进行加成和脱氯化氢反应，从机制上解释了氯可促进缩合和环化反应的发生，因而有利于形成牢固的碳骨架结构。废旧 PVC 还可用于制备离子交换体，制备过程是先炭化后用硫酸进行磺化反应，或者直接在浓硫酸中先磺化、后脱氯化氢制得。

（2）其他几种废塑料的炭化工艺

除聚氯乙烯和废旧轮胎外，还有其他塑料和一些热固性树脂也可以进行热解炭化，并进一步制取活性炭。例如，将酚醛树脂废制品在 600℃下炭化，用盐酸处理后灰分被溶出，再在 850℃时经水蒸气活化，制得比表面积大的高性能活性炭。此外，将聚丙烯腈在空气中加热，270℃下 4h 缩合，得到耐热、耐火性强的碳纤维，再将此纤维在 600～900℃用水蒸气活化，即可制取活性炭。加工后可制成纤维状、毡状、薄膜状或颗粒状产品。表 4-9 中列出了几种塑料制取活性炭的方法。

表 4-9　几种塑料制取活性炭的方法

原料	生产方法	比表面积/(m^2/g)	收率/%
聚偏二氯乙烯	石英管中 800℃急剧炭化	751	24
酚醛树脂	炭化：600℃，30min； 活化：水蒸气 1000℃	1900	12
脲醛树脂	同酚醛树脂	1300	5.2
蜜胺树脂	同酚醛树脂	750	2.6
聚碳树脂	炭化：Cl_2 气流中，600℃； 活化：水蒸气 900℃	950	19
聚酯	同聚碳树脂	700	20
聚苯乙烯	同聚碳树脂	2050	18
聚乙烯	同聚碳树脂	840	0.1
聚丙烯腈	炭化：270℃，4h； 活化：水蒸气 600～900℃	1150	—

4.5 废旧橡胶循环利用

4.5.1 废旧橡胶概述

废旧橡胶是固体废物的一种，其主要来源是废橡胶制品，即报废的轮胎、胶管、胶带、胶鞋、工业杂品等；另外一部分来自橡胶制品厂生产过程中产生的边角余料和废品。橡胶工业的原料，很大程度上依赖于石油。特别是在天然橡胶资源少、大量使用合成橡胶以及合成纤维的国家，70%以上的原材料是以石油为基础原料制造的。因此，无论采取何种方式利用废旧橡胶，其最终效果都是提升了石油资源的利用价值，在目前能源日趋紧张的形势下，利用废橡胶对节约能源具有重要意义。

废旧橡胶制品种类繁多，按橡胶制品的品种主要分以下几类：

（1）轮胎

按有无内胎分为无内胎轮胎、有内胎轮胎。一般轮胎由外胎、内胎组成。外胎使用的橡胶主要是天然橡胶、丁苯橡胶、顺丁橡胶和异戊橡胶等；内胎使用的橡胶主要是天然橡胶、丁苯橡胶和丁基橡胶等。

（2）胶带

胶带按其用途主要分为输送带和传动带，胶带使用的橡胶主要是天然橡胶、丁苯橡胶、顺丁橡胶、乙丙橡胶、氯丁橡胶、丁腈橡胶、丁基橡胶和聚氨酯橡胶等。

（3）胶管

胶管按结构可分为夹布胶管、纺织胶管、缠绕胶管、针织胶管和其他胶管。胶管使用的橡胶主要是天然橡胶、丁苯橡胶、氯丁橡胶、丁腈橡胶、氯醚橡胶、乙丙橡胶、丁基橡胶、丙烯酸酯橡胶和氟橡胶等。

（4）胶鞋

胶鞋分为布面胶鞋和胶面胶鞋，胶鞋使用的橡胶主要是天然橡胶、丁苯橡胶、氯丁橡胶、丁腈橡胶、聚氨酯橡胶等。

（5）工业橡胶制品

工业橡胶制品主要有密封制品、减震制品、胶板、防水卷材、胶辊及其他制品等。工业橡胶制品使用的橡胶基本占据所有橡胶材料。如耐油密封制品主要使用丁腈橡胶、丙烯酸酯橡胶、硅橡胶和氟橡胶；减震制品主要使用天然橡胶、丁苯橡胶和乙丙橡胶；防水卷材则主要使用氯丁橡胶、乙丙橡胶；普通用途胶板、胶辊使用天然橡胶居多，其次为丁苯橡胶。

4.5.2 废旧轮胎循环利用

全球生产的天然橡胶和合成橡胶中约有65%用于制造轮胎。轮胎的组成成分包括：天然和合成橡胶、炭黑、钢、纺织品和不同的添加剂，如抗氧化剂。轮胎的基本组分如图4-22所示，典型汽车轮胎的横截面如图4-23所示。废旧轮胎的组分为橡胶（约占50%）、炭黑（约占25%）、钢丝（约占15%）、硫氧化锌（约占10%）和少量硫助剂等。废旧轮胎的再生利用途径主要有翻新、原形改制、热能利用、再生橡胶、胶粉、热分解等。

4.5.2.1 翻新

翻新是废旧轮胎再生利用的主要方式。轮胎翻新是对使用后的轮胎进行翻新和修补，通过更换胎面、胎侧或二者同时更换使轮胎胎体的使用寿命延长的一种方法。对于轮胎来说，一般胎体的寿命远长于胎面，如轿车轮胎的胎体寿命可达胎面的 2 倍，运输型货车轮胎胎体的寿命为胎面的 3 倍。因此多次翻新轮胎在技术、经济、效用上都是可行的。许多轮胎的翻新次数不止 1 次，可达 2～3 次，一些使用特殊技术处理的轮胎翻新次数甚至可以达到 5 次或以上。轮胎翻新不仅可以大量节约资源，还可以大幅降低运输成本，是十分重要的节能环保举措。生产和翻新一条 9.00R20（断面宽度为 9in[1]，轮辋直径为 20in）轮胎的原材料消耗量见表 4-10。

图 4-22　轮胎的基本组分

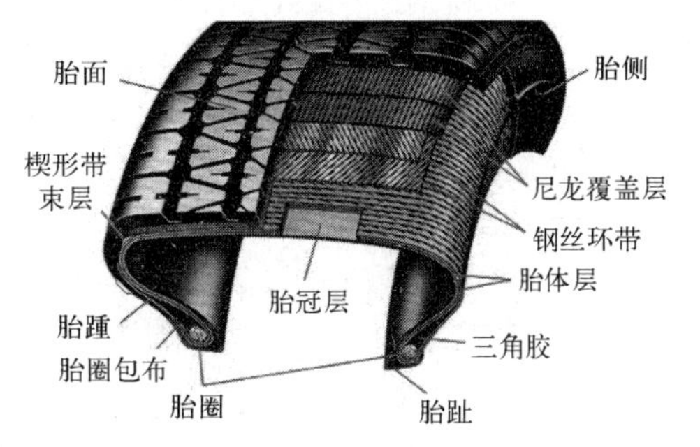

图 4-23　典型汽车轮胎的横截面

表 4-10　生产和翻新一条 9.00R20 轮胎的原材料消耗量　　单位：kg

原材料	生产新轮胎	翻新轮胎
生胶	23.0	7.0
混炼胶(加配合剂)	38.6	13.4
钢丝帘布	7.0	0
钢丝包布	1.6	0
胎圈钢丝	1.9	0
汽油(制胶浆)	1.1	0.8
除生胶外消耗原材料合计	50.2	14.2

轮胎翻新主要有传统模硫化翻新、预硫化胎面翻新和无模硫化翻新等工艺。其中传统模硫化翻新法也称为“热翻法”，预硫化胎面翻新法称为“冷翻法”，“热翻法”的硫化温度一般在 145～155℃，热翻工艺温度因远远高出临界温度，对胎体损坏较大。通常 120℃ 也是冷、热翻新的分界线。专业轮胎翻新企业大多以“冷翻法”为主，而新轮胎制造企业下的一些附属翻新轮胎厂，大多以传统的“热翻法”为主。如英国固特异公司的轮胎翻修工厂每年用“热翻法”与“冷翻法”翻新载重轮胎比例约为 4∶1；法国米其林公司的轮胎翻新 90% 采用该公司自己研发的精确“热翻法”，占据了欧洲大部分的翻新轮胎市场；日本普利司通公司采用自己开发的精确“热翻法”，“冷翻法”仅用于翻新一级轮胎；德国大陆公司使用“热翻法”及“冷翻法”翻新轮胎的比例接近 1∶1。发达国家的新胎与翻新胎的比例一般为 9∶1 或 10∶1，美国矿山轮胎翻新率达 70%，美国航空轮胎的翻新率已达 90%以上，欧盟的轿车轮胎的翻新率达 18.8%。

（1）传统模硫化翻新法

该法通过将未硫化的、没有花纹的胎面胶应用到旧胎体上进行工艺加工，利用模具制得胎面花纹的方式翻新废旧轮胎。该方法只能翻新斜交胎，使用寿命短，存在翻新次数受限、

[1] 1in＝0.0254m。

较易发生轮胎胎体与胎面脱层等问题。由于该法使用的模具设备昂贵，只适用于胎源稳定、批量大的工程轮胎。工程轮胎翻新的工艺流程与翻新斜交轮胎工艺相同，但要解决工艺中轮胎的起吊和运输问题。

（2）预硫化胎面翻新法

预硫化法翻新技术是在经过磨锉的轮胎胎体上施加预先经过高温硫化的花纹胎面胶进行轮胎翻新。预硫化法翻新的硫化温度一般在 110～120℃。预硫化法翻新技术可使轮胎更持久耐用，提高翻新次数，确保其在安全、性能和舒适度上不亚于新胎。用预硫化胎面翻新工程轮胎，可采用条状和环状两种工艺，其工艺过程和翻新汽车轮胎相同。但由于大型工程胎胎面质量重，搬运和粘贴胎面均有一定的困难，通常不用于大型工程轮胎，只用于中小型工程胎的翻新。

（3）无模硫化翻新法

无模硫化翻新法的工艺特点是不使用硫化模型，从而减少了购置大型昂贵的硫化模具的投资，该翻新法在工程轮胎的翻新中有广阔的应用前景，其工艺流程如图 4-24 所示。

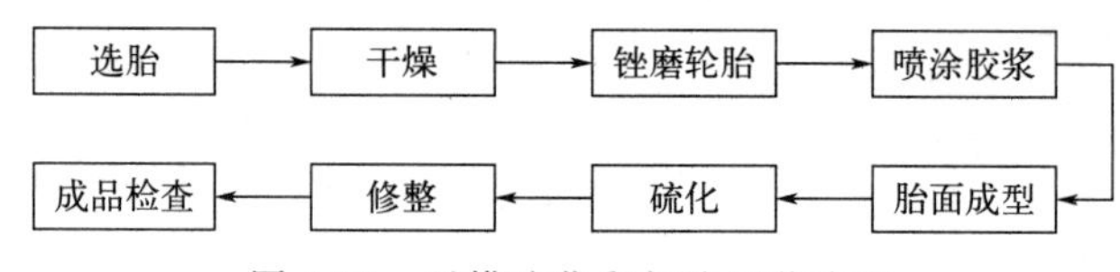

图 4-24　无模硫化翻新法工艺流程

4.5.2.2　再生橡胶

再生橡胶是指废硫化橡胶经过粉碎、加热、机械与化学处理等过程，使其从弹性状态变成具有一定塑性和黏性、能够加工再硫化的橡胶。从物质微观结构看，再生橡胶具有空间网状结构，虽然交联密度不大，但已不是链状高分子结构。因此，不能把再生橡胶等同于天然橡胶或合成橡胶。再生橡胶多数为黑色或其他颜色块状固体，也有少量为颗粒或条状固体以及液体。其来源主要是废橡胶制品，如废轮胎、废胶鞋、废胶管、废胶带、废工业橡胶制品以及橡胶制品硫化时的边角料等。

再生橡胶具有一定的塑性，易与生胶混合，加工性能好，能代替或部分代替生胶使用，降低胶料成本和改善胶料加工性能。再生橡胶除广泛应用于轮胎、力车轮胎、胶鞋、胶管、胶带、胶板等橡胶制品外，亦可在涂料、油毡、防水卷材等方面应用。

（1）再生橡胶的种类

再生橡胶的分类方法有两种：一种是按照再生橡胶的制造方法分类，另一种是按照废橡胶的种类分类。前者分类方法不容易识别废橡胶种类，后者分类方法不仅容易识别废橡胶的种类，而且还能推测出其再生橡胶的质量，便于进行配方设计。我国的再生橡胶基本上是按生产方法和废橡胶种类来划分产品品种，美国、英国、日本等国家则是按照废旧橡胶种类划分品种。

（2）再生橡胶的再生机理

橡胶是线型直链高分子聚合物塑性体，通过硫黄等物质在一定条件下进行化学反应，形成网状三维结构形态的无规高分子弹性体。因此，要想用再生方法使硫化橡胶再回到具有塑性结构的高分子材料，首先必须设法切断已形成的以硫键为主的交联网点，即再生橡胶生产过程中所必不可少的“脱硫”工艺。所谓“脱硫”，就是把废旧橡胶经过化学与物理方法加工处理后，使弹性硫化胶部分解聚，分子的网状结构受到破坏，不具有弹性，恢复其可塑性和黏性，并可重新获得硫化的混炼胶。

橡胶在硫化之后已经在交联网点处形成了一硫化物、二硫化物和多硫化物三种硫键形态。由于橡胶主要是无规聚合物，分子量分布参差不齐，不饱和双键变化无常，所以硫化橡胶的硫键交联网点都是无序的。一般来讲，对橡胶性能改善最大的一硫化物、二硫化物大约各占20%，其余60%则为多硫化物。此外，还有相当数量的未结合的剩余硫黄游离于橡胶之中。

橡胶再生的目的就是把硫化橡胶通过物理和化学手段，将橡胶中的多硫化物转化为二硫化物，二硫化物再转化为一硫化物，而后再将一硫化物切断，促其成为具有塑性的再生橡胶。硫化橡胶的脱硫程度主要是由化学和物理两个方面的因素确定的。在化学反应方面，可以通过高温、高压来促使交联点发生变化，并且通过添加化学再生剂进一步加快交联网点断裂的速度。在物理方面，主要是通过高挤压、高剪切造成交联网点切断，添加油料可加速橡胶膨润、脱硫塑化的过程。因此，对橡胶再生而言，粉碎设备的选型，胶粉粒径的选定，脱硫器具及其再生温度、压力、时间的选取，以及油料、再生剂种类和数量的选择，还有物料的静动形态等，都是能否使硫化橡胶达到最佳脱硫条件的关键所在。

硫黄硫化的橡胶结构已被公认为是网状空间结构，以网状结构为基础来表示硫化橡胶结构解聚如图4-25所示。“再生”可以认为是硫化橡胶网状结构被破坏，这可从图4-25所示的三方面来考虑。图4-25(a)、(b)全是假定不存在的，图4-25(c)则是再生过程中所引起的网状结构的断裂。这种无规则的断裂导致产生可溶性的橡胶分子链（即溶胶部分）和不溶性的小凝胶体，这种断裂作用是由机械和化学作用引起的。

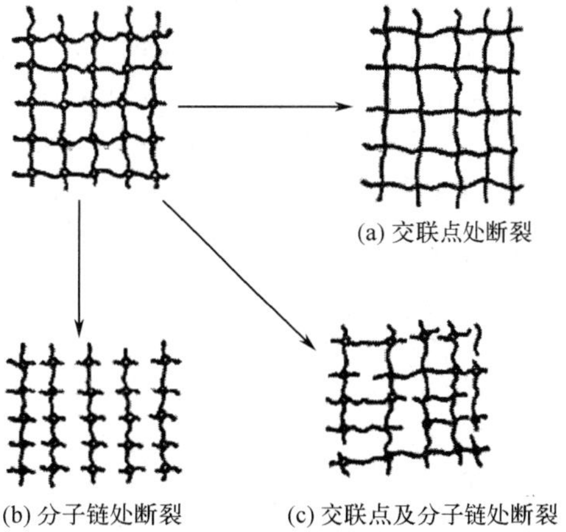

(a) 交联点处断裂

(b) 分子链处断裂

(c) 交联点及分子链处断裂

图4-25　硫化橡胶结构解聚

(3) 废旧橡胶的再生方法

再生橡胶的制造有多种方法，大致可分成机械再生法与脱硫再生法两大类。

1) 机械再生法

机械再生法主要是用开放式滚筒使胶粉在空气中反复薄通，利用高温、强烈机械剪切、研磨等作用，在氧的辅助下使胶粉塑化。密炼机法、螺杆挤出法和快速脱硫法都属于这一类方法。

① 密炼机法。所采用的密炼机为超强度结构，转子表面镀硬铬或堆焊耐磨合金。转速为60～80r/min，上顶栓压力为1.24MPa，操作温度控制在230～280℃，时间7～15min。此法生产周期短，效率高。

② 螺杆挤出法。主机为螺杆挤出机（与橡胶挤出机相似），机壳内有夹套，用蒸汽或油控制温度（200℃左右）。操作时将胶粉与再生剂提前混合均匀送入该机，胶料在螺杆的剪切挤压作用下，经过3～6min即可从出料口排出。此法连续性生产，周期短、效率高、产品质量优良，但由于螺杆与内套磨损较大，对设备的材质要求较高。

③ 快速脱硫法。主机为一特殊结构的搅拌机（与塑化机相似），罐内有一挡料装置。搅拌速度可调节，由直流电机驱动。转速分为两挡，低速控制在720r/min，高速为1440r/min，搅拌10min后，隔绝空气逐渐冷却，冷却是在冷却器中进行的。此法生产周期短，搅拌速度快，工艺不易控制，产品质量不够稳定，比较适宜废合成胶再生。

2) 脱硫再生法

脱硫再生法分为惯用法（蒸汽法和蒸煮法）、化学法（溶解法和接枝法）、物理法（高温连续脱硫法、微波法和超声波脱硫法）和生物法等。

① 蒸汽法。油法：将胶粉与再生剂混合均匀，放入铁盘中，送进卧式脱硫机内，用直接蒸汽加热，蒸汽压力为0.5～0.7MPa，脱硫时间为10h左右。此法工艺设备简单，适用于中小企业。过热蒸汽法：将胶粉与再生剂混合均匀，放入带有电热器的脱硫罐中，通直接蒸汽，用电热器将温度提高到220～250℃，使胶粉中的纤维被破坏，蒸汽压力为0.4MPa。高压法：胶粉与再生剂混合均匀置于密闭的高压容器内，通入4.9～6.9MPa直接蒸汽进行脱硫再生。此法设备要求高，投资较大。

② 蒸煮法。水油法：脱硫设备为一立式带搅拌的脱硫罐，在夹套中通过0.9～0.98MPa的蒸汽，罐中注入温水（80℃）作为传热介质，脱硫时将已用机械除去纤维的胶粉和再生剂加入罐中，搅拌时间约3h。此法虽然设备较多，但机械化程度高，产品质量优良且稳定，适用于较大的企业。中性法：中性法与水油法基本相似，区别在于中性法不提前除去纤维，而是脱硫过程中加入氯化锌溶液以除去纤维，效果不如水油法好。碱法：用氢氧化钠破坏胶粉中的纤维，然后用酸中和并清洗，再用直接蒸汽加热进行脱硫再生。此法设备易腐蚀，产品质量低劣，方法落后。

③ 溶解法。将胶粉和软化剂放入一个电加热的搅拌罐中，加入40%～50%的软化剂，一般采用重油或残渣油等，温度控制在200～220℃，搅拌2～3h。反应后的产物为半液体状的黏稠物。产品可直接用于橡胶制品，代替部分软化剂，也可应用于建筑行业作防水、防腐材料。

④ 接枝法。在脱硫过程中，加入一些特殊性能的单体，如苯乙烯、丙烯酸酯等，使单体与胶料反应，再经机械处理后，得到具有该单体聚合物性能的再生橡胶。此法反应过程较难控制。

⑤ 高温连续脱硫法。将胶粉与再生剂按要求混合均匀，然后送入一个卧式多层的螺杆输送器中，该输送器有夹套和远红外线加热装置，胶料在输送过程中受到远红外线的均匀加热，达到再生目的。此法为连续性生产，周期较短，质量较好，设备不复杂，是正在探索的一种新方法。

⑥ 微波法。将极性废硫化胶粉碎至9.5mm大小的胶粒，加入一定量的分散剂，输送到用玻璃或陶瓷制作的管道中，使胶料按一定速度前进，接受微波发生器发出的能量。调节微波发生器的能量，致使胶粉分子中的C—S和S—S断裂，达到再生目的。

⑦ 超声波脱硫法。该方法是利用超声空化作用将能量集中于分子键的局部位置，这种局部能量会破坏硫化胶中键能较低的C—S和S—S，从而有选择地破坏橡胶的三维网络构，而不使C—C大分子键断裂。

（4）再生橡胶生产工艺流程

油法、水油法和高温高压动态脱硫法生产工艺流程基本相同，包括粉碎、再生（脱硫）、精选三个工序，不同之处主要在于脱硫工段的工艺和设备上。废旧橡胶制品生产再生橡胶的基本工艺流程见图4-26。粉碎过程是通过切碎、洗涤、粉碎、空气分离等工序将废旧橡胶制品变成直径约1mm的细胶粉并清除夹杂在其中的泥沙、纤维、金属等各种杂质。图4-27为高温高压动态脱硫工艺流程。

4.5.2.3 胶粉

硫化橡胶粉简称为胶粉，是以旧橡胶为原料，通过机械加工粉碎或研磨制成的不同粒度的粉末状物质。与再生橡胶相比，橡胶粉生产过程无须脱硫，无废水、废气排放，且性能优异，主要用于再生橡胶原材料、活化胶粉、填充材料和橡胶热裂解原料等领域。通过生产橡胶粉回收利用废旧轮胎是集环保与资源再利用于一体的很有前途的方式。

（1）胶粉的分类

目前胶粉的分类没有统一的标准，通常有以下几种分类方法。按制备方法，胶粉可分为

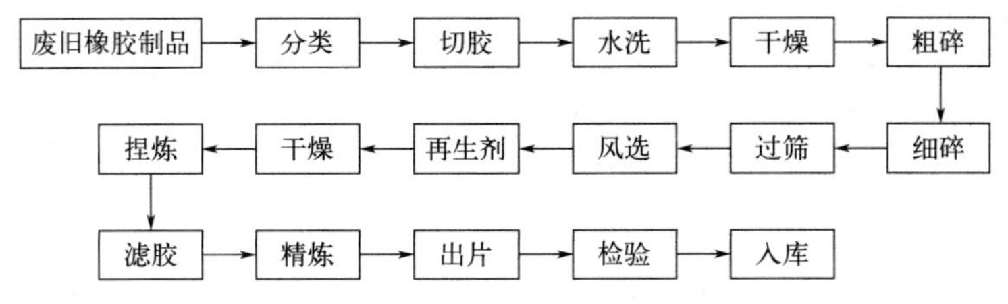

图 4-26　废旧橡胶制品生产再生橡胶的基本工艺流程

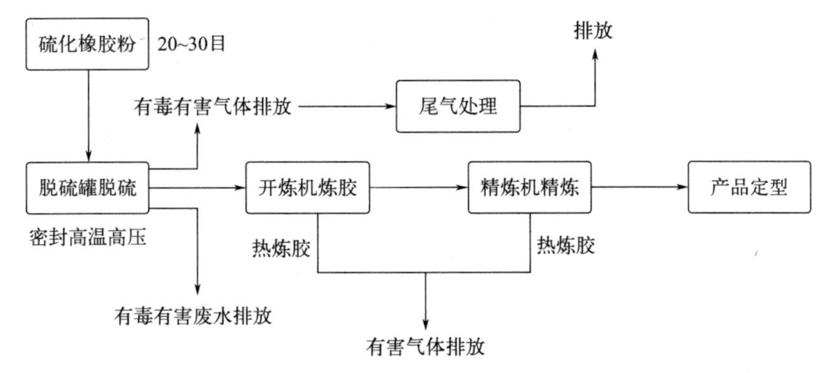

图 4-27　高温高压动态脱硫工艺流程

常温粉碎胶粉、冷冻粉碎胶粉和湿法（或溶液）粉碎胶粉三类。按胶粉的粒径大小分类，可分为胶屑、胶粒和胶粉三类。通常，对粒径＞2mm 的称胶屑，粒径为 1～2mm 的称胶粒，粒径＜1mm 的称胶粉。胶粉又细分为碎胶粉、粗胶粉、细胶粉、精细胶粉、微细胶粉和超微细胶粉等多种，不同粒径胶粉的主要用途见表 4-11。按废橡胶来源不同，胶粉还可分为废轮胎胎面胶粉和全胎胶粉、鞋材胶粉、丁腈橡胶胶粉、三元乙丙橡胶胶粉等。按是否经过改性，可分为普通胶粉和活化胶粉。

表 4-11　不同粒径胶粉的主要用途

粒径/mm	主要用途
2～4(5～10 目)	跑道、学校运动场、花园小道、保龄球场、人行道、橡胶地板砖、防静电地板砖、人造草坪、游乐场、人造草足球场、幼儿园运动与娱乐场、网球与篮球场
0.85～2(10～20 目)	橡胶地板砖、塑胶跑道、网球场、排球场、高尔夫球场、篮球场、休闲娱乐场、安全地垫、健身房地垫、各类球场地垫
0.6(30 目)	绝缘胶板、防水材料、防震制品、垫圈、墙壁防水材料、橡胶沥青、再生橡胶、家畜草垫、挡泥板、多功能垫、马棚垫
0.425(40 目)	再生橡胶、屋顶防水卷材、橡胶沥青、地毯衬垫、枕木、橡胶板、家畜草垫，橡胶止水带、闸门止水带、支座、密封条、缓冲器、刹车闸衬套、排水管、手套、橡皮筋、屋顶招牌、砖屋顶衬垫、卫生泵、墙角胶、车轮定位器、抽沙泵胶垫、挡泥板、多功能垫、马棚垫、阻燃材料、隔声材料、橡塑胶底
0.25(60 目)	枕木、橡胶板、防水卷材、橡胶沥青、轮胎内胎、自行车脚踏板、汽车车身底封、防水圈、减震橡胶制品、橡胶护舷
0.18(80 目)	防水卷材、轮胎、枕木、减速路拱，密封条、缓冲器、发泡胶、珍珠棉垫、橡胶活塞、刹车闸衬套、橡胶空气弹簧
0.15(100 目)	汽车轮胎、鞋类制品、运动器材轮胎
0.125(120 目)	保温材料、胶管、汽车轮胎、翻新轮胎、鞋类制品、化工密封胶、橡胶黏合剂
0.075(200 目)	建材涂料、汽车轮胎

(2) 胶粉的生产方法

目前国内外制造胶粉主要有常温粉碎、低温粉碎、湿法粉碎、臭氧粉碎和其他方法。

1) 常温粉碎

常温粉碎法是指在常温下，利用辊筒或其他设备的剪切作用对废旧橡胶进行粉碎的一种方法。常温粉碎法具有比其他粉碎方法投资少、工艺流程短、能耗低等优点，有着其他方法不可替代的作用和效能，是目前国际上采用的最为经济实用的主要方法。

常温粉碎一般分三个阶段：第一是将大块轮胎废橡胶破碎成 50mm 大小的胶块；第二是在粗碎机上将上述胶块再粉碎成 20mm 的胶粒，然后将粗胶粒送入金属分离机中分离出钢丝杂质，再送入分选机中除去废纤维；第三是用细碎机将上述胶粒进一步粉碎后，经选分级，最后得到粒径为 40～200μm 的胶粉。这种方法可生产出占废旧轮胎质量 15%～80%的胶粉、15%～20%的废钢丝、5%的废纤维。典型的常温辊筒粉碎法胶粉生产工艺流程见图 4-28。

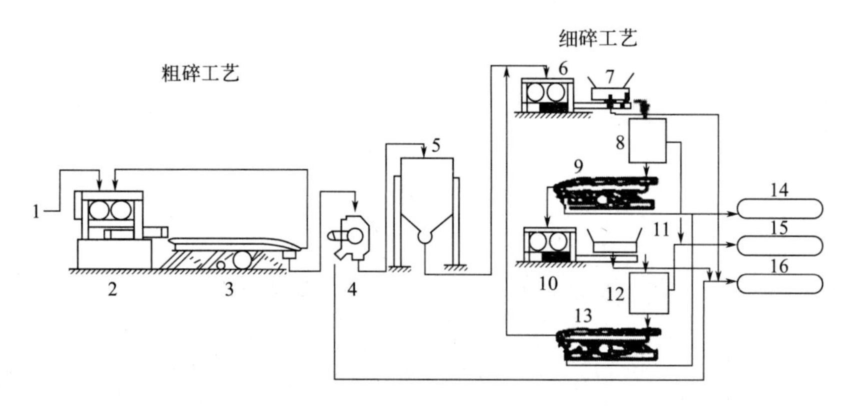

图 4-28　常温辊筒粉碎法胶粉生产工艺流程

1—轮胎碎块；2—粗碎机；3,9,13—筛选机；4,7,11—磁选机；5—储存器；6,10—细碎机；8,12—纤维分离机；14—胶粉；15—纤维；16—金属

近年来，常温辊筒法生产胶粉出现了一种常温高速粉碎法，即在粉碎时辊筒的线速度高达 50m/s。这种方法以强大的剪切力可以同时粉碎橡胶和帘线材料，粉碎后胶粉平均粒径可达 70～80μm，帘线平均长度为 1.5～2.0mm。日本、德国使用一种齿盘粉碎机代替辊筒，这种设备由上下两个带齿圆盘组成，由上部供料口供料，用于细碎粉时上下盘距离可以改变，以调节磨碎和剪切作用，下磨盘通过水冷却以降低摩擦生热。这种粉碎设备比较容易清洗，对于小批量生产和有色物的粉碎，方便灵活。

2) 低温粉碎

低温粉碎法主要分为两种工艺：一种是低温粉碎工艺，另一种是低温与常温并用粉碎工艺。

① 低温粉碎工艺。低温粉碎是利用液氮冷冻，使废旧橡胶制品冷至玻璃化温度以下，然后用锤式粉碎机或辊筒粉碎机粉碎。低温粉碎又分为以下两种方法。直接冷冻低温粉碎法：在轮胎解剖机上将轮胎的胎圈部位切下，同时将胎面分割成 2～3 小块，置于冷冻（液氮）装置内，然后用锤式或辊筒式粉碎机粉碎，从而得到胶粉。在冷冻条件下先粗碎再细碎的低温粉碎法：将废旧轮胎切割后，置于冷冻装置内，在锤式或辊筒式粉碎机内先粗碎，粗碎后再次冷冻，再细碎，从而得到胶粉。这种生产方法因需要经过两次液氮冷冻，故生产成本较高。但用该法处理钢丝子午线轮胎时，钢丝易和橡胶分离，同时可相应减少动力消耗。低温粉碎工艺流程如图 4-29 所示。

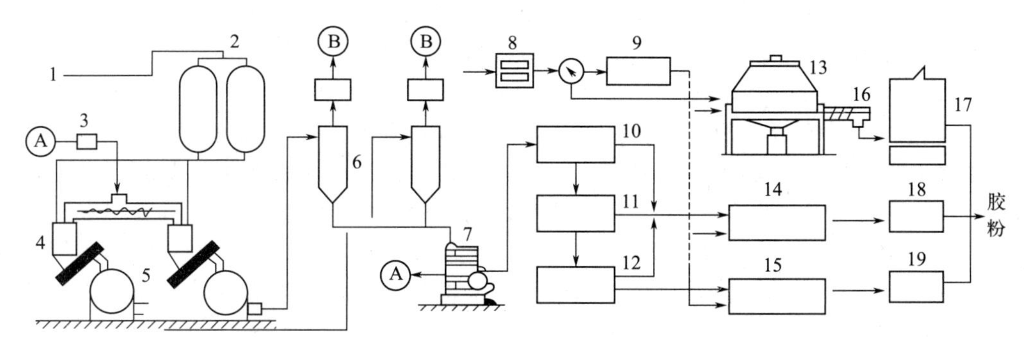

图 4-29　低温粉碎工艺流程

1—装载液氮的载重汽车；2—液氮储存器；3，8—磁选机；4—通气装置；5—低温粉碎机；6—旋风分离器；7—振动筛；9—常温分级机；10～12—分级机；13～15—漏斗；16—螺旋输送器；17—装袋机；18，19—计量器

② 低温与常温并用粉碎工艺。先在常温下，将废旧橡胶制品粉碎到一定的粒径，然后将其运送到低温粉碎机中，再进行低温粉碎。

3）湿法粉碎

一般来说，常温粉碎法生产的胶粉粒度在 50 目以下，低温粉碎法生产的胶粉粒度在 50～200 目，湿法或溶液法生产胶粉粒度在 200 目以上。湿法粉碎法生产胶粉最具代表性的是英国橡胶与塑料研究协会（RAPRA）开发的称为 RAPRA 法的生产胶粉工艺，该法分三步进行：第一步是废旧橡胶粗碎，第二步是使用化学药品或水对粗胶粉进行预处理，第三步是将预处理胶粉投入圆盘胶体磨粉碎成超细胶粉。

4）臭氧粉碎

臭氧粉碎是将废胎整体置于一个充有超高浓度臭氧的密封装置内约 60min，然后启动密封装置的电动装置，使轮胎骨架材料与硫化橡胶分离，并进行粉碎。

5）其他方法

胶粉的制造还有高压爆破粉碎法、细菌法、水冲击法等多种新方法。

（3）胶粉的应用

胶粉是一种具有橡胶弹性的粉体材料，其应用范围很广，概括起来可分为两大领域：一是回归到橡胶工业作为原料用于制造各种橡胶制品，可以直接用胶粉以不同配方和工艺制造橡胶制品，亦可与其他橡胶原料并用制造各类橡胶制品，而且凡是再生橡胶能应用的领域，胶粉几乎都可以应用；二是在非橡胶工业的广阔领域中应用，比如公路工程、铁道系统、建筑工业、公用工程、农业以及与聚合物共混改性等领域。

1）在橡胶工业领域的应用

① 轮胎的填充料。胶粉的主要原料来源于废旧轮胎的处理，废旧轮胎经过机器处理后得到胶粉，将胶粉填充至轮胎胶料中作为轮胎的填充材料。制作成的胶粉不仅保留着轮胎的弹性功能，还能带来很好的经济效益。德国企业在轮胎制品中加入 20% 的胶粉，可以延长轮胎的使用寿命。精细胶粉是子午线轮胎生产的原料之一，如果按子午线轮胎年生产 2000 万套计，需精细胶粉就达 7 万吨。

② 其他橡胶制品。胶管、胶带、胶鞋等橡胶制品中使用较多的是 0.1～0.3mm 料径的胶粉，在这些工业橡胶制品中掺入胶粉作填料，可以大大提高制品弯曲性能和抗裂性能，同时节约生产原料的用量、降低生产成本。

2）在非橡胶工业领域的应用

再生胶粉在非橡胶工业应用范围更为广泛，主要有以下几个方面。

① 在塑料工业中应用。胶粉可以和各种塑料，如聚乙烯、聚氯乙烯、聚丙烯、聚苯乙烯和热塑性弹性体共混，经共混后制成的新型材料通过模压、层压、压延、注塑和挤出等成型加工方法制成各种制品。橡胶与塑料共混制备新材料是胶粉在非橡胶工业领域的重要应用。目前塑料制品的产量大约是橡胶制品产量的3倍。将胶粉掺入塑料，可以提高塑料的弹性、耐屈挠、耐冲击、抗老化和抗滑等性能。一般塑料价格均比橡胶混炼胶价格要高，像发泡聚氨酯树脂价格是橡胶的2倍多。在塑料中掺用胶粉经济上是可行的，且胶粉在塑料中的掺用量可大于塑料，消耗的胶粉量也比较大。在聚乙烯中掺用胶粉制成低压输水胶管、渗灌管，将胶粉改性聚氯乙烯作鞋类材料、地板和防水材料等，在发泡聚氨酯树脂中掺用胶粉制软、硬发泡材料；在聚丙烯中掺用胶粉制汽车保险杠等。另外，胶粉可与塑料共混制成热塑性弹性体。热塑性弹性体是由作为软组分的橡胶相和作为硬组分的树脂相组成的高分子合金，是兼具热塑性塑料与硫化橡胶特性的聚合物，在常温时表现出橡胶的高弹性，在高温时可以塑化成型，具有优异的物理力学性能和良好的加工性能，已经应用于农业、建筑材料和道路材料等领域。胶粉用于制备高性能、可重复加工的热塑性弹性体，可实现废旧橡胶的回收利用，减少污染，又能提高经济效益。

② 在铺装材料中的应用。公路铺装材料：由于胶粉中含有抗氧化剂，将胶粉掺入沥青中，可提高沥青的韧性，从而可明显减缓沥青路面的老化，使路面具有弹性，同时降低噪声。用胶粉改性沥青铺设的路面比普通沥青路面更耐用，尤其是价格低，可大面积推广使用。从实际铺装效果看，胶粉沥青与少量的骨料黏结力强，路面耐磨性、抗水剥落性大大提高，路面基本不发生砂石飞散现象，耐磨耗寿命为普通路面的2～3倍，降低了路面的维护费用，同时可缩短车辆约25%的刹车距离，提高了车辆行驶安全性。而且由于胶粉能吸收沥青中的油蜡，减少游离蜡含量，从而使沥青对温度的敏感性下降。胶粉改性沥青路面在冬季能防止路面冻结，有较好的抗撕裂性，在夏季高温下路面则不会被晒软，有较好的抗熔变性能。据介绍，用胶粉改性沥青铺设一条双向高等级公路，每千米路面可消耗1万条废旧轮胎制成的胶粉。场地铺装材料：在体育运动场上胶粉也将是一大消耗材料，由聚氨酯与胶粉复合制成的各种运动场地，如田径跑道、网球场地已广为使用。一个田径比赛用综合运动场要消耗数千条废旧轮胎胶粉，一个网球场要消耗500条废旧轮胎加工的胶粉，运动场地的铺设无疑是胶粉利用的重要途径。将胶粉通过黏合剂黏合成型的橡胶安全地板或地砖具有弹性好、防滑、耐磨、耐候、防震、耐冲击、阻燃和绝缘等特点，尤其适用于幼儿园、敬老院、病房、球场、操场、健身房等各种场所的地面。人行道、过路天桥、地下通道、机场、码头、物料搬运区的防滑道路等，采用胶粉经黏合成型橡胶地砖铺设也效果良好。

③ 其他。胶粉应用的领域还有很多，利用胶粉生产的复合隔声壁在公路、机场、建筑工地等噪声较大的地方具有良好的吸声性能，而且对各种气候环境的侵蚀具有较好的抵御能力；胶粉在隔绝空气的条件下加热，产生的气体可以生产活性炭材料；通过裂解反应处理胶粉可生产燃料油、气和化学品；胶粉在超临界水的作用下，可用于生产各种油品作为橡胶的软化增塑剂使用；胶粉还可直接作燃料使用，如用于发电、用作水泥窑燃料等。

4.5.2.4 热能利用

（1）废轮胎焚烧

轮胎使用的橡胶主要是天然橡胶、丁苯橡胶、顺丁橡胶、异戊橡胶和丁基橡胶等，主要由橡胶、炭黑、软化剂、硫黄、硬脂酸、氧化锌和促进剂等组成。这些组成成分均易燃烧、无自熄性，残渣无黏性（除含量较少的丁基橡胶外）。废轮胎的燃烧热值大约为39000kJ/kg，比木材高69%，比烟煤高10%，比焦炭高4%，因此可直接进行焚烧利用。典型废轮胎的组成分析如表4-12所示，从中可知废轮胎的含氮量比煤低得多。研究表明，煤燃烧时产生

的 NO_x 一般比废轮胎燃烧产生的 NO_x 高4倍，产生的 SO_2 和废轮胎胶粉燃烧产生的差不多，所以用废轮胎作为再生燃料时，不增加 SO_2 的排放量。同时，由于废轮胎胶粉的氢含量比煤的氢含量高得多，在再燃区对 NO_x 产生的抑制作用比煤粉作为再燃燃料时效果要好，有利于更好地降低烟气中的 NO_x 浓度。废轮胎胶粉的挥发分高，具有很好的还原性，能在再燃区将 NO_x 还原成 N_2。

表4-12 典型废轮胎的组成分析

元素或成分	C	H	N	S	O	水分	灰分	挥发分	固定碳
质量分数/%	75.4	7.2	0.3	1.7	7.1	0.8	7.1	65.5	26.4

如今在美国、日本以及欧洲许多国家，有不少水泥厂、发电厂、造纸厂、钢铁厂和冶炼厂都在用废旧橡胶作燃料，效果很好，不仅降低了生产成本，而且一定程度上解决了废旧橡胶引起的环境问题。相对于其他综合利用途径，热能利用的设备投资最少。因此，近年来热能利用已逐渐引起各国政府和环保组织的重视。但是废轮胎的燃烧热利用中应注意轮胎中存在燃烧性不好的物质，如钢丝圈、钢丝帘，所以废轮胎作为燃料使用时应注意以下几点：①炭黑容易以未燃状态排出；②排气装置及锅炉传热面易结垢；③钢丝圈等金属物熔化后易固着在炉床上。

（2）废轮胎热解

废轮胎热解是在缺氧或惰性气体中进行的不完全热降解过程，可产生液态、气态烃类化合物和炭残渣，这些产品经进一步加工处理能被转化成具有各种用途的高价值产品。废轮胎热解处理技术通过转换可以有效地回收炭黑、富含芳烃的油和高热值燃料气，实现能源的最大回收和废轮胎的充分再利用，具有较高的经济效益和环境效益，同时具有处理量大、效益高和环境污染小等特点。热解技术是当今废轮胎资源化处理的重要方法。无钢废轮胎热解产物分布见图4-30，可得到40%～50%热解油、10%～20%热解气和30%～40%回收炭黑。

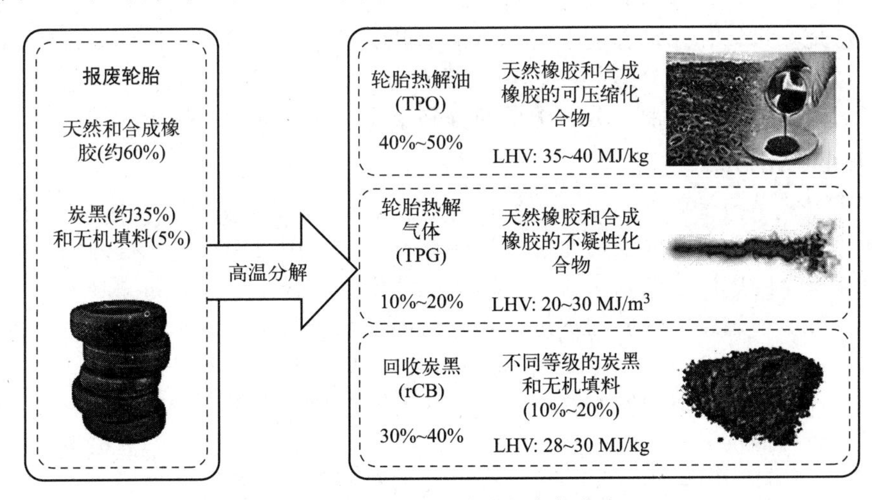

图4-30 无钢废轮胎热解产物分布

废轮胎的热解可以使用固定床、分批回转窑、立式反应器、螺旋输送器或连续回转窑反应器进行。与流动床、移动床和固定床热解工艺相比，回转窑热解工艺具有对废物料形态、形状和尺寸的适应性广的特点，几乎适用于任何固体废物料，对废轮胎给料尺寸几乎无要求，属于慢速热解工艺。日本某制钢公司的外热式回转窑热解产物为燃气；美国某公司的回转窑热解装置采用原料为5cm×5cm的废轮胎块状物或整胎进料，产物为燃料油、炭黑和钢丝；德国某公司的外热式回转窑热解装置的主要产物均为燃气；加拿大某公司的回转窑热解装置的产物为炭黑、热解油和钢丝。

1）废轮胎热解炭黑

热解炭黑主要来自轮胎生产过程中添加的炭黑和其他无机填充物，以及热解过程中由于二次反应造成的焦化反应而形成的部分沉积在热解炭黑表面的焦炭物质。热解炭黑为黑色固体，较易被粉碎成粉末状物质。由于热解炭黑的收率较高，其品质的高低对热解工艺的经济效益将产生重要影响。高品质热解炭黑产品的收益甚至会远远超过热解油，热解炭黑用作炭黑或经活化后制成活性炭具有较高的使用价值。不经过处理的炭黑，可以用作低等橡胶制品的补强填料或用作墨水的色素，也可作为原料直接使用。另外，由于炭残余物中含有难分解的硫化物、硫酸盐和橡胶加工过程加入的无机盐、金属氧化物以及处理过程中引入的机械杂质，因此可直接应用于橡胶成型的生产。如果与普通耐磨炭黑按一定的比例混用，混合物的耐磨性能将大大增强。热解炭黑、酸洗炭黑表面含有较多酯基、链烃基团接枝，因此具有不同于色素炭黑的特殊表面特性。回收炭黑的表面极性比色素炭黑表面极性要低，该特性增加了回收炭黑的表面亲油性能，作为一种新型炭黑应用到橡胶、油墨等材料将具有更好的分散性。

据报道，美国炭材料工业公司采用纳米技术把热解炭黑的质量提升到炭黑补强填料的水平，可代替普通商品炭黑或与其他商品炭黑并用。该公司的废轮胎处理过程与以柴油或天然气为原料的传统生产方法相比，每座工厂生产同等数量的炭黑，每年将减少二氧化碳排放量 4 万吨。该公司将在欧洲、北美和澳大利亚等地增设由废轮胎高温热解生产热解炭黑的工厂。

2）废轮胎热解油

热解油（链烷烃、烯烃、芳香烃的混合物）有大约 43MJ/kg 的较高热值，可以作为燃料直接燃烧或作为炼油厂的补充给料。因为产品主要成分是苯、甲苯、二甲苯、苯乙烯、二聚戊烯及三甲基萘、四甲基萘和萘，可作为化学制品的一种来源。

轮胎热解油热值高（>40MJ/kg），完全可以将其整体作为燃料燃烧，同时，热解油较低的灰分、黏度和残炭值也是其作为炉用燃料油的有利因素，所以用热解油代替部分石油原油作为燃料燃烧，可以在一定程度上缓解石油资源的匮乏。虽然将轮胎热解油直接用作燃料较易实施，但能够创造的经济效益不高。由于热解油属于宽沸点油，在处理规模较大情况下，可以考虑蒸馏后按石脑油馏分、中质馏分和重质馏分分别加以利用。

4.5.2.5　其他利用方式

其他利用方式是通过捆绑、裁剪、冲切等方式，将废旧橡胶改造成有利用价值的物品。最常见的是用作码头和船舶的护舷、沉入海底充当人工鱼礁、用作航标灯的漂浮灯塔等。

美国每年产生的废旧轮胎约 2.54 亿条，通过原型改制可使其中的 500 万～600 万条变废为宝；日本发明了用废旧轮胎固坡的技术；法国技术人员用废旧轮胎建筑“绿色消声墙”，吸声效果极佳，音频在 250～2000Hz 的噪声可被吸收掉 85%。与其他再生利用途径相比，原型改制是一种非常有价值的回收利用方法，在耗费能源和人工较少的情况下，可使废旧橡胶物尽其用，而且提供了充分发挥想象力的空间以及大胆实践的机会。但该方法消耗的废旧橡胶量较少，且在利用时影响环境美化，所以目前只能当作一种辅助途径。

4.6　废旧催化剂循环利用

废旧催化剂指的是使用一段时间后无法继续有效使用的催化剂。催化剂是用于加速化学反应的物质，常用于工业生产中。当催化剂达到其寿命或失去活性时，被认定为废旧催化剂。废催化剂一般分为以下几类：含贵金属废催化剂、含钼废催化剂、含钴废催化剂、含锌废催化剂、含镍废催化剂、含铜废催化剂。

废旧催化剂的循环利用途径主要包括有价金属回收、再生处理、作为二次催化剂、用于材料制备、热能回收、土壤改良等。许多催化剂中含有铂、钯、铑等贵重金属，通过浸出、萃取和沉淀等方法可以将这些金属从废旧催化剂中分离出来，并进行精炼和再利用。对于一些可以通过物理或化学方法恢复活性的催化剂，可以进行再生处理。例如，去除表面的积炭、毒物或进行高温焙烧来重新活化催化剂的活性位点。经过适当的处理和改性，废旧催化剂可能在要求较低的反应中继续发挥催化作用，还可以用于制备其他材料，如陶瓷、玻璃或复合材料等。在某些情况下，如果废旧催化剂无法通过其他方式有效利用，可以将其作为燃料进行燃烧，回收其中的热能。在经过严格的评估和处理后，某些成分可能对土壤的物理或化学性质有一定的改善作用，但这需要谨慎操作以避免环境污染。

4.6.1　废旧催化剂来源

催化剂在化学反应中的作用是提供一条低能量的反应路径，加快反应速率，而本身在反应过程中不被消耗。然而，在实际工业应用中，催化剂的活性会受到多种因素的影响，导致其性能逐渐下降。导致催化剂活性降低的因素主要有：积炭和杂质沉积阻塞活性位点，烧结和结构改变减少表面积和活性位点，化学组成变化改变其原有的催化特性，物理结构损伤影响其催化效率等。废旧催化剂是指在工业生产过程中，由于长时间使用或受到污染等原因而逐渐失去催化活性的催化剂。废旧催化剂产生的原因主要有以下几点：

（1）催化剂寿命结束

催化剂具有一定的寿命，经过长时间的使用后，活性逐渐降低甚至完全失活，这可能是由催化剂上活性组分消耗、表面积降低、结构破坏等造成的。

（2）污染物的沉积

在工业生产中，废旧催化剂会逐渐沉积污染物，包括有机物、无机盐、金属离子等，这些污染物的沉积可能导致催化剂的活性降低或失活。

（3）中毒物质的作用

某些反应过程中，催化剂可能会受到毒性物质的作用而失活。这些毒性物质可以直接与催化剂反应，改变其结构和活性，也可以通过吸附和堵塞来阻碍活性物种的生成和传输。

（4）催化剂失活

高温等反应条件下，催化剂可能会出现失活现象，即催化剂的结构和活性受到破坏和损害。废旧催化剂的失活机理包括堵塞失活、高温烧结失活、活性组分流失失活和中毒失活。堵塞失活是指催化剂表面被沉积物、杂质或反应物产物堆积，阻碍反应物分子与活性位点之间的接触和扩散。堵塞物可以是固体颗粒，也可以是液滴或废物产物。堵塞失活会降低催化剂的活性，导致反应效率下降。高温烧结失活是指在高温条件下，催化剂中的活性位点被烧结成大颗粒，减少了活性位点的可用面积。高温烧结失活通常发生在高温反应环境中，如炼油和催化裂化等过程中。烧结过程中，催化剂的表面积减少，反应物分子的吸附和反应能力降低。活性组分流失失活是指催化剂中的活性组分被溶解、蒸发、洗脱或流失，减少了催化剂的活性。活性组分可以是催化剂中的贵金属或其他活性物质，这种失活机理通常与催化剂暴露于恶劣条件下，如高温、高压、酸碱环境等有关。中毒失活是指催化剂表面被吸附或沉积的有害物质影响了催化剂的活性，中毒物质可以是催化反应的副产物、杂质、硫化物、氯化物、焦炭等。中毒失活会阻碍反应物分子与活性位点的接触，降低催化剂的活性和选择性。

4.6.2 催化剂失活

（1）SCR 催化剂的失活

选择性催化还原（SCR）催化剂理论上可以一直有效促进脱硝反应进行，但由于 SCR 系统运行工况的原因，烟气中含有其他污染成分，如粉尘、重金属、水分、二氧化硫，随着催化剂使用时间的增加，催化剂的活性会逐渐下降，这段活性下降的时间通常被称为催化剂的“寿命”。在运转一段时间后，催化剂的效率和活性会出现明显下降，出现催化剂失效，此时就要对催化剂进行更换以及相应处理。SCR 催化剂失活可分为物理失活和化学失活两块，物理失活指的是催化剂在高温、高尘的环境中，因催化剂表面飞灰沉积、孔结构阻塞以及热烧结等原因引起的失活；化学失活指的是 SCR 脱硝运行过程中，煤质或飞灰中的碱金属、碱土金属以及 P、As 等元素阻塞孔道或与催化剂活性位点结合引起的活性破坏。

1）碱金属引起的催化剂中毒失活

SCR 脱硝系统大多采用高温高尘布置工艺，高温高尘烟气通过催化剂时，烟气中含有的可溶性碱金属主要包括 Na 与 K，其在水溶液离子状态下，能渗透到催化剂深层，直接与催化剂活性颗粒反应，使催化剂酸位中毒以降低对 NH_3 的吸附量和吸附活性。碱金属元素被认为是对催化剂毒性最大的一类元素。随着催化剂表面 K_2O 含量的增加，NO 转化率急剧下降，当 K_2O 质量分数达到 1%时，催化剂活性几乎完全丧失。

2）粉尘堆积造成催化剂的失活

催化剂在高尘环境使用过程中，烟气中的粉尘在催化剂表面堆积，若清灰措施不好，粉尘会将催化剂有效表面隔绝。随着催化剂表面逐渐形成粉尘或炭沉积物，催化剂的比表面积、孔容、表面酸度及活性中心数均会相应下降，当沉积量达到一定程度后催化剂将失活。同时往往伴随着金属硫化物及金属杂质的沉积，单纯金属硫化物或金属杂质在催化剂表面的沉积也与单纯的积炭一样，会因覆盖催化剂表面活性位点或限制反应物的扩散而使催化剂失活。故通常将积灰、积硫及金属沉积物引起的失活，都归属于催化剂积灰失活。

3）催化剂的烧结

脱硝催化剂一般运行温度在 310～420℃，若通过催化剂的烟气超过该温度范围较多，在高温下反应一定时间后，活性组分的晶粒长大，比表面积缩小，这种现象称为催化剂烧结。通常温度越高，催化剂烧结越严重。作为 SCR 催化剂的载体和活性元素，必须在一定的温度范围内有良好的热稳定性能。在钛基钒类商用催化剂中通常加入 WO_3 来最大限度地减少催化剂的烧结。

（2）钯催化剂的失活

目前，国内生产 H_2O_2 的主流工艺为采用钯催化剂固定床的蒽醌法制过氧化氢技术。和过去的镍催化剂悬浮床工艺相比，钯催化剂固定床工艺具有操作简单、负荷大、易控制、安全性高等优点，其工业装置所使用的催化剂为钯质量分数为 0.3%左右的球形 Pd/Al_2O_3 负载型催化剂。钯催化剂之所以具备加氢活性，是因为 Pd 的 4d 电子层缺少 2 个电子，接触 H_2 时能与 H_2 形成不稳定的化学键（加氢活性位点），随后发生键的断裂，形成活泼氢原子，与蒽醌分子进行氢化反应。反应过程中，造成催化剂活性降低的原因很多：根据是否可再生，可将失活分为可逆性失活和非可逆性失活；根据造成失活的原因，可分为晶粒长大、钯流失、中毒、高温烧结、杂质污染等。

1）晶粒长大造成失活

催化剂的活性组分在生产中处于反复加氢脱氢状态，钯晶粒随反应次数的增加，会发生迁移聚并、尺寸长大、吸氢能力降低、活性下降。有文献表明，当钯催化剂微晶尺寸达到

15nm以上时，基本会失去加氢催化活性，该过程为不可逆过程。此外，反应床层温度、载体性质、钯催化剂的分散度也会影响钯晶粒的长大。通过调控反应条件，如降低温度、压力等，可减缓晶粒的团聚，延长催化剂使用寿命。

2）钯流失造成失活

钯在催化剂中的负载深度一般为微米级别，在催化剂长期使用过程中，颗粒之间的碰撞、工作液的浸泡和冲刷、催化剂的拆卸装填、反应压力的波动等都会造成催化剂表面的钯被磨损带走，活性组分含量降低，造成加氢活性的降低。催化剂活性无法满足装置生产要求，且使用再生手段对钯催化剂的加氢活性没有改善时须考虑更换催化剂。

3）中毒造成失活

当某些物质占据钯催化剂的加氢活性位点或能与钯催化剂发生化学反应时，会造成钯催化剂加氢活性大幅下降，这种现象称为钯催化剂“中毒”。根据催化剂中毒后能否恢复活性，可分为暂时性中毒和永久性中毒。

① 永久性中毒。当有害杂质接触钯催化剂时发生化学反应，使催化剂化学结构发生变化，仅通过物理方式不能恢复催化剂的加氢活性，该现象可定义为永久性中毒。含硫物质是造成钯催化剂永久性中毒的主要因素。含SO_2、H_2S等气体的常见氢气源有焦炉煤气、天然气和煤气化制氢等工艺。当企业生产中脱硫工序或氢气提纯工序异常时，易将含硫气体带入氢化塔内。在工作液配制过程中，重芳烃作为原材料之一，主要来源于裂解汽油重芳烃、重整重芳烃和煤焦油，质量不达标时可能将含硫物质引入工作液。含硫物质接触钯催化剂会与其形成PdS_4，PdS_4接触H_2被缓慢还原成Pd和H_2S，此时Pd晶粒明显增大，比表面积降低，孔道堵塞，反应物无法进入内表面，加氢活性位点减少，催化剂加氢活性下降。目前还无有效方法将该类中毒催化剂恢复加氢活性。不同硫化物对钯催化剂的加氢活性影响有差异，有研究人员考察了多种含硫物质对钯催化剂的影响，由大到小为二硫化碳＞硫化氢＞二甲基二硫醚＞乙硫醇＞二甲基硫醚＞噻吩，且随硫化物分子量的增加，毒性逐渐减弱。

② 暂时性中毒。某些物质接触钯催化剂后，会与催化剂之间形成一定的结合力，但是这种结合力不强，可通过采取某些方式将其从加氢活性位点脱附下来，恢复钯催化剂加氢活性。在企业生产中，采用煤制氢或天然气制氢作为氢气源时，装置异常容易造成氢气中CO含量超标，CO中孤电子对会占据Pd催化剂的加氢活性位点，不利于钯催化剂吸附氢气，宏观现象为催化剂加氢活性明显下降。若氢化塔内CO含量不高，及时打开氢化塔尾氢放空阀，调整氢气纯度，确保氢气中的CO体积分数降至3×10^{-6}以下，置换一段时间后，钯催化剂加氢活性可恢复。若CO浓度过高或长时间接触，催化剂加氢活性位点吸附的CO不易被置换，就会造成催化剂永久性中毒。此外，系统中引入Cl^-时，Cl^-接触钯催化剂时会与其形成Cl—Pd，影响钯催化剂的加氢活性，在一定条件下，通过氢化作用可恢复加氢活性，氯碱厂需重点防范Cl^-超标影响钯催化剂加氢活性。

4）高温烧结造成失活

催化剂在使用过程中，反应温度过高会造成催化剂颗粒之间相互挤压而聚集，形成烧结现象。严重降低钯催化剂表面的孔隙率，影响钯催化剂加氢活性。此外，高温也会对钯催化剂的组成和结构造成影响，导致加氢活性组分的流失。

在催化剂制备过程中，使用高温稳定性好的物质与催化剂加氢活性组分相结合，可有效降低钯催化剂高温烧结失活的趋势。通过对Pd/Al_2O_3掺杂Zr元素可改变Pd与载体间的相互作用，抑制团聚现象，使Pd在复合载体表面均匀分布和高度分散，有利于催化加氢活性的提高。

5）杂质污染造成失活

某些杂质进入氢化塔会堵塞钯催化剂的内部孔道，造成蒽醌分子无法进入钯催化剂内部进行反应（即催化剂堵塞），影响钯催化剂活性。

① 氧化铝粉对钯催化剂加氢活性的影响。γ-氧化铝具有再生工作液、吸收工作液中的微量碱和溶解水的作用，广泛应用于蒽醌法制备过氧化氢的工艺中。活性氧化铝多采用滚球法生产，在运输、装填、使用过程中会产生不定量的氧化铝粉，未被过滤器滤除的氧化铝粉会随工作液进入氢化塔，覆盖在钯催化剂表面，阻挡2-乙基蒽醌（EAQ）分子进入催化剂孔内与氢气发生氢化反应，造成钯催化剂加氢活性下降。但该吸附一般为物理吸附，氧化铝粉与催化剂的结合能力比较弱，能缓慢自行脱附或通过再生方法除去。

② 水对钯催化剂加氢活性的影响。装置开车初期氢化塔内未充分干燥、工作液预热器内漏、工作液带水、氧化铝失效等都会将水带入催化剂床层内，钯催化剂的载体是亲水疏油的 Al_2O_3，水被催化剂载体吸附后阻碍有机相工作液进入钯催化剂内部进行加氢反应，主要表现为氢化塔塔压升高、温差下降、氢效下降、尾氧含量升高、氧化残液增多等现象，影响企业安全平稳生产。生产中可通过采样对比分析工作液含水量和氢化液含水量，若氢化液含水量明显大于工作液含水量，可判断为水对钯催化剂的加氢活性产生了影响。通过提高反应温度、减小循环氢化液流量、增加预热器排水频次、更换氧化铝、预防萃取塔液泛等手段可缓慢恢复催化剂加氢活性。

③ 气体杂质对催化剂加氢活性的影响。企业生产中使用最多的氢气源为焦炉煤气、氯碱废气等含氢废气，通过变压吸附、膜分离等方式进行分离提纯，提纯的气体中部分杂质难以除去，超标时容易对催化剂活性产生影响。

4.6.3 常见废旧催化剂再生

废旧催化剂再生可以有效延长其使用寿命，减少生产成本和资源消耗。废旧催化剂的再生是指通过物理、化学或生物等方法，对其进行处理，使其恢复活性，以达到再利用的目的。废旧催化剂再生常见的方法有：水洗除尘、热法再生、酸碱再生、活性盐再生等。

水洗除尘是一种物理方法，用于去除催化剂表面附着的颗粒物和脱落物质，该方法适用于催化剂表面仅有轻微或暂时的污染情况。热法再生是将废旧催化剂置于高温条件下，热解、氧化、还原或裂解其中的有机物、焦炭或其他污染物，恢复催化剂的活性，该方法适用于催化剂表面存在致密的沉积物、焦炭或硝化物等情况。酸碱再生是一种化学方法，其原理是通过酸性或碱性溶液对催化剂进行处理，使其溶解、脱离或转化，去除催化剂表面的污染物，恢复催化剂的活性，该方法适用于催化剂表面是有机物、杂质或氧化物等情况。活性盐再生是将一定浓度的活性盐溶液通过废旧催化剂，在高温条件下迅速发生化学反应，使废旧催化剂中的污染物被有效转化或去除，利用盐溶液中的氧化还原反应恢复催化剂的活性，该方法适用于分子筛型催化剂，特别是连接桥长较短的ZSM-5催化剂等。

需要注意的是，每种催化剂的再生方法有所区别，必须根据实际情况进行选择。同时，在催化剂使用和处理过程中，要加强环保监管和控制，并尽可能减少对环境的污染。

（1）废旧SCR催化剂的再生

失活催化剂能否再生，与催化剂失活原因及再生的难易程度相关。较易再生的失活催化剂状况包括磨损、积灰或金属氧化物等，而对于永久性的重度中毒或热烧结引起的失活则很难或根本无法再生。因此，对于入厂的废旧脱硝催化剂，应在前期进行失活诊断，判断其再生价值及可使用率。催化剂失活诊断流程如图4-31所示。仅约70%～80%的完整废烟气脱硝催化剂可进行再生，整个生命周期中，废烟气脱硝催化剂最多可再生3～4次。20%～30%破损废催化剂无法再生，可破碎后加入新催化剂制造流程当中，用于原料回收。

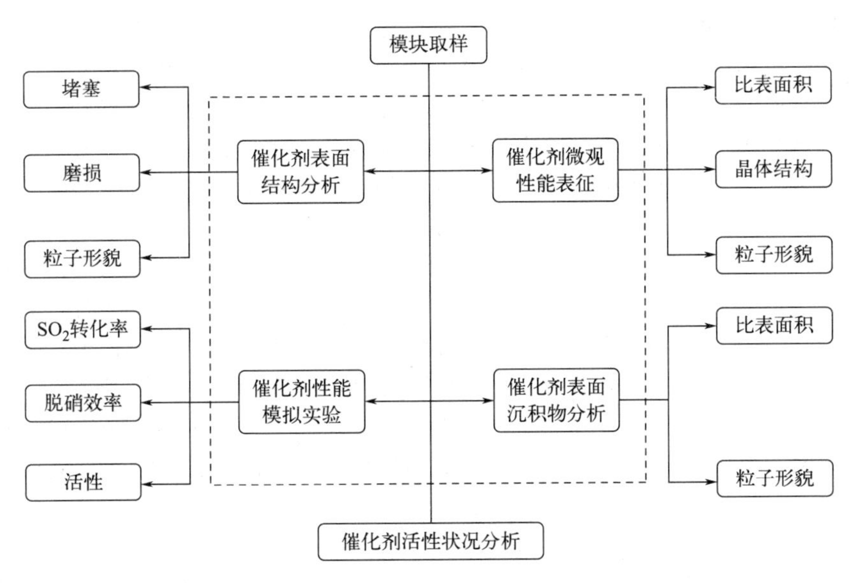

图 4-31 催化剂失活诊断流程

对于再生催化剂一般有以下目标要求：①再生后的催化剂物理堵塞小于5%；②修复受损的模块单元体和外部包装；③更换受损的催化剂单元体；④物理、化学性能恢复到接近新的催化剂的水平；⑤机械强度能够承受运输，催化剂能够达到预期的使用寿命；⑥脱硝率、SO_2/SO_3 转化率、氨逃逸率和压降的性能保证。

对于可逆性中毒的催化剂和活性降低的催化剂，可以通过再生后重新利用，再生费用只有全部更换费用的20%～30%，活性可恢复至原性能的80%～100%。废旧SCR催化剂的再生目的与再生方法对应关系见表4-13。

表 4-13 废旧 SCR 催化剂的再生目的与再生方法对应关系

再生目的	再生方法	再生目的	再生方法
消除积炭、积灰	氧化烧炭、吹扫	添补有效组分	浸渍、沉淀
消除机械粉尘及杂质	吹扫、抽吸	恢复机械强度	涂层修复、重新烧结、载体更换、机械加固
脱除表面沉淀的金属及盐类	酸碱洗涤、溶剂萃取、选择配位、水洗	表面熏组	酸碱作用、氧化更新

(2) 废旧钯催化剂的再生

废旧钯催化剂的再生方法有以下几种：

1) 蒸汽吹扫再生法

该方法在生产企业中最常用，方法简单，效果显著。随钯催化剂的长期使用，部分加氢活性位点被工作液中的盐类、氧化铝粉尘、降解物等物质覆盖，影响催化剂加氢活性，可采取蒸汽吹扫的方法有效解决。蒸汽吹扫条件为：使用压力≤0.3MPa的过饱和蒸气对氢化塔内钯催化剂进行吹扫，过饱和蒸气使用量大约为催化剂质量的5～6倍，控制床层温度105～120℃，持续时间16～24h，观察排出的蒸汽冷凝水洁净透明时，再生结束。使用循环氮气干燥催化剂后即可重复使用，钯催化剂使用前也可根据实际情况选择氢气活化。针对某些催化剂结块，单使用蒸汽吹扫难以满足理想效果时，可配合使用筛网对拆卸的催化剂进行过筛，过滤去除氧化铝粉和结块的催化剂，有助于钯催化剂更好地发挥氢化活性。

2）溶剂洗涤再生法

在企业生产过程中，不合适的溶剂比、过度氢化、环境温度低或总有效蒽醌含量过高等条件都有可能造成2-乙基蒽醌（EAQ）或2-乙基蒽氢醌（EAHQ）析出，堵塞催化剂内部通道；另外，当工作液在氢化塔内发生沟流、偏流或喷淋密度过小时，也有可能造成工作液深度氢化降解析出、催化剂结块。遇到这样的现象时最常用的方法是溶剂洗涤法，其中芳烃是最常用的洗涤溶剂，可撤出氢化塔内工作液，将芳烃加热至45～50℃时加入氢化塔内，控制芳烃液面略高于钯催化剂表面，采用“芳烃浸渍＋芳烃循环”的方法处理钯催化剂，每个周期4～6h，重复进行6～10个周期。再生结束后需使用氮气带走催化剂空隙内的析出物和水分。采用“超声波＋溶剂洗涤”的再生方法优于单独使用溶剂洗涤再生，这是因为溶剂洗涤可将大部分溶解降解物和析出物洗去，但部分难溶物质如蒽酮、羟基蒽酮等，仅通过溶剂浸泡难以除去；利用超声波可将钯催化剂表面的难溶解物质通过热分解和碰撞脱落下来。另外，超声波设备简单，能耗低，对钯催化剂的损耗小，不改变钯催化剂的物理结构，尤其对因物理吸附而失活的催化剂效果更好。

3）高温再生法

高温灼烧处理后的催化剂可以恢复加氢活性，且加氢活性组分未发生明显变化，催化剂的钯含量没有大的改变，再生效果优于蒸汽吹扫再生。但需要引起注意的是，加热温度偏低可能达不到再生效果，而温度过高可能会改变金属Pd的孔结构，甚至造成钯催化剂板结，影响加氢活性。

4）氧化再生法

在工业生产中当催化剂表面积炭造成催化剂空隙堵塞，影响加氢活性时，可采用氧化再生法，向塔器内催化剂通入稀释的空气进行高温氧化或燃烧，催化剂表面或内部空隙中的积炭会被氧化成CO_2离开催化剂的加氢活性位点，少量的积硫也可一起除去，恢复催化剂加氢活性。但是需要说明的是，催化剂积炭现象在石油炼化中比较常见，这是由于石油加氢反应温度高达300～600℃，烃类在高温下易发生裂解，形成积炭覆盖加氢活性中心或堵塞催化剂的空隙，影响催化剂的加氢活性。而在蒽醌法工艺中，氢化反应温度区间为45～70℃，溶剂中的芳烃在这种温度下很难发生裂解，不易发生积炭现象。氧化再生法对CO中毒的催化剂同样有效。

5）氧化液再生法

氧化液作为有机相，利用相似相溶原理，采用连续洗脱或间歇浸泡洗脱的方式可除去催化剂中吸附的有机物，再利用氧化液具有氧化性对钯催化剂进行氧化，最后通入氢气还原，使钯催化剂恢复加氢活性。向固定床反应器通入氮气进行保护，控制一定流量的氧化液通过氢化反应器，在60～70℃下对催化剂进行再生，最后经氮气干燥再生，氢气活化。氧化液再生后的催化初期加氢活性释放很快，优于蒸汽再生法。另外也有使用亚氯酸盐、无机过酸等氧化剂对钯催化剂进行再生处理，处理后使用甲醇溶液洗涤。

4.6.4　废旧催化剂性能的改进

催化剂失活是指催化剂在反应过程中逐渐失去催化活性，常用控制反应条件、选择合适的催化剂、清洗和再生、增加催化剂的稳定性等方法有效地防止催化剂的失活。此外，设计合理的反应系统，定期监测催化剂的活性和维护反应系统也同样重要。

催化剂的活性往往受到反应条件的影响，合理选择温度、压力和气体流速等操作条件，以保持催化剂在最佳工作状态；优选具有较高的稳定性和活性的催化剂，并避免使用容易受到污染或中毒的催化剂；通过洗涤、热处理或再生剂的使用，可以清除催化剂表面的污染物或中毒物质，恢复其活性；改进催化剂的结构和组成，以增加其稳定性，例如增加催化剂表面的稳定基团或改变催化剂的纳米结构，可以增强催化剂的稳定性和抗失活能力；合理设计反应系统，如改善反应器的结构和流动方式，提供良好的传质和热量传导条件，可以减少催化剂受到污染或热失活的风险；定期维护反应系统，清除污染物和积炭，可延长催化剂的使用寿命。

提高废旧催化剂再生性能的常用方法包括：

（1）清洗和回收

通过适当的清洗和回收，将催化剂表面的污染物和积炭物质去除。清洗过程可以使用合适的溶剂、酸或碱等来溶解和去除污染物。清洗完成后，废旧催化剂可以重新使用或进行其他再生工艺。

（2）热处理

热处理是一种常用的废旧催化剂再生方法。通过高温处理，可以使附着在催化剂表面的污染物和积炭物质热解或脱除。不同的催化剂可能需要不同的温度和时间来实现最佳效果。

（3）化学处理

化学处理可以用来还原或氧化某些废旧催化剂。例如，使用适当的还原剂可以还原含有金属氧化物的催化剂，使其重新获得催化活性；使用氧化剂可以氧化催化剂表面的积炭物质并去除。

（4）再生剂的使用

再生剂是指能够与污染物发生反应并将其转化为容易去除或再利用的物质。再生剂可以用于吸附、化学反应或其他方式处理废旧催化剂。选择合适的再生剂并控制处理条件可以有效地提高废旧催化剂的再生性能。

（5）表面修复和改性

通过在废旧催化剂表面涂覆修复剂或改性剂，可以修复或提高催化剂的活性和稳定性。修复剂可以填补或修复催化剂表面的缺陷，改善其催化性能。改性剂则可以在催化剂表面形成保护层，提高催化剂的抗污染性和稳定性。

在实际应用中，选择适合废旧催化剂的再生方法时应考虑催化剂的类型、污染程度以及再生成本等因素。操作过程中应遵循相关的安全规范，并确保处理过程对环境友好。

第5章 农林生物质资源循环利用

农林生物质资源循环利用旨在高效利用农作物秸秆、林木残余物、畜禽粪便等原本可能被废弃或低效利用的生物质资源，通过技术处理将其转化为能源、材料或肥料等高附加值产品，从而实现资源的循环利用和价值的最大化提升。农林生物质资源循环利用在全球范围内受到广泛关注，技术创新是推动这一领域发展的关键，包括先进的生物质预处理、高效的转化工艺以及产品多样化开发等方面。通过这些技术的应用，农林生物质资源可以被转化为生物能源（如沼气、生物质燃料）、生物基材料（如生物塑料、生物质炭）以及生物肥料等多种产品，广泛应用于能源供应、工业制造、农业生产等多个领域。在实践中，农林生物质资源循环利用已经取得了显著成效，不仅减少了农业废弃物的环境污染，还促进了农村经济的多元化发展。

5.1 生物质概述

5.1.1 生物质概念

生物质是指可用作燃料或工业生产的活生物体或者近期死亡的生物体，通常包括用于发电或生产生物燃料的能源植物，用于生产纤维、化学品或者热量的动植物，以及可通过燃烧作为燃料的生物可降解废弃物，但不包括有机物质经过地质过程形成的新物质，如煤或石油。美国能源部、农业农村部认为，生物质不仅包括已用于食物和能源用途的淀粉、糖和油料作物，而且还包括其他所有植物以及来源于植物体的物质，如动物粪便等。我国农业农村部则把生物质定义为通过光合作用而形成的各种有机体。总结起来，生物质一般指任何形式（除化石燃料及其衍生物）的有机物质，包括所有的动物、植物和微生物，以及由这些生命体所派生、排泄和代谢出来的各种有机物质，如农林作物及其残体、水生植物、人畜粪便、城市生活和工业有机废弃物等。生物质是地球上广泛存在的物质。生命活动是迄今为止已知在某些宇宙行星表面存在的一种特有生命现象，生物质是生命活动的重要产物，各自扮演不同的角色，维系整个生命系统的正常运行。与生物质能开发最密切相关的农作物秸秆、林木资源以及畜禽粪便，各自功能用途也不尽相同。

我国生物质来源广泛，储量大，有 3 万多种高等植物，居世界第三位，另外每年还有 7 亿吨作物秸秆，其热值相当于 3.5 亿吨标准煤[1]，2 亿多吨林地废弃物和木材加工剩余物，畜禽粪便实物量（干）1.2 亿吨，数百万吨的树木果实和天然树脂，以及数百万吨的废弃生物油脂未被利用。就总资源量而言，我国开发的生物质资源热值总量相当于 8 亿吨标准煤。现在已知世界上的生物有 25 万多种，生物的多样性决定了生物质的多样性，任何一种生物都有可能为人类提供一种或多种生物质。例如，水稻可以提供稻谷和秸秆，含有淀粉、木质素和纤维素的树木可以提供树干、树根、树叶、果实及分泌物等，其含有纤维素、木质素、单糖及多糖、松脂、单宁、生漆、植物油脂等。生物质转化途径的多样性决定了生物质使用性能上的多样性。利用生物质可以生产清洁燃料，如沼气、生物酒精和生物柴油等，还可以用于开发适应未来市场且环境友好的石油和天然气的替代品等生物基产品。经过物理和化学转换技术，生物质资源可以高效地转化成常规的固态、液态和气态燃料以及其他化工原料或者产品，替代化石燃料，缓解资源短缺。

5.1.2　生物质种类

根据来源不同，可将适合于能源利用的生物质分为林业资源、农业资源、生活污水和工业有机废水、城市固体废物、畜禽粪便等五大类。

（1）林业资源

林业生物质资源是指森林生长和林业生产过程提供的生物质能源，包括薪炭林，在森林抚育和间伐作业中的零散木材、残留的树枝、树叶和木屑等，木材采运和加工过程中的枝丫、锯末、木屑、梢头、板皮和截头等，林业副产品的废弃物，如果壳和果核等。

（2）农业资源

农业生物质资源是指农业作物（包括能源植物），农业生产过程中的废弃物，如农作物收获时残留在农田内的农作物秸秆（玉米秸、高粱秸、麦秸、稻草、豆秸和棉秆等），农业加工业的废弃物，如农业生产过程中剩余的稻壳等。能源植物泛指各种用以提供能源的植物，通常包括草本能源作物、油料作物、制取碳氢化合物的植物和水生植物等几类。

（3）生活污水和工业有机废水

生活污水主要由城镇居民生活、商业和服务业的各种排水组成，如冷却水、洗浴排水、盥洗排水、洗衣排水、厨房排水、粪便污水等。工业有机废水主要是酿酒、制糖、食品、制药、造纸及屠宰等行业生产过程中排出的废水等，其中都富含有机物。

（4）城市固体废物

城市固体废物主要由城镇居民生活垃圾，商业、服务业垃圾和少量建筑业垃圾等固体废物构成，其成分比较复杂，受当地居民的平均生活水平、能源消费结构、城镇建设、自然条件、传统习惯以及季节变化等因素影响。

（5）畜禽粪便

畜禽粪便是畜禽排泄物的总称，是其他形态生物质（主要是粮食、农作物秸秆和牧草等）的转化形式，包括畜禽排出的粪便、尿及其与垫草的混合物。我国主要的畜禽包括鸡、猪和牛等，其资源量与畜牧业生产有关。

5.1.3　生物质组成结构

生物质种类不同，其组成和结构也有一定的差别。生物质主要来源于植物，植物生物质

[1] 1 吨标准煤＝29.3076GJ。

主要由纤维素、半纤维素和木质素构成。纤维素和半纤维素由碳水化合物构成，木质素则是由碳水化合物通过一系列生物化学反应合成。要了解植物生物质的结构，还得从碳水化合物说起。碳水化合物通常称作糖类，绿色植物通过光合作用把二氧化碳转化为葡萄糖，在代谢过程中为生命提供了能量。糖类是贮存太阳能和支持生命活动的重要化学物质。

纤维素是生物质的骨架结构材料，是由D-吡喃葡萄糖基（1-5结环）彼此以β-1,4-糖苷键连接而成的线性高分子化合物$(C_6H_{10}O_5)_n$，n称为聚合度，其值随不同木种的变化而变化，一般在10^4以上。纤维素的重复单元是纤维素二糖，而D-葡萄糖是构成纤维二糖的基本单元，D-葡萄糖在没有形成半缩醛环时的结构如图5-1所示。其中C5上连接的羟基由于在右边，定为D型。β-D-葡萄糖由于羰基和羟基的作用，在分子内生成半缩醛环（图5-2）。两个葡萄糖分子彼此通过β-1,4-糖苷键相连形成纤维二糖，纤维素的分子链结构式如图5-3所示。

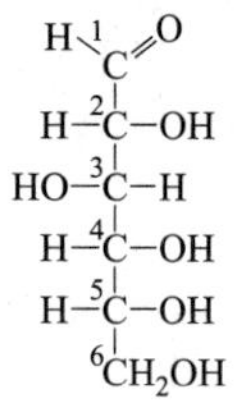

图5-1　D-葡萄糖

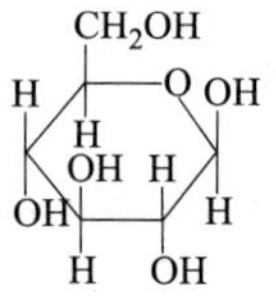

图5-2　β-D-葡萄糖

半纤维素是由多糖单元组成的一类多糖，主链由木聚糖、半乳聚糖或甘露糖组成，支链上带有阿拉伯糖或半乳糖。半纤维素大量存在于植物的木质化部分，如秸秆、种皮、坚果壳及玉米穗等，其含量依植物种类、部位和老幼程度而有所不同。半纤维素前驱物是糖核苷酸，不同种类的半纤维素的组成差别很大。针叶木（如松木）中主要半纤维素为聚半乳糖葡萄甘露糖，其结构如图5-4所示。

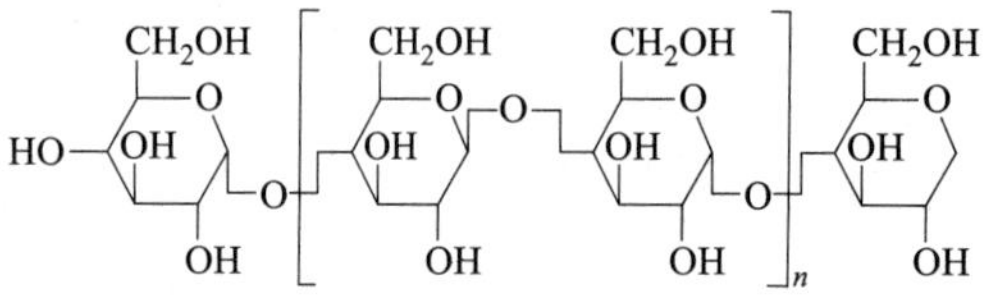

图5-3　纤维素的分子链结构式

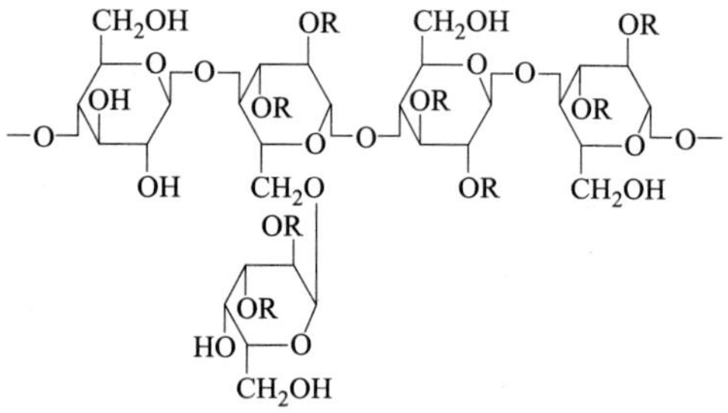

图5-4　针叶木中主要半纤维素的结构式

木质素是一类复杂的有机聚合物，存在于植物细胞壁中，在植物界中木质素的含量仅次于纤维素。木质素的单体是一类具有苯丙烷骨架的多羟基化合物，单体间通过C—C和C—O—C形成复杂的无定型高聚物。研究表明构成木质素的三种前体分别是松柏醇、芥子醇和对香豆醇。这三种醇是由葡萄糖经过莽草酸途径和肉桂酸途径合成的。木质素是由这三者前体脱氢聚合而成的，其聚合方式主要是末端聚合。木质素分子结构中相对弱的是连接单体的氧桥键和单体苯环上的侧链键，受热易发生断裂，形成活泼的含苯环的自由基，极易与其他分子或自由基发生缩合反应生成结构更为稳定的大分子。

生物质的元素组成通常指有机质的元素组成，掌握生物质的元素组成对研究燃烧和热解都具有十分重要的意义。一般认为，植物生物质主要由碳、氢、氧、氮、硫五种元素组成，其中木材主要由碳、氢、氧、氮四种元素组成，含量分别为碳49.5%、氢6.5%、氧43%、氮 1%；秸秆主要由碳、氢、氧、氮、硫五种元素组成，含量分别为碳 40%～46%、氢 5%～6%、氧 43%～50%、氮 0.6%～1.1%、硫 0.1%～0.2%。还有一些含量很少的元素如磷、钾等，一般不列入元素组成之内。生物质元素分析反映生物质在热化学转化时的某些性质，如生物质挥发物在燃烧过程中对生物质的着火影响很大，高挥发分着火迅速、火焰长、燃烧稳定，低挥发分不易着火、火焰短、燃烧不易稳定。因此，应该有一种能够从应用角度来表征生物质某些特点的分析，这种分析称为生物质的工业分析。生物质的工业分析是生物质的水分、灰分、挥发分和固定碳四个分析项目的总称，还包括对灰渣进行观察和对灰熔点做出判断。

（1）生物质中的水分

生物质是多孔性固体，含有或多或少的水分。水分的存在给生物质热化学转化带来很大影响，所以，水分是生物质最基本的分析指标之一。根据结合状态，生物质中的水分可以分为游离水和结晶水两大类，而游离水又分外在水和内在水两种。另外，生物质中的有机质在热解过程中生成的水称为热解水，其概念与上述三种水分完全不同，不能混淆。

（2）生物质中的灰分

灰分是生物质中所有可燃物质完全燃烧以及生物质中矿物质在一定温度下发生一系列分解、化合等复杂反应后剩下来的残渣，主要由 CaO、K_2O、Na_2O、MgO、SiO_2、Fe_2O_3 和 P_2O_3 等组成。

生物质灰分与生物质中的矿物质不完全相同，确切地说，生物质灰分应称为在一定温度下的灰分产率。传统看法认为灰分是不能燃烧的物质，故对生物质的热解和燃烧不起作用。但其实不然，灰分尤其是其中的碱金属等矿物质对生物质热解转化有着不能忽略的影响，在一些热解过程中可以起到催化剂的作用。另外，灰分的熔融性即灰熔点对热解反应器的设计有较大影响。因为灰分在高温下变成熔融状态后容易黏结成难以清除的大渣块，设计排渣装置时必须充分考虑到这一点。一般生物质原料的灰熔点在 900～1050℃范围内，也有一些产地的原料会在 850℃以下。

（3）生物质中的挥发分

生物质在隔绝空气的条件下加热到一定温度，并在该温度下停留一定时间，其有机质受热分解析出的所有气态产物即挥发分。挥发分与水分不同，不是生物质中的固有物质，而是在特定条件下受热分解的产物，包括饱和的和不饱和的芳香族碳氢化合物，以及生物质中结晶水分解后蒸发的水蒸气等。析出挥发分后余下的固体残余物称为焦炭或半焦。挥发分的多少及焦炭或半焦的特性能很好地表征生物质是否容易燃烧或热解转化。

（4）生物质中的固定碳

生物质中的固定碳是指从生物质中除去水分、灰分和挥发分后的残留物。与灰分一样，固定碳也不是生物质中的固有成分，准确地说是热分解产物，其中不仅包含碳，而且还包含氢、氧、氮、硫等其他元素。因此，生物质中的固定碳与碳元素是两个不同的概念，不可混淆。

5.2 生物质能概述

5.2.1 生物质能概念

有关生物质能的定义不一，对于已有的概念主要可以归纳为两大块，一是从生物学角度出发，强调生物质能的自然属性，认为生物质能是通过光合作用贮存在生物体内的能量；二是从能源角度出发，认为生物质能是可直接或间接利用的具有能源价值的生物质，强调生物质体内能量的能源化利用。《中华人民共和国可再生能源法》中把生物质能定义为利用自然界的植物、粪便以及城乡有机废物转化成的能源。

生物质能利用形式多样，既包括生物质直接燃烧使用，也包括运用现代技术将其转化成各种固态、液态和气态的燃料。人类通过“摩擦生火”第一次掌握自然力，开始了对能源的开发利用，以薪柴、秸秆和杂草等生物质为燃料生产、生活，这种方式至今仍在大量使用。生物质直接燃烧利用历史由来已久，这种利用方式被称作传统生物质能利用。随着科学技术的飞速发展，生物质资源可以通过各种转化技术被高效利用，生产出多种清洁燃料和电力，以替代煤炭、石油和天然气等化石燃料，这种利用方式被称作现代生物质能利用。目前，生物质能从利用形式上分为传统生物质能和现代生物质能两类，能源属性分类见表 5-1。

表 5-1　能源属性分类

类别			常规能源	新能源
一次能源	可再生	弱性	传统生物质能、水能	现代生物质能
		强性	—	太阳能、风能
	不可再生		煤炭、石油、天然气	油页岩、核燃料
二次能源			电力、煤气、液化气、汽油、柴油、生物乙醇、生物成型燃料、沼气	

5.2.2　生物质能特征

生物质能是一种清洁的可再生能源，该能源的使用既可以确保人类社会的可持续发展，又可以大大降低环境污染。总结来看，生物质能的优越性体现在以下几个方面：

（1）生物质产量极大

生物质能源是世界的第四大能源，根据生物学家估算，地球陆地每年生产 1000 亿～1250 亿吨干生物质，海洋年生产 500 亿吨干生物质。生物质能源的年生产量远远超过全世界总能源需求量，相当于目前世界总能耗的 10 倍。我国资源也相当丰富，数量庞大，形式繁多，薪材资源量为 1.3 亿吨标准煤，加上粪便、城市垃圾等，资源总量估计可达 6.5 亿吨标准煤。

（2）生物质能具有可再生性

生物质通过植物光合作用合成，植物的光合作用是燃烧反应的逆过程，而燃烧反应是人类获取和使用能源的主要方式。若两个过程能相互匹配形成完整循环，生物质能源将取之不尽，用之不竭。生物质属可再生资源，生物质通过植物的光合作用可以再生。只要有阳光照射，绿色植物的光合作用就不会停止，生物质能就永远不会枯竭。

（3）生物质能具有洁净性

生物质的组成是碳氢化合物，其元素分析见表 5-2，与常规化石燃料如石油、煤等的内部结构和特性相似，可充分采用已发展起来的相同或相似的技术进行处理和利用。

表 5-2　生物质元素分析

原料	元素及含量/%				
	C	H	O	N	S
稻草	35.75	4.32	34.5	1.26	0.24
玉米秆	34.4	3.97	31.7	1.28	0.09
麦秸	34.6	3.72	30.5	1.18	0.12
锯末	43.55	5.61	40.13	0.21	0.15

生物质与化石燃料相比是易燃烧的清洁燃料，其可燃部分主要是纤维素、半纤维素和木质素，按质量计分别占到生物质的 40%～50%、20%～40%、10%～25%。而且生物质含硫、氮量较低，炭活性高，挥发组分高，灰分少，因此燃烧后灰尘等的排放量比化石燃料小得多，造成的空气污染和酸雨现象明显降低，这也是开发利用生物质能的主要优势之一。

（4）生物质能具有普遍性和易取性

生物质能源分布面积广，来源丰富，而且廉价、易取，生产过程极为简单，便于就地开发利用。

（5）生物质具有易燃性和挥发组分高、炭活性高的特性

将生物质转换成气体燃料比较容易实现。生物质燃烧后灰分少，并且不易黏结，用旋风式除尘或水膜除尘即可，可简化除灰设备。

（6）生物质能具有实现二氧化碳"零"排放和降低"温室效应"的特性

生物质的硫、氮含量很低，所以燃烧过程中的 SO_x、NO_x 较少，可以起到减排 CO_2 的作用。因为传统的矿物燃料在燃烧过程中会排放出 CO_2 气体，在大气层中不断积累，工业化前期大气中 CO_2 浓度按体积计在空气中占 0.028%，到 1980 年增加到 0.034%，预计到 22 世纪初，将提高到 0.056%。温室气体在大气中的浓度不断增加会导致气候变暖，而生物质既是低碳燃料，其生产过程中又会吸收 CO_2 成为温室气体的汇。因此，国际社会对温室气体减排联合行动付诸实施，大力开发生物质能源资源，对于改善我国以化石燃料为主的能源结构，特别是为农村地区提供清洁方便能源，具有十分重要的意义。

5.3　生物质热解气化技术及应用

5.3.1　生物质热解气化概述

气化技术最早出现于 18 世纪晚期，19 世纪 30 年代原苏联研发出世界上第一台气化炉——上吸式气化炉，主要用于煤的气化。到 19 世纪 50 年代，伦敦建立了以煤和生物质为原料的燃气生产工业。19 世纪 80 年代初，欧洲的一些科研人员开始进行用生物质燃气来驱动内燃机的试验研究，并于 20 世纪 20 年代成功应用于驱动卡车和拖拉机。但由于当时气化技术不够成熟、气化系统不完善、工作可靠性差，以及使用不方便等缺点而未被广泛应用。第二次世界大战期间，为解决石油能源短缺的问题，用于内燃机的小型气化装置得到了进一步的发展和应用。二战以后，中东地区廉价的石油开采和利用使生物质气化系统处于停顿状态。20 世纪 70 年代的石油危机以及常规化石能源的不可再生和分布不均匀性，使得生物质气化技术重新得到关注。近年来，生物质气化的主流技术是应用固定床和流化床气化炉气化林木废弃物产生可燃气体并用于发电。目前，全国已经建成的几百个生物质气化集中供气工程连续运行实践表明，生物质气化技术在处理大量农林废弃物、减轻环境污染、实现低质能源的高品位利用等方面已经开始发挥积极的作用，正逐步成为农村能源的主要途径，展示出了良好的应用前景。

5.3.1.1　生物质热解气化概念与原理

生物质气化是指在一定的热力学条件下，以空气、水蒸气或氢气等作为气化剂，又称气化介质，通过热化学反应使生物质中高分子量的有机化合物降解，变成低分子量的 CO、H_2、CH_4 等可燃气体的过程。为了提供反应的热力学条件，通常气化过程需要供给空气或氧气，使原料发生部分燃烧。生物质气化产出的可燃气热值随气化剂的种类和气化炉的类型

不同而存在较大差异。生物质气化所用的气化剂大部分为空气，在固定床和流化床气化炉中生成的燃气热值通常在 $4200 \sim 7560 kJ/m^3$ 之间，属于低热值燃气；采用氧气、水蒸气或者氢气作为气化剂，在不同气化炉中生成的燃气热值在 $10920 \sim 18900 kJ/m^3$ 之间或 $22260 \sim 26040 kJ/m^3$ 之间。

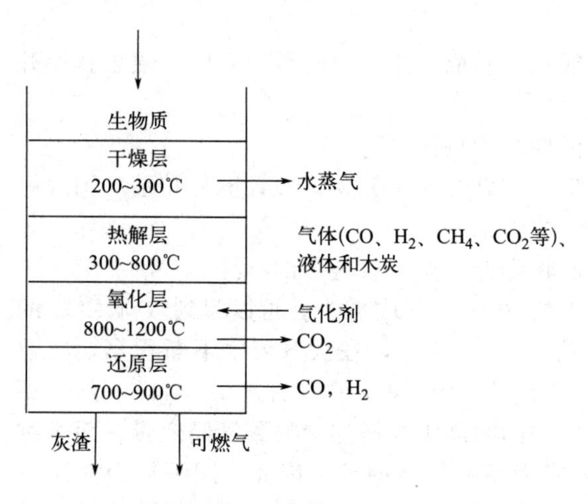

图 5-5 生物质气化过程示意图

生物质气化反应过程比较复杂，目前关于这方面的研究还不够深入。气化炉的类型、工艺流程、反应条件、催化剂的种类、原料的性质以及粉碎粒径等不同，其反应过程也不尽相同。为了更清晰地理解和描述生物质气化过程，下面以目前应用广泛的下吸式炉的气化过程为例介绍生物质气化过程，如图 5-5 所示。生物质从气化炉的顶部加入，依靠自身的重力逐渐由上部下落到底部，气化后形成的灰渣从底部排除。空气从气化炉的中部（氧化层）加入，可燃气从下部被收集。根据在气化炉中发生的不同热化学反应，从上至下依次分为干燥层、热解层、氧化层和还原层四个区域。

（1）干燥层

生物质进入气化炉顶部后，进入干燥层加热至 200～300℃，此时原料中的水分蒸发从而得到干燥的原料和水蒸气。

（2）热解层

干的生物质原料向下移动进入热解层，在 500～600℃时挥发分大量析出，只残留木炭。热解反应析出的挥发分主要包括水蒸气、氢气、一氧化碳、二氧化碳、甲烷、焦油和其他碳氢化合物等。

（3）氧化层

氧化层反应速率较快，残留的木炭与引入空气中的氧气发生剧烈反应，同时释放出大量的热，以支持其他区域反应的进行。在氧化层温度可以达到 1000～1200℃，挥发分参与燃烧后进一步降解。氧化层发生的主要化学反应为：

$$C+O_2 \longrightarrow CO_2$$
$$2C+O_2 \longrightarrow 2CO$$
$$2CO+O_2 \longrightarrow 2CO_2$$
$$2H_2+O_2 \longrightarrow 2H_2O$$

（4）还原层

还原层中不存在氧气，氧化层中的燃烧产物及水蒸气与还原层中木炭发生还原反应生成氢气和一氧化碳等。这些气体和挥发分等形成了可燃气体，完成了固体生物质向气体燃料转化的过程。因为还原反应为吸热反应，还原层温度相应地降低到 700～900℃，所需的热量由氧化层提供。还原层反应速率较慢，因此高度高于氧化层。还原层发生的主要化学反应有：

$$C+H_2O \longrightarrow CO+H_2$$
$$C+CO_2 \longrightarrow 2CO$$
$$C+2H_2 \longrightarrow CH_4$$

在上述反应过程中，只有氧化反应是放热反应，释放出的热量为生物质原料干燥、热解和还原阶段提供热量。生物质气化的主要反应发生在氧化层和还原层，所以通常称氧化层和还原层为气化区。在实际操作过程中，上述四个区域没有明确边界，是相互渗透和交错进行的。

5.3.1.2 生物质热解气化种类与影响因素

生物质气化过程的分类有以下几种形式：①按照制取燃气热值的不同可分为低热值燃气、中热值燃气和高热值燃气制取方法；②按照设备的运行方式的不同，可以将其分为固定床、流化床和旋转锥等；③按照气化介质可分为不使用气化介质和使用气化介质两种。不使用气化介质的为干馏气化，又称热解气化，使用气化介质的分为空气气化、氧气气化、水蒸气气化、水蒸气-空气气化以及氢气气化等。

生物质的气化是复杂的热化学过程，影响气化指标的因素有以下三个方面，即原料的气化特性、气化过程的操作条件和气化炉的构造。

(1) 原料的气化特性

原料的气化特性不但影响气化指标，也决定了气化方法和气化炉类型。与煤相比，生物质作为气化原料有以下优点：

① 挥发分高、固定碳低。煤的挥发分一般在20%左右，固定碳在60%左右，而生物质固定碳在20%左右，挥发分则高达70%左右。生物质在较低的温度（约400℃）时大部分挥发组分分解释出，而煤在800℃时才释放出30%的挥发组分。

② 炭反应性高。炭在较低的温度下，以较快的速度与 CO_2 及水蒸气进行气化反应。例如：在815℃、2MPa（约20个大气压）下，木炭在He（45%）、H_2（5%）及水蒸气（5%）的混合气体中，只要7min，80%能被气化，泥煤炭只能有约20%被气化，而褐煤炭几乎没有反应。

③ 灰分少。炭灰分一般少于3%，并且灰分不易黏结，从而简化了气化炉的除灰设备。

④ 含硫量低。生物质含硫量一般比较低，不需要气体脱硫装置，既降低了成本，又有利于环境保护。

生物质的热值明显低于煤，一般只相当于煤的1/3～1/2。气化原料不同产生的可燃气成分不同。表5-3列出不同生物质气化后燃气的成分。

表5-3 不同生物质气化后燃气的成分

原料	燃气成分及含量/%							低位热值(标准状态)/(kJ/m³)
	CO_2	O_2	CO	H_2	CH_4	C_nH_m	N_2	
木材	8.9	1.5	23.1	7.2	3.3	0.9	55.1	5448
锯末	9.9	2.0	20.2	6.1	4.9	0.7	56.3	4544

原料的气化特性有以下几方面：

1) 原料的挥发分

一般原料中挥发分含量越高，燃气的热值就越高。但燃气热值并不是按挥发分含量成比例地增加。挥发分中除了气体产物外，还包括煤焦油和合成水分，当这些成分高时燃气热值就低。例如木材挥发分中的焦油比泥煤要多许多，泥煤挥发分中的焦油含量比无烟煤高，液体焦油带走的热量也较多。此外，气体中的成分组成不同对热值也有明显影响。例如泥煤及木材的气体产物中的 CO_2 就比鹤岗烟煤多许多。

2) 原料的反应性和结渣性

反应性好的原料可以在较低温度下操作，气化过程不易结渣，有利于操作和甲烷生成。矿物成分往往可使燃料在氧化层反应中起催化作用，例如将木灰（1.5%）喷在加热中的木材面上，就可使反应性加强，使其反应时间减少一半，加入 CaO（5%）也具有同样效果。生物质和煤灰的组成主要有 SiO_2、Al_2O_3、Fe_2O_3、TiO_2、CaO、MgO、K_2O 等，对于反应性和结焦性差的原料，应在较高温度下操作，但不得超过生物质灰分的熔化温度，以加强二氧化碳还原反应，提高水蒸气的分解率，从而增加可燃气中的氢气和一氧化碳的含量。

3）原料粒度及粒度分布

原料粒度及粒度分布对气化过程影响较大，粒度较小能提供较多的反应表面，但通过气化炉的压降大。颗粒粒度分布的均匀性是影响气流分布的主要因素。如果将未筛分过的原料加入固定床内，会造成大颗粒在床层中分布不均，形成阻力较大和阻力较小的区域，造成局部强烈燃烧，温度过高，气化局部上移或烧结形成架空现象。严重时气化层可能超出原料层表面，出现“烧穿”现象。此时，从“烧穿”区出来的气化剂就会把器膛产生的气体燃料消耗掉，严重降低气体燃料质量，使气化炉处于不正常操作状态。因此，气化用原料必须经过筛分，原料最大与最小粒度比一般不超过 8 左右。有关研究表明避免燃料架空的条件是燃料最大尺寸与反应器内最小截面积尺寸之比最好控制在 6.8 以上。

（2）气化过程的操作条件和气化炉的构造

反应温度、反应压力、物料特性及气化设备结构等也是影响气化过程的主要因素。不同的气化条件，气化产物成分的变化很大。在气化过程中，CO_2 的含量随着温度的升高而急剧下降。在 400℃时，CO_2 含量达 30%，在 800℃时，降至 10%；其他可燃组分，如 CH_4、H_2、C_nH_m 等，其含量均随温度的升高而增加。根据反应温度对气体产量的影响研究，最终的不可冷凝气体产量随着温度的升高而迅速增加，特别是当有活性介质（如氢气、水蒸气）存在时，可影响热分解反应和热分解产物的二次反应。综上所述，反应温度是影响气化过程的主要因素，在 400～900℃范围内升高温度有利于气化反应的进行。

5.3.1.3 生物质热解气化评价指标与燃气应用

（1）生物质热解气化评价指标

在评价生物质气化效果时，通常采用以下五项指标：

1）气体产率

气体产率是指单位质量生物质气化所得的燃气体积（m^3/kg）。气体产率是评价生物质气化好坏的重要指标。

2）气化强度

气化强度指气化炉中每单位横截面积每小时气化的生物质质量 [$kg/(m^2 \cdot h)$]，或气化炉中每单位容积每小时气化的生物质质量 [$kg/(m^3 \cdot h)$]。

3）气化效率

气化效率又称冷气体热效率，指单位质量生物质气化所得到的燃气（气体产率，m^3/kg）在完全燃烧时放出的热量（燃气热值，kJ/m^3）与气化使用的生物质发热量（kJ/kg）之比，见式（5-1）。

$$气化效率=\frac{燃气热值\times气体产率}{生物质发热量}\times 100\% \tag{5-1}$$

4）热效率

气化效率表示所有直接加入气化过程中的热量的利用程度。实际上，还应考虑气化过程中气化剂所带入的热量。当气化过程中焦油被利用时，焦油也应作为可利用的热量。热效率为生成物的总能量与总消耗能量之比。

5）气体组成和热值

燃气的质量主要由气体燃料的组成和热值决定。气体燃料组成通常用容积分数或分压分数表示，其中 CO、H_2、CH_4、C_2H_4 等为有效组分，N_2 为惰性组分，CO_2、H_2S 等为杂质。气体燃料的热值是指在标准状态下，其中可燃物热值的总和。生物质气化所得的气体燃料的低位热值简化计算见式（5-2）。

$$LHV_g = 126.36\varphi(CO) + 107.98\varphi(H_2) + 358.18\varphi(CH_4) + 629.09\varphi(C_nH_m) \quad (5\text{-}2)$$

式中，LHV_g 为标准状态下气体燃料的低位热值，kJ/m^3；$\varphi(CO)$、$\varphi(H_2)$、$\varphi(CH_4)$、$\varphi(C_nH_m)$ 分别为 CO、H_2、CH_4 以及不饱和烷烃的体积分数，%。

（2）生物质燃气应用

生物质气化技术应用主要有以下几个方面：

1）提供热量

生物质燃气经过燃烧后产生的高温烟气可用于温室、大棚、居民供暖及物料干燥等。生物质气化供热系统一般由气化炉、滤清器、燃烧器及附属设备构成，产生的可燃气不需要气体净化和冷却，直接送到燃烧器中燃烧，系统相对比较简单，燃料适用性广。

2）集中供气

生物质气化集中供气技术是近年来在我国发展起来的一项新的生物质气化技术，将农村丰富的生物质资源转化为使用方便且清洁的可燃气体输送到居民用户用作炊事燃气。生物质气化集中供气系统一般是以自然村为单元的小型燃气发生和供应系统。从目前的应用状况看，这一技术还有待完善和提高。

3）气化发电

生物质气化发电，适用于缺电且生物质资源丰富的地区（如山区、农场或林场）的照明或驱动小型电机。生物质气化发电是生物质清洁能源利用的一种方式，几乎不排放任何有害气体。生物质气化发电系统可以分为小规模、中等规模和大规模三种，小规模生物质气化发电系统适合于生物质的分散利用，具有投资小和发电成本低等特点，已经进入商业化示范阶段。大规模生物质气化发电系统适合于生物质的大规模利用，发电效率高，已经进入示范和研究阶段，是今后生物质气化发电的主要发展方向。

4）化工原料

通过生物质气化得到的合成气可用来制造一系列的石油化工产品，包括甲醇、二甲醚及氨等。生物质在高温下经一系列热化学反应以及蒸气重整、水气转换、变压吸附（PSA）、氢气分离等化工过程，可以生成高纯度氢气。生物质气化制氢技术具有不同的途径，很有可能为大规模氢能制备提供一条潜在高效、清洁的途径。生物质经气化、气体净化、重整、H_2/CO 比例调节，甲醇合成及分离提纯等工艺处理后可以合成甲醇。

5.3.2 生物质热解气化工艺与设备

气化炉是生物质热解气化反应的关键设备。在气化炉中，生物质完成了气化反应过程并转化为生物质燃气。目前比较常用的气化炉有固定床和流化床两种，二者又分别具有多种不同的形式，如图 5-6 所示。

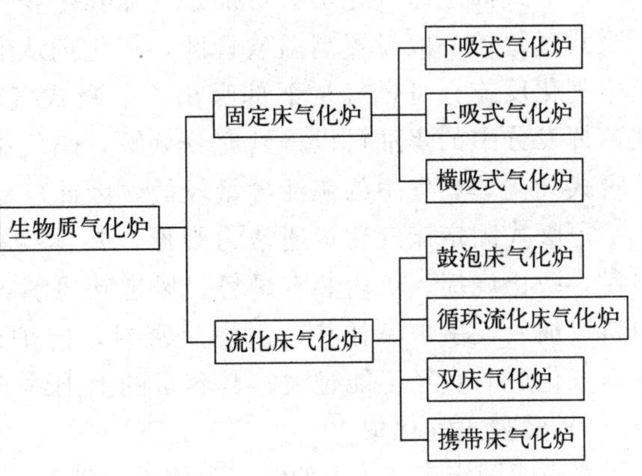

图 5-6　生物质气化炉的类型

（1）固定床气化炉

固定床气化炉的气化反应一般发生在相对静止的床层中，生物质依次完成干燥、热解、氧化和还原反应。根据气流运动方向的不同，固定床气化炉可分为下吸式、上吸式和横吸式。

1）上吸式气化炉

生物质由上部加料装置装入炉体，然后依靠自身的重力下落，由向上流动的热气流烘干并析出挥发分，原料层和灰渣层由下部的炉箅所支撑，反应后残余的灰渣从炉箅下方排出。气化剂由下部的送风口进入，通过炉箅的缝隙均匀地进入灰渣层，被灰渣层预热后与原料层接触并发生气化反应，产生的生物质燃气从炉体上方引出。上吸式气化炉的主要特征是气体的流动方向与物料运动方向是逆向的，所以有时又称逆流式气化炉，气化炉结构见图 5-7(a)。

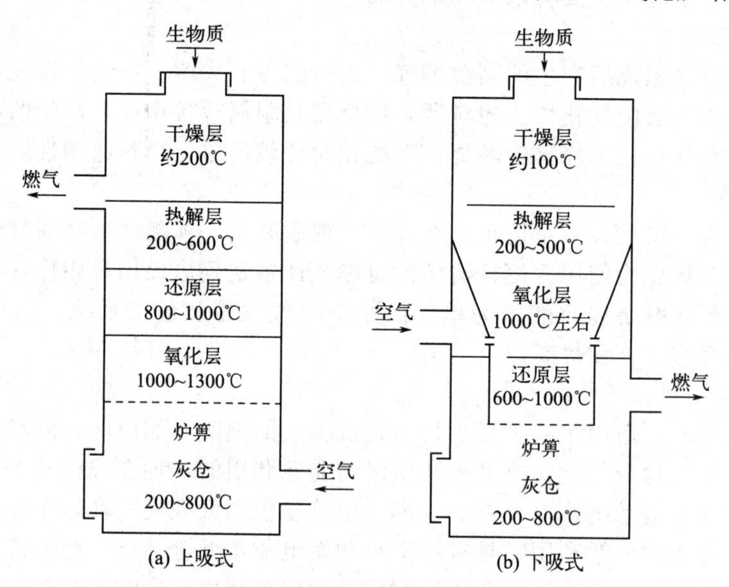

图 5-7　上吸式和下吸式固定床气化炉结构图

因为原料干燥层和热解层可以充分利用还原反应气体的余热，可燃气在出口的温度可以降低至 300℃以下，所以上吸式气化炉的热效率高于其他种类的固定床气化炉。在气化过程中也可加入一定的水蒸气以提高燃气中氢含量，提高燃气热值。但是，上吸式气化炉燃气中的焦油含量较高，需要作进一步净化处理。

2）下吸式气化炉

下吸式固定床气化炉的特征是气体和生物质的运动方向相同，所以又称顺流式气化炉。下吸式气化炉一般设置高温喉管区，气化剂从喉管区中部偏上的位置喷入，生物质在喉管区发生气化反应，可燃气从下部吸出。下吸式气化炉的热解产物必须通过炽热的氧化层，因此，挥发分中的焦油可以得到充分分解，燃气中的焦油含量大大地低于上吸式气化炉。由于下吸式气化炉燃气中的焦油含量较低，因此广泛应用于小型发电系统。

下吸式固定床气化炉通常为圆形，具体结构示意见图 5-7(b)。气化室用耐火材料作为炉衬，防止烧损。炉内装有炉箅、风道和风嘴，炉外上下分别设有加料口和清灰口。燃料从加料口加入，由炉箅托住，引燃后密封，向炉内鼓风即可产生燃气。由于受到物理条件制约，气化炉的直径不能过大，其容量的上限约 500kW。

3）横吸式气化炉

横吸式固定床气化炉的空气由侧方向供给，产出气体从另一侧向流出，气体流横向通过气化区。通常适用于木炭和含灰量较低物料的气化，横吸式固定床气化炉结构如图 5-8 所示。

（2）流化床气化炉

流化床气化炉通常采用惰性材料（如石英砂）作为流化介质。首先使用辅助燃料（如燃油或天然气）将床料加热，然后生物质进入流化床与气化剂进行气化反应，产生的焦油也可在流化床内分解。流化床原料的颗粒度较小，以便气固两相充分接触反应，反应速度快，气化效率高。反应温度需要严格控制，一般为 700～850℃。流化床气化炉按照型式不同，可分鼓泡床气化炉、循环流化床气化炉、双床气化炉和携带床气化炉。

1）鼓泡床气化炉

鼓泡床气化炉（如图 5-9 所示）是最基本、最简单的气化炉，只有一个反应器，气化后生成的可燃气直接进入净化系统中。鼓泡床气化炉流化速度较低，适用于颗粒度较大物料的气化。由于其存在飞灰和炭颗粒夹带严重等问题，一般不适合小型气化系统。

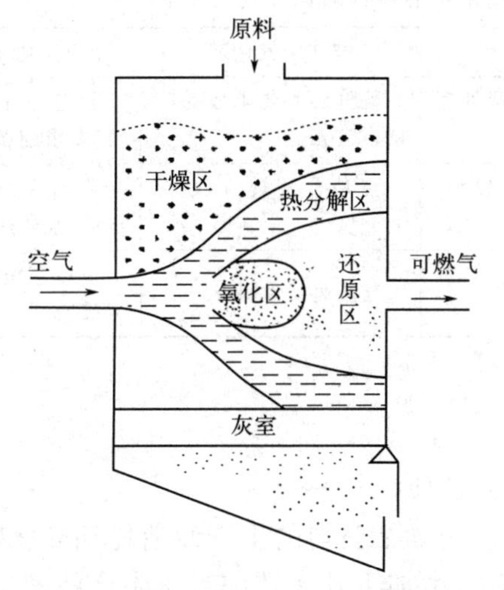

图 5-8　横吸式固定床气化炉结构图

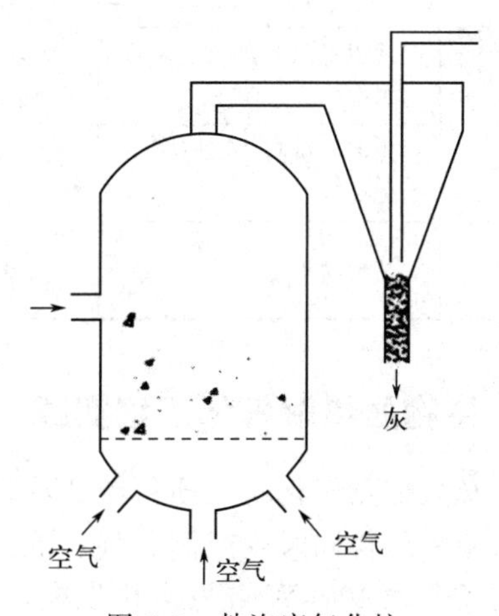

图 5-9　鼓泡床气化炉

2）循环流化床气化炉

循环流化床气化炉（如图 5-10 所示）流化速度较高，由于产生的可燃气中大量携带的固体颗粒经分离器分离后返回流化床重新进行气化反应，提高了碳的转化效率，适用于颗粒度较小物料的气化。

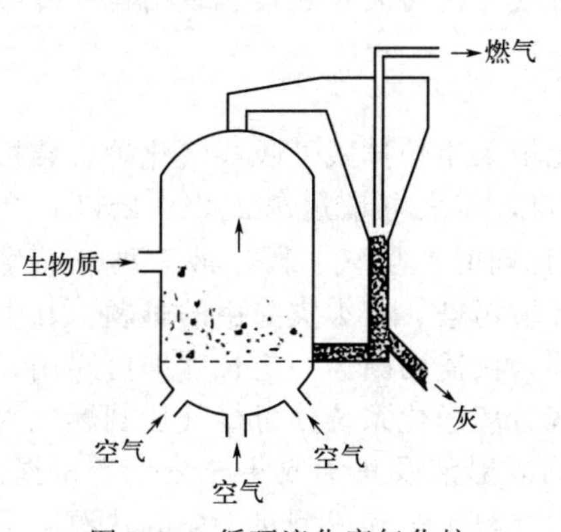

图 5-10　循环流化床气化炉

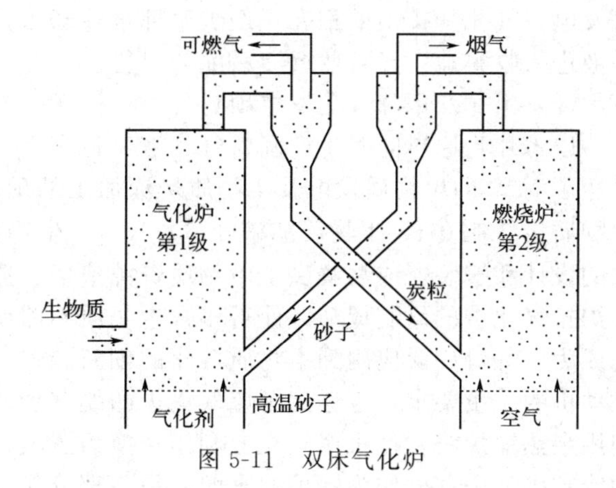

图 5-11　双床气化炉

3）双床气化炉

双床气化炉（如图 5-11 所示）分为两个组成部分，分别为第 1 级反应器和第 2 级反应器。生物质在第1级反应器发生裂解反应，产生可燃气送至净化系统，生成的炭颗粒送至第2级反应器。第2级反应器中进行氧化反应，为第1级反应器提供已经加热的床料。双床气化炉的炭转化率较高，其运行方式与循环流化床类似，不同的是第1级反应器的流化介质被第2级反应器所加热。

4）携带床气化炉

携带床气化炉是流化床气化炉的一种特例，不使用惰性材料作为流化介质，由气化剂直接吹动生物质，属于气流输送。该气化炉要求原料破碎成细小颗粒，其运行温度可高达1100～1300℃，产出气体中焦油成分含量很低，炭转化率几乎可达100%。但由于运行温度高易烧结，故选材比较严格。以下将几种不同形式气化炉的特性进行对比，见表5-4。

表5-4 几种不同形式气化炉的特性对比

特性	上吸式气化炉	下吸式气化炉	鼓泡床气化炉	循环流化床气化炉
原料适应性	适用不同形状尺寸原料，含水率15%～45%	大块原料不经预处理可直接使用	原料尺寸要求较为严格，<10mm	适应不同种类原料，要求细颗粒
燃气特性	焦油含量高，需要复杂的净化处理	焦油经高温区裂解，含量少	焦油含量较少，燃气成分稳定	焦油含量少，产气量大，气体热值高
设备特点	结构简单	结构简单	气流速度受到限制	单位容积的生产能力最大

5.3.3 生物质热解气化工程实践

（1）安徽稻壳气化发电项目与江苏稻壳气化锅炉项目

以稻壳为原料同时生产固、气、液三种产品。安徽某公司的生产线消耗稻壳18t/d，产生的可燃气带动400kW/h发电机发电，电力供应大米加工及米糠油加工生产线使用，产生6t/d稻壳炭与2.7t/d草醋液经收集包装出售。江苏某公司气化炉产生的可燃气供应10t/h、0.8MPa的燃气蒸汽锅炉，产生的蒸汽供该公司印染用热，同时产生稻壳炭和草醋液经收集包装出售。两公司生产线主机设备气化炉采用立式下吸式气化炉，产生的可燃气体首先经过旋风分离器除去气体中的粉尘，再经过两台冷凝分离器冷却分离，将气体中所含醋液及部分焦油分离出来，最后经过喷淋装置清洗后，纯净的可燃气进入储气罐，再从储气罐供给发动机发电。气化炉排出的稻壳炭经炉底部水冷却后，通过气力输送装置收集包装出售；冷凝的醋液进入收集池，经自然沉淀后灌装出售。

（2）黑龙江木片气化发电项目

以木片为原料同时生产固、气、液三种产品，气化炉采用炉排式下吸式气化炉，装机容量达10MW的生物质发电及生物质炭深加工的示范项目，年发电量达7.2×10^{7}kWh，产生生物质炭2×10^{4}t，生物质醋液1.6×10^{4}t。生物质气化同时产生气、固、液三种产品生产线的设计和安装，成功解决了生物质资源浪费、造成环境污染、有火灾隐患的难题。其中链式炉排气化炉的研制成功，使得多数生物质不需要粉碎，仅需切断为一定长度即可应用，该炉成为一种可广泛应用到生物质气化的创新装置。气液分离净化系统使可燃气达到燃气内燃发动机的质量要求，也达到了燃气锅炉的燃气要求，同时醋液及焦油收集充分，产量提高。利用余热锅炉将发动机尾气充分利用转换为蒸汽，作为原料干燥和成型炭干燥的热源。系统的冷却水，一部分作为锅炉的水源，另一部分作为车间采暖热源循环利用，大大降低了水消耗，提高了整线的热能利用效率。采用了两池进行醋液收集，两池喷淋循环水，使醋液与焦油充分分离并被有效收集，无污水排放。

（3）河北杏壳气化供热/发电联产活性炭、肥项目

杏壳气化供热/发电联产活性炭、肥项目以杏壳为原料，经过评价达到了国际领先水平。项目每年为某小区、宾馆供暖 $5\times10^5m^2$（23 元/m^2），价值 1150 万元，发电 2.1×10^7kWh（0.75 元/kWh），价值 1575 万元，生产活性炭 6000t（9000 元/t），价值 5400 万元，产生热水（80℃）4×10^5t（20 元/t），价值 800 万元，总产值约 8925 万元。另外，节约标准煤约 3.84t，减排 CO_2 约 11.8×10^4t。本项目在生物质气化-热燃气燃烧供暖/发电的同时，得到具有广阔应用价值的活性炭产品，淘汰了小型的燃煤锅炉，达到了减排 CO_2 作用，产生了良好的经济效益与环境效益。

（4）江西竹木生物质 30t/h 清洁工业供热项目

本项目采用生物质气化清洁供热新技术，在江西省德兴市工业园建成 30t/h 竹木气化清洁集中供热项目，包括气化联产系统、蒸汽锅炉系统、标准车间、锅炉车间、原料仓库、炭储存仓库、供热管道及其他配套工程。该项目年消耗竹木加工废弃物 7×10^4t，形成约 $2.5\times10^5t/a$ 蒸汽供应能力，替代煤炭和天然气为当地生物医药公司清洁供热，替代 4×10^4t 标准煤，减排二氧化碳 9.5×10^4t，带动当地就业，经济、社会、环保等综合效益显著。

5.4　生物质热裂解液化技术及应用

5.4.1　生物质热裂解液化概述

5.4.1.1　生物质热裂解液化反应机理

生物质热裂解液化技术是指在缺氧状态和中温（500℃左右）条件下，生物质快速受热分解，热解气经快速冷凝后主要获得液体产物（生物油）、固体产物（炭粉）和气体产物（燃气）的热化学转化过程。对于燃用气体产物为热解提供热源的自热式热解，以水分含量为10%的农作物秸秆为热解原料时，生物油的产率和热值分别为 48%～53%和 15～16MJ/kg，炭粉的产率和热值分别为 28%～33%和 18～20MJ/kg；若以水分含量为 10%的林业废弃物为热解原料时，生物油的产率和热值分别为 60%～70%和 16～17MJ/kg，炭粉的产率和热值分别为 20%～25%和 20～22MJ/kg。与传统热解技术比较，生物质热裂解液化具有以下特点：反应时间短，热解速度快；原料适应性强；精准的温度控制；升温速率快，气体停留时间短；热解产物以生物油为主，产油率最高可达 80%。

生物质热裂解是一个十分复杂的过程，伴随了一系列的物理变化和化学反应，生物质原料组分发生了裂解、解聚、脱水、缩合等多种过程，涉及分子键的断裂、分子异构化和小分子聚合等化学反应，同时还包括热量传递和质量传递等。生物质热裂解过程最终形成热解生物油、不可冷凝气体和炭三种产物，整个过程如图 5-12 所示。

对于生物质热裂解反应机理的研究和认识，可以分别从反应进程、生物质结构变化、生物质组成等几个方面来进行分析。

（1）反应进程

从反应进程来看，可以将生物质的热裂解过程分为：

1）干燥阶段（室温～100℃）

也称为脱水阶段，该阶段生物质只是发生吸热反应而使得水分挥发，生物质物料的化学组成基本没有变化。

2）预热解阶段（100～350℃）

该阶段生物质在缺氧条件下受热分解，生物质的热反应比较明显，化学组分开始发生变

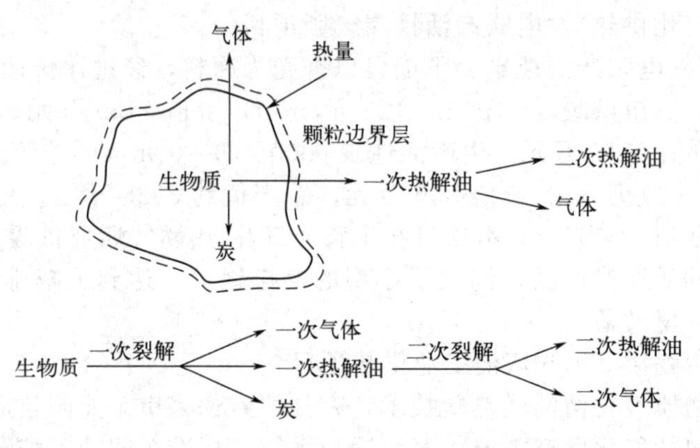

图 5-12　生物质热裂解过程

化，生物质中的一些不稳定组分，如半纤维素等开始分解成 CO、CO_2 以及少部分乙酸等小分子物质。随着温度的不断升高，各种挥发物相应析出，生物质发生大部分的质量损失。该阶段为吸热阶段。

3）完全热解阶段（>350℃）

该阶段生物质发生了各种复杂的物理化学变化，生成了大量的热裂解产物，经过冷凝的液体产物含有大量的含氧化合物，气体产物包括 CO、CO_2、CH_4、H_2 等，可燃气体组分增加，同时生成了焦炭。

（2）生物质结构变化

生物质热裂解是一个多级过程（空间和时间尺度上），图 5-13 显示了不同空间尺度上生物质热裂解的多级分析。生物质颗粒大约为 10^{-2}～10^{-3}m，质量传递主要在导管方向，热量传递主要发生在导管的垂直方向。生物质颗粒内的细胞腔约为 10^{-5}m，热裂解生成的蒸气、挥发分（尺寸约为 10^{-6}m）等主要通过导管以及胞壁上的纹孔道释放出去。在时间尺度上，生物质受热升温、裂解反应、热值传递等过程也可能会由于外部条件的不同而有较大差异。一般而言，当生物质颗粒被加热升温至 200℃以上时，细胞壁结构开始分解，发生一次裂解反应，主要以解聚反应为主，生成了液体、蒸气以及固体炭。随着时间的延长，生物质裂解挥发分中的化学成分和液相中间产物在脱离生物质颗粒的路径过程中，极有可能发生二次反应，包括蒸气相内的均相反应以及与残炭颗粒的非均相反应等。

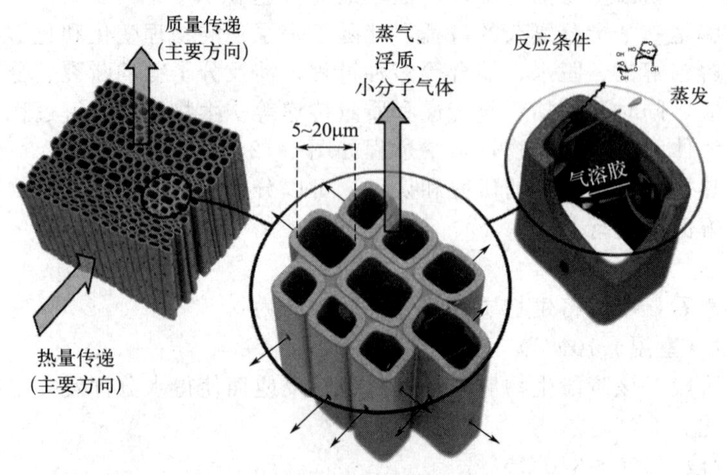

图 5-13　生物质热裂解的多级分析

（3）生物质组成

生物质的化学组成如图 5-14 所示，在生物质中，除植物光合作用所产生的碳水化合物（主要成分是纤维素和半纤维素）和木质素外，还含有少量的树脂、脂肪、蜡等有机化合物和植物生长所需的原料运输及生产过程中带来的各种无机盐等。其中纤维素、半纤维素和木质素是生物质的主要化学成分，构成植物体的支持骨架：纤维素组成微细纤维，构成细胞壁的网状骨架，而半纤维素和木质素则是填充在纤维之间和微细纤维之间的“黏合剂”和“填充剂”。研究人员针对生物质的三大组分，尤其是纤维素的热裂解开展了大量研究。

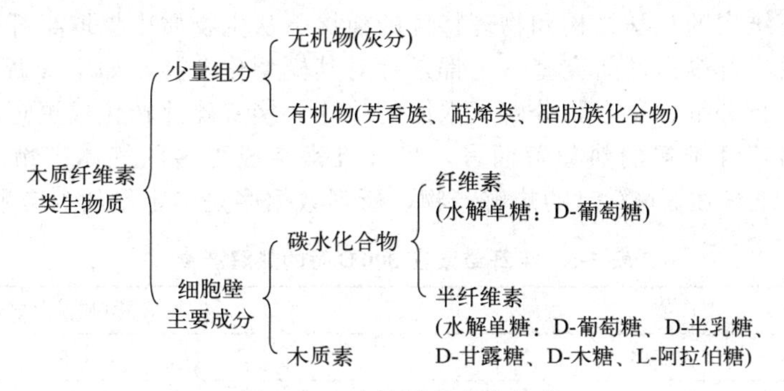

图 5-14　生物质的化学组成

Broido 发现纤维素在低温加热条件下，通过吸热反应，部分纤维素转化为脱水纤维素：热裂解条件下，温度高于 280℃时，纤维素将发生解聚反应，脱除挥发分的同时脱水纤维素进一步反应生成轻质气体和焦炭。这一假设在 Broido 和 Nelson 后来的试验中得到了证实，试验结果说明纤维素热解过程中存在一对平行的竞争反应途径，生成焦炭的反应在低温下为主导反应。通过对焦油成分的检测发现左旋葡聚糖是焦油中的主要成分，由此提出了 Broido&Nelson 纤维素热裂解模型，如图 5-15(a) 所示。Shafizadeh 实验室对纤维素在低压、259～407℃环境进行批量等温实验，发现在失重初始阶段有一加速过程，提出纤维素在热解反应初期有一高活化能从“非活化态”向“活化态”转变的反应过程，由此将 Broido&Nelson 纤维素热裂解模型改进成广为人知的 Broido-Shafizadeh 纤维素热裂解模型（B-S 模型），如图 5-15(b) 所示。该模型得到了普遍的认同，成了纤维素热裂解机理研究的基础模型。

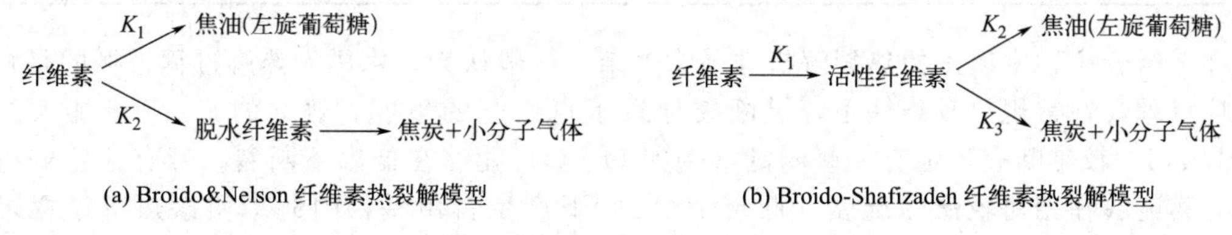

图 5-15　纤维素热裂解模型

在 B-S 模型中，焦炭源自活性纤维素这一中间产物，较短的预热时间对焦炭产量影响很小甚至没有影响。对纤维素进行加盖和开放的热重实验，发现二者焦炭产量差异较大，可见挥发性焦油的二次反应对焦炭生成起到很大贡献。试验研究发现焦炭不仅以纤维素热裂解的一次产物存在，在某些情况下，特别是在高温、长气相停留时间等反应条件下，挥发分的二次反应也会生成较大产量的焦炭产物。在通常的反应条件中，由于不可能采用足够小的颗粒粒径以及热解产物的及时淬冷，一次产物接触高温焦炭或者是在高温反应条件下发生二次热裂解几乎是不可避免的。二次裂解本身包含着一系列复杂的由热分解规律和自由基理论支配的化学键断裂、重组过程，但总体上降低了反应物质的平均分子量。试验显示轻质小分子气体是二次裂解过程的主要产物。此外，生物质常规热裂解实验得到的黏稠且具有高度芳香化结构的焦油明显与可凝性一次挥发分冷却后得到的液体不同，根据对两种液体产物组分和结构的分析，可以认为常规热解中产生的焦油是一次挥发分进一步裂解、缩合后形成的二次产物，即所谓的二次焦油。这样，全面的纤维素热解二次反应包含了轻质气体、焦炭和焦油这三种产物。

截至目前，生物质热裂解制油的机理研究主要是针对纤维素而开展的，相对而言，针对半纤维素开展的研究非常贫乏。主要原因是半纤维素在不同物种中的组分存在很大的差异，同时在不改变半纤维素的化学结构和物理特性的前提下从生物质中提取半纤维素是非常困难的。因此目前有关半纤维素的研究基本上都是针对其模型化合物，如木聚糖等来开展。半纤维素主要分两步进行分解，聚合物分解成水溶的碎片，接着碎片转化成更短的碎片或单体并生成挥发分。相对于纤维素的热裂解而言，半纤维素生成更多的气体产物、较少的液体产物。表 5-5 是半纤维素在 500℃时的热解产物，所列数据多是半定量的参考数据。

表 5-5　半纤维素在 500℃时的热解产物

产物	产率(质量分数)/%
有机液体	64
水	7
炭	10
气体	8
甲醇	1.3
乙醛	2.4
乙酸	1.5
呋喃	—
1-羟基-2-丙酮	0.4
2-糠醛	4.5
丙酮、丙酸、乙醛	0.3
2,3-丁二酮	—
3-羟基丁酮	0.6

在三组分中，木质素的热裂解机理最为复杂。一般认为，木质素热解过程遵循的是自由基反应机理，在常规热解条件下，键断裂导致了自由基的生成。普通的 C—C 键能大约为 380kJ/mol，较难断裂，也有一些弱键（例如 O—O）能够在低温下断裂。带有这些弱键能的化合物能够在相对较低的温度（低于 200℃）下产生自由基，因此木质素热解过程覆盖 200～500℃。木质素的一次热解一般发生在热软化温度 200℃，由其氢键断裂和芳香基失稳所引起。

温度高于 600℃时，这些产物会二次反应，如分裂、脱氢、缩合、聚合和环化。分裂反应产生一些小分子物质，如 CO、CH_4 和其他气态烃、乙酸、羟基乙酸和甲醇等，聚合和缩合反应则形成其他一些芳烃聚合物和稳定的可冷凝物，如苯、对苯基苯酚、香豆酮和萘等。研究人员在快速热解试验台上对木质素热解产物的分布规律进行了研究，发现在 300～800℃温度区域内，焦炭产量随着温度的升高呈下降趋势，在 650℃以前下降趋势显著，而后趋于平缓并最终趋向 26%的稳定值；热解油产量呈现先升后降的趋势，在 550℃左右达到最大值约为 27%，之后随着温度进一步升高，部分组分发生二次裂解生成小分子气体导致焦油产量降低；不凝性气体的产量随温度升高逐步增大。在550℃以前，气体主要是由木质素一次裂解得到，在550～750℃，裂解油的二次裂解使得气体产量增加更为显著。气体产物质量分布和热解油的气相色谱-傅立叶红外光谱（GC-FTIR）分析结果如表5-6和表5-7所示。

表5-6 木质素热解气体产物质量分布

温度/℃	气体产物质量分布及含量/%							
	H_2	CO	CH_4	CO_2	C_2H_4	C_2H_6	C_3H_8	合计
320	0.03	3.99	1.87	21.03	—	—	—	26.92
550	0.11	10.47	3.00	23.21	0.05	0.05	—	36.89
650	0.15	14.57	5.01	21.96	0.81	0.46	0.03	42.99
700	0.25	17.74	5.85	27.98	1.01	0.42	0.03	53.28
750	0.40	19.01	7.37	27.56	1.56	0.59	0.01	56.50
800	0.77	19.12	7.64	27.33	2.13	1.03	0.05	58.07

表5-7 木质素热解油的GC-FTIR分析结果

保留时间	组分	峰面积 A/%	保留时间	组分	峰面积 A/%
10min13s	乙酸	28.90	18min58s	2-甲氧基-4-丙基苯酚	0.81
10min94s	糠醛	13.32	19min01s	苯酚	6.35
11min34s	甲酸	0.81	19min04s	2-甲氧基-4-丙基苯酚	0.64
12min14s	丙酸	0.45	19min92s	甲酚	1.32
13min00s	2-氯-N-己基乙酰胺	0.02	20min85s	4-乙基苯酚	1.41
13min27s	乙酰基氯化物	0.23	21min12s	丁子香酚	4.89
14min05s	丙烯酸	0.11	21min78s	2,6-二甲氧基苯酚	2.75
14min13s	4-羟基-γ-内酯丁酸	0.34	22min86s	4-乙基苯酚	14.81
14min47s	α-氟基甲苯	0.66	26min07s	1,2-二羟基苯	0.91
17min42s	邻甲氧基苯酚	2.80	28min71s	1,3-丙二醇	0.98
17min58s	三聚乙醛（仲乙醛）	1.06	32min84s	4-羟基-γ-内酯壬酸	0.66

5.4.1.2 生物质热裂解液化影响因素

影响热裂解进行及其产物的因素很多，基本上可以分为两大类：一类是与反应条件有关的，主要是反应温度、升温速率、固体和挥发分滞留时间等；另一类与原料特性有关，主要有生物质种类、生物质组成和颗粒尺寸等。

（1）反应温度的影响

生物质热裂解受多方面因素的影响，其中反应温度起着主导作用。在生物质快速热裂解液化过程中，热解温度越高，炭的产率越少，不可冷凝气体产率越高，并随着温度提高趋于一定值，生物油产率在450～550℃范围为最高。这是由于生成气体反应所需的活化能最高，生成生物油次之，生成炭最低。提高热解温度，有利于热解气体和生物油的生成，随着挥发分析出的一次反应进行得更为彻底，炭产率就更低。但热解温度过高时，快速热解产物气相中的生物油部分会在高温下继续裂解成小分子并生成不可冷凝气体、焦炭和二次生物油，使生物油产率降低。相反，热解温度太低时，快速热解过程中气相产物的产量降低，焦炭产量增加，生物油产率降低。

（2）升温速率的影响

研究人员在研究纤维素热裂解机理时发现，低升温速率有利于炭的形成，不利于焦油产生。增大升温速率可以缩短物料颗粒达到热解所需温度的响应时间，有利于热解。但同时颗粒内外的温差变大，传热滞后效应会影响内部热解的进行。

随着升温速率的增大，达到相同失重或失重率所需的温度会升高，热解速率和热解特征温度（热解起始温度、热解速率最快的温度、热解终止温度）均向高温区移动，挥发分停留时间相对增加，加剧了二次裂解，使生物油产率下降。在一定的热解时间内，降低加热速率会延长热解物料在低温区的停留时间，生物质颗粒内部温度不能很快达到预定的热解温度，促进纤维素和木质素的脱水和炭化反应，导致炭产率增加。升温速率提高，缩短生物质颗粒内部在低温阶段的停留时间，减少了纤维素和木质素中的缩聚反应，碳骨架很难形成，从而降低焦炭生成率，增加生物油的产率，这也是在快速热解制取生物油技术中要快速升温的原因。

（3）滞留时间的影响

滞留时间在生物质热解反应中有固相滞留时间和气相滞留时间之分，而通常所指的是气相滞留时间。气相滞留时间近似等于反应器容积与气体体积流量之比，而固相滞留时间没有一个明确概念，在一般情况下是指生物质固体颗粒在反应器中滞留的时间。

生物质在快速热解初始阶段，在颗粒外热解产生的气态产物容易离开颗粒，其中分子比较大的生物油部分在气相阶段还能进一步断裂、缩合、环化、脱氢芳构化等，从而形成焦炭、二次生物油和不可凝气体产物，从而导致生物油产率下降。在颗粒内部热解生成的气相产物从颗粒内部移动到外部受到颗粒空隙率和气相产物动力黏度的影响，当气相产物离开颗粒后，其中的生物油和其他不可凝气体分子还将发生进一步断裂。气相滞留时间越长，发生二次裂解反应的程度就越严重，从而转化为 H_2、CO 和 CH_4 等不可凝气体，导致液态产物迅速减少，气体产物增加。

（4）压力的影响

在较高的压力下，气相滞留时间增长，降低了气相产物从颗粒内逃逸的速率，增加了气相产物分子进一步断裂的可能性，使一氧化碳、二氧化碳、甲烷和乙炔等小分子气体产物的产量增加。在低压下，气相产物可以迅速地从颗粒表面和内部离开，从而限制了气相产物分子进一步断裂，增加了生物油的产率。

提高反应压力可以减少生物质裂解所需的活化能，提高热解反应的速度。较高的压力对生物油的生成是不利的，压力的增加将会使挥发分的析出延迟，析出时间延长将使得生物油在颗粒内裂化和重反应的概率变大而使得其产量降低。加压裂解可显著地增加炭量，而在真空下进行生物质热裂解制油时，即使升温速率较慢，也能得到较高产量的液体产物，这可能是由于在低压或真空时一次裂解产物被快速移出反应器。因此，生物质快速热裂解制油系统应运行在常压或者低压环境中。

（5）生物质组分特性的影响

从组分上看生物质主要成分有纤维素、半纤维素和木质素。生物质种类不同，这三种成分含量不同，热解产物的分布也不同。研究表明纤维素和半纤维素热裂解固体残留物很少，对生物质热裂解贡献最多的是挥发分产物，而且生成的生物油不稳定，易发生二次反应。木质素主要是生成气体和焦炭以及生物油中分子量较大的部分，可以认为木质素是生物质热裂解过程中产生焦炭的主要来源，其生成的生物油相对较稳定。以纤维素、木聚糖、木质素、聚乙烯为实验原料，HZSM-5 分子筛为催化剂，进行纤维素与木聚糖、纤维素与木质素、木聚糖与木质素以及三组分混合的流化床热解实验，结果如表 5-8。

表 5-8 生物质三组分流化床热解实验三相产物产率

原料	固体产率/%	气体产率/%	生物油产率/%
纤维素＋木聚糖	31.7	32.1	36.2
纤维素＋木聚糖＋聚乙烯	34.7	31.2	34.1
纤维素＋木聚糖＋聚乙烯＋HZSM-5	33.0	34.7	32.3
纤维素＋木质素	40.4	23.2	36.4
纤维素＋木质素＋聚乙烯	39.1	29.2	31.7
纤维素＋木质素＋聚乙烯＋HZSM-5	37.4	33.9	28.7
木聚糖＋木质素	36.9	30.2	32.9
木聚糖＋木质素＋聚乙烯	37.2	35.8	27.0
木聚糖＋木质素＋聚乙烯＋HZSM-5	36.0	40.7	23.3
三组分	38.3	27.5	34.2
三组分＋聚乙烯	38.5	30.4	31.1
三组分＋聚乙烯＋HZSM-5	37.8	34.3	27.9

纤维素单独热解生物油产率为36.7%，木聚糖单独热解生物油产率为35.4%，而纤维素与木聚糖的共热解流化床实验生物油产率为36.2%，数值上高于纤维素、木聚糖单独热解生物油产率的算术平均值。木质素热解的初始温度为生物质三组分中最高，其分子结构极为复杂，完全热解所需要的热量也最大，单独热解实验中固体产物留存率达到46.2%。在纤维素与木质素的共热解过程中，木质素热解产生的固体生成物对生物质原料整体的热解都有较大的阻碍影响。在三组分共热解中，聚乙烯及HZSM-5的作用最为显著的对象依旧是木聚糖，木聚糖自身的热解特性也使其在聚乙烯与HZSM-5的双重作用下能产出一定量的芳烃类产物。在木聚糖之后相继发生热解的纤维素与木质素有明显的相互影响，总体上会阻碍两种生物质组分的热解完成度。生物质中各结构组成的含量及其特征对快速热解的生物油产率和组分影响较大。生物质的工艺分析中H/C（原子比值）越高，越有利于气态烷烃或轻质芳烃的生成；而O/C（原子比值）越高则有利于形成气态挥发物。热解过程中H和O元素的脱除易于C元素，主要是由于生物质中的含氧官能团（羰基和羧基）在较低的温度下就发生了脱氧反应，这也是热解气体中CO、CO_2、CH_4的含量和热解生物油组分中极性物成分（酚类）含量高的原因。

（6）生物质粒径的影响

生物质颗粒粒径在热质传递中起着重要的作用，粒径的改变将会影响颗粒的升温速率乃至挥发分的析出速率，从而改变生物质的热裂解行为。对于粒径小于1mm的生物质颗粒，热裂解过程主要受内在动力速率所控制，此时可忽略颗粒内部热质传递的影响，而当颗粒粒径增大和反应温度增加时，热裂解过程同时受物理和化学现象所控制。大颗粒物料（大于1mm）比小颗粒传热能力差，热量是从颗粒外面向内部传递的，颗粒内部升温迟缓，在低温区的停留延长，颗粒的中心会发生低温解聚，热解产物中固相炭的含量较大影响热解产物的分布。另外，较大粒径的颗粒的热裂解过程中还不能忽略由于二次反应所带来的影响，随着生物质内挥发物滞留期的增加，二次反应的作用也增加，而且随着颗粒尺寸的增大，越有利于这种作用，在一定温度时要达到一定转化程度的时间也增长。因此，在快速热解过程中，所采用物料粒径应尽可能小，以减少炭的生成量，从而提高生物油的产率。粒径在超过某一范围时，随着颗粒粒径的增大，不可冷凝气体的产量会有所增加，其增加是以生物油的减少为代价的，这主要是由于较大粒径颗粒内气相产物的扩散路径相对较长，从而造成气相产物的滞留时间延长。

5.4.1.3 生物质热裂解液化评价指标

生物质热裂解液化技术的发展目标是将生物质转换为可以替代石油产品的液体燃料，但能否真正替代石油产品，取决于生物油的品质。生物油是由数百种有机物组成的复杂物质，为深棕色酸性液体，带刺激性气味，含水量、含氧量都高，热值为燃料油的50%左右，而且稳定性较差。

（1）生物油产率

生物油产率是评价林木生物质快速热解技术好坏的重要指标。生物油产率是指单位质量生物质（干基）热解后获得液体产物（生物油）的质量（单位为kg）。目前，国内外快速热裂解技术生物油产率的平均水平在50%～60%。

（2）原料处理量

原料处理量是指快速热解设备单位时间内热解生物质（干基）的质量或体积的极限值（单位为kg/h或m^3/h）。通常该评价指标与生物油产率共同来衡量林木生物质快速热解设备优劣。如果设备原料处理量较大，但生物油产率较小，一般也认为快速热解效果较差，反之亦然。因此，在评价快速热解过程中必须综合考虑以上两个因素。

（3）生物油腐蚀性和热不稳定性

生物油的腐蚀性和热不稳定性是其存储所需要考虑的两个基本问题。生物油的pH值一般为2～4，酸度为50～100mg/g（以KOH计），对一些普通的金属材料如铝、碳钢等会产生腐蚀，通常存储生物油的材料主要包括不锈钢等金属材料，聚乙烯、聚丙烯和聚酯等各种聚合物。

生物油是一种非热力学平衡产物，在保存过程中各组分之间会发生一系列聚合或缩聚反应而使得快速热解生物油具有“老化”倾向。此外，空气中的氧气也会参与生物油的老化反应。生物油的老化导致其黏度逐渐增大，最后水相和油相分离从而影响其使用。一般而言，生物油应该在室温下存储于密封的不锈钢或聚合物制成的容器中并避免阳光直射。由于生物油稳定性较差，一般要求生物油新制取后应尽快使用。如果需要长时间（如3个月以上）保存，一般采用添加10%左右甲醇等助剂来提高生物油存储的稳定性。

（4）生物油含水率

生物油中含有一定比例的水，这些水来自原料本身含有的水分和快速热解反应生成的水。生物油含水率可以在10%～45%变化，具体数值与热解原料和工艺等因素相关。根据生物油中各类组分的亲水程度，形成均相生物油所允许的最大水分含量为30%～35%，这个上限值随生物油组成变化。例如，如果热解过程的温度提高，所获得的生物油中轻质组分就会减少，保持生物油均相性的水分含量上限值也就随之降低。为了防止生物油出现水油两相分离，一般需要控制热解原料水分的含量不超过10%。测定生物油含水率的方法主要包括卡尔费休滴定法、甲苯夹带蒸馏法和气相色谱法。

（5）生物油热值

生物油热值是评价其用作液体燃料时的主要技术指标，也是决定炉膛热强度和燃料消耗量的主要因素。燃料的热值是指1kg燃料完全燃烧后，再冷却至原始基准温度时释放出的全部热量。热值可分为高位热值（HHV）和低位热值（LHV）两种，其差别在于水蒸气的汽化潜热。生物油的高位热值可用氧弹法测定，其低位热值可根据生物油的氢元素含量进行换算，即不同原料和工艺制取的生物油中的水分含量差别很大，因此测量出的热值差别也很大，如果根据水分含量计算出生物油干基（无水）热值，计算结果则较为相似。根据不同原

料的生物油的热值测定总结出，硬木和软木制取的生物油干基热值分别为 19～22MJ/kg 和 18～21MJ/kg。值得说明的是，生物油的热值虽然仅为柴油等化石燃料热值（41～43MJ/kg）的 1/2，但由于生物油的密度一般约为 1.2g/mL，高于柴油等化石燃料的密度（0.8～1.0g/mL），因此生物油的体积能量密度可以达到柴油的 50%～70%。

（6）生物油密度

生物油密度是快速热解液化产物生物油在储存、输送和利用中考察的重要指标。生物油密度是单位体积含有生物油的质量（单位为 kg/m^3 或 g/cm^3），生物油（含水率<30%）密度约在 $1.1 \sim 1.3 g/cm^3$。

5.4.2　生物质热裂解液化工艺与设备

反应器是快速热解技术的核心，其类型决定了快速热解技术的工艺路线。按照有无气体载体可将快速热解反应器分为流化床式和非流化床式二类。流化床式快速热解反应器的主要特点包括：在反应器内生物质颗粒和热载体（如石英砂）主要依靠流化气体运动所产生的曳力进行碰撞和混合，以实现热量传递，进行快速热解。这类反应器不含有运动部件，结构较为简单，但流化气体与热解气一起经历加热和冷却的过程，增加了设备系统能耗。非流化床式快速热解反应器的主要特点是在反应器内，生物质颗粒主要依靠自身的位移运动与灼热的反应器壁面或热载体（如石英砂）进行摩擦、碰撞和混合，以实现热质传递，进行快速热解。这类反应器特点与流化床式反应器特点正好相反，不需要流化气体，降低了系统的运行能耗。但是，这类反应器含有的内部构件一般都需要在高温和高粉尘的环境下工作，因此对反应器加工材料的要求比较高。

按照传热方式可以将快速热解反应器分为机械接触式、间接式和混合式三类。机械接触式快速热解反应器的主要特点是生物质颗粒通过与灼热的反应器表面直接或间接接触，温度快速升高，使其热解，这个过程中热量传递的方式主要为热传导。常见的有烧蚀式热裂解反应器、旋转锥反应器等。间接式快速热解反应器的主要特点是生物质颗粒在反应器内通过与温度较高的反应器壁面或热辐射器进行辐射换热，使其快速升温热解，这个过程热量传递的主要方式为热辐射。具有代表性的间接式快速热解反应器是热辐射反应器。该反应器采用氙灯作为热源，能够均匀地提供一维高强度热量给反应器内套管中的生物质颗粒，使其快速热解。这类反应器温度控制较为困难，并且对二次反应的抑制作用较差，同时需特殊高温热源，这使得其实际应用受到限制，通常仅在机理研究时才采用。混合式快速热解反应器的主要特点是生物质颗粒在反应器内，借助热气流或气固多相流对生物质颗粒进行快速加热，热量传递的主要方式为对流换热。常见的有流化床反应器、快速引流床反应器、循环流化床反应器等。

（1）流化床反应器

流化床式快速热解反应器最早由加拿大 Waterloo 大学研制，其工艺流程如图 5-16 所示。流化床式快速热解设备主要由螺旋进料器、流化床反应器、预热装置、气-固分离器和冷凝装置等部分组成。

流化床反应器床料为石英砂（或沙子），流化气体通常为氮气。生物质原料经过干燥和粉碎以后通过螺旋进料器进入反应器进行热解。原料热解所需要热量的一小部分由经过加热的流化气体提供，其余的大部分由反应器外表面的加热装置提供。在快速热解过程中，流化气体首先加热石英砂（或沙子），利用热的石英砂与生物质颗粒充分混合，生物质颗粒快速升温、气化热解。热解中生成的热解炭被流化气体和产生的热解气带出反应器，在旋风分离器内进行分离，然后流化气体和产生的热解气经二级冷凝，热解气中可凝结气体凝结为生物油。一级冷凝器可获得分子量较大的沥青类产品，二级冷凝器可获得分子量小的轻质生物

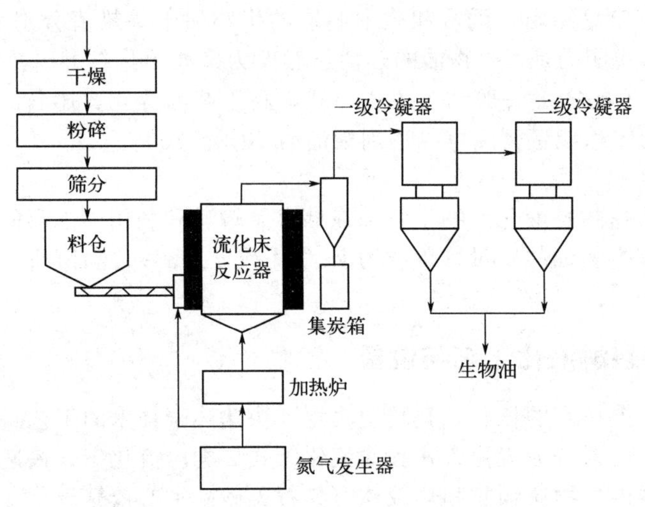

图 5-16 流化床式快速热解反应器工艺流程

油。流化床式快速热解设备具有结构简单、处理量大、运行成本低等优点，但流化床反应器本身具有分层和节涌等缺点，而且用氮气作为流化气，增加了运行成本。

(2) 循环流化床反应器

希腊可再生能源中心（GRES）开发了循环流化床式快速热解设备，其主要由燃烧室、循环流化床反应器、旋风分离器、冲压式分离器和套管换热器等部分组成。试验系统以干燥的木材为原料，处理能力为 10kg/h。

循环流化床式快速热解设备利用反应器底部的常规沸腾床燃烧加热床料（如沙子），热沙子随着燃烧生成的气体向上进入反应器与生物质颗粒混合并与生物质进行热量传递，从而使生物质快速升温，发生快速热解反应，生成炭和热解气。气流带出的炭和沙子通过旋风分离器分离，返回燃烧室，热解气通过冷凝装置获得生物油。循环流化床快速热解设备将提供反应热量的燃烧室和发生反应的流化床两部分合为一个整体，降低了反应器的制造成本和减少了热量损失。循环流化床快速热解反应器中温度升高较快，热解气停留时间短，可有效抑制二次裂解，使液相产物增加，但在循环流化床快速热解过程中，床料-沙子也参与了循环，增加了动力消耗。从试验结果看，液体产率可达干原料的 61%（质量分数），比其他快速热解工艺的液体产率低，热解气中的 N_2 含量高达 60%，显然是因为空气通过燃烧器进入了反应系统。

(3) 喷动循环流化床反应器

喷动循环流化床快速热解设备主要由螺旋进料器、喷动流化床反应器、预热装置、温控系统、气固分离器和冷凝器等部分组成。北京林业大学从 2004 年开始研发喷动循环流化床式快速热解反应器，已经更新发展至第五代，目前正在研发野外用移动式和自热式处理设备。本快速热解设备综合了“喷动”、“循环”和“流化”三者的优点，既克服了喷动床的环隙区内气固两相接触差和高床层下喷动不稳定的缺点，又避免了流化床分层或节涌等缺点，基本消除了环隙区底部“死区”的出现及易黏结颗粒的团聚等现象。利用不凝结气作为循环流化气，解决了以往流化床式快速热解设备需要外部提供昂贵惰性气体作为流化气的问题，很大程度上降低了运行成本。

喷动循环流化床快速热解设备是以生物质快速热解过程中产生的不凝结气体为载气，以沙子（或石英砂）为传热介质。反应器内压力可根据气体流量进行调整。进入到反应器的循环流化气首先经过预加热器加热，然后经过布风板使灼热的沙子喷动流化，并与通过螺旋进料器进入反应器的生物质原料充分混合使之发生快速热解反应。产生的热解气与炭进入旋风分离

器，进行气固分离，分离后的高温混合气体进入冷凝器部分冷凝得到生物油，不凝结气体在设备中继续循环用作流化介质（多余部分排出系统），该设备可获得 60%左右的液体产物。

（4）旋转锥反应器

旋转锥式快速热解设备主要由旋转锥反应器、沙子加热器、旋风分离器、冷凝器等部分组成。生物质颗粒被投入外加的惰性颗粒流（如沙子或具有催化活性的颗粒流），在旋转锥反应器中快速热解。热解产物炭和少量的灰从锥的顶端排出，快速热解产生的热解气经过旋风分离器，把气流中的炭、沙子分离出来，然后进入冷凝器，从而获得生物油。

目前关于旋转锥式快速热解设备的后续研究都是在此基础上的改进和创新。例如，为了使沙子与热解产物炭分离，将其直接导入锥外的燃烧室内，炭燃烧为旋转锥提供热量，余下的热沙重新投入反应器，形成了一个内部的沙循环，从而降低了能耗。旋转锥式快速热解设备不需要载气，气相产物停留时间短，热解速度快，但这类反应器要求原料粒径较小，并且机械磨损严重，动力消耗大。在气相滞留期为 1s 和 600℃的加热温度下生成 60%（质量分数）液态产物、25%（质量分数）气态产物和 15%（质量分数）的生物油，生物油的性质见表 5-9。

表 5-9　旋转锥反应器的生物油性质

项目	数值	项目	数值
密度(15℃)/(kg/m^3)	1152	低位热值/(MJ/kg)	15.2
运动黏度(50℃)/(mm^2/s)	5.7	C 质量分数/%	40.4
含水率(质量分数)/%	25	H 质量分数/%	7.9
灰分(质量分数)/%	0.03	O 质量分数/%	51.5
闪点/℃	70	N 质量分数/%	0.3
高位热值/(MJ/kg)	16.9	—	—

（5）快速引流床反应器

引流床式快速热解设备由美国佐治亚技术研究院开发，主要由惰性气体发生器、管式反应器、气-固分离器和冷凝器等部分组成。生物质颗粒被燃烧后由载气流携带进入直管式反应器进行快速热解，反应所需热量由载气提供。由于载气温度太高会增加气体产率，故应该严格控制进口处温度。为了使一定尺寸的生物质颗粒完全热解，需要足够的固相停留时间，因而管式反应器不能太短；而对快速热解反应来说，过长的气相停留时间又会发生二次裂解，降低液体产品的收率。因此，对管式反应器尺寸要求就相当严格。引流床式快速热解设备需要大量的载气，增加了设备运行成本，并且大量载气的存在使后期热解气快速冷凝和收集的难度加大。

（6）真空移动床反应器

真空移动床式快速热解设备最初由加拿大 Laval 大学开发。生物质原料在干燥和粉碎后，由真空进料器送入反应器。原料在水平平板上被加热移动，发生热解反应。熔盐混合物加热平板并维持温度在 530℃左右。热解反应生成的热解气体由真空泵导入两级冷凝装置，不凝结气体通入燃烧室燃烧，释放出的热量用于加热熔盐，冷凝得到的重油和轻油被分离，剩余的固体产物离开反应器后立即被冷却。真空移动床式快速热解设备气体停留时间极短，产生的热解气很快逸出反应器，极大地提高了生物油产率，但整个设备的真空度需要性能优良的真空泵系统密封性来保证，这就提高了制造成本和加大了运行难度。

（7）烧蚀式热裂解反应器

英国 Aston 大学的烧蚀反应器用机械力使燃料颗粒在不高于 600℃的热表面上以大于 1.2m/s 的速率移动。颗粒度 6.35mm 的干燥生物原料通过密封的螺旋给料器被喂入氮气清扫的反应器，四个不对称的叶片以 200r/min 的速率旋转，产生了推动原料的机械力，将颗粒送入加热到 600℃的底部反应器表面。叶片的机械运动使颗粒相对于热表面高速运动并发生热解反应。产物随着氮气进入旋风分离器，分离固体颗粒后通过逆流冷凝塔将大部分液体产物冷凝，其余可冷凝部分通过静电捕集器回收，不可凝结气体排出。为了解决快速热解反应过程中原料和产物热解气对停留时间要求的矛盾，美国太阳能研究学会开发了专用于生物质快速热解的涡旋烧蚀式快速热解设备。涡流烧蚀反应器式快速热解设备主要由螺旋进料器、涡流反应器、旋风分离器和冷凝装置等部分组成。生物质颗粒被预热的载流气携带进入涡流反应器内，在该反应器圆柱形的加热壁面上沿螺旋线滑行，生物质颗粒与壁面间的滑动接触产生了极大的传热速率，发生快速热解反应，产生的热解气和炭与载流气一起沿切线方向离开反应器，进入旋风分离器，在旋风分离器内进行气固分离，气体最后进入冷凝装置。这种烧蚀式快速热解反应设备，所采用的载流气为氮气或水蒸气，通常载流气与进料生物质的质量比为 1∶1.5。

在实验装置上，含水的液体产物得率为 67%，残炭得率为 13%，其中无水生物油的产量占液体产物为 55%。系统中设置的高温过滤器几乎完全清除了固体颗粒，这是该反应器系统的主要特色，因此获得了品质较高的生物油样品，在室温下可以长期存放而不变性。涡流烧蚀式反应器热解液体的性质如表 5-10 所示。

表 5-10　涡流烧蚀式反应器热解液体的性质

项目	湿基	干基
C 相对于原料的质量分数/%	46.5	57.3
H 相对于原料的质量分数/%	7.2	6.3
O 相对于原料的质量分数/%	46.1	6.3
N 相对于原料的质量分数/%	0.15	0.18
H/C(原子比值)	1.86	1.32
O/C(原子比值)	0.74	0.47
灰分质量分数/%	<0.01	<0.01
水分质量分数/%	18.9	0
动力黏度(40℃)/(10^{-3}Pa·s)	18	—
高位热值/(MJ/kg)	18.6	23.0
低位热值/(MJ/kg)	17.0	21.6

烧蚀式快速热解设备升温速率快、生物油产率高，但烧蚀式快速热解设备采用氮气作载气运行成本高，并且用该方法获得的生物油氧含量较高、易氧化、不稳定，不利于储存和运输。

（8）下降管式反应器

下降管式快速热解设备由山东理工大学研发，主要由热载体加热炉、喂料装置、反应管、离心分离装置、旋风分离器、冷凝装置和提升机等部分组成。该设备采用陶瓷颗粒为热载体，其比热容为相同体积气体的 1000 倍，传热性能好。生物质和热载体通过提升机提升到反应器顶部，热的陶瓷颗粒与粉碎成细粉的生物质原料在设备顶部直接接触向下滑动，生物质被迅速加热至 500℃左右，发生快速热解反应，生物油产率可达 40%以上。下降管式快速热解设备由于热解过程中没有混入其他气体，进行冷凝时只需将快速热解产生的热解气冷却，冷凝装置的负载小。下降管作为热解反应器，结构简单，可实现热载体的循环利用，设备总体能耗小，但在下滑的过程中气体停留时间稍长，可能会影响生物油产率。

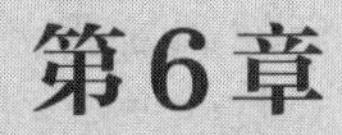

第6章 建筑垃圾和生活垃圾资源化技术

随着城市化进程的快速推进，建筑垃圾产量急剧增加。建筑垃圾主要由废弃混凝土、砖瓦、木材及塑料等构成，通过分拣、破碎、筛分等工艺，可将建筑垃圾转化为再生骨料、再生砖等建材产品，实现资源循环利用。同时，随着生活水平的提高，生活垃圾的种类和数量不断增加，分类处理成为关键。通过实施垃圾分类，将可回收物、有害垃圾、湿垃圾和干垃圾分别收集处理，再通过生物降解和焚烧等技术，将有机垃圾转化为肥料，或利用垃圾中的热能进行发电，进一步推动了生活垃圾的资源化利用。随着技术的不断进步，垃圾处理正逐步实现从"末端治理"向"源头减量、过程控制、末端资源化利用"的转变，为城市可持续发展提供了有力支撑。

6.1 建筑垃圾和生活垃圾概况

6.1.1 建筑垃圾组成及分类

根据住房城乡建设部发布的行业标准《建筑垃圾处理技术标准》(CJJT 134—2019)，建筑垃圾是工程渣土、工程泥浆、工程垃圾、拆除垃圾和装修垃圾等的总称，包括新建、扩建、改建和拆除各类建筑物、构筑物、管网等以及居民装饰装修房屋过程中所产生的弃土、弃料及其他废弃物。建筑中的渣土、砖瓦碎块、混凝土块、碎石块等，多为无机材料，占建筑垃圾总量的90%以上，具有比较稳定的物理性质和化学性质，只要对其进行再生资源化技术处理，依然可将其视为一种用途广、实用性高的建筑用料。

在城市建筑垃圾中，垃圾包括物理垃圾、化学垃圾和可循环垃圾。物理垃圾包括废土、废砖、砂石、木材等原始性建筑材料。化学垃圾通常指不能通过简单物理方法处理，需要经过特殊处理方可降解的垃圾，比如工业塑料、颜料、石膏等。可循环垃圾是指通过深加工处理可投入生产使用的再生资源，例如废钢筋、废旧铝合金门窗等。根据建筑垃圾的不同来源，可将建筑垃圾分为以下四种类型：①基坑弃土，其特点是垃圾土量大，主要污染源在工地区域，可能造成扬尘污染。② 拆除废弃物，包括水泥制品、废石材、废钢筋、废弃管线、废塑料、废电线及一些电子元件等，这类固体废物大部分可回收利用。③建筑废弃物，主要包括建设过程中的废砂石，混凝土、金属、木屑等。④装修废弃物，包括建材弃料、装修弃料、废弃的包装等，这些废弃物化学成分复杂，需要深加工处理。

传统的建筑垃圾处理模式以末端治理为重点，忽略建筑垃圾的源头减量。要在只关注收集、运输和处理三个环节的传统模式基础上，加入前端源头减量和全过程监管两个环节，从建筑垃圾的产生、收集、运输、处理和管控五个环节构建建筑垃圾全过程减量化处理模式。第一，源头减量。将建筑垃圾管理环节前移，基于 3R 原则制订科学合理的长远规划，分析建筑垃圾减量化影响因素，构建建筑垃圾源头减量规划指标体系，制定建筑垃圾减量化评价标准，从源头控制建筑垃圾产生。第二，实行建筑垃圾分区管控和分类收集，优化建筑垃圾的收集设施布局，促进建筑垃圾在收集环节的减量化。第三，利用大数据和智能化手段，与建筑垃圾收运系统相结合，加强对建筑垃圾收运车辆在建筑垃圾转运过程中的监管，在选择运输车辆时，要考虑车辆的封闭性和运输能力，完善转运时间管理，优化建筑垃圾转运站布局，提高建筑垃圾收运效率，尽量避免在运输过程中对环境造成污染。第四，结合实际情况，对建筑垃圾处理设施进行科学选址和布局，合理确定处理规模和处置能力，明确建筑垃圾再生产品循环利用潜力，尽可能对建筑垃圾进行资源化利用，对无法循环利用的建筑垃圾进行无害化处理，减少环境污染。

6.1.2 生活垃圾分类收运体系

目前，我国在生活垃圾处理领域取得了巨大进步，体现在以下两方面：第一，生活垃圾收运处理服务范围不断向乡村延伸，为美丽中国建设夯实基础；第二，生活垃圾处理结构不断优化，回收利用后的生活垃圾处理方式由填埋为主转变为焚烧发电为主，减污降碳成效卓著。

生活垃圾综合分类：将可回收物，如金属、玻璃等直接回收利用，对有机物进行厌氧发酵、堆肥或焚烧，将残渣进行填埋，由传统单一的处理方式转变为综合处理方式。

生活垃圾分类收运：通过前端便民化、中端规范化、后端专业化、监督端常态化模式，建立垃圾分类投放、收集、运输、处置体系及长效监督体系，切实强化生活垃圾全过程和全周期管理，推进垃圾分类提质增效。

在前端分类环节，通过开展分类投放站点建设改造、畅通可回收物回收利用渠道、强化垃圾分类知识的科普宣传，夯实垃圾分类的硬件基础，营造全民参与垃圾分类的和谐氛围。在中端收集运输环节，对环卫作业车辆实行“三统一”管理，按作业类别“统一外观标识、统一编号备案、统一收运标准”，确保车辆始终保持车体密闭、功能完好、外观整洁，实现收运过程标准统一、操作规范。在后端集中处置环节，加强生活垃圾焚烧厂等终端处置环节设施建设，实现分类投放、分类收集、分类运输和分类处置。

6.1.3 生活垃圾卫生填埋

垃圾填埋是应用最早、最广泛的一项垃圾处理技术。早期的垃圾填埋处理仅仅是单纯的填埋，没有考虑填埋后气、渗滤液的处理等问题，造成了比较严重的环境污染。20 世纪 30 年代，首先在美国出现了“卫生填埋”概念。卫生填埋法具有技术成熟、操作管理简单、处理量大、投资和运行费用低、适用于所有类型垃圾处理等优点，是当今世界上最主要的垃圾处理方式。但填埋处理也存在一些缺点：①占用大量土地资源，以致新建填埋场选址困难；②产生的垃圾渗滤液如未妥善处理，会对土壤及地下水等周边环境造成污染；③填埋垃圾发酵产生的甲烷等气体，有造成火灾及爆炸的安全隐患。

（1）生物反应器填埋技术

20 世纪 70 年代，美国最先将渗滤液回灌填埋场以加速填埋场的垃圾降解，生物反应器填埋场的雏形开始出现。20 世纪 80 年代生物反应器填埋技术的研究工作以填埋小试研究为主，包括部分面积达数公顷的大规模场地研究，20 世纪 90 年代中期进入对实际填埋场进行区域对照实验的研究。我国从 1995 年开始对填埋场渗滤液回灌进行研究，生物反应器填埋技术是厌氧填埋技术的最新发展，其核心是通过有目的的控制手段强化生化过程，从而加速垃圾中可降解有机组分的转化。控制手段包括：液体（水、渗滤液）的注入、覆盖层设计、营养物的添加、pH 调节、温度调节等。这些调控措施为微生物提供了较好的生长环境，增强了微生物的活力，明显提高了垃圾的降解速率和降解量。

（2）好氧填埋技术

好氧填埋技术核心是在垃圾层底部布设通风管网，用鼓风机向垃圾层内部输送空气，保持垃圾堆体的好氧状态，以促进垃圾分解，使场内垃圾迅速实现稳定化。好氧填埋不仅可加速垃圾降解速度，而且大大降低了渗滤液的浓度，减少了渗滤液和填埋气体的量，从而减轻了填埋场对周围水体和大气的污染。而且垃圾降解过程中产生的主要气体是 CO_2，不产生 CH_4，从根本上消除了填埋气体爆炸的危险性和 CH_4 对臭氧层的破坏。此外，好氧填埋还可以加速填埋场的稳定化速度，使填埋场在最短的时间内达到稳定状态。但好氧填埋的缺点也是显而易见的，由于填埋场运行期间每日要向宽厚的垃圾填埋堆体通入空气，因而其工艺和设备复杂、动力消耗大、运行管理费用高。除非有特殊要求或特殊场址，一般应少采用此种填埋技术。

（3）准好氧填埋技术

准好氧填埋场的结构与厌氧填埋场非常相似，渗滤液集水管的水位采用不满设计，其末端敞开于空气中。垃圾堆体发酵产生的温差使垃圾填埋层产生负压，使空气从开放的集水管自然吸入垃圾层。垃圾填埋场的地表层、集水管附近、竖井周围成为好氧状态进行好氧反应。空气不能到达的填埋层中央部分则处于厌氧状态，进行厌氧反应。准好氧填埋场较厌氧填埋场有以下优点：①无需强制通风，节省能源；②渗滤液水量大大降低，从而降低了渗滤液的处理难度和减少了处理费用。

（4）循环式准好氧填埋技术

循环式准好氧填埋技术的核心是在垃圾层中回灌渗滤液以保证填埋层中有充足的水分，这样既减少了渗滤液的排放量，又降低了渗滤液的污染。

6.2 建筑垃圾资源化技术

6.2.1 建筑垃圾预处理

建筑垃圾的预处理是指建筑垃圾在制成再生产品之前进行的一系列准备工序，主要包括粗分、破碎和筛分等作业。建筑垃圾预处理工艺流程如图 6-1 所示。

通过建筑垃圾再生的骨料主要由破碎混凝土的石子、碎砖块和砂浆碎块组成，由于再生骨料成分复杂，质量不均，碎块强度不一致，难以生产高强度混凝土，但仍然可以进行 C30 以下的混凝土生产。建筑垃圾预处理后的产物用途可分为再生骨料及新型建材。再生骨料包括各类粗细骨料，根据需求可就近供应或直接外销。新型建材主要定位于无机混合料、预拌混凝土和再生砖制品三类再生产品。当建筑垃圾以砖石料为主时，分选出的铁、塑料、木质类、电缆等，可送往资源回收站进行回收，也可将塑料和木质等运往附近生活垃圾焚烧发电厂焚烧处理。初筛分得到的细极料（渣土）可以运往指定渣土场填埋处理或进行直接利用，如替代耕地用土作回填材料和绿化用土，或进行山体修复、绿化造景等。

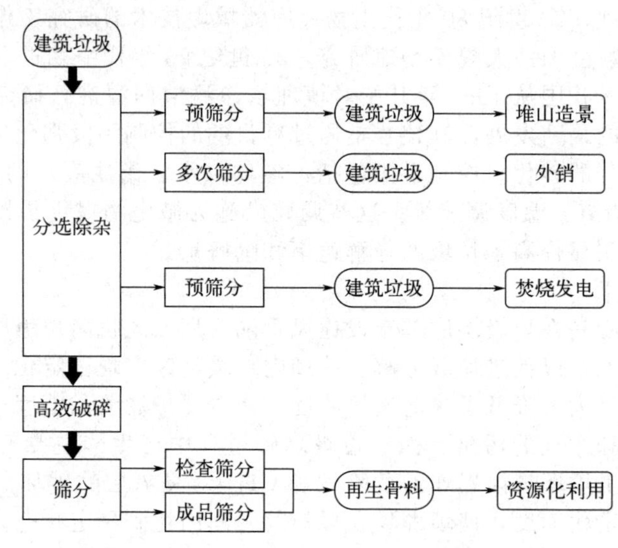

图 6-1　建筑垃圾预处理工艺流程

6.2.2　废弃砖瓦资源化

由于废弃砖瓦自身的物理和化学属性，吸水率大、压碎指标大、具有潜在活性等特点，其资源化利用主要集中于两方面：一方面是将黏土砖破碎筛分作为混凝土粗、细骨料；另一方面是通过激发提高黏土砖粉活性，将其作为活性材料使用。

（1）作为混凝土粗骨料

通过优化配合比设计以及骨料预湿或附加用水量等手段，利用废弃黏土砖全部或部分替代天然粗骨料制备混凝土是可行的，其力学性能可以满足设计要求。研究认为影响废弃砖瓦再生混凝土力学性能的主要因素是再生粗骨料的级配、取代率、水灰比、砂率、附加用水量等，影响废弃砖瓦再生骨料混凝土的抗压强度的首要因素是再生骨料取代率，随着取代率的增大，废弃砖瓦再生骨料混凝土抗压强度逐渐降低，这一点与天然骨料混凝土水胶比是主要因素不同。废弃砖骨料配制的高强度等级混凝土不能完全达到强度要求，主要是因为废弃黏土砖骨料强度低、弹性模量小。废弃砖瓦再生粗骨料混凝土破坏过程中，水泥石往往是从骨料劈裂开始，这与天然骨料混凝土从界面开始破坏不同。因此多数学者认为废弃黏土砖骨料适宜配制低强度等级（C30 以下）的再生混凝土。研究发现掺入部分粉煤灰对改善再生骨料混凝土的流动性是有帮助的。虽然废弃砖瓦骨料在强度、工作性能和耐久性等方面均存在一些不足，但通过合理的配合比设计以及掺入矿物掺合料、引入外加剂、改变混凝土搅拌工艺等手段，可以配制低强度等级混凝土。

（2）作为混凝土及砂浆用再生细骨料

目前对废弃黏土砖再生细骨料的研究多集中于力学性能方面。研究表明，在一定范围内掺入废弃砖瓦再生细骨料对砂浆或低强度等级混凝土强度的影响不大，可以满足力学性能要求。一方面，废弃砖瓦细骨料具有不规则的多棱角形貌，相对于天然细骨料更容易搭接交联形成稳固的空间网络结构，同时天然砂可以很好地进入废砖颗粒间的孔隙中，提高了体系的致密度。另一方面，在水泥浆体水化初期，废弃黏土砖再生细骨料的掺入，能够较多地吸收体系中的水分，产生的真空吸压效应有效减小了水泥浆体与集料之间的距离，提高了水泥浆体与集料之间的黏结强度，在水泥水化过程中废弃砖瓦细骨料又将水分缓慢释放，起到自养护作用。同时废弃砖瓦细骨料具有火山灰活性，水泥水化产物中的 $Ca(OH)_2$ 可作为激发剂与砖中的SiO_2、Al_2O_3发生二次水化反应，生成新的水硬性产物，进一步提高了废弃黏土砖细骨料与水泥浆体之间的界面强度。

6.2.3 废弃混凝土资源化

废弃混凝土处理技术主要包括热处理和冷处理两种方式，其中热活化处理技术包括：废弃混凝土活化再生水泥技术、废弃混凝土活化再生活性掺合材技术、废弃混凝土活化再生活性渣粉和骨料技术。冷处理技术以崩解分离技术为核心，将废弃混凝土还原为纯净的石料、细砂及水泥石细屑产品。根据不同的应用场景和不同客户地区的基础条件、环保要求和产品需求，可因地制宜选择不同的处理方案。

根据选择的热处理设备、工艺参数和产品方案的不同，可分为以下三种热处理技术方案：

（1）活化再生水泥技术

根据原水泥品种及集料种类和产品用途，将废弃混凝土粗碎，分离钢筋及部分粗集料后，经热处理，再经破碎过筛，分离粗集料和部分细集料，再加入辅料粉磨，即可生产再生水泥。基本工艺流程为：废弃混凝土入厂→物料粗碎分离→磁选除铁→热处理→破碎筛分→加辅料粉磨→再生水泥产品。该方法处理能耗低，仅为传统水泥能耗的18%～45%，再生水泥的各项物理力学性能及施工性能可与传统水泥相当。

（2）活化再生活性掺合材技术

对废弃混凝土的化学组分和矿物组分进行分析，其部分化学组分与水泥相似，并存在部分活性矿物如水泥石，有再生处理为水泥熟料生产原料的潜力。将废弃混凝土破碎至粒径≤40mm的粒状料，水泥熟料生产过程中，利用熟料余热直接热活化处理粒状的废弃混凝土，经热活化处理后，废弃混凝土颗粒混入熟料中，直接作为熟料中的活性掺合材。基本工艺流程为：废弃混凝土入厂→物料粗破碎→磁选除铁→热活化处理→作为熟料的活性掺合材。该方法无需新增热处理设备，可充分借助现有干法水泥熟料生产线，且不影响正常生产，不增加热耗，仅利用高温熟料进入冷却过程中的余热处理活化废弃混凝土，对废弃混凝土处理企业无大投资和成本压力。

（3）活化再生活性渣粉、骨料技术

利用新型干法水泥熟料生产线，将破碎的废弃混凝土于1000～1300℃之间焙烧，可有效利用废弃混凝土组成的全部组分。适宜的焙烧温度和时间，以及在活化助磨剂的协同作用下，可消除因废弃混凝土强力破碎所产生的微裂缝损伤，骨料表面经球磨去除了尖锐棱角和全部疏松组织，骨料表面被活化成为具有表面活性的活性骨料。基本工艺流程为：废弃混凝土入厂→物料粗碎→磁选除铁→活化焙烧→粉磨→活性渣粉、骨料。

冷处理技术方案如下：

冷处理技术采用废弃混凝土崩解分离系统装备，通过机械方式，将废弃混凝土还原为砂、石和水泥细屑并回收利用，最大限度地实现了资源的回收，相对于传统的破碎分选工艺，极大提升了资源的利用率。废弃混凝土崩解分离处理工艺为：废弃混凝土入厂→物料破碎→磁选除铁→崩解分离→石料、砂料、水泥石细屑。冷处理工艺可低成本地利用废弃混凝土，通过重新崩解、修正，分离为新的砂细骨料、粗骨料及细屑（水泥/混凝土生产用硅铝酸盐原料）三大组分，可为基本建设提供不含泥、不含氯盐的洁净无结构缺陷的砂石骨料，可很好地替代天然砂石资源，大幅减少当前高含泥量砂石、高含氯碱砂石的使用，既能满足建筑行业高强度、高性能的砂石骨料需求，又能实现建筑废弃物料的资源循环利用。

在废弃混凝土产量较大，且当地有闲置水泥生产设备的地区，适宜采用热处理方式处理废弃混凝土，选择的工艺视当地情况而定。在有搅拌站、水泥厂的地区适合生产活性掺合材和活性渣粉、骨料，为生产企业提供优质原料。对于没有热处理设备的区域以及县城、乡镇等建筑垃圾产生规模相对较小的区域，则建议采用崩解分离的方式处理废弃混凝土，投资较低，处理规模非常灵活，易于项目落地实施。废弃混凝土资源再生利用对比见表 6-1。

表 6-1 废弃混凝土资源再生利用技术对比

工艺方法	处理方式	生产设备	产品	项目落地方式	环保措施	建设规模/(t/d)
生产活化再生水泥	热活化处理	回转窑、流化床	再生水泥	利用产能置换等方式淘汰的水泥生产设备	利用水泥厂已有的环保设备	≥1000
生产活性掺合材	热活化处理	篦冷机	活性掺合材	利用产能置换等方式淘汰的水泥生产设备	利用水泥厂已有的环保设备	≥1000
生产活性渣粉、骨料	热活化处理	回转窑	活性渣粉、骨粉	利用产能置换等方式淘汰的水泥生产设备	利用水泥厂已有的环保设备	≥1000
崩解分离	冷处理	崩解分离设备	砂、石原料，水泥细屑	新建崩解修料处理装置系统	配备粉尘收集设备	≥600

6.2.4 废弃沥青资源化

废弃沥青混合料再生利用技术首先将废弃的旧沥青混合料进行回收，再对其进行翻挖等处理，然后掺入新集料，制成再生沥青混合料。美国沥青再生协会将再生技术分为五种不同的类型：厂拌热再生、现场热再生、厂拌冷再生、现场冷再生、全深式再生。

(1) 厂拌热再生

厂拌热再生是将废弃沥青混合料运至拌和站后再进行处理。先对废料进行破碎，然后根据面层或基层的不同要求进行配合比设计，在拌和站搅拌制成新的沥青混合料，用于沥青路面的施工。这种方法适用于路面冷铣刨-热摊铺施工工艺，对路面的使用范围很广，面层和基层均可使用。

(2) 现场热再生

现场热再生一般采用一套大型沥青路面热再生联合机组，在现场对其再生利用。首先对沥青路面进行翻松并加热，然后将废弃沥青运送至搅拌机，加入新料搅拌，搅拌后送至机组摊铺器上，最后通过摊铺、捣实、熨平，以及压路机碾压形成再生沥青路面。这种方法对旧路面集料，破碎少，可实现旧料 100%利用，再生层与原路面黏结紧密，但只对路面有病害时具有良好的效果，若下面层和基层存在病害，此方法不适用。现场热再生多用于基层承载能力良好、面层因疲劳龟裂的路段或老化不太严重、平整度较差的路面。

(3) 厂拌冷再生

厂拌冷再生无需对废弃的沥青混合料进行加热，将其与乳化沥青和新集料拌和后形成再生混合料，运送到现场进行施工。厂拌冷再生由于旧集料不加热，施工节能减排，可实现配合比精确控制，再生层质量较现场冷再生好。

(4) 现场冷再生

现场冷再生是在现场首先用路面铣刨拌和机将旧沥青层就地铣刨、翻挖、破碎，再加入稳定剂、水泥、水（或乳化沥青）和新骨料后就地拌和，最后利用平地机摊平、压路机碾压成型的施工方法。该方法对设备要求较低，生产成本不高，再生层成为半柔性路面，对路面结构有一定破坏或结构受力不合理性的路面有良好效果。但再生料级配控制不严格，拌和欠均匀，时间较长，因此适用于交通量较小且可封闭施工的城市道路或郊区道路。

（5）全深式再生

全深式再生是冷再生的一种，是将沥青层和部分基层材料同时进行就地冷再生，形成路面基层的一种技术，再生厚度包含了部分基层，再生结合料绝大部分采用水泥，个别采用乳化沥青和泡沫沥青。

6.3　生活垃圾资源化技术

6.3.1　生活垃圾焚烧热能利用

生活垃圾焚烧热能利用技术基于高温焚烧原理，通过焚烧炉将垃圾中的可燃成分进行氧化燃烧，释放出大量热能。这些热能随后被转化为蒸汽或热水，可用于发电、供热等多种用途。焚烧过程中，垃圾中的病原体、有害物质及有毒气体在高温下被彻底分解或破坏，实现了垃圾的无害化处理。生活垃圾焚烧热能利用的工艺流程主要包括垃圾预处理、焚烧、热能回收及净化处理等环节。

预处理：在焚烧前，需要对垃圾进行预处理，包括分类、破碎、压缩等步骤。分类处理有助于减少焚烧过程中产生的有害物质，提高焚烧效率；破碎和压缩则能减小垃圾体积，便于运输和焚烧。

焚烧：预处理后的垃圾被送入焚烧炉进行焚烧。焚烧炉通常采用高温燃烧技术，确保垃圾中的可燃成分充分燃烧。焚烧过程中产生的烟气经过余热锅炉等设备进行热能回收。

热能回收：焚烧产生的热能通过余热锅炉等设备转化为蒸汽或热水。蒸汽可用于驱动蒸汽轮机发电或满足其他工业用热需求，热水则可用于供暖或热水供应等。

净化处理：焚烧过程中产生的烟气含有颗粒物、酸性气体等有害物质，需要经过净化处理后才能排放。常用的净化技术包括除尘、脱硫、脱硝等，以确保烟气排放达到环保标准。

生活垃圾焚烧热能利用技术在全球范围内得到了广泛应用，成为城市垃圾处理的重要手段之一。以下是一些典型的工程应用案例：

实例一：垃圾焚烧发电厂

垃圾焚烧发电厂是生活垃圾焚烧热能利用的主要形式之一。通过将焚烧产生的热能转化为电能，不仅解决了垃圾处理问题，还为城市提供了可再生能源。例如，某环保能源有限公司的生活垃圾焚烧发电项目位于海南省儋州市，该项目占地面积约 $86667m^2$，设计规模为日处理生活垃圾 1500t，分二期建设。项目不仅解决了儋州市及周边地区的生活垃圾处理问题，还实现了垃圾的资源化利用和能源的回收利用。该项目的技术特点体现在：

① 先进焚烧技术：项目采用顺推型机械炉排焚烧炉，该技术代表国际先进水平，技术成熟可靠，适用于我国高水分低热值生活垃圾。机械炉排焚烧技术通过调整炉排运动速度，可以根据垃圾性质及燃烧工况调整垃圾在炉排上的停留时间，确保垃圾充分燃烧。

② 高效热能回收：焚烧产生的高温烟气进入余热锅炉进行余热利用，将热能转化为蒸汽，进而驱动汽轮机发电机组发电。这种热能回收方式提高了能源利用效率，减少了能源消耗和碳排放。

③ 环保净化处理：焚烧过程中产生的废气经过烟气净化处理装置净化后达标排放；焚烧产生的飞灰在厂内稳定化处理后，送入飞灰固化物填埋场安全填埋；焚烧炉渣按一般固体废物运至炉渣综合利用处理厂处置；垃圾渗滤液和车辆清洗废水送至渗滤液处理站收集处理，水质达标后全部内部回用。这些环保措施确保了项目的环保达标和可持续发展。

实例二：供热系统

在一些地区，焚烧垃圾产生的热能被用于供暖系统，通过热水或蒸汽供暖系统，为居民区域、工业区域或办公建筑提供供暖和热水服务。这种方式减少了对传统燃料的依赖，降低了碳排放量。焚烧垃圾产生的热能用于供暖系统的工艺过程主要包括垃圾焚烧、热能转化、热能传输、供暖应用、环保与安全等主要环节：

（1）垃圾焚烧

垃圾收集与预处理：垃圾首先通过垃圾桶、垃圾车等方式进行收集，再运送到垃圾焚烧厂。在焚烧前，垃圾需要进行预处理，包括分类、破碎、筛分等步骤，以提高焚烧效率和减少有害物质的产生。

焚烧过程：预处理后的垃圾送入焚烧炉内，在高温（通常为850～1100℃）下进行焚烧。焚烧过程中，垃圾中的有机物质与氧气发生剧烈反应，产生大量的热能、二氧化碳和水蒸气等。焚烧炉的设计和优化对于确保垃圾充分燃烧、减少有害物质的产生至关重要。常见的焚烧炉类型包括机械炉排炉、流化床焚烧炉等。

（2）热能转化

余热锅炉系统：焚烧过程中产生的高温烟气通过余热锅炉系统进行热能回收。余热锅炉利用烟气的热量产生高温蒸汽，这些蒸汽具有较高的温度和压力，是后续发电和供暖的重要能源。

热能转换效率：余热锅炉系统的设计和优化对于提高热能转换效率至关重要。现代余热锅炉通常采用先进的换热技术和材料，以确保高效、稳定地回收烟气中的热能。

（3）热能传输

蒸汽管道网络：产生的高温蒸汽通过蒸汽管道网络输送到供暖系统或发电系统。蒸汽管道网络需要具备良好的保温和防漏性能，以确保蒸汽在传输过程中不会损失过多的热量。

汽水换热首站：在供暖系统中，通常需要设置汽水换热首站，将高温蒸汽转换为供暖所需的热水或低温蒸汽。汽水换热首站采用高效的换热设备，如板式换热器、管壳式换热器等，以确保热能的高效转换和传输。

（4）供暖应用

供暖系统：供暖系统包括供暖管网、散热设备等组成部分。供暖管网将热水或低温蒸汽输送到用户端，如居民小区、企事业单位等。散热设备如暖气片、地暖等将热水或蒸汽中的热量散发到室内空气中，实现供暖效果。

供暖效果与控制：供暖系统通常配备有智能控制系统，可以根据室内外温度、用户需求等因素自动调节供暖效果。通过合理的供暖设计和控制策略，可以确保室内温度舒适、稳定，同时减少能源浪费。

（5）环保与安全

焚烧过程中产生的烟气含有有害物质如二氧化硫、氮氧化物、二噁英等。为了保护环境，烟气需要经过严格的净化处理，如脱硫、脱硝、除尘等步骤，以确保排放达标。焚烧垃圾产生的热能用于供暖系统需要严格遵守相关的安全规范和标准。焚烧厂应配备完善的安全设施和制订相应的管理制度，确保生产过程中的安全稳定。

实例三：工业过程加热

焚烧垃圾产生的高温热能可用于满足工业生产过程中的加热需求。例如，在炼钢、水泥生产、玻璃制造等行业中，焚烧热能可以替代部分传统能源，提高能源利用效率并降低生产成本。

（1）炼钢

在炼钢过程中，需要大量的热能来熔化铁矿石和其他原料，焚烧垃圾产生的高温热能可以作为炼钢炉的辅助热源，通过预热废钢、铁水或熔化原料等方式，减少对传统化石燃料的依赖，降低生产成本，减少碳排放。

（2）水泥生产

水泥生产是一个高能耗的过程，其中熟料煅烧阶段需要消耗大量的热能。焚烧垃圾产生的高温热能可以用于预热生料、煅烧熟料或干燥原料等环节，提高生产效率和能源利用率。

（3）玻璃制造

玻璃制造过程中，需要将原料如石英砂、纯碱等加热到高温以熔化并形成玻璃液。焚烧垃圾产生的高温热能可以用于熔化原料或预热玻璃液，提高熔化速度和产品质量。

（4）陶瓷制造

陶瓷制造过程中，原料需要经过成型、干燥、烧制等多个阶段，其中烧制阶段需要高温环境。焚烧垃圾产生的高温热能可以用于陶瓷的烧制过程，提高烧制温度和速度，降低能耗和生产成本。此外，高温热能还有助于陶瓷产品的烧结和结晶，提高产品的质量和性能。

（5）食品加工

虽然焚烧垃圾产生的热能直接用于食品加工的情况较少，但在某些特定场景下，如干燥、烘焙等过程中，也可以利用这种热能。例如，将热能用于烘干果蔬、谷物等农产品，或者用于烘焙食品，以减少对传统能源的消耗和降低生产成本。

6.3.2　生活垃圾堆肥利用

垃圾堆肥一般分为厌氧堆肥和好氧堆肥，好氧堆肥是主要利用专性好氧微生物和兼性好氧微生物对垃圾中的有机物进行降解的过程，厌氧堆肥是利用专性或兼性厌氧细菌对有机物进行降解的生化过程。相比厌氧堆肥，好氧堆肥具有堆肥时间短、分解速度快、臭气发生量少的特点。

6.3.2.1　餐厨垃圾好氧堆肥

好氧堆肥过程包括三个阶段，第一阶段是堆肥初期（初始中温阶段），初始温度和富含碳源的环境有利于中温细菌和真菌的生长，这些微生物包括乳酸杆菌、芽孢杆菌、放线杆菌、子囊菌门等，微生物将氨基酸和糖等这些简单的有机物分解为有机酸，pH 降低。在此阶段，微生物分解有机物，温度升高至 40℃左右。第二阶段为堆肥中期（嗜热阶段），这一阶段嗜热微生物代替中温微生物，嗜热微生物包括嗜热放线菌、芽孢杆菌、栖热菌和接合菌门等，有机物（脂肪、纤维素、半纤维素和木质素）被降解，温度升高至 40～80℃。此阶段由于耐热微生物的代谢活动，原料中的有机碳含量下降。第三阶段是堆肥成熟期（冷却阶段），主要微生物包括芽孢杆菌、放线杆菌、变形菌和担子菌门等，这些微生物由于降解有机物被消耗，活性下降，导致氧气吸收降低且释放热量减少，温度降低。影响餐厨垃圾好氧堆肥的因素有：

（1）pH

pH 虽然不是影响堆肥的关键因素，但是影响微生物群落和微生物活动的重要因素。堆肥初始阶段有机酸释放，pH 降低，当 pH＜6 时，微生物活性被抑制，堆肥进程受阻。因此，将修正材料（醋酸钠）或碱性材料（石灰）作为 pH 缓冲剂添加到餐厨垃圾堆肥中，可减小有机酸浓度，减轻对于微生物的毒性作用。pH 值为 6.0～7.0 时主要发生硝化作用，NH_4^+ 转化为 NO_3^-，当 pH＞7.5 时，NH_3/NH_4^+ 比例增大会导致 NH_3 挥发增加。研究证明，pH 最佳范围是 7.0～8.0。

（2）温度

温度受微生物活性影响，又反作用于微生物，中间温度有一个临界值 55℃，根据这一数值将堆肥分为三个阶段，中温（基质温度<55℃）、嗜热（≥55℃）和冷却（<55℃）阶段。为避免堆肥热量散失的一般方法是在堆肥装置外壁覆盖保温材料，实验证明，在节能环保的基础上，该方法可以尽量升高堆体温度。

（3）含水量

水分含量对于堆肥是一个重要影响因素，最佳含水量取决于不同堆肥材料的物理化学性质和生物学特征，最佳含水量一般为55%～70%。控制堆肥最佳含水量的方法包括两种，一种是风干后添加蒸馏水，另一种是添加如锯末和玉米秸秆等添加剂。

（4）通风量

好氧与厌氧的一个判断标准是当堆肥孔隙氧浓度超过5%（按体积计）时，堆肥被认为是好氧。在堆肥初始阶段，由于新鲜材料的可用性和微生物的活动，氧气需求量很大，有机物降解迅速消耗氧气，堆肥内部形成部分厌氧区，产甲烷菌扩散，从而引发CH_4排放。N_2O是不完全硝化和反硝化过程的副产物，处于好氧条件下的堆肥表层正是硝化作用开始的地方，堆肥中缺氧区更容易发生硝化作用，导致较多的N_2O排放，可以采用强制曝气的方法在一定程度上解决这个问题。

（5）碳氮比（C/N）

C/N是衡量有机质分解程度和堆肥成熟度的关键指标之一，最佳的C/N的范围是25～30。C/N的值较高，氮源会缺乏，从而限制微生物代谢；C/N过低，会导致产生较多的NH_3。通过添加剂调整C/N，可以提高堆肥效率。

6.3.2.2 餐厨垃圾厌氧发酵堆肥

厌氧发酵是在厌氧条件下由一系列相关微生物种群自身发生的生物化学转化过程，参与厌氧发酵的微生物种群繁多，代谢途径多样。厌氧发酵主要过程由以下几个步骤组成：

（1）分解

餐厨垃圾一般都是由大颗粒物组成，在发酵开始后，经过溶解、细胞衰变等过程，大颗粒分解成碳水化合物、脂类、蛋白质等小分子物质。

（2）水解

碳水化合物、动植物油脂、蛋白质这三类聚合物是组成餐厨垃圾的最主要的成分，在胞外酶等参与下，逐渐水解成糖类、脂类和氨基酸，为微生物细胞的能量传递提供能量。因为水解过程是后续发酵过程的先决条件，水解过程也被认为是厌氧发酵产酸的限速步骤。为了加速厌氧发酵进程，可对发酵底物进行预处理以促进水解，如通过热处理、酸处理、碱处理、微波预处理、超声波、超声与酸碱耦合等手段，都可强化发酵底物的水解，促进后续发酵过程。

（3）酸化

经过水解生成的糖类、脂类和氨基酸进一步被微生物转化为乙酸、丙酸、丁酸和戊酸等短链挥发性脂肪酸、羧酸和其他一些简单的有机酸，伴随着短链脂肪酸和有机酸的生成，混合气（二氧化碳、氢气）也同步产生。

（4）乙酸化

在此阶段，发酵底物酸化形成的脂肪酸在微生物作用下进一步转化为二氧化碳和氢气等，这个过程一般会持续几天，因为乙酸化阶段的优势微生物种群需要更长时间进行生长繁殖。

（5）甲烷化

产甲烷是厌氧发酵的最后一个步骤，主要有两种不同的路径，一种是微生物种群直接利用乙酸产生甲烷，这类微生物与乙酸化阶段微生物类似，需要较长的时间进行自身的生长繁殖，而且对生长环境如pH、营养物质等都有要求；另一种是利用氢气和二氧化碳产生甲烷。

6.3.3 生活垃圾资源化新技术

（1）热处理技术

热处理是餐厨垃圾饲料化的主要手段，包括干热处理和湿热处理。干热处理是指将餐厨垃圾分选、破碎，并有效脱除水分、油分及盐分后直接通过盘式干燥机等加热干燥（95～120℃）2h 以上，再经筛选制得蛋白质饲料原料或作为添加物。干饲料原料可用作鱼饲料，也可进一步添加动植物蛋白丰富营养成分。干热处理操作简单、投资少、占地面积小，不但有较好的杀灭致病菌及病原性微生物的效果，还可有效防止恶臭产生，同时机械化程度高、运行管理经验较成熟，但缺点是能耗较高，未彻底消除的病原微生物可能通过食物链危害人体健康。湿热处理是基于热水解反应，将餐厨垃圾筛选、破碎后，在 85%含水率、120～160℃条件下高温蒸煮 20min 以上，再经脱水、脱油、干燥及筛选等过程后制得蛋白饲料原料。湿热处理不但可以破坏微生物的细胞壁、细胞膜、蛋白质及核酸从而消除病原微生物，还可以钝化抗坏血酸酶及过氧化物酶等，同时也可通过控制湿热处理条件实现油脂分离，提高饲料养分的可利用率和可生化性，但该法会造成部分水溶性养分及维生素等热敏性营养物质的流失。此外，餐厨垃圾经热处理制备的饲料化产品均具有同源污染的安全隐患，因此仅适用于宠物等非反刍动物。

（2）昆虫过腹处理技术

昆虫过腹处理技术是指利用餐厨垃圾养殖昆虫，并将其大量繁殖的幼虫作为优质的生物蛋白饲料。以黑水虻为例，将餐厨垃圾养殖的黑水虻幼虫经分拣、烘干后即可制得虫干饲料，该饲料不仅富含优质蛋白质和微量元素，还能抵抗大肠杆菌、金黄色葡萄球菌及沙门氏菌等病原微生物，可避免向饲料中添加抗生素而造成的污染。同时黑水虻虫粪富含氮、磷、钾，可作为优质的有机肥。该法通过生物转化环节避免了直接饲料化的同源污染问题，符合《餐厨垃圾处理技术规范》（CJJ 184—2012）的要求，有较好的生态环境效益，是餐厨垃圾饲料化技术未来重要的发展方向。

（3）热解技术

热解技术是指在缺氧条件下对餐厨垃圾进行热处理（300～800℃），使之转化成生物炭、热解油及热解气。餐厨垃圾热解制备生物油的最佳温度范围为 500～800℃，热解油的产率一般在 22%～80%，热解气主要由 H_2、CH_4、CO、CO_2 等组成，提纯后进行利用或转化为生物天然气后再利用。除直接热解外，共热解及催化热解也是重要的餐厨垃圾资源化利用新技术。共热解是将餐厨垃圾与塑料、轮胎废料、小球藻、木质纤维素等一种或多种废弃物混合后进行热解反应，从而提升热解油的产量和质量。催化热解是指在热解餐厨垃圾的过程中通过催化剂改善热解性能，由此降低热解温度、缩短反应时间，并提高生物油的产率。餐厨垃圾热解处理产生的有害物质较少，是一种具有发展前景的资源化利用新技术，但该技术当前仍处于发展阶段，热解产物的特性尚难以控制，预处理成本也存在进一步降低的空间，其工业化应用仍有待进一步的研究。

第7章 退役动力电池资源化技术

随着新能源汽车产业的蓬勃发展，退役动力电池的数量急剧增加，这些电池在达到使用寿命或容量衰减到一定程度后，不再适合在电动汽车上继续使用，但其中蕴含大量有价值的资源，可采用梯次利用或回收再利用的方式对退役动力电池进行资源化利用。针对衰减程度较轻的电池，通过必要的检测、分类、拆分、修复或重组，使其能够继续在通信基站、太阳能路灯、不间断电源以及低速车、叉车、环卫车等小型储能领域发挥作用；对于衰减严重的电池，则需要通过先进的处理技术进行回收再利用。退役动力电池的回收与再利用，不仅减少了废旧电池对环境的污染，还为新能源产业的原材料供应提供了重要保障，是实现资源循环利用、减少环境污染的重要途径，也是新能源产业绿色、低碳、循环发展的迫切需求。

7.1 动力电池简介

7.1.1 动力电池基本概念及分类

动力电池即为工具提供动力来源的电源，多指为电动汽车、电动列车、电动自行车、高尔夫球车提供动力的蓄电池。区别于汽车发动机的启动电池，动力电池多采用阀口密封式铅酸蓄电池、敞口式管式铅酸蓄电池以及磷酸铁锂蓄电池。动力电池具有以下特点：高功率、高能量密度、高倍率部分荷电状态下的循环使用、宽工作温度范围（−30～65℃）、长使用寿命（5～10年）、安全可靠。动力电池结构主要包括：电池盖、正极（活性物质为氧化钴锂）、隔膜（一种特殊的复合膜）、负极（活性物质为碳）、有机电解液、电池壳。

按照能量的来源，电动汽车使用的动力电池分为三类：化学电池、物理电池和生物电池。

（1）化学电池

化学电池是利用物质的化学反应产生电能这一特点研制的电池。化学电池可以进一步按工作性质、正负极材料、电池特性和电解质进行分类。其中按电解质和正负极材料是较为常用的分类方法。

按工作性质可分为：①一次电池，也称原电池，即不能够再充电的电池，如生活中常用的锌锰干电池；②二次电池，即可充电反复使用的电池，这也是最基本的汽车动力电池；③燃料电池，指正负极本身不含活性物质，活性材料连续不断从外部加入的电池，如氢燃料电池。

按正负极材料可分为：①锌锰电池系列；②镍镉、镍氢电池系列；③铅酸电池系列；④锂离子电池系列。

按电池特性可分为：①高容量电池；②密封电池；③高功率电池；④免维护电池；⑤防爆电池等。

按电解质可分为：①酸性电池；②碱性电池；③中性电池；④有机电解质电池；⑤非水无机电解质电池；⑥固体电解质电池。

（2）物理电池

物理电池的工作原理是利用光、热、物理吸附等物理能量进行发电，比如常见的太阳能电池、超级电容器、飞轮电池等。

（3）生物电池

生物电池是利用生物化学反应发电的电池，如微生物电池、酶电池、生物太阳能电池等。

迄今已经实用化的车用动力蓄电池有传统的铅酸蓄电池、镍镉电池、镍氢电池和锂离子电池。在物理电池领域中，超级电容器也应用于电动汽车中。生物燃料电池在车用动力中应用前景也十分广阔，以氢为燃料的燃料电池和氧化物燃料电池的研发已进入重要发展阶段。

7.1.2 动力电池关键技术指标

动力电池的性能指标主要有电压、容量、内阻、能量、功率、输出效率、自放电率、放电倍率、使用寿命等，电池种类不同，其性能指标也有差异。

（1）电压

电压分为端电压、开路电压、额定电压、充电终止电压和放电终止电压等。

端电压：端电压是指电池正极与负极之间的电位差。

开路电压：电池在开路条件下的端电压称为开路电压，即电池在没有负载情况下的端电压。开路电压取决于电池正负极材料的活性、电解质和温度条件等，而与电池的几何结构和尺寸大小无关。

额定电压：额定电压是电池在标准规定条件下工作时应达到的电压。

充电终止电压：蓄电池充足电时，极板上的活性物质已达到饱和状态，再继续充电，电池的电压也不会上升，此时的电压称为充电终止电压。铅酸蓄电池的充电终止电压为2.7～2.8V，金属氢化物镍蓄电池的充电终止电压为1.5V，锂离子蓄电池的充电终止电压为4.25V。

放电终止电压：放电终止电压是指电池放电时允许的最低电压。电池在一定标准放电条件下放电时，电池的电压将逐渐降低，当电池不宜再继续放电时，电池的最低工作电压称为放电终止电压。如果电压低于放电终止电压后电池继续放电，电池两端电压会迅速下降，形成深度放电，极板上形成的生成物在正常充电时就不易再恢复，从而影响电池的寿命。放电终止电压和放电率有关，放电电流直接影响放电终止电压。在规定的放电终止电压下，放电电流越大，电池的容量越小。金属氢化物镍蓄电池的放电终止电压为1V，锂离子蓄电池的放电终止电压为3.0V。

（2）容量

电池在一定的放电条件下所能放出的电量称为电池容量，等于放电电流与放电时间的乘积，用字母 C 表示，其单位常用 A·h 或 mA·h 表示。电池容量是衡量电池性能的重要指标之一。

1）电池容量类型

电池容量按照不同条件可分为：理论容量、实际容量、标称容量与额定容量。

2）电池容量影响因素

电池的实际容量取决于电池中活性物质的多少和活性物质的利用率，活性物质质量越大，活性物质利用率越高，电池的容量也就越大。影响电池容量的因素很多，常见的有放电率、温度、终止电压、极板的几何尺寸等。

① 放电率对电池容量的影响。铅蓄电池容量随放电倍率的增大而降低，也就是说放电电流越大，计算出电池的容量就越小。

② 温度对电池容量的影响。温度对铅酸蓄电池的容量影响较大，一般随温度的降低，电池容量下降。在蓄电池生产标准中，一般要规定一个温度为额定标准温度（一般为25℃），负极板受低温的影响要比正极板大。当电解液温度降低时黏度增大，离子受到较大的阻力，扩散能力下降，电解液电阻增大，从而使电化学反应阻力增加，一部分硫酸铅不能正常转化，充电接受能力下降，导致蓄电池容量下降。

③ 终止电压对电池容量的影响。当电池放电至某一个电压值后，电压急剧下降，实际上所获得的能量非常小。如果长期深放电，对电池的损害相当大，所以必须在某一电压值终止放电，该终止放电电压称为放电终止电压。设定放电终止电压对延长蓄电池使用寿命意义重大。

④ 极板的几何尺寸对电池容量的影响。在活性物质的量一定时，与电解液直接接触极板的几何面积增加，电池容量增加。极板的厚度、高度、面积都会影响电池容量。电池容量随极板厚度的增加而减小，极板越厚，硫酸与活性物质接触面就越小，活性物质的利用率越低，电池容量越小。在电池中极板的上下两部分的活性物质利用率存在着较大的差异。放电初期极板上部比下部的电流密度高出 2～2.5 倍，这种差别随着放电时间的推移而逐渐减小，但上部电流密度大于下部电流密度。电池容量随极板几何面积的增加而增加，极板几何面积越大，活性物质的利用率就越高，电池的容量也就越大。在电池壳体相同、活性物质量不变的情况下，采用薄极板且增加极板片数，也就是增加了极板的有效反应面积，会提高活性物质的利用率，增加电池的容量。

（3）内阻

内阻是指电流通过电池内部时受到的阻力，内阻使电池的工作电压降低。

（4）能量

动力电池的能量是指在一定放电制度下电池所能输出的电能，单位是 W·h 或 kW·h。电池能量影响电动汽车的行驶里程。动力电池的能量分为总能量、理论能量、实际能量、比能量、能量密度、充电能量和放电能量等。

总能量：电池的总能量是指蓄电池在其寿命周期内电能输出的总和。

理论能量：理论能量是电池的理论容量与额定电压的乘积，指在一定标准所规定的放电条件下电池所输出的能量。

实际能量：实际能量是电池实际容量与平均工作电压的乘积，表示在一定条件下电池所能输出的能量。

比能量：比能量也称为质量比能量，是指电池单位质量所能输出的电能，单位是 W·h/kg，常用比能量来比较不同的电池系统。比能量有理论比能量和实际比能量之分。理论比能量是指 1kg 电池反应物质完全放电时理论上所能输出的能量；实际比能量是指 1kg 电池反应物质所能输出的实际能量。由于各种因素的影响，电池的实际比能量远小于理论比能量。电池的比能量是综合性指标，反映了电池的质量水平。电池的比能量影响电动汽车的整车质量和续驶里程，是评价电动汽车的动力电池是否满足预定续驶里程的重要指标。

能量密度：能量密度也称体积比能量，是指电池单位体积所能输出的电能，单位是 W·h/L。

充电能量：充电能量是指通过充电机输入蓄电池的电能。

放电能量：放电能量是指蓄电池放电时输出的电能。

（5）功率

电池的功率是指电池在一定放电制度下，单位时间内所输出能量的大小，单位为 W 或 kW。电池的功率决定了电动汽车的加速性能和爬坡能力，分为比功率和功率密度。比功率是指单位质量电池所能输出的功率，也称质量比功率，单位为 W/kg 或 kW/kg。功率密度是指单位体积电池所能输出的功率，也称体积比功率，单位为 W/L 或 kW/L。

（6）输出效率

动力电池作为能量存储器，充电时把电能转化为化学能储存起来，放电时把电能释放出来。在这个可逆的电化学转换过程中有一定的能量损耗，通常用电池的容量效率和能量效率来表示。容量效率是指电池放电时输出的容量与充电时输入的容量之比，能量效率是指电池放电时输出的能量与充电时输入的能量之比。

（7）自放电率

自放电率是指电池在存放期间容量的下降率，即电池无负荷时自身放电使容量损失的速度。自放电率用单位时间容量降低的百分数表示。

（8）放电倍率

电池放电电流的大小常用放电倍率表示，电池的放电倍率用放电时间的倒数表示或以一定的放电电流放完额定容量所需的时间的倒数来表示，由此可见，放电时间越短，放电倍率越高，放电电流越大。放电倍率等于放电电流与额定容量之比。根据放电倍率的大小，可分为低倍率（＜0.5C）、中倍率（0.5～3.5C）、高倍率（3.5～7.0C）、超高倍率（＞7.0C）。

（9）使用寿命

使用寿命是指电池在规定条件下的有效寿命期限。电池发生内部短路或损坏而不能使用，以及容量达不到规范要求时电池失效，这时电池的使用寿命终止。电池的使用寿命包括使用期限和使用周期。使用期限是指电池可供使用的时间，包括电池的存放时间。使用周期是指电池可供重复使用的次数。循环寿命是评价蓄电池使用技术经济性的重要参数。蓄电池经历一次充电和放电，称为一次循环，或者一个周期。循环寿命是指在一定放电制度下，二次电池的容量降至某一规定值之前，电池所能耐受的循环次数。蓄电池中，锌银蓄电池的循环寿命最短，一般只有 30～100 次；铅酸蓄电池的循环寿命为 300～500 次；锂离子电池的使用周期较长，可充放电 1000 次以上。电池失效原因主要有：①电极活性表面积在充放电过程中不断减小，使工作电流密度上升，极化增大；②电极上活性物质脱落或转移；③在电池工作过程中，某些电极材料发生腐蚀；④在循环过程中电极上生成枝晶，造成电池内部微短路；⑤隔膜的老化和损耗；⑥活性物质在充放电过程中发生不可逆晶形改变，因而使活性降低。

7.1.3　几种典型动力电池简介

（1）锂离子电池

锂离子电池是 20 世纪研发成功的新型高能电池，20 世纪 90 年代进入实用阶段。锂离子电池是一种二次电池（充电电池），负极材料是石墨等，正极材料是磷酸铁锂、钴酸锂、钛酸锂等。锂离子电池的工作原理基于“摇椅”机理，充电时，由于外部电流的作用，锂离子从正极材料的晶格中脱出，通过电解质溶液和隔膜，嵌入负极材料晶格中；放电时，锂离子从负极脱出，通过电解质溶液和隔膜，嵌入正极材料晶格中。在整个充放电过程中，锂离子往返于正负极之间。在锂离子电池的使用过程中，随着充放电次数增加、使用环境改变或物理性损伤出现等，锂离子电池的电化学性能会发生严重衰减并最终造成电池的失效报废，其根本原因是电池内部关键材料发生物理化学变化，出现失效或老化。锂离子电池通常是由不锈钢或者塑料外壳包裹电池内芯，内芯主要包括正极材料、负极材料、隔膜、电解液和集流体等。

1）正极材料

锂离子动力电池中的正极材料占据核心地位，其成本占锂离子电池总成本的40%以上，其性能也直接影响锂离子电池的各项性能指标。目前已经市场化的锂电池正极材料包括钴酸锂、锰酸锂、磷酸铁锂和镍钴锰酸锂三元材料等，其中磷酸铁锂与三元材料的占比达90%以上。

磷酸铁锂（化学分子式为$LiFePO_4$，LFP）理论比容量为170mA·h/g，产品实际比容量可超过160mA·h/g。在磷酸铁锂结构中，O和P之间具有很强的共价键而形成四面体磷酸根聚阴离子［$(PO_4)^{3-}$］，O很难脱嵌，且过充后没有氧气逸出，因此作为正极材料具有较高的安全性。固相合成法是应用最广泛、研究最成熟的磷酸铁锂合成方法。磷酸铁锂是锂电池正极材料的一项重大突破，具有低廉的价格、较高的环境友好性和安全性能、较好的结构稳定性与循环性能，在储能设备、电动工具类、电动汽车和移动电源领域均有广泛应用。其中，应用于新能源电动车的磷酸铁锂约占磷酸铁锂总产量的45%。

镍钴锰酸锂（NCM）三元正极材料的分子式为$LiNi_aCo_bMn_cO_2$，其中$a+b+c=1$。具体镍钴锰酸锂材料的命名通常根据三种元素的相对含量而定，比如$LiNi_{0.8}Co_{0.1}Mn_{0.1}O_2$简称为NCM811。三种元素的不同配比会使三元正极材料产生不同的性能，满足多样化的应用需求。镍钴锰酸锂三元正极材料的主要制备方法有高温固相法、溶胶-凝胶法、共沉淀法、水热合成法等。目前商业化NCM材料的一般制备过程是先应用沉淀法制备出氢氧化镍钴锰，即镍钴锰酸锂前驱体，再将其与锂源材料混合，经过煅烧制备出成品镍钴锰酸锂正极材料。

镍钴铝酸锂（NCA）材料由镍、钴、铝三种主元素构成，通常配比为8∶1.5∶0.5，结合了$LiNiO_2$和$LiCoO_2$材料，不仅可逆容量高，材料的成本也相对较低。以铝代替锰，镍钴铝酸锂成了目前商业化正极材料中研究热门的材料之一。目前高镍材料可以分为两大类，即NCM811和镍钴铝酸锂材料，两种材料的可逆容量都能够达到190～200mA·h/g。由于铝为两性金属，不易沉淀，镍钴铝酸锂前驱体不能采用常规的沉淀法进行制备。同时，镍钴铝酸锂烧结过程需要纯氧气气氛，对生产设备的密封性和内部元件的抗氧化性要求较高。

镍锰酸锂（LNM）分子式为$LiNi_{0.5}Mn_{1.5}O_4$，属于尖晶石结构，理论比容量为146.7mA·h/g，实际比容量大约为130mA·h/g。镍锰酸锂具有高工作电压、高能量密度和低成本等优点，兼具三元材料和磷酸铁锂材料优势，是热门的新一代正极材料。镍锰酸锂的制备方法比较多，包括固相法、共沉淀法、溶胶-凝胶法、溶液燃烧合成法、水热法、溶剂热法、喷雾沉积法等。目前，镍锰酸锂的规模化制备和高电位电解液耐受性的问题限制了其推广和应用。

2）负极材料

负极材料是锂离子动力电池充电时储存锂的主体，占到电池成本的10%左右，一般可分为碳材料和非碳材料两大类。碳材料包括人造石墨、天然石墨、中间相碳微球、石油焦、碳纤维、热解树脂碳等。非碳材料包括钛基材料、硅基材料、锡基材料以及氮化物等。

石墨类材料具备电子电导率高、比容量高、结构稳定、成本低等优势，是目前应用最广泛、技术最成熟的负极材料，占比达到95%。相对于天然石墨，人造石墨负极材料的内部结构比天然石墨产品更稳定。石墨颗粒的粒径大小、粒径分布和形貌等物性参数直接影响负极材料的性能指标，颗粒越小的石墨颗粒具有越好的倍率性能和循环寿命，但其首次效率和压实密度会越差。

硅是目前发现理论容量最高的负极材料，理论比容量为4200mA·h/g，是石墨的10倍以上。由硅与石墨混合制备的硅碳基复合负极材料，不仅同时具备碳导电性好和硅比容量高的优点，而且可有效缓冲硅的膨胀，其电化学循环性能显著提高。基于商业化路径的区别，硅碳基复合负极材料可分为硅碳负极材料和氧硅碳负极材料。硅碳负极材料由纳米硅与石墨基体通过造粒工艺形成前驱体，其后经表面处理、烧结、粉碎、筛分、除磁等工序制备而成。氧硅碳负极材料的制备过程是首先将纯硅和二氧化硅合成一氧化硅，形成硅氧负极材料前驱体，然后经粉碎、分级、表面处理、烧结、筛分、除磁等工序制备成改性的SiO_x/C复合物，其后将改性的SiO_x/C复合物与石墨按照所需负极容量设定比例混合。目前，国内外的电池厂商均在稳步推进硅基负极材料的研发和产业化。

钛酸锂在相变过程中体积与晶格常数变化非常小，具有循环性能好、倍率好和低温性能好的优点，但其能量密度相对较低，理论比容量为175mA·h/g。目前，商品化钛酸锂的实际比容量已开发至170mA·h/g，首效可高达99.5%。钛酸锂的工业化生产方法主要是高温固相法，即将电池级TiO_2和锂盐$LiOH \cdot H_2O$或Li_2CO_3按照一定化学计量比例分散到水中或有机溶剂中，经高能球磨至纳米级并喷雾干燥后进行高温煅烧。以钛酸锂为负极材料的锂离子电池具有快充、低温、安全的优点，在以高安全性、高稳定性和长周期为主要需求点的锂离子电池领域具有广泛的应用前景。

3）电解液

电解液的作用是使锂离子在正极与负极之间传递，电子不传递，以此保证充放电顺利进行。电解液对锂电池性能十分重要，号称锂电池的“血液”。根据物理形态不同，电解液可分为液态电解质（简称电解液）、固态电解质和固液复合电解质。据统计，电解液一般约占电池成本的7%～12%，其组成成分主要为溶剂、锂盐及添加剂。其中，电解质锂盐有六氟磷酸锂、六氟砷酸锂、高氯酸锂和四氟硼酸锂；溶剂主要为醚类、酯类和碳酸酯类，有二甲氧基乙烷、碳酸丙烯酯和碳酸乙烯酯等；添加剂可分为成膜添加剂、导电添加剂、阻燃添加剂等，有碳酸亚乙烯酯、氟代碳酸乙烯酯等。电解液的制备工艺过程主要分溶剂合成、物料混合、后处理三个阶段。其中，物料混合阶段的配方组成是最主要的技术壁垒，不同的电池类型的电解液组成具有差异性。

虽然液态电解质存在有机溶剂易挥发和高温可燃等安全隐患，但其仍然是现在锂离子电池领域中最主要的电解液材料。相比而言，固态电解质不仅具有高温稳定性，而且能抑制锂枝晶产生，具有更高的安全性和耐用性。固态电解质主要类别有聚合物固态电解质、氧化物固态电解质和硫化物固态电解质。固态电解质作为固态锂离子电池的最核心部件，是目前锂离子电池发展的技术重点。

电解质锂盐进入环境中，可发生水解、分解和燃烧等化学反应，产生含氟、含砷和含磷化合物，造成环境污染。有机溶剂经过水解、燃烧和分解等化学反应，会生成甲醛、甲醇、乙醛、乙醇和甲酸等小分子有机物，可造成水源污染，对人体造成伤害。

（2）镍氢蓄电池

镍氢蓄电池是20世纪90年代发展起来的一种新型电池，主要由正极、负极、极板、隔膜、电解液等组成。正极活性物质为$Ni(OH)_2$，负极以镍的储氢合金为主要材料，电解液为 6mol/L 氢氧化钾溶液，隔膜具有保液能力和良好透气性。镍氢电池具有无污染、高比能量、大功率、快速充放电、耐用等许多优异特性。与铅酸蓄电池相比，镍氢电池具有比能量高、质量轻、体积小、循环寿命长的特点。镍氢电池作为氢能源应用的一个重要方向越来越受到重视。

（3）铅酸蓄电池

铅酸蓄电池是一种电极主要由铅及其氧化物制成，电解液是硫酸溶液的蓄电池，至今已有 100 多年的历史。自从铅酸蓄电池被发明后，因为其价格低廉、原材料易于获得、使用上有充分的可靠性、适用于大电流放电及广泛的环境温度范围等优点，在化学电源中一直占有绝对优势。铅酸蓄电池分为排气式蓄电池和免维护铅酸蓄电池。放电状态下，正极主要成分为二氧化铅，负极主要成分为铅；充电状态下，正负极的主要成分均为硫酸铅。铅酸蓄电池主要由管式正极板、负极板、电解液、隔板、电池槽、电池盖、极柱、注液盖等组成。排气式蓄电池的电极是由铅和铅的氧化物构成，电解液是硫酸的水溶液，主要优点是电压稳定、价格便宜；缺点是比能量（即每千克蓄电池存储的电能）低、使用寿命短和日常维护频繁。铅酸蓄电池需要在每次保养时检查电解液的密度和液面高度，视情况添加电解液或蒸馏水。随着蓄电池制造技术的升级，铅酸蓄电池发展为铅酸免维护蓄电池，使用铅酸免维护蓄电池的过程中无需添加电解液或蒸馏水，主要原理是正极产生的氧气可在负极被吸收，实现氧循环，可防止水分减少。

废旧铅酸动力电池的资源化利用受到两个主要驱动因素的影响：环境污染和经济效益。废旧铅酸动力电池包含铅、塑料和酸液等有价资源，回收铅可以用于再生铅生产，回收的塑料可以重新加工为新的制品，酸液通过中和处理回收利用，从而减少对环境的影响。

（4）镍镉蓄电池

镍镉蓄电池是一种碱性蓄电池，正极活性物质主要由镍制成，负极活性物质主要由镉制成，电解液是氢氧化钾溶液，其优点是轻便、抗震、寿命长。镍镉蓄电池的正极材料为氢氧化亚镍和石墨粉的混合物，负极材料为海绵网筛状镉粉和氧化镉粉，电解液通常为氢氧化钠或氢氧化钾溶液。当环境温度较高时，使用密度为 1.17～1.19g/cm^3 的氢氧化钠溶液；当环境温度较低时，使用密度为 1.19～1.21g/cm^3 的氢氧化钾溶液；在－15℃以下时，使用密度为 1.25～1.27 g/cm^3 的氢氧化钾溶液。为兼顾低温性能和荷电保持能力，密封镍镉蓄电池采用密度为 1.40g/cm^3 的氢氧化钾溶液。为了增加蓄电池的容量和循环寿命，通常在电解液中加入少量的氢氧化锂（每升电解液加 15～20g）。镍镉蓄电池充电后，正极板上的活性物质变为氢氧化镍，负极板上的活性物质变为金属镉；镍镉电池放电后，正极板上的活性物质变为氢氧化亚镍，负极板上的活性物质变为氢氧化镉。

（5）铁镍蓄电池

铁镍蓄电池的电解液是碱性的氢氧化钾溶液。它是一种碱性蓄电池，正极为氧化镍，负极为铁。其优点是轻便、寿命长、易保养，缺点是效率不高。

（6）空气电池

空气电池是化学电池的一种，其构造原理与干电池相似，不同的只是其氧化剂取自空气中的氧。空气电池分为锌空气电池、铝空气电池和锂空气电池。

锌空气电池是用活性炭吸附空气中的氧或纯氧作为正极活性物质，以锌为负极，以氯化铵、氢氧化钾或氢氧化钠溶液为电解质的一种原电池，又称锌氧电池，分为中性和碱性两个体系的锌空气电池，分别用字母 A 和 P 表示，其后再用数字表示电池的型号。锌空气电池的充电过程进行得十分缓慢，为解决这一问题，当锌空气电池的负极锌板或锌粒被氧化成氧化锌而失效后，一般采用直接更换锌板或锌粒和电解质的方法，使锌空气电池完全更新。

铝空气电池是一种对环境十分友好的电池，是以铝与空气作为电池材料的一种新型电池，是一种无污染、长效、稳定可靠的电源。电池的结构以及使用的原材料可根据不同使用环境和要求而变动，具有很强的适应性，既能用于陆地也能用于深海，既可作动力电池，又能作长寿命、高比能量的信号电池，是一款功能非常强大的电池，具有广阔的应用前景。铝空气电池的化学反应与锌空气电池类似，铝空气电池以高纯度铝 Al（含铝 99.99%）为负极，氧为正极，以氢氧化钾和氢氧化钠水溶液为电解质。铝摄取空气中的氧，在电池放电时产生化学反应，铝和氧作用转化为氧化铝。铝空气电池的进展十分迅速，在电动汽车上的应用已取得良好效果，是一种很有发展前途的空气电池。

锂空气电池并非新概念。众所周知，锂离子电池广泛用于手机和笔记本电脑等，目前已经是下一代充电式混合动力车和电动车动力电池的理想之选，比其他汽车电池的密度更高、电量更充足，但受制于电池容量，价格也更贵，充电后的行驶距离仍不够远。普遍认为，要实现电动汽车的普及，能源密度须达到目前的 6～7 倍，于是金属锂空气电池备受关注。由于在正极上使用空气中的氧作为活性物质，锂空气电池理论上正极的容量密度是无限的。另外，如果负极使用金属锂，理论容量会比锂离子充电电池提高 10 倍，可以提供与汽油同等的能量。锂空气电池从空气中吸收氧气充电，因此这种电池可以更小、更轻。

（7）飞轮电池

飞轮电池是 20 世纪 90 年代提出的新概念电池，突破了化学电池的局限，用物理方法实现储能。当飞轮以一定角速度旋转时，就具有一定的动能，飞轮电池正是以其动能转换成电能的。飞轮电池中有一个电机，充电时该电机以电动机形式运转，在外电源的驱动下，电机带动飞轮高速旋转，即用电给飞轮电池“充电”，增加飞轮的转速从而增大其动能；放电时，电机则以发电机状态运转，在飞轮的带动下对外输出电能，完成机械能（动能）到电能的转换。当飞轮电池发电时，飞轮转速逐渐下降。飞轮电池的飞轮是在真空环境下运转的，转速极高（高达 200000r/min），使用的轴承为非接触式磁轴承。据称，飞轮电池比能量可达 150W·h/kg，比功率可达 5000～10000W/kg，使用寿命长达 25 年，可供电动汽车行驶 5×10^6km。美国某公司已用最新研制的飞轮电池成功地把一辆轿车改装成电动轿车，一次充电可行驶 600km，起步至 96km/h 的加速时间为 6.5s。

飞轮电池因具有清洁、高效、充放电迅速、不污染环境等特点而受到汽车行业的广泛重视。车辆在正常行驶和刹车制动时，给飞轮电池充电；飞轮电池则在加速或爬坡时，给车辆提供动力，确保车辆平稳运行。飞轮电池在汽车行业的应用，既可减少燃料消耗、空气和噪声污染，也可减少发动机的维护，延长发动机的寿命。

（8）燃料电池

燃料电池是一种将存在于燃料与氧化剂中的化学能直接转化为电能的发电装置。燃料和空气分别被送进燃料电池，电就被生产出来。燃料电池从外表上看有正负极和电解质等，像一个蓄电池，但实质上不能“储电”，是一个“发电厂”。和普通化学电池相比，燃料电池可以补充燃料，通常是补充氢气。一些燃料电池能使用甲烷和汽油作为燃料，但通常是限制在电厂和叉车等工业领域使用。氢燃料电池基本原理是电解水的逆反应，将氢气送到燃料电池的负极（阳极），经过催化剂（铂）的作用，氢原子中的一个电子被分离出来，失去电子的氢离子（质子）穿过质子交换膜，到达燃料电池正极（阴极），而电子是不能通过质子交换膜的，这个电子只能经外部电路，到达燃料电池阴极板，从而在外电路中产生电流。电子到达阴极板后，与氧原子和氢离子重新结合为水。供应给阴极板的氧可以从空气中获得，因此只要不断地给阳极板供应氢，给阴极板供应空气，并及时把水蒸气带走，就可以不断地提供电能。燃料电池发出的电经逆变器、控制器等装置给电动机供电，再由传动系统、驱动桥等带动车轮转动，就可使车辆在路上行驶。与传统汽车相比，燃料电池车能量转化效率高达60%～80%，为内燃机的2～3倍。燃料电池是环保清洁的能源，其燃料是氢和氧，生成物是清洁的水，不产生一氧化碳和二氧化碳，也没有硫和微粒排出。

7.2　退役锂离子动力电池资源化技术

7.2.1　锂离子电池关键材料资源化

7.2.1.1　正极材料资源化利用

由于使用状态各异，锂离子电池中正极材料的晶体结构、化学组成和微观形貌等会发生一系列物理、化学变化等。正极材料失效的原因主要包括晶体结构变化、活性颗粒破裂粉化和金属离子溶解等，以及集流体腐蚀、黏结剂失效和接触点损失等界面反应失效。废旧锂离子电池的回收处理是回收利用正极材料的前置步骤。图7-1表示目前锂离子动力电池的两种回收处理方式，即梯次利用和拆解回收。当锂离子动力电池难以或不能满足动力需求时，根据电池的剩余容量将其应用于不同场景，从而提高电池使用寿命的方式就是梯次利用。当电池性能进一步下降，无法继续使用的电池就会被拆解回收。此时，废旧锂离子电池内部仍有剩余能量，在回收前需进行放电处理，其后应用拆卸、破碎、筛分等方法可得到包含有价金属的正极材料。

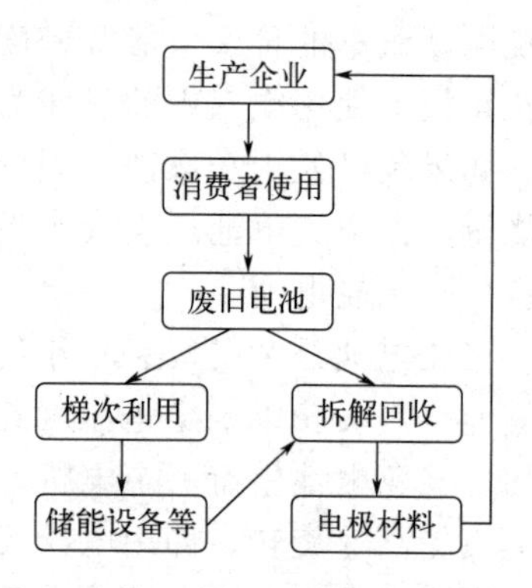

图7-1　锂离子动力电池的两种回收处理方式

完整的废旧锂离子电池的回收通常需要同时应用物理和化学处理方法。针对回收价值较高的正极材料所设计的循环利用技术按流程顺序可分为回收处理技术和高效资源化利用技术，如图7-2所示。

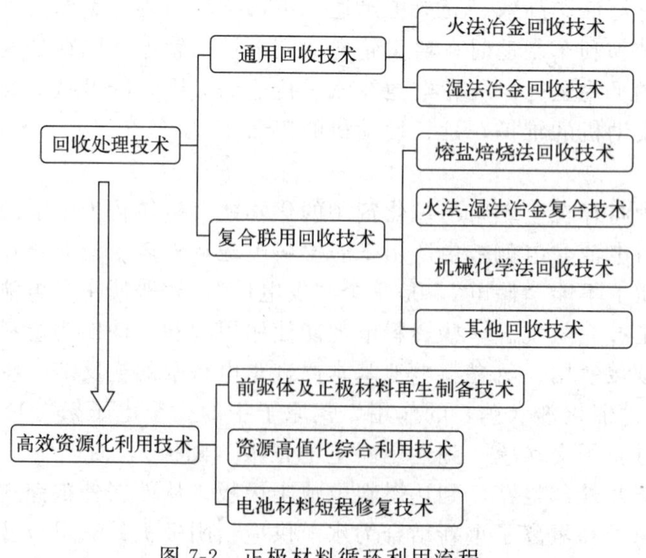

图7-2　正极材料循环利用流程

正极材料的回收处理技术包括通用回收技术和复合联用回收技术。通用回收技术是利用高温裂解、高温还原或低温化学溶解、选择性萃取及化学沉淀等方式将正极材料中的有价金属以氧化物、可溶盐、合金等产物的形式回收利用。基于不同回收体系环境氛围的差异，通用回收技术可以分为高温热解的火法冶金和低温溶液化学反应的湿法冶金。

火法冶金回收包括高温裂解法和高温还原法。高温裂解法是指利用正极材料在高温焙烧环境中稳定性降低的物化性质，使有价金属元素转化为高温状态下的亚稳态，从而在特定的温度区间裂解转化得到回收产物。高温裂解法可以直接得到目标产物，但其处理温度较高，一般主要应用于工业化回收合金的规模化处理。高温还原法是指在高温焙烧环境中促进晶体结构中高价态的有价金属在还原性气氛中发生还原反应，使晶体结构内部多价态元素无序化，降低正极材料的结构稳定性，进而在相对较低温度下回收有价金属。常用的还原剂不仅包括焦炭、一氧化碳、活泼性金属单质等外源性添加物，也有废弃电池中负极材料、铝箔或隔膜等内源性物质。以电池中负极材料为还原剂进行还原焙烧的工艺流程如图 7-3 所示。相较于高温裂解法回收技术，高温还原法可以有效降低反应温度。但由于焙烧体系中引入了新的物质变量，高温还原法中反应转化模型的构建难度更高。经过高温焙烧处理的正极材料，有价金属锂可能会随炉灰逸出，造成锂资源浪费，而且火法冶金回收处理后的产物附加值较低，仍需进一步的湿法纯化处理以得到高值化产物，进而造成更多化学试剂的消耗和更严重的环境污染。

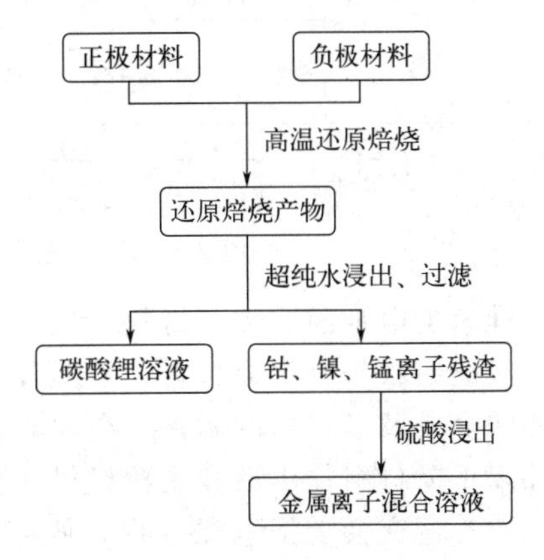

图 7-3　正极材料高温还原焙烧工艺流程

锂离子电池正极材料的湿法回收工艺操作流程可分为浸出、富集、分离、重新合成制备等步骤。浸出过程包括酸浸出和碱浸出。酸浸出一般以无机酸为浸出剂，双氧水等为还原剂将高价态不溶化合物还原溶解。碱浸出则一般以氨基体系溶剂为浸出剂，氯化铵或亚硫酸铵等为还原剂与正极材料中的过渡金属元素形成配合物，从而将有价金属从稳定化合物中选择性浸出。分离过程又包括萃取剂分离、化学沉淀分离、电沉积分离等方法。分离回收的化合物经过水热合成、共沉淀或固相烧结法可转化为新的电极材料或其他高附加值的化工产品。典型废旧三元锂电池和磷酸铁锂电池的正极材料湿法回收工艺流程如图 7-4 所示。

复合联用回收技术基于通用回收技术的优点，运用多手段、多体系、多层次的复合联用技术将正极材料中的有价金属元素进行高效提取及回收利用。为了提高回收利用效率、缩短反应处理流程、降低能源消耗，熔盐焙烧法、火法-湿法冶金复合技术、机械化学法等多种复合联用回收技术被开发。熔盐焙烧法利用正极材料在高温熔盐环境中发生的化学反应，可将高价态不溶的化合物转化为低价态可溶的盐或氧化物。通常，利用高温还原技术回收正极材料的焙烧温度在 600℃以上，对设备、能耗的要求较高，且有价金属的回收率较低。与熔盐共同反应，不仅可以显著降低正极材料的转化温度，而且还可以通过调节熔盐的量实现选择性分离。火法焙烧-湿法浸出联用技术基于正极材料在火法焙烧下反应活性增大、化学稳定性降低的特性，可在相对较低的燃烧温度下使正极材料发生转化，且由于不含 Na、K 等难以去除的熔盐，更利于后续材料的再合成。火法-湿法浸出联用技术可以使传统火法中损失的锂得到进一步回收，实现有价金属的全组分回收循环利用。机械化学法采用施加机械能的方法诱导废旧锂离子电池正极材料晶体结构及物化性质变化，并诱发促进化学反应，从而使有价金属转化为更易浸出和回收的物质。其他高效复合联用技术还有直接氧化法、活化浸出法、电化学法、离子液体法等。

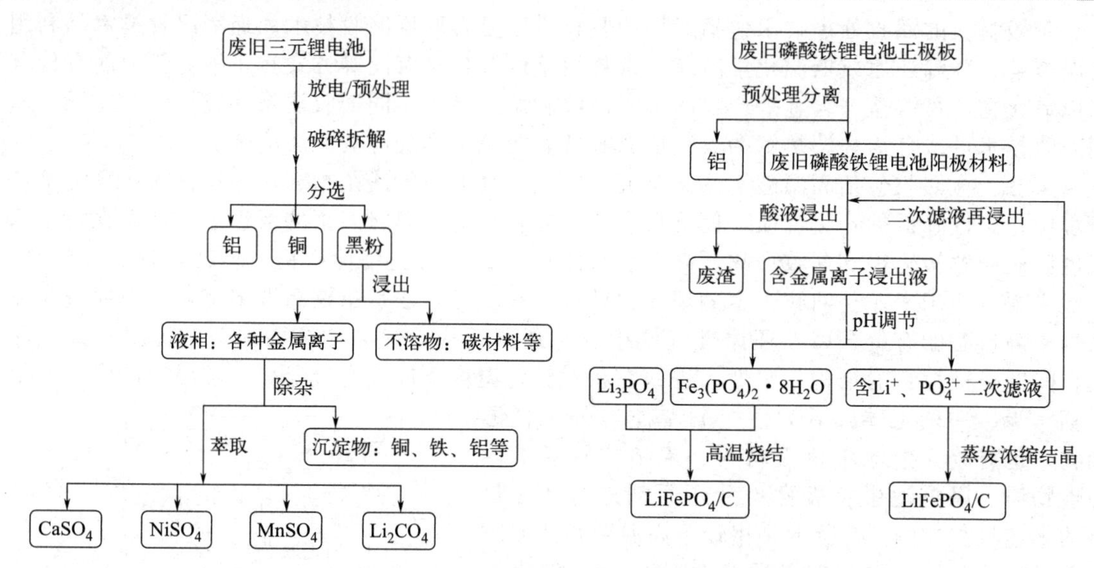

图 7-4　废旧锂离子动力电池正极材料湿法回收工艺流程

锂离子电池前驱体及材料再生制备技术是指以正极材料经湿法浸出或火法焙烧后的回收浸出液或回收产物为原材料，重新合成制备前驱体及电极材料的技术，主要技术路线包括前驱体的合成及新材料的制备。在前驱体及电极材料的回收过程中，杂质的引入难以避免。若直接以正极材料浸出液合成新材料，浸出液中的杂质会抑制共沉淀时前驱体的形成。其中，铝杂质的存在会干扰煅烧过程，使前驱体颗粒不均匀，进而影响合成电极材料的电化学性能。因此，在合成制备前驱体前，对所获得的镍、钴、锰化合物进行提纯十分必要。应用回收材料循环制备前驱体及正极材料的方法与原始正极材料的制备方法相似。其中，高温固相合成法按照化学计量比，通过向回收产物中添加缺失的金属元素，利用高温作用将相互接触的反应物活化，通过原子或离子的扩散，制备新的正极材料。以废弃磷酸铁锂电池为例，图 7-5 表示了典型的废旧正极材料回收再合成新正极材料的工艺流程。水热合成法是指在特制的密闭反应容器（高压釜）中，以水为主要反应介质，通过加热创造高温高压的反应环境，在超临界状态下合成电极材料的方法。相较于高温固相合成法，水热合成法无需调节反应气氛，在合成三元材料时具有可以有效调控产物的表面形貌、操作更为简洁等独特优势。溶胶凝胶法可解决高温固相合成法中反应物之间扩散慢和组分均匀性差的问题。在溶胶凝胶形成过程中，一般将有机或无机金属化合物的原材料在溶剂中分散，在溶液内发生水解/再聚合反应形成溶胶凝胶，经过进一步干燥及热处理得到目标产物。溶胶凝胶法的优点在于各组分可均匀混合、产品均匀性好、纯度高、热处理温度低且时间短；缺点是过程控制复杂、难以大规模工业应用。电沉积法是指在一定条件下，通过电化学沉积作用将富集液中贵金属离子还原为金属，使其沉积在阴极上回收有价金属的方法，具有短程、高效的特点。

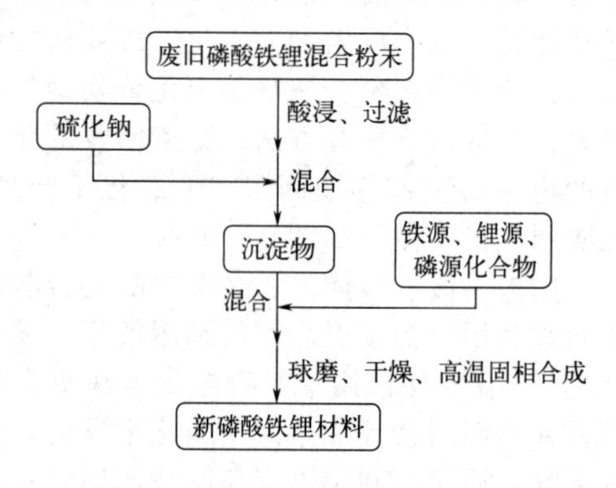

图 7-5　新正极材料合成工艺流程

锂离子电池正极材料的资源高值化综合利用技术主要包括材料的精细加工制备和新型功能材料的合成。其中，材料的精细加工制备技术是指在锂离子电池正极材料回收处理后端，精准调控材料再加工过程，从而制备含各种有价金属的高附加值产物或具有特殊形貌的目标产物（如超细镍粉和各种纳米晶）的技术，是一种经济效益较高的增值化回收技术。相较于材料精细加工制备技术，新型功能材料合成具有更广阔的发展前景。火法冶金处理后的金属或合金产物，可以用作合金添加剂等。湿法浸出后的有价金属富集液可以依据不同的反应体系、晶体构型、特定用途制备出不同功能的高附加值材料。

通常来说，锂离子电池性能衰减一般由正极材料锂缺失、电解质相界面过度生长或正极材料晶体结构变化引起。电池材料短程修复技术是指利用原位焙烧、电化学等物理或化学短程修复技术对层状结构、尖晶石结构或橄榄石结构未坍塌或结构变化可逆的正极材料晶体结构进行再修复，使正极材料恢复或达到原来电化学性能的一种技术。对于锂缺失的正极材料，一般通过锂盐原位焙烧或电化学补锂进行修复。高温原位焙烧修复法是一种向废旧锂离子电池正极材料中添加锂盐或其他化合物，在高温焙烧的环境中使锂离子通过颗粒接触进入失效正极材料晶格位点，从而恢复正极材料电化学性能的方法。与废旧正极材料相比，被修复正极材料的电化学性能有明显提升，但仍达不到新电极材料的性能。电化学补锂法应用电化学反应使锂嵌入正极材料，一般是将正极材料与金属锂组成半电池，以富锂溶盐或金属锂为补锂剂，对正极材料中缺失的锂通过“充电”的方式进行补偿嵌锂。相较于高温原位修复法，电化学补锂法简单易操作，可以较好地控制补锂的量，但其工艺条件参数调整范围有限，难以修复因结构破坏而导致电化学性能下降的正极材料，在实际生产中实用价值较低。晶体结构变化的正极材料的修复方法主要是高温固相合成法。

7.2.1.2 负极材料资源化利用

负极材料中的活性物质主要是石墨和有机物。经检测，经历了完整的电化学过程后，废旧锂离子电池负极活性材料仍为典型的层状六方石墨结构，说明充放电过程并没有破坏石墨的结构特性。然而，石墨颗粒的表面会被有机胶黏剂、有机电解质及增塑剂等物质包覆。从废旧锂离子电池中回收负极材料后，可通过热处理去除负极材料中的导电剂、黏合剂和增稠剂等有机化合物。该再生过程不使用任何有毒试剂，也不产生任何有害废物，是一个完全绿色的过程。此外，通过金属元素分析检测发现，废旧锂离子电池负极粉末中锂的含量较高，可达 31mg/g。单纯的物理回收方法仅能基于密度和热稳定性等物理性质实现铜箔与碳粉之间的初步分离和有机物的去除，难以得到纯度较高的单组分物质，尤其是锂。

锂离子电池负极活性物质中锂残留物大部分以 Li_2O、LiF、Li_2CO_3、$ROCO_2Li$、CH_3OLi 等形式存在于石墨晶格空隙中。其中 Li_2O、$ROCO_2Li$ 和 CH_3OLi 具有水溶性，其他几乎不溶于水。应用去离子水对水溶性含锂化合物进行溶解，锂的浸出率可达到 84%。当负极活性材料浸入盐酸溶液后，水溶性含锂化合物发生溶解，水不溶性含锂化合物可以与盐酸发生反应而分解。负极材料活性物质提取流程见图 7-6。此外，可生物降解的柠檬酸和有机三氟乙酸同样具有较好的提取效果。目前，对废旧锂离子电池负极材料全组分回收的研究还相对较少，未来需继续加大相关投入。

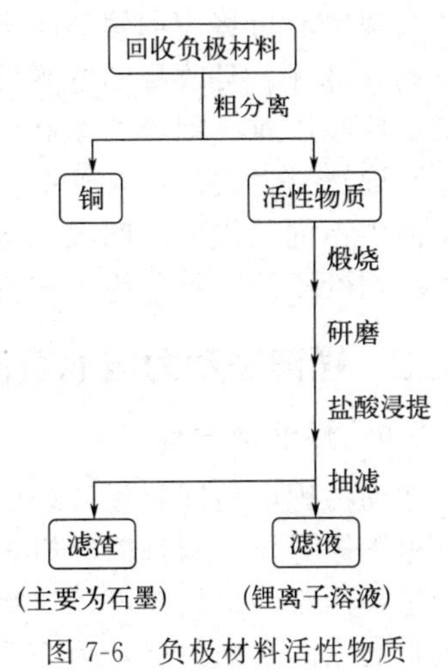

图 7-6 负极材料活性物质提取流程

经过湿法回收后，锂离子电池正极材料中的有价金属被分离回收，而剩余的副产物中仍有大量负极材料中的高纯度碳粉。废旧锂离子电池中的碳粉属于多孔碳，具有巨大的比表面积和优良的结构，在众多领域中具有广泛的应用潜力。废旧锂离子电池中的碳材料具有数量大、比表面积大、多孔结构、表面官能团富集、矿物成分丰富等优点，为新型吸附剂的制备提供了有利条件，是制备除磷吸附剂的优秀原材料。使用废旧锂离子电池负极材料中回收的碳粉为原料，经氧化预处理活化后，应用化学沉降或其他方法可制成一种新型含镁纳米晶体的碳材料。这种复合碳材料可用于污水中除磷，表现出良好的吸附性能。同样，以回收碳粉为原料制备的碳和 MnO_2 复合材料对 Pb（Ⅱ）、Cd（Ⅱ）和 Ag（I）三种重金属离子表现出优异的去除效率。该复合吸附剂具有低成本、环境友好、高效快速和适用 pH 范围广等优点，具有很好的应用前景。以负极材料中的回收碳粉为原料制备吸附剂，不仅能实现废旧锂离子电池中碳材料的资源化回收，降低对环境的损害，同时能降低吸附剂材料的制备成本，为新材料合成带来更高的经济效益。

7.2.1.3　电解液回收与无害化处理

针对废旧锂离子电池电解液的回收方法主要有真空蒸馏法、碱液吸收法、物理法和萃取法。真空蒸馏法是利用电解液中的有机溶剂在真空条件下易蒸发的特点，通过减压真空蒸馏分离电解液中的锂盐（主要为六氟磷酸锂）与有机溶剂，其工艺流程如图 7-7 所示。真空蒸馏法的优点是工艺过程简单、实用、易于控制且清洁环保，实现了经济效益与环境社会效益的紧密结合。但是，该工艺过程对精密度的要求较高，过程相对烦琐，能耗相对较大。

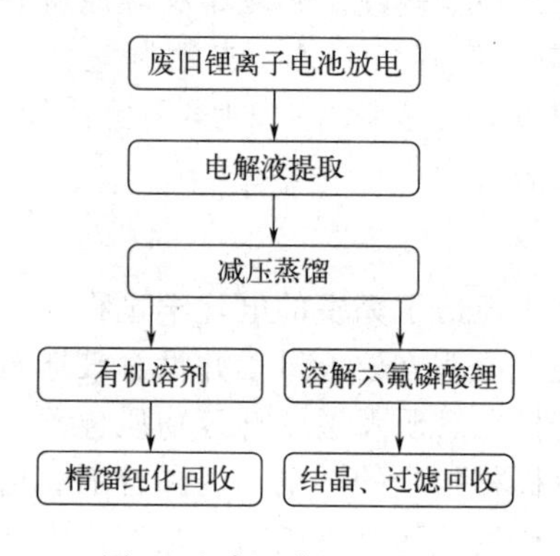

图 7-7　真空蒸馏法分离电解液工艺流程

碱液吸收法通常是将预处理后的电解液与碱液混合，反应生成稳定的氟盐与锂盐，通过一系列后续处理方法将电解液进行无害化处理，最后再回收利用。碱液吸收法具有过程可控、高效安全、环保经济的优点，其装置设计简单、操作简便、无害化处理效果好。由于锂盐在溶液中分解后产生的氟化氢、五氟化磷等在碱液中可生成可溶性氟化物，该方法存在水体氟污染的潜在危害。

物理法是通过简单的物理方法将废旧锂离子电池中的电解液提取出来。在惰性气体保护下，高速离心可将废旧锂离子电池中的残留电解液分离并回收。该方法投入资金少、工艺简单、高效环保，且收集的电解液可经过蒸馏等手段加以循环利用。由于电池中电解液存在含量低、收集困难、回收成本高的缺陷，物理法回收电解液难以商业化。

萃取法是通过加入合适的萃取剂，将电池中的电解液转移到萃取剂中，根据萃取后的产物溶液中不同的组分之间沸点的差异，通过蒸馏或分馏分别收集萃取剂和电解液的方法。根据萃取剂的不同，可分为传统的有机溶剂萃取法和超临界流体萃取法。

7.2.2　锂离子动力电池资源循环利用设备

7.2.2.1　预处理设备

在动力锂电池回收预处理时，一般采用撕碎机将金属外壳、正负极片撕裂。常用的撕碎机有单轴撕碎机、双轴撕碎机、四轴撕碎机。单轴撕碎机是利用动刀刀粒与定刀相互作用，并通过筛网控制出料粒度，对物料进行撕碎、剪切、挤压，将物料加工到较小粒度。双轴撕碎机是利用两个相对旋转的刀具之间相互剪切、撕裂原理对物料进行破碎。双轴撕碎机常被用于城市生活垃圾处置、垃圾焚烧预处理、大件垃圾处置、装修垃圾处置、工业垃圾处置、资源再生利用预破碎等环保领域。四轴撕碎机是利用刀具之间相互剪切、撕裂、挤压的工作原理对物料进行加工，用于各种固体废物的破碎。该设备采用低转速、大扭矩设计，剪切力大，设备稳定，出料均匀。以上三种撕碎机的结构如图 7-8 所示。

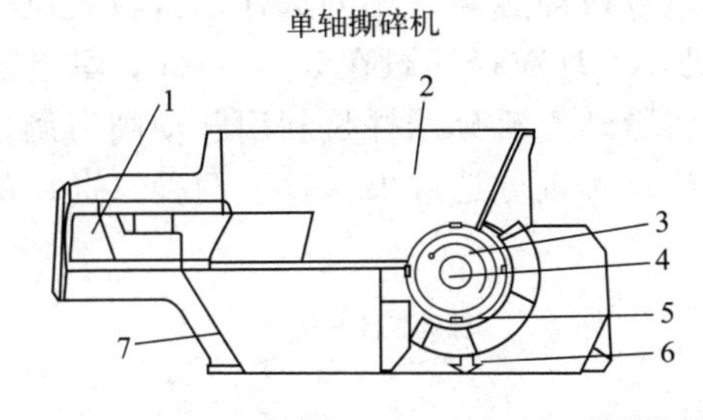

1—推料机构；2—进料斗；3—刀轴机；4—驱动装置；5—筛网机；6—出料斗；7—架体

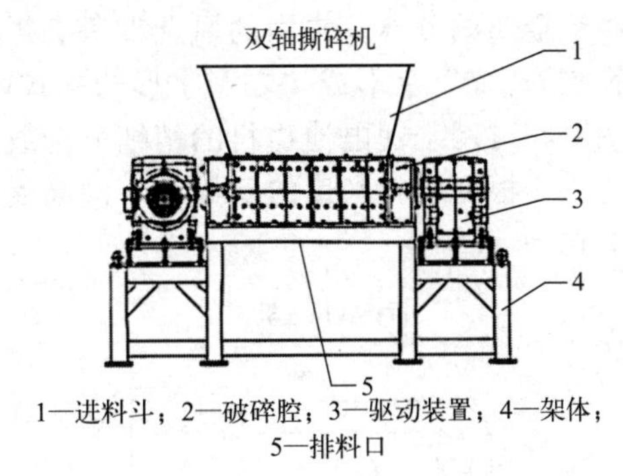

1—进料斗；2—破碎腔；3—驱动装置；4—架体；5—排料口

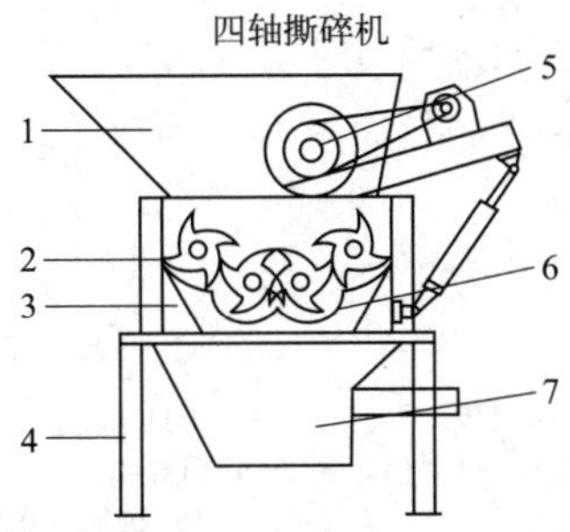

1—进料斗；2—刀辊组件；3—破碎腔；4—架体；5—驱动装置；6—筛网；7—出料斗

图 7-8　单轴撕碎机、双轴撕碎机和四轴撕碎机的结构

在锂电池预处理流程中，电池经粗破、低温裂解等工艺后，须进一步粉碎处理，以便黑粉（钴、锂等）从铜、铝集流体上剥离。一般粉碎后的物料尺寸约为 30～50 目。常用的设备有卧式锤式粉碎机与转子离心粉碎机。卧式锤式粉碎机工作时，电机带动转子作高速旋转，物料均匀地进入破碎机腔中，高速回转的锤头冲击、剪切撕裂物料致物料破碎。同时，物料自身的重力作用使物料从高速旋转的锤头冲向架体内挡板、筛条，大于筛孔尺寸的物料被阻留在筛板上继续受到锤头的打击和研磨，直到粉碎至所需出料粒度并通过筛板排出机外。转子离心粉碎机是由一个安装在立轴上水平旋转的转子和转子外部筒体内放置的环形破碎腔组成。工作时，物料在高速旋转的转子中受到离心惯性力的作用，沿流道板移动并在转子外圆圆周出口被抛出，进入破碎腔。在破碎腔内，物料被破碎并环绕破碎腔而流动，直至失去足够的速度而离开破碎腔。以上两种粉碎机的结构如图 7-9 所示。

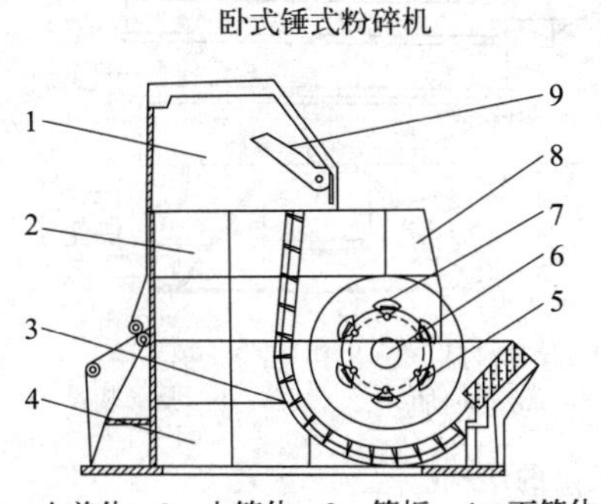

1—上盖体；2—上箱体；3—筛板；4—下箱体；5—砧铁；6—主轴辊；7—锤头；8—衬板；9—上排料门

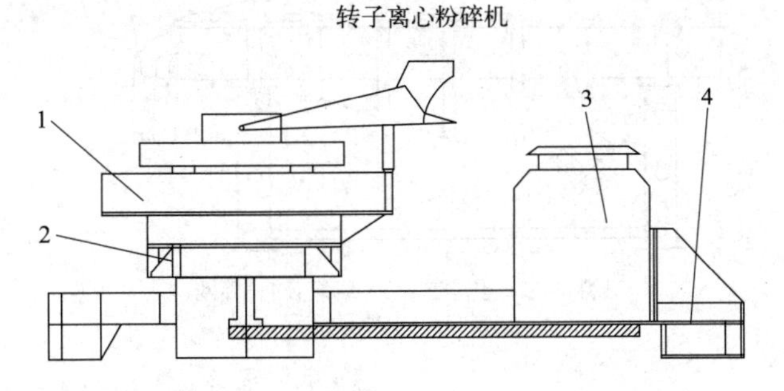

1—破碎腔；2—转子；3—驱动系统；4—架体

图 7-9　卧式锤式粉碎机和转子离心粉碎机的结构

风选机系统是以空气为分选介质，在气流的作用下使颗粒按密度或粒度进行分离的一种方法。在锂电池物料分离过程中，风选机可实现电池中轻质隔膜的去除、电池外壳与级片分离和铜铝金属的分离。常用的风选设备有折板式风选机与脉动气流分选柱。折板式风选机是一种管腔为“Z”字形或“之”字形的立式风选机，处理粒径一般在 5～40mm，具有超高的分选效率，可用于锂电池物料的精细分选或提纯。脉动气流分选柱是利用脉动阀门调控脉动加速气流，根据物料密度的差异在不同高度的出料口实现分选效果。以上两种风选机的结构如图 7-10 所示。

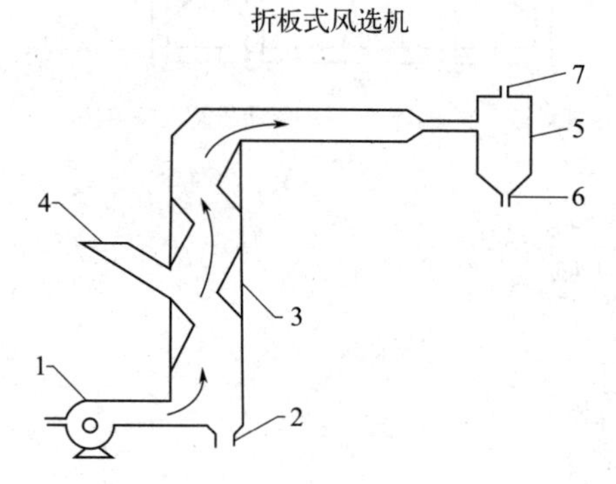

1—离心通风机；2—出料口1；3—风选机主体；4—进料口；5—旋风分离器；6—出料口2；7—出气口

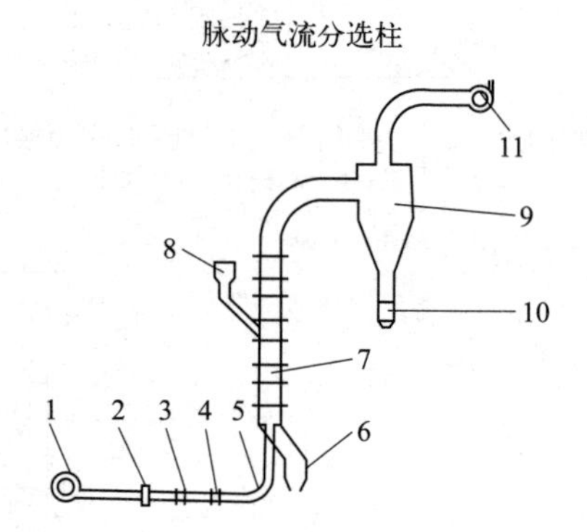

1—主动风机；2—阀门；3—涡街流量计；4—脉动阀门；5—进风管路；6—重物质出料口；7—风选柱；8—进料装置；9—旋风分离器；10—轻物质出料口；11—引风机

图 7-10　折板式风选机和脉动气流分选柱的结构

电池粉碎后的物料一般在 30～50 目，须分成不同的粒度等级，以便实现铜铝粉与正负极粉的分离。常用的筛分设备有直线振动筛与圆形摇摆筛。直线振动筛采用两台偏心振动电机或者激振器作为动力源调控筛子以直线轨迹运动。由于两电机轴与筛子平面呈一定倾角，在激振力和物料自身重力的作用下，物料在筛面上被抛起并向前做直线运动，不同粒度的物料被筛选和分级。摇摆筛是模仿人工筛分的低频率旋转筛，将径向位移和圆周运动相结合，通过调整激振器的偏心距使物料产生非线性的三维运动，从而筛分物料。以上两种筛分设备的结构如图 7-11 所示。

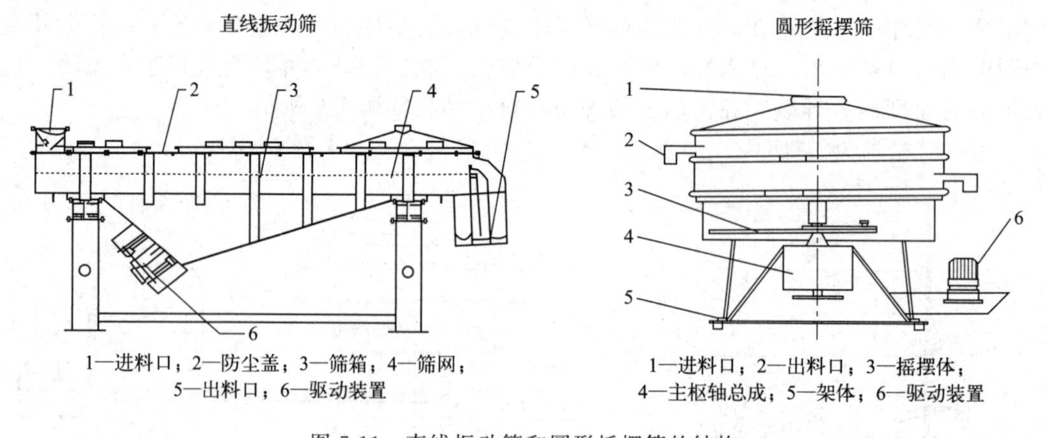

1—进料口；2—防尘盖；3—筛箱；4—筛网；5—出料口；6—驱动装置

1—进料口；2—出料口；3—摇摆体；4—主枢轴总成；5—架体；6—驱动装置

图 7-11　直线振动筛和圆形摇摆筛的结构

7.2.2.2　浸出设备

经过预处理的物料需进行浸出操作分离并回收有价金属。常用的浸出设备有机械搅拌浸出槽、空气搅拌浸出槽、流态化浸出塔和高压浸出釜，其结构如图 7-12 所示。机械搅拌浸出槽以涡轮式、锚式、螺旋式、框式、耙式等不同类型搅拌浆在钢制、搪瓷或铸铁材质的槽体内进行物料的浸提。空气搅拌浸出槽也称帕秋卡槽，槽内具有两端开口的中心管和底部的压缩空气通入管。压缩空气从下方导入中心管的过程中会带动物料沿中心管自下而上流动并于顶端流出，由此形成循环。相对于机械搅拌浸出槽，帕秋卡槽具有结构简单、维修和操作简便、有利于气-液或气-液-固相间反应的优点，但其动力消耗大，约为机械搅拌槽的 3 倍。流态化浸出塔具有固定的原料加料口和浸出液通入口，可实现连续化作业。浸出剂溶液在塔内的线速度超过临界速度，可使物料发生流态化，形成流态化床。流态化浸出塔的传质和传热速度相对较高，其在浸出速度和生产能力方面优势明显。高压浸出釜的工作原理及结构与机械搅拌浸出槽相似，其适用于浸出温度在溶液沸点以上或有气体参加反应的浸出过程。

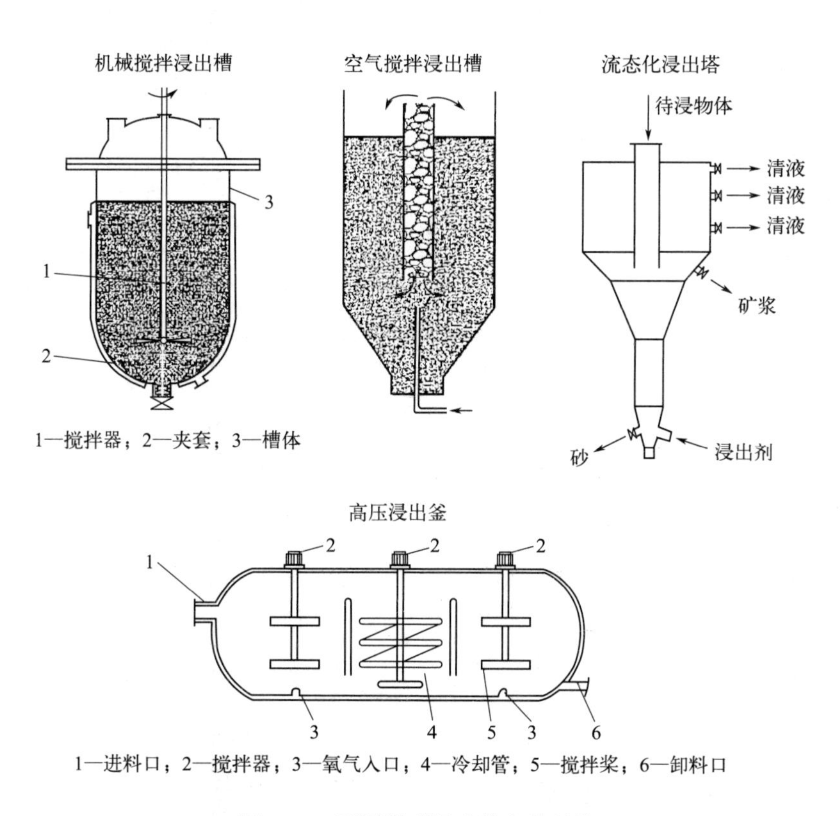

图 7-12 不同类型浸出设备的结构

萃取设备能够实现料液所含组分的完善分离，按结构可分为混合澄清槽、萃取塔和离心萃取机，其结构如图 7-13 所示。混合澄清槽是最早应用于工业生产的萃取设备，可将接近平衡状态的萃取相和萃余相分离，可进行单级操作或多级串联、并联操作。混合澄清槽具有分级萃取效率高、适应性强、放大简单、可操作性强的优点，但其占地面积和物料存留量大，一次性投资成本较高。萃取塔又名抽提塔，是常用的液-液质量传递设备塔，其利用重力或机械作用使一种液体破碎成液滴并分散在另一连续液体中实现萃取分离。离心萃取机是一种新型的高效液液混合分离设备，其利用电机带动转鼓高速转动，使密度不同且互不混溶的两种液体在剪切作用下完成混合传质并在离心力作用下迅速分离。

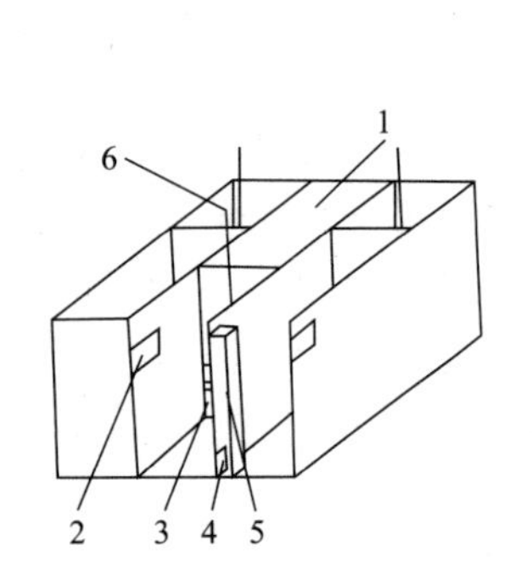

1—澄清室；2—油相堰；3—混合室出口；
4—水相出口；5—水相堰；6—搅拌桨

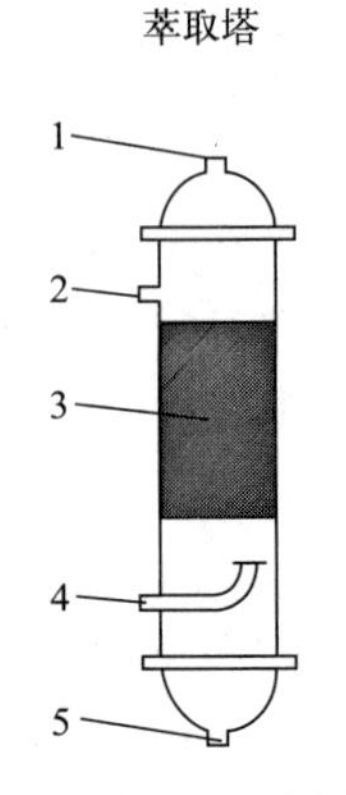

1—轻液进口；2—重液进口；
3—填料；4—轻液出口；
5—重液出口

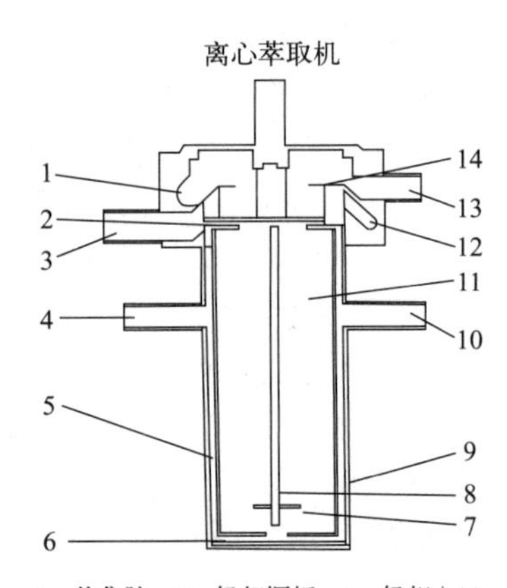

1—收集腔；2—轻相堰板；3—轻相入口；
4—轻相或混合相入口；5—环形混合区；
6—底部叶轮；7—分散盘；8—叶片；
9—壳体；10—重相或混合相入口；11—分离区；
12—收集腔；13—重相出口；14—可调重相堰板

图 7-13　不同类型萃取设备的结构

7.2.2.3　固液分离设备

湿法冶金是分步分离有价金属的技术，其产物通常是固体和液体的混合物，须经过固液分离才可将有价金属从杂质中提取出来。在实际生产过程中，浓缩设备和过滤设备是进行固液分离操作的常用选择。浓缩设备主要为浓缩槽，是通过浓缩和沉降得到澄清溶液的工业设备，由槽体、耙臂、传动装置、提升装置等部件组成。浓缩槽可按传动方式分为中心传动和周边传动浓缩槽，也可按槽的形状分为锥底和斜底浓缩槽。

过滤设备以具有毛细孔的物质作为介质，利用压力差使液体从细小孔道通过并截留悬浮固体。根据过滤介质两边压力差产生的方式不同，过滤机分为压滤机与真空过滤机。板框压滤机是间歇式过滤机中应用最广泛的一种，其由多个滤板、滤布与滤框交替排列而成。原料液在压强作用下自滤框上的孔道进入滤框，滤液穿过滤布并从板上小孔排出，固体留在框内形成滤饼。箱式压滤机以表面向里凹的滤板代替滤框，使相邻的滤板在压缩过程中形成封闭的独立空间。以上两种过滤设备的结构如图 7-14 所示。

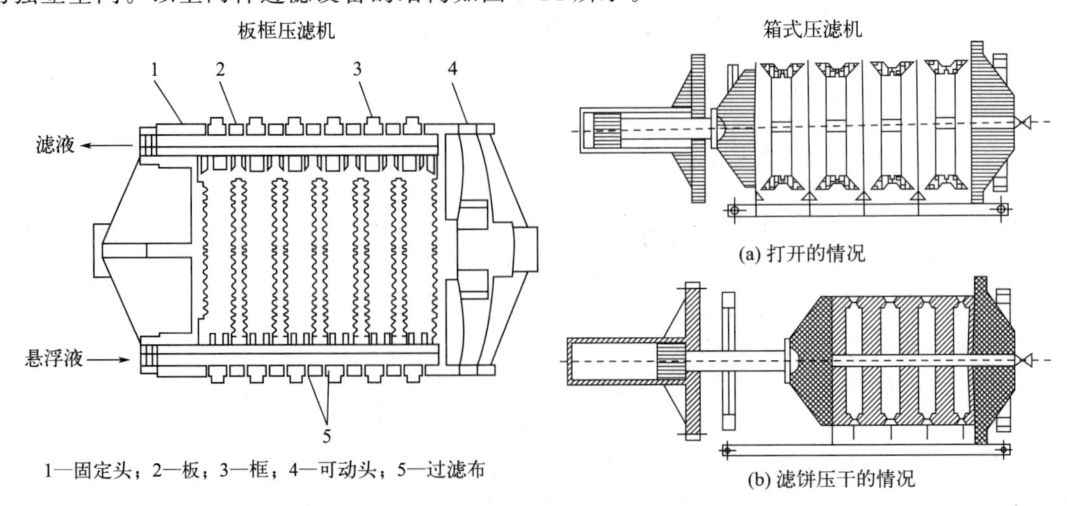

1—固定头；2—板；3—框；4—可动头；5—过滤布

图 7-14　板框压滤机和箱式压滤机的结构

7.3　退役镍氢动力电池资源化技术

7.3.1　正负极材料回收利用

（1）预处理方法

通常采用机械法对废旧镍氢动力电池进行预处理，主要根据物质的密度、导电性、磁性和韧性等差异对废旧电池进行预处理，主要步骤包括分类、磁选、拆解、破碎等。机械法预处理废弃镍氢电池的工艺流程见图 7-15。

（2）正负极分开处理技术

由于废弃镍氢电池的正负极板、隔膜等构件较易分离，因此正负极分开处理技术引起了重视。其处理过程总体上是先将镍氢电池各组件分离，然后对不同类型的材料采用不同的方法进行处理。对于正极活性物质，先将其浸在酸溶液中，经沉淀分离与电沉积技术有效回收其中的镍、钴等金属。对负极材料的处理类似于湿法冶金技术。经研究证明，采用正负极分开处理技术进行镍氢电池回收利用的投资最少，效率最高。

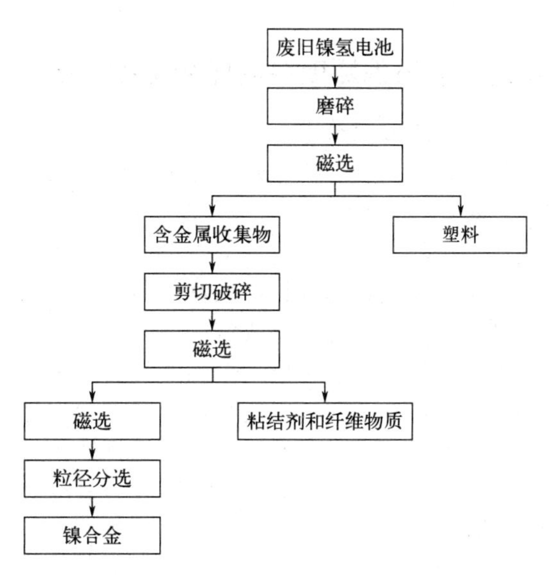

图 7-15　机械法预处理废弃镍氢电池工艺流程

1）正极常用处理技术

正极材料中主要含有的有价金属元素为镍和钴，这两种金属在正极中的含量总和接近 70%。由于两者性质十分相近，两者的分离一直是研究者探讨的问题。目前，常用的镍、钴分离技术有溶剂萃取法、离子交换法、化学沉淀法。萃取法分离镍、钴一般是将 2 价钴氧化成 3 价，并与某些配位体（如 NH_3 等）形成稳定的配合物，使钴不被萃取而与镍分离。这种方法的缺点是需加入大量的氧化剂和长时间通气，且钴不易被完全氧化。离子交换法主要是利用镍、钴对离子交换树脂交换剂亲和力的差异来分离镍、钴。由于镍、钴离子半径相近，对交换剂亲和力差别较小，因此该法分离镍、钴也不彻底。化学沉淀法主要是依据镍、钴电极电位的差异，即 2 价钴易被氧化成 3 价，并迅速水解形成 $Co(OH)_3$ 沉淀，而与镍不发生类似反应，实现两者的分离。该法缺陷是对 pH 要严格控制，其值稍有变化，会引起镍的共沉淀，从而不能有效分离。

2）负极常用处理技术

负极材料中除了有大量的镍、钴有价金属外，还含有大量的镧、铈和钕等轻稀土元素。这些稀土元素价格昂贵，同样具有巨大的回收价值。目前常用的负极回收方法是将其进行酸浸，常用的酸有硫酸、盐酸和硝酸，也有利用浓硫酸和浓硝酸混合进行浸提。利用硫酸浸提时，浸出液通常加入硫酸钠与稀土硫酸盐形成复盐沉淀从而分离稀土和镍、钴。然后再利用正极镍、钴分离的方法对镍、钴分别进行回收。使用盐酸介质进行浸提时，主要利用萃取法分离稀土和镍、钴。

（3）镍氢电池正负极二次熔炼再生技术

镍氢电池正负极的二次熔炼再生技术所采用的方法就是将收集的负极贮氢合金废料经过一定预处理，除去废料中的有害杂质，同时按配比添加一定量的其他金属，然后进行真空熔炼，直接得到镍氢电池制造所需的合格贮氢合金。这种方法可以实现资源回收利用效益最大化，并且工艺比较简单。根据镍氢电池贮氢合金的失效原因，分别处理电池正极和负极，对失效镍氢电池负极合金粉使用化学方法处理合金表面的氧化物，然后调整合金中各元素的含量，进行再次冶炼，可得到性能优良的贮氢合金。再生技术具有工艺简单、安全可靠、资源回收最大化等优点。但是，以该技术处理废料时，对原料要求较高，得到的产品杂质含量较高，质量也不稳定，其性能与原合金仍存在一定的差距，因而限制了该技术进一步发展。

7.3.2　废旧镍氢电池循环利用冶金技术

（1）火法冶金技术

先将废旧镍氢电池粉碎，除去电解液 KOH 后干燥，将隔膜、黏结剂等有机物分离，再放入焙烧炉在 600～800℃下焙烧，从排出的烟气、废渣中分离和提纯不同的金属，可获得含镍质量分数为 50%～55%，含铁质量分数为 30%～35%的镍铁合金。冶炼得到的镍铁合金还可根据不同目的进行再冶炼，如对杂质元素进行氧化从而将 Mn、V 等元素除去，冶炼的产品可再次用于合金钢或铸铁的冶炼。粉碎工序预计会分离出钢壳、有机物以及镍氢电池废弃电极材料，借助于电弧炉和专门的熔剂，可以生产出镍钴合金，而稀土金属氧化物则转入炉渣。镍钴合金通过火法精炼后可作为一种产品直接应用于电池工业。炉渣经机械加工和湿法冶金处理，可以将稀土金属氧化物转化为氯化物，稀土氯化物再进入熔盐电解得到电解产品，熔盐电解的产品如铈合金可作为一种电池合金成分直接利用。火法处理废旧镍氢电池工艺流程见图 7-16。

（2）湿法冶金技术

湿法是将废弃镍氢电池经过机械粉碎、去碱液、磁选和重力分离处理后，分离出含铁物质，然后再用酸浸，溶解电极敷料，过滤去除不溶物，得到含镍、钴、稀土元素、锰、铝等金属盐溶液，最后再利用各种回收方法，如化学沉淀、萃取、置换等手段使得有价金属得到有效回收。湿法处理废旧镍氢电池工艺流程见图 7-17。

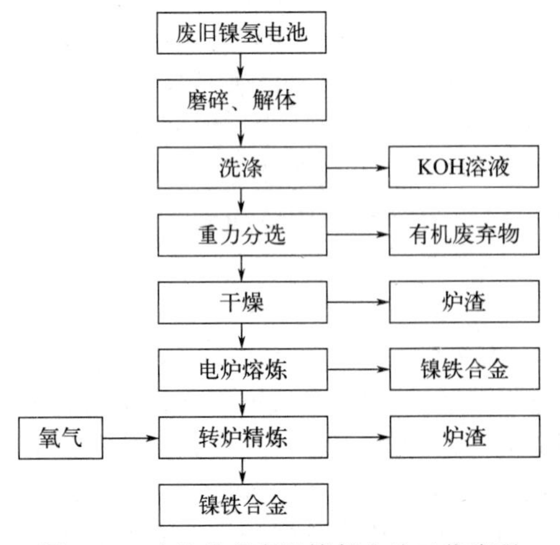

图 7-16　火法处理废旧镍氢电池工艺流程

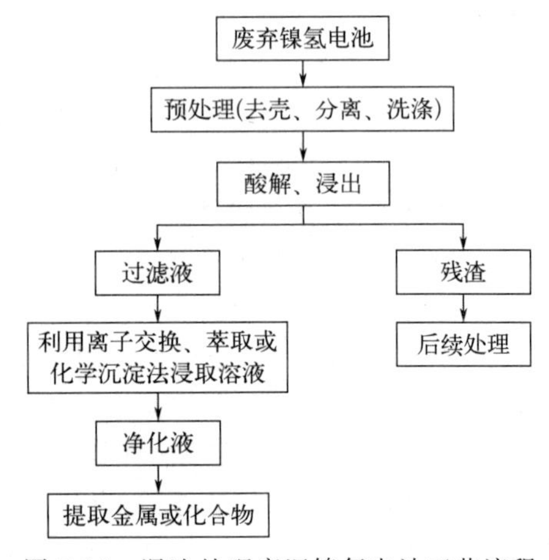

图 7-17　湿法处理废旧镍氢电池工艺流程

(3) 生物冶金技术

生物冶金技术也称生物沥滤，目前该法主要用于镍镉电池的处理回收，如使用地下水道污水经驯化培养后产生的嗜酸性微生物菌种来浸提镍镉电池中的镍、镉。在pH值为1.8～2.1，污水停留时间为5d，浸出时间为50d，生化反应液加入铁粉的条件下，镍、镉浸出率分别达87.6%和86.4%。有研究者采用城市污水厂污泥培养酸化微生物，利用二阶段连续流批处理工艺来处理废旧镍镉电池，污泥连续进入酸化池，酸性产物经过沉淀处理后，上清液流入沥滤池，废弃电池中的重金属在沥滤池中沥滤溶出。考虑到镍镉电池与镍氢电池正极材料的相似性，用于处理镍镉电池的生物冶金法对镍氢电池的处理同样具有借鉴意义。生物冶金工艺流程见图7-18。

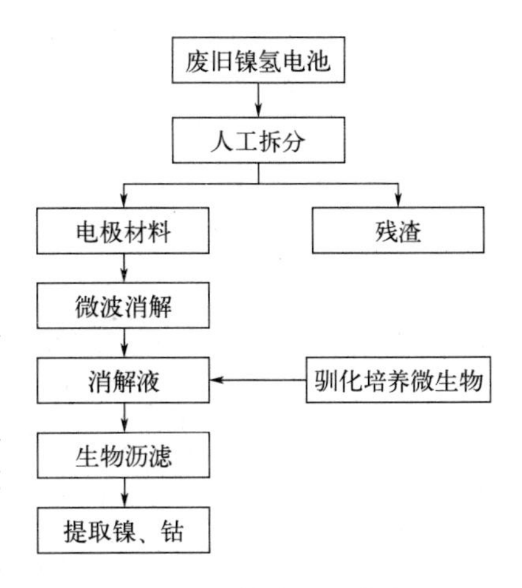

图7-18　生物冶金工艺流程

7.4　退役铅酸动力电池资源化技术

7.4.1　铅酸动力电池废酸资源化

目前处理废旧铅酸蓄电池废酸的技术主要有化学法（中和沉淀法）、电化学法、离子交换法、膜分离法等。化学法（中和沉淀法）是国内处理污酸废水最普遍的方法，包括直接中和法、硫化中和法、中和铁盐共沉淀法等工艺。中和法会产生大量含砷及重金属的废渣（污泥）。有色冶炼制酸后污酸的净化、浓缩、回收技术主要有膜法污酸净化、热风浓缩污酸、离子交换法污酸净化和多效蒸发浓缩等工艺。对处理废旧铅酸蓄电池产出的废硫酸和铅冶炼系统硫酸生产过程中产出的废硫酸进行对比分析，结果见表7-1。处理废旧铅酸蓄电池产出的废酸浓度高，其中含有少量重金属离子、氟和氯。同时，废酸中含有较多由木屑、塑料及黏性物质等组成的肉眼可见的固体杂质。在废酸综合利用前，这部分杂质需要进行净化处理，可通过过滤方式去除。

表7-1　电池废酸和冶炼废酸成分对比

项目	$\omega(H_2SO_4)$ /%	ρ(F) /(mg/L)	ρ(Cl) /(mg/L)	ρ(Pb) /(mg/L)	ρ(As) /(mg/L)	ρ(Cd) /(mg/L)
电池废酸	15～20	1.54	47.30	1.71	6.46	—
冶炼废酸	2～10	3000	3000	67	8003000	220

(1) 废酸净化

采用机械过滤结合膜过滤法进行废酸净化，可实现废酸中杂质的高效净化过滤。该净化技术可对电池电解液中悬浮物和塑料颗粒进行高效拦截，可使废酸中悬浮物质含量小于50mg/L，净化废酸能力可达到$20m^3/h$，经净化处理的废酸可满足化工厂使用要求。该净化废酸工艺具有精度高、流程短、密闭输送、过滤快等优点，是一种适合再生铅行业的废酸净化处理技术。净化后的废旧铅酸蓄电池废酸成分见表7-2。

(2) 净化后废酸生产纳米氧化锌

对铅熔炼系统产出的次氧化锌采用硫酸浸出-净化生产合格的硫酸锌液，然后经过碳酸钠中和生产碱式碳酸锌，再经过烘干焙烧法生产纳米氧化锌，工艺流程见图7-19。

表 7-2　净化后的废旧铅酸蓄电池废酸成分

$\omega(H_2SO_4)$ /%	ρ(Pb) /(mg/L)	ρ(Fe) /(mg/L)	ρ(Cu) /(mg/L)	ρ(Mn) /(mg/L)	ρ(Cd) /(mg/L)	ρ(As) /(mg/L)
15.8	4.8	196.17	34.6	0.31	42.61	0.96

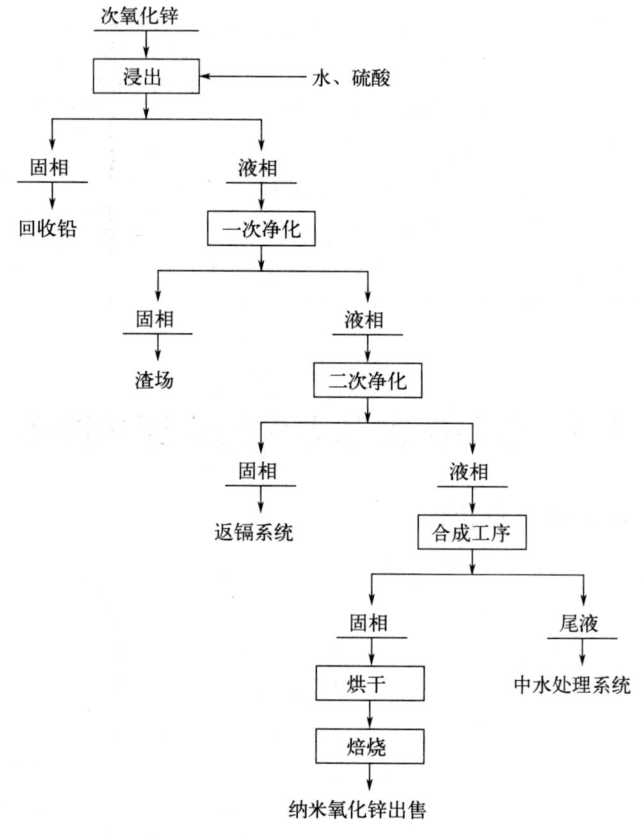

图 7-19　纳米氧化锌生产工艺流程

1）一次净化工序

一次净化工序的主要作用是除去硫酸锌液中的铁、锰杂质元素。由于 Fe^{2+} 的沉淀 pH 值高于主金属锌的沉淀 pH 值，而三价铁的沉淀 pH 值小于主金属锌。为达到净化除铁而又不损失主金属锌的目的，用工业高锰酸钾作氧化剂，首先将 Fe^{2+} 氧化成 Fe^{3+}，Fe^{3+} 水解后以 $Fe(OH)_3$ 沉淀的形式去除。主要反应如下：

$$10FeSO_4+2KMnO_4+8H_2SO_4 \longrightarrow K_2SO_4+2MnSO_4+5Fe_2(SO_4)_3+8H_2O$$

$$Fe_2(SO_4)_3+6H_2O \longrightarrow 2Fe(OH)_3\downarrow+3H_2SO_4$$

$$3MnSO_4+2KMnO_4+2H_2O \longrightarrow 5MnO_2+K_2SO_4+2H_2SO_4$$

2）二次净化工序

二次净化工序的主要作用是除去一次净化液中的 Cd、Cu、Pb 等杂质，产出精制的 $ZnSO_4$ 溶液。为不引入新的杂质，选择 325 目的工业锌粉作还原剂。主要反应如下：

$$CuSO_4+Zn \longrightarrow ZnSO_4+Cu$$

$$CdSO_4+Zn \longrightarrow ZnSO_4+Cd$$

根据净化后废酸的成分分析，废酸如果应用在次氧化锌的浸出工序中，废酸中铁、镉等杂质均可在净化过程中除去，废酸中的硫酸得以利用，省去部分硫酸和水。因此，经净化后的废铅酸蓄电池废酸如果应用在纳米氧化锌的生产中原理上是可行的，但是需要进行试验验证其是否对次氧化锌的浸出造成影响及废酸中的杂质对产品质量有无影响。

3）生产实践

原料采用铅熔炼系统产出的次氧化锌，采用纳米氧化锌生产工艺，最终产物为碱式碳酸锌，使用废铅酸蓄电池硫酸废酸液生产出的碱式碳酸锌基本符合生产工艺要求。生产中根据实际情况可减少酸浸用浓硫酸量，但高锰酸钾用量增加3倍。经净化后的废铅酸蓄电池废酸在氧化锌厂进行工业化酸浸试验2釜，每釜用约4m^3净化后的硫酸电解液进行浆化，加硫酸进行浸出，经压滤后每釜约产出3.5m^3酸浸液，加高锰酸钾进行一次净化。酸浸工艺各步骤原辅料用量见表7-3。

表7-3 酸浸工艺各步骤原辅料用量

项目	硫酸质量/kg	一次净化液体积/m^3	高锰酸钾质量/kg	锌质量浓度/(g/L)
试验1	900	3.5	2.5	103.04
试验2	900	3.5	2.4	110.5
正常生产	1050	5.5	1.2	110.93

从表7-3可以看出，废铅酸蓄电池废酸对生产过程中硫酸用量影响不大，酸浸最终酸浓度与正常生产液基本相同。一次净化过程中使用的高锰酸钾量较正常生产增加，高锰酸钾消耗量由0.218kg/m^3增加至0.68kg/m^3，最终产品纳米氧化锌指标合格。纳米氧化锌主要技术经济指标前后对比见表7-4。

表7-4 纳米氧化锌主要技术经济指标前后对比

项目	纳米氧化锌含量ω/%	纳米氧化锌水溶物含量ω/%	105℃挥发物含量ω/%	每釜酸浸锌粉用量/kg	高锰酸钾用量/(kg/m^3)
改造前指标	≥95	≤0.7	≤0.7	5	0.218
改造后指标	≥95	≤0.7	≤0.7	5	0.68

废铅酸蓄电池硫酸电解液经净化后可在利用次氧化锌生产纳米氧化锌的工艺中使用，最终产品纳米氧化锌质量无明显变动，过程全密闭、无外排、无污染，可实现清洁化生产。废铅酸蓄电池硫酸电解液完全替代酸浸浆化用的一次水，可大幅节约一次水消耗，同时节约了部分硫酸用量，生产成本降低。

(3) 净化后废酸在硫酸锌生产中的应用

次氧化锌采用硫酸浸出，净化工艺产出合格的硫酸锌溶液，硫酸锌溶液经过蒸发-浓缩-烘干生产七水硫酸锌，工艺流程见图7-20。

与生产纳米氧化锌的浸出、净化工艺原理相同，净化后的硫酸锌液体可以生产出合格的纳米氧化锌，因此利用经净化后的废铅酸蓄电池废酸，将其应用在硫酸锌的生产中原则上是可行的。

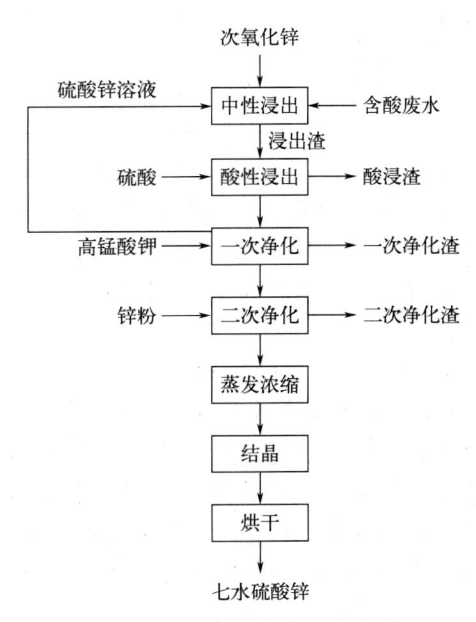

图7-20 硫酸锌生产工艺流程

7.4.2　废铅膏资源化

废旧铅酸动力电池的废铅膏资源化利用主要包括火法、湿法以及干湿联用回收工艺。铅酸电池根据结构与用途差异，可以分为启动用（富液）铅酸电池、动力用（贫液）铅酸电池及其他类型。经拆解，废铅酸蓄电池主要包括以下四个部分：30%～40%（质量分数）废铅膏、24%～30%铅合金板栅和接线柱等合金、22%～30%塑料等有机材料、11%～30%电解液。塑料等有机材料经过水洗浮选后可以循环利用，铅合金通过熔炼过程可回收为还原铅或铅合金，废硫酸可以通过离子交换、石英蒸馏或者膜分离提纯后循环使用。废铅膏作为上述组分中最复杂的含铅原料，通常含有45%～60%硫酸铅、35%～40%二氧化铅、10%～15%氧化铅和2%～11%金属铅，成为回收铅研究的重点与难点。

现有的废铅膏回收技术主要包括火法和湿法两种。火法因高温冶炼过程中会产生硫氧化物和铅微粒的排放，可能会引发酸雨、雾霾、土壤和地下水污染等环境问题。此外，火法回收铅还存在能耗较高等问题。与火法技术相比，湿法技术避免了高温熔炼，不会产生硫氧化物和铅微粒，但大多数工艺存在流程长、化学原料消耗多、废液处理量大、时空产率低等缺点。因湿法工艺具有天然的环境友好性，所以如何扬长避短，减少回收过程的化学原料消耗，强化回收过程的传质和反应速度，从而降低生产成本，推进工业化进程，成为今后湿法回收铅技术亟待解决的关键问题。

（1）火法

通过高温熔炼将废铅酸电池中的铅化合物还原成金属铅。在熔炼过程中，除了加入还原剂，如铁屑、碳酸钠等，还可以添加熔剂，如石灰石、石英和萤石来促进反应。

废铅膏的主要成分为硫酸铅，其熔点高达1170℃，热分解温度高达1330℃。高温冶炼过程中硫酸铅分解产生的含有硫氧化物和含铅微粒的冶炼尾气如果不经过严格的净化处置，会引发环境问题。

1）烧结-鼓风炉熔炼法

烧结-鼓风炉熔炼法属于经典火法技术之一，主要包括烧结焙烧和鼓风炉熔炼两大部分，工艺流程如图7-21所示。该技术发展时间长、成熟可靠、运行稳定，但存在以下缺点：①冶炼过程能耗相对较高；②烧结过程中产生大量SO_2烟气，因浓度较低，制酸成本高，通常只能经过后脱硫处理；③工艺流程长，冶炼过程中有含铅粉尘排出，对工人身体健康造成危害，对周边环境造成污染。

2）富氧底吹熔池熔炼法（QSL法）

QSL法以铅精矿、粉煤、石灰石、石英砂等配以一定熔剂，经过圆盘制粒，再进入QSL反应器进行脱硫和还原，得到粗铅，工艺流程见图7-22。该方法设备简单，粗铅生产在一台设备内完成，流程短，同时存在操作控制要求高、炉渣中含铅高、烟尘率较高和粗铅含硫高等缺点。

3）卡尔多法（Kaldo法）

Kaldo法是瑞典波立登公司利用氧气顶吹转炉熔炼技术开发而来的，熔炼过程分为闪速熔炼和还原两个步骤，原料经过喷枪进入熔炼炉，当炉中充满物料时开始还原过程，在此过程中加入焦炭，结束后得到粗铅，然后送精炼，工艺流程见图7-23。此工艺加料、氧化、还原和排料四个过程在一个炉内完成，工艺过程简单、设备简单、对原料适应性强。提高喷枪使用寿命和SO_2制酸过程稳定性，以及开展炉体余热回收是今后改进的方向。

4）基夫赛特法（Kivcet法）

Kivcet法源于20世纪60年代原苏联有色金属矿冶研究院研发的炼铅工艺，其原理是含

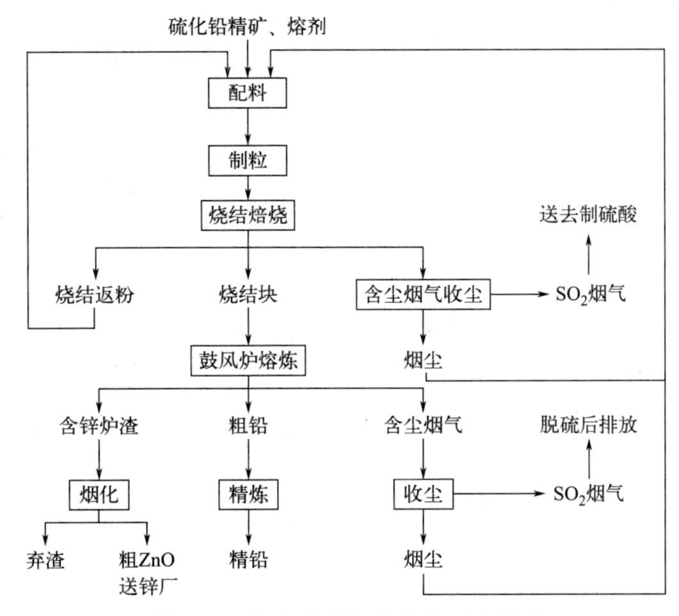

图 7-21　烧结-鼓风炉熔炼法工艺流程

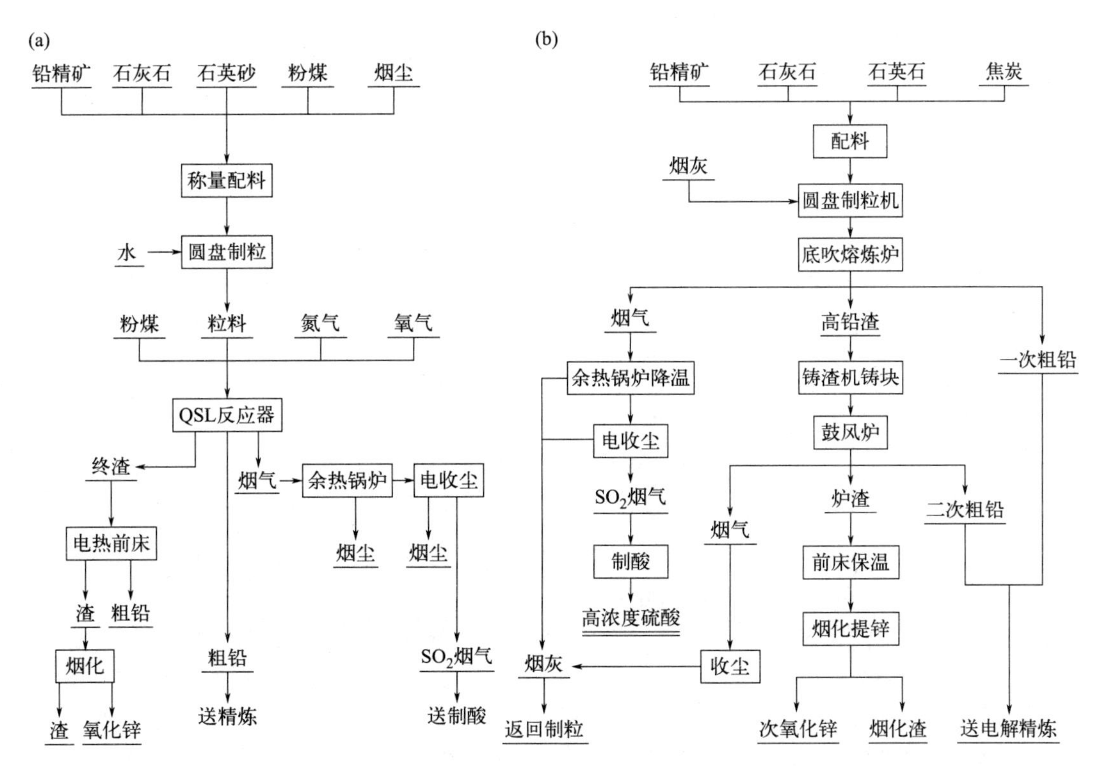

图 7-22　QSL 法工艺流程

铅物料经过氧气吹炼和电炉加热联合工艺在炉中发生碳热还原反应形成硫化铅锌的自热闪熔过程，工艺流程见图 7-24。此法优点是挥发性含铅物料在炉内接触时间最短，无渣池设计，大幅度提高了厂区的环境清洁程度，炉子寿命较长，能耗较低，铅回收率高，但原料需要预干燥。

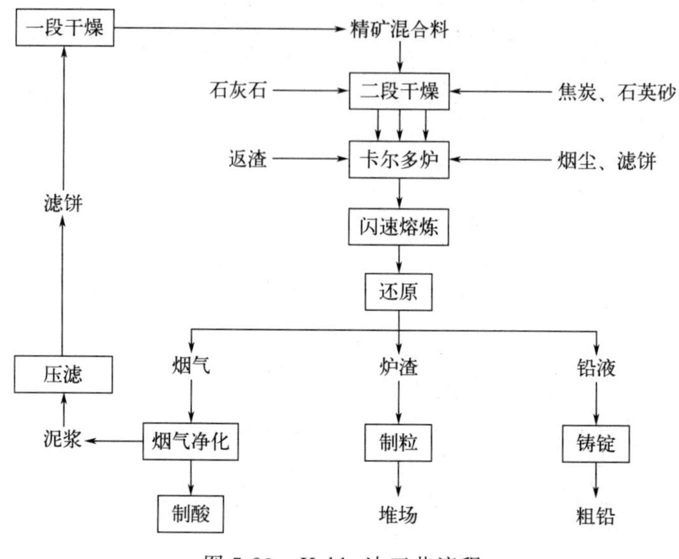

图 7-23 Kaldo 法工艺流程

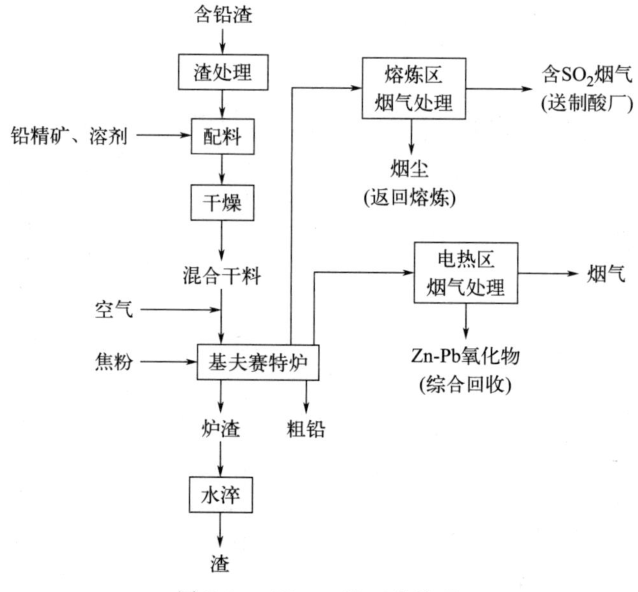

图 7-24 Kivcet 法工艺流程

5）氧气顶吹浸没熔炼法（Ausmelt-ISA 法）

Ausmelt-ISA 法在炼铜基础上进行改进，并运用到铅冶炼上，通过顶喷的方式将工业氧气和铅精矿一起喷入炉内，在高温下发生剧烈的燃烧反应，并搅拌熔体，使物料发生氧化还原反应，产生粗铅和还原炉渣，工艺流程见图 7-25。还原炉渣经过电炉加热得到二次粗铅，两次得到的粗铅送精炼。此方法的优点是炉子热稳定好，烟气中的 SO_2 浓度高，便于制酸。

6）富氧闪速熔炼法

富氧闪速熔炼法是将铅精矿、粉煤配以适当熔剂经过干燥和磨细后喷入闪速熔炼炉，再加入焦炭还原得到粗铅，炉渣通过贫化炉可以进一步炼锌、炼铜，工艺流程见图 7-26。该工艺铅的熔炼和炉渣贫化还原分别在两台装置中联合完成，淘汰了烟化炉，实现了铅、锌、铜冶炼一体化，是一种环保、绿色的冶炼方法，具有能耗低、铅回收率高的优点。

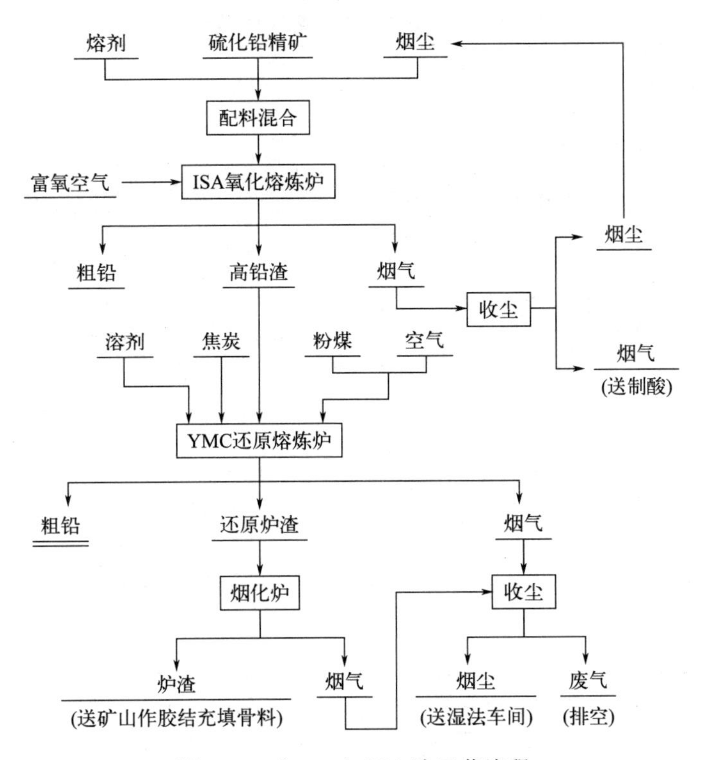

图 7-25　Ausmelt-ISA 法工艺流程

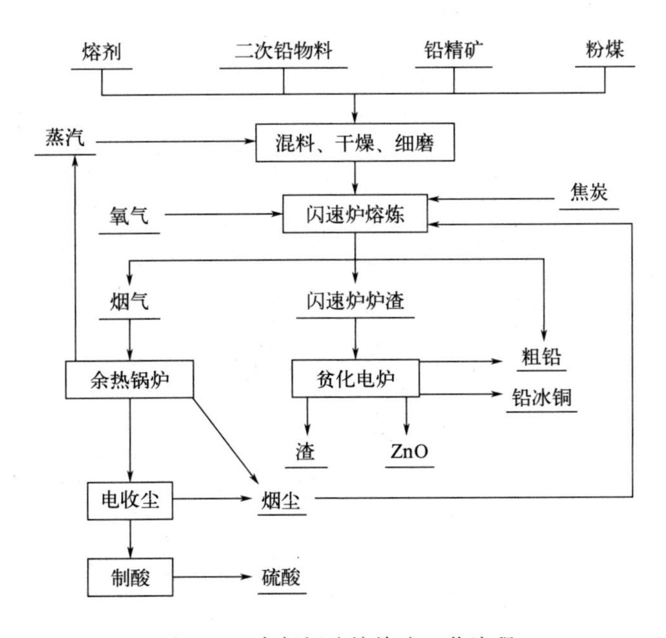

图 7-26　富氧闪速熔炼法工艺流程

目前几种火法回收工艺的总铅回收率已经达到 97%～98%，不同火法冶炼工艺总结见表 7-5。YGL 法工艺流程见图 7-27。相对来说，烧结-鼓风炉熔炼法、SKS 法和 Ausmelt-ISA 法能耗还有进一步挖掘降低的空间。例如开发 SKS 法高铅渣热渣热值利用，强化烧结-鼓风炉熔炼法和 Kaldo 法尾气中 SO_2 气体的离子液体捕集回收，开发烟气清洁制酸工艺都是今后有意义的研究方向。

表 7-5　不同火法冶炼工艺总结

项目	烧结-鼓风炉熔炼法	QSL 法	SKS 法	Kaldo 法	Kivcet 法	Ausmelt-ISA 法	富氧闪速熔炼法	YGL 法
熔炼方式	空气熔池熔炼，焦炭为还原剂	纯氧底吹熔池熔炼，粉煤为还原剂	富氧底吹熔池熔炼，焦炭为还原剂	富氧顶吹熔池熔炼，焦炭为还原剂	工业纯氧闪速熔炼，焦粉为还原剂	富氧顶吹熔池熔炼，焦炭为还原剂	富氧顶吹闪速熔炼，焦炭为还原剂	富氧底吹熔池熔炼，天然气＋焦炭为还原剂
熔炼设备	鼓风炉、烧结器	QSL 炉、固定喷枪	底吹熔炼炉、固定喷嘴	卡尔多炉、活动喷枪	基夫塞特炉、固定喷嘴	富氧顶吹炉、活动喷枪	闪速熔炼炉、还原贫化电炉、精矿喷枪	底吹熔炼炉、氧枪
烟气 SO_2 浓度/%	0.8～2	8～10	8～10	5～6	16～21	＞16	＞20	8～10
总铅回收率/%	＞97	98	97	＞97	97	＞97.5	＞98	＞98
综合能耗/(kgce①/t)	≈300	220	400	250	172	430～500	213	＜250

① 1kgce＝29.3076GJ。

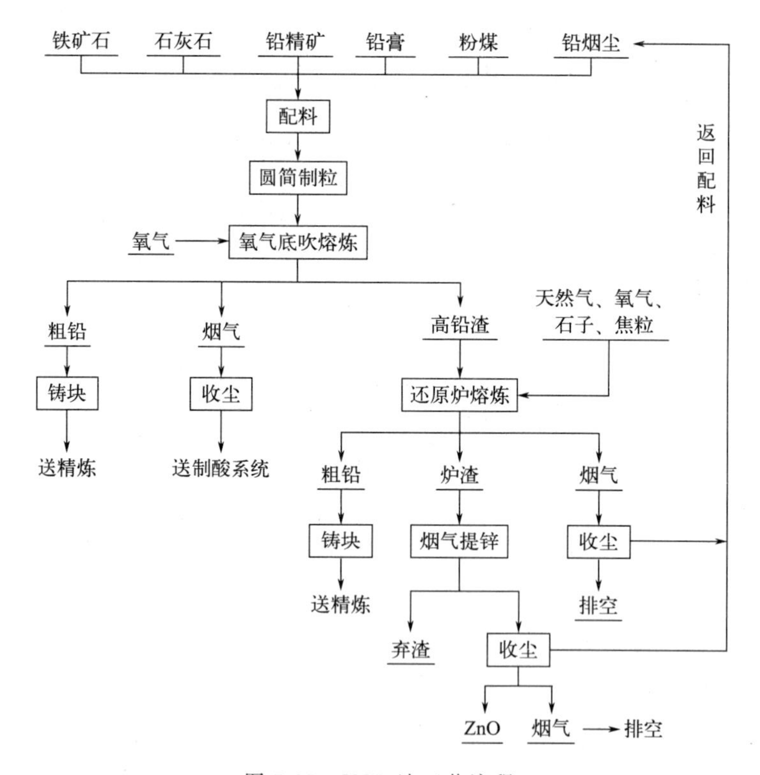

图 7-27　YGL 法工艺流程

火法冶炼回收铅技术应用广、工艺成熟，铅回收率高达 97%～98%，处置成本低，回收每吨铅成本 420～570 元，可以铅精矿和废铅膏联合处置，并实现烟气清洁制酸，这仍是今后相当长一段时间国内外通用的回收铅工艺。在目前双碳经济号召下，开发节能减排新途径来实现含铅粉尘深度清洁、降低冶炼渣铅排放含量、实现火法再生铅技术的再升级是一项紧迫的研究工作。近年来，再生铅领域的新技术包括采用再生铅电解精炼取代原有的火法精炼，原因在于火法精炼不能有效去除再生铅中的镍、钴和铁杂质，导致火法精铅制造的部分铅酸电池自放电系数偏大。

（2）湿法

湿法主要通过电解作用将废铅酸电池中的铅化合物有选择地还原为金属铅。这个过程不产生废气和废渣，而且铅的回收率相对较高，可达 95%至 97%。在冶炼过程中可以通过加入钢铁酸洗废水作为还原剂，实现环保和经济双赢目的。湿法冶金符合清洁生产的需要，是回收金属的主要发展趋势。根据氧的析出电位，计算得到铅离子在酸性和碱性介质中每吨铅的电解理论电耗分别为 350.6 kWh 和 252.7kWh，远低于电沉积每吨锌的电耗 1633.7kWh，因此电沉积铅具有电解能耗低和电解工艺清洁的优点。湿法回收铅工艺流程如图 7-28 所示。

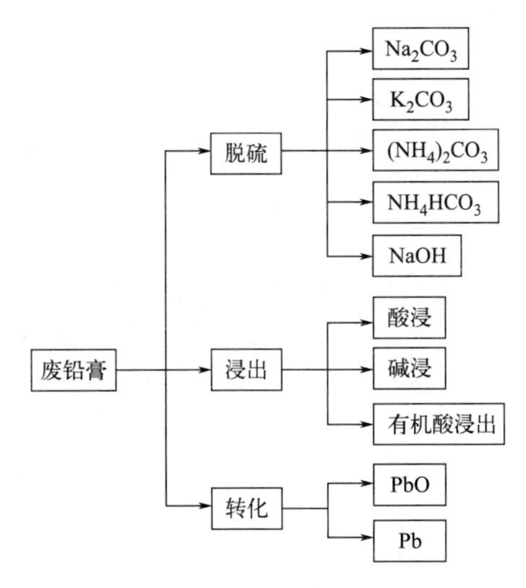

图 7-28　湿法回收铅工艺流程

废铅膏中含有高达 35%～45%的 $PbSO_4$，溶解度很低，且不溶解于硫酸、盐酸和硝酸等常见酸，通常需要先经过预脱硫处理，将 $PbSO_4$ 转化为 $PbCO_3$、$Pb(OH)_2$ 等易于溶解的铅化合物。碳酸盐和碱是废铅膏脱硫最常用的试剂。

第8章 能源循环利用与低碳技术

能源循环利用与低碳技术是当今全球应对气候变化、实现可持续发展的关键手段。能源循环利用强调在能源的使用过程中，通过技术手段实现能量的多次转换和利用，减少浪费，提高能效。低碳技术则侧重于减少温室气体排放，特别是二氧化碳的排放，以建立低能耗、低污染的经济发展体系。低碳技术涵盖了电力、交通、建筑、冶金、化工等多个领域，包括洁净煤技术、碳捕集与封存技术以及可再生能源技术等。同时，发展循环经济，实现资源循环利用也是低碳技术的重要组成部分。低碳技术将引领能源利用方式的转变，推动全球能源结构从化石能源向低碳、无碳能源转变。

8.1 能源与低碳经济

8.1.1 能源及其分类

能源是人类赖以生存的重要物质基础，人类社会的发展与人类认识及利用能源的历史密切相关，社会越发展、科技文化越进步，人类对能源的依赖程度就越高。

到目前为止，能源尚无统一、明确的定义，《大英百科全书》认为：能源是一个包括所有燃料、流水、阳光和风的术语，人类用适当的转换手段便可为自己提供所需的能量。《能源百科全书》认为："能源是可以直接或经转换提供人类所需的光、热、动力等任一形式能量的载能体资源。"2018年10月二次修正实施的《中华人民共和国节约能源法》所称能源，是指煤炭、石油、天然气、生物质能和电力、热力以及其他直接或者通过加工、转换而取得有用能的各种资源。简单来讲，能源就是能量的来源，即能够提供能量的自然资源及其转化物。从物理学的观点看，能量可以简单地定义为做功的能力。广义而言，任何物质都可以转化为能量，但不同物质转化为能量的数量、转化的难易程度是不同的。通常所讲的能源主要是指那些相对集中且易于转化的含能物质，如煤、石油、太阳、风、电力等。能源的形式多种多样，可以有不同的分类方法。

（1）一次能源与二次能源

按照生产方式不同，可将能源分为一次能源和二次能源。一次能源是指各种以原始形态存在于自然界而没有经过加工转换的能源，包括煤炭、石油、天然气以及水能、太阳能、风能、地热能、海洋能、生物质能等。二次能源是指直接或间接由一次能源转化加工而产生的其他形式的能源，如电能、煤气、汽油、柴油、焦炭、酒精、沼气等。除了少数情况下一次能源能够以原始形态直接使用外，更多的情况是根据不同目的对一次能源进行加工，转换成便于使用的二次能源。随着科学技术水平的不断提高和现代社会需求的增长，二次能源在整个能源消费中的比例正不断扩大。其中，电能因清洁安全、输送快速高效、分配便捷、控制精确等一系列优点，成为迄今为止人类文明史上最优质的能源，正在人类社会发展中发挥着越来越重要的作用。

（2）可再生能源与非再生能源

按照是否可以再生，一次能源可以分为可再生能源和非再生能源。可再生能源是指在自然界中可以不断得到补充或能在较短周期内再产生，取之不尽、用之不竭的能源，如太阳能、风能、水能、生物质能、地热能、海洋能等。随着人类的利用而逐渐减少的能源称为非再生能源，如煤炭、石油、天然气、核能等。

（3）常规能源与新能源

根据开发利用的广泛程度不同，能源可分为常规能源和新能源，表 8-1 给出了能源的常见类型。常规能源是指开发利用时间长、技术成熟，已经大规模生产并得到广泛使用的能源，如煤炭、石油、天然气、水能和核能等，目前这五类能源几乎支撑着全世界的能源消费。新型能源是相对于常规能源而言的，包括太阳能、风能、地热能、海洋能、生物质能、氢能以及用于核能发电的核燃料等能源。由于新能源的能量密度较小、品位较低，或有间歇性，按已有的技术条件转换利用的经济性有待提高，还处于研究、发展阶段，只能因地制宜地开发和利用；但新能源大多数是再生能源，资源丰富、分布广阔，是未来的主要能源之一。在不同的历史时期和科技水平下，新能源的含义也不相同。当前新能源主要指太阳能、风能、地热能、海洋能、生物质能等。其中，核能利用技术十分复杂，核裂变发电技术已经被广泛使用，而可控核聚变反应至今未能实现，因此，目前主流的观点是将核裂变能看成常规能源，而将核聚变能视为新能源。

表 8-1　能源的常见类型

类别		可再生能源	非再生能源
一次能源	常规能源	水能	煤炭、石油、天然气、核能（核裂变）
	新能源	风能、太阳能、生物质能、地热能、海洋能	核能（核聚变）
二次能源	焦炭、煤气、电力、氢、蒸汽、酒精、汽油、柴油、重油、液化气、电石等		

8.1.2　低碳经济

（1）低碳经济概念

低碳经济概念的提出源于英国。2003 年，英国发表能源白皮书《我们能源的未来：创建低碳经济》，提出要用低碳基能源、低二氧化碳的低碳经济发展模式，替代当前的化石能源发展模式。2007 年，联合国讨论制定 2012 年开始的后京都行动方案，促进了低碳经济概念在世界上的传播。2008 年，联合国提出用绿色经济和绿色新政应对金融危机和气候变化的双重挑战，把低碳经济看作是拯救当前金融危机、实现全球经济转型的重要途径。

关于低碳经济的概念，目前被广泛引用的是英国环境专家鲁宾斯德的阐述：低碳经济是一种正在兴起的经济模式，其核心是在市场机制基础上，通过制度框架和政策措施的制定和创新，推动提高能效技术、节约能源技术、可再生能源技术和温室气体减排技术的开发和运用，促进整个社会经济朝向高能效、低能耗和低碳排放的模式转型。显然低碳经济是以低能耗、低污染、低排放为基础的经济模式，是人类社会继农业文明、工业文明之后的又一次重大进步。低碳经济的实质是能源高效利用、清洁能源开发、追求绿色 GDP，核心是能源技术和减排技术创新、产业结构和制度创新以及人类生存发展观念的根本性转变。发展低碳经济是一场涉及生产模式、生活方式、价值观念和国家权益的全球变革。

（2）低碳经济的特征和目标

低碳经济的特征可以概括为以下几个方面：①工业生产高效率，即单位产出低排放；②能源转化高效率，即单位电量和行驶里程低排放；③可再生能源和核能在能源供应中占比较大；④交通领域的高能效和低排放；⑤办公、生活领域的能源节约；⑥减少高能耗、高排放产品的出口；⑦公共交通替代私人交通，更多使用自行车和步行；⑧通过体制机制调整，刺激高能效、低排放技术的创新和应用，从而提高全球的能效水平、减少气体排放。

低碳经济是以减少温室气体排放为目标，构筑低能耗、低污染为基础的经济发展体系，其核心是低碳的能源技术，开发低碳能源需要低碳技术。低碳技术包括四大领域：①通过清洁煤技术等对现有能源进行改造的技术；②开发太阳能、风力、水、生物质能、海洋温差、潮汐、海浪、燃料电池等新能源技术及其电力转换技术；③提高能源效率的技术；④碳捕获及储存技术等。这些技术主要涉及电力、交通、建筑、冶金、化工、石化、汽车等产业部门。

8.2　主要工业行业的节能降碳技术

钢铁行业和水泥行业是两个典型的高能耗、高碳排放行业。据统计，钢铁行业碳排放量约占全国碳排放总量的 15%，是碳排放最高的制造业行业，水泥行业是二氧化碳排放的重点行业之一。2020 年水泥行业二氧化碳排放量为 1.37×10^9 t，占全国总量约 13%。其中，以熟料煅烧工序为主的工业过程排放占比约 60%，另一方面，水泥行业年能源消耗总量超 2×10^8 t 标准煤，占全国工业总能耗的 7.5%，占建材行业总能耗约 73%，是建材行业中的主要能源使用产业。

8.2.1　钢铁行业余热利用

钢铁行业居高不下的碳排放主要来自以长流程为主的生产工艺所带来的高能耗，钢铁行业碳排放高的另一个原因是以煤炭为主的能源结构，钢铁生产过程中消耗的能源有煤炭、石油、天然气、一次电力（水电、核电等），其中煤炭占比约 70%。钢铁生产过程中焦化、烧结、炼铁和炼钢等工序都有大量余热产生，余热是钢铁企业重要的二次能源，合理地应用余热能够有效降低企业总能耗和总碳排放。

（1）钢铁行业余热的分类与分布

钢铁行业的余热分布主要集中在焦化、烧结、炼铁、炼钢及轧钢等生产流程。钢铁生产中余热产生量由多到少排序为炼铁、烧结、炼钢、热轧、炼焦，余热回收率由大到小排序为炼钢、热轧、炼焦、烧结、炼铁。

钢铁行业余热按照温度能级可分为低温余热（<230℃）、中温余热（230～650℃）和高温余热（>650℃）；按形态和载体可分为炉渣余热、冷却水余热、烟气余热以及中间产品余热；按品质分类可分为高品质、中品质和低品质余热；按携带余热的介质或载体不同可分为固态余热、液态余热和气态余热。余热的能级与介质分类见表 8-2。

表 8-2　余热的能级与介质分类

能级	固态	液态	气态	主要存在形式
低品质	＜400℃	＜95℃	＜250℃	烧结与热风炉低温烟气；焦炉、锅炉、转炉和轧钢炉窑及电站烟气；防损蒸汽；低温物料；冲渣水等
中品质	400～700℃	95～200℃	250～400℃	热风炉、转炉和炉窑烟气；高炉煤气；烧结主排烟气；中温废气
高品质	＞700℃	＞200℃	＞400℃	电炉和转炉烟气；荒煤气；熔渣显热；煤气化学热；高压热水；高位红焦；钢材及烧结物料等

（2）钢铁行业余热回收利用的原则与方式

1）余热回收利用原则

钢铁行业余热利用顺序应该考虑余热的价值和回收难易程度，与余热量、品质及载体形态直接相关，应根据“温度对口、梯级利用”，按照余热与用户需求能级匹配的基本原则进行余热利用方案的制订，选择适合的设备与系统。

2）余热回收利用方式

① 直接利用。余热用于工艺本身，如烟气余热预热空气、预热燃料和物料、预热高炉废钢、炼焦入炉煤的调湿、高炉鼓风脱湿、高炉铁水加热钢坯等。

② 转化利用。烟气经过余热锅炉产生蒸汽或热水；红焦经过换热器产生蒸汽发电；烟气与温差发电装置耦合发电；余热回收产生的蒸汽亦可以进行海水淡化；烟气与吸收式制冷机组耦合，供热供冷。

8.2.2　水泥生产中的二次能源回收技术

水泥行业的能源消耗主要包括熟料煅烧环节的煤炭消耗和各环节的电能消耗，能源结构以化石燃料（煤炭）为主，煤炭在水泥生产能源消耗中占比高达 80%～85%。与其他领域相比，水泥行业的二次能源回收技术和应用处于领先地位，而且被赋予良好的前景与发展潜力。这主要体现在以下两方面：

（1）余气余热发电技术

现代水泥行业的中、低温发电技术起始于 20 世纪 70 年代末的瑞士、美国和日本。进入 21 世纪后我国水泥工业快速发展，科学发展、技术创新、节能减排、低碳清洁生产成为水泥工业发展的新要求，水泥余热发电技术亦同步蓬勃发展与推广应用，截至 2020 年底，我国余热发电累计装机量估计为 4.5×10^{7}kW。但是，余热资源利用仍不够充分，还有较大的利用空间。2020 年我国可回收余热总资源平均值约 1.3×10^{9}t 标准煤。“十四五”期间，高效节能技术的持续研发与突破将促使传统生产过程升级，预计 2026 年全国余热发电装机量接近 2×10^{8}kW。

（2）可燃废料和含可燃质原料回收利用

水泥行业可以回收利用的可燃废料和含可燃质的原料统称二次燃料。

1）可燃废料二次能源的回收

水泥行业采用较多的方式是废弃物协同处置，即在对城市生活垃圾等固体废物进行燃烧处置的同时，利用燃烧产生的热能为熟料煅烧等生产流程供热，从而减少对燃料煤的使用。但由于对城市生活垃圾以及一些危险废弃物的预处理还不够精细，水泥行业对废弃物的协同处置更多站在垃圾处理而非水泥生产的立场进行规划设计，容易出现废弃物作为燃料的供应不够稳定、燃烧热值不够等问题，因此该方法目前在水泥行业还只是作为辅助供热手段。而水泥行业对氢气等其他一些替代性清洁能源的使用，还存在成本、运输、安全性等方面的顾虑，大规模使用的可能性较小。可燃废料主要有三种利用方式：一是在分解炉内燃烧；二是在循环流化床中制成气体燃料送到分解炉去；三是在窑头燃烧。对于一些块状或很大块的低热值废料往往只能采用一、二两种方式。

2）含可燃质的原料

含可燃质原料是指油页岩、炭质页岩和各种含碳的炉渣、炉灰等，主要用作水泥的黏土质原料，其中的可燃质不会太多，热值较低。炉渣、炉灰中的含碳量则更低，对于这类原料的利用，如果按通常的生料制备方法，其中的可燃质往往会引起预热器的结皮和堵塞，影响窑系统的正常生产。现在采用的较成熟和可靠的方法是将循环流化床中的可燃质从原料中分离出来，制成气体燃料送到分解炉内燃烧，黏土质原料则喂入预热器或分解炉中与其他原料粉一起在回转窑内烧成熟料。

8.3　能源利用中的低碳技术

在燃煤发电行业广泛应用碳捕获和封存（CCS）技术，CCS能够在很大程度上减少二氧化碳的排放总量，实现能源系统的低碳发展，是一种非常有效的减排方式，在继续使用化石能源的情况下仍可实现大幅度减排。根据国际能源署《能源技术展望》的估计，CCS最高可降低90%的二氧化碳排放。但是，CCS技术推广面临的主要障碍是技术成本高，难以实现商业化应用。碳捕获技术最早应用于炼油、化工等行业，这些行业排放的二氧化碳浓度高、压力大，捕获成本并不高。而燃煤电厂排放的二氧化碳则恰好相反，捕集能耗和成本较高。CCS技术中可以应用于发电行业的技术主要有：基于整体煤气化联合循环发电（IGCC）的燃烧前脱碳技术、改变锅炉燃烧方式的富氧燃烧捕集技术以及针对常规燃煤电厂烟气的燃烧后脱碳技术。

8.3.1　燃烧前脱碳技术

燃烧前 CO_2 捕集技术是指煤在水蒸气、空气或气环境下使其高压气化，产生合成气（主要成分为 CO 和 H_2），经过水煤气变化后转化为 CO_2 和 H_2，再经分离进行 CO_2 气体的捕集，而 H_2 用于燃烧发电。目前该技术主要运用于 IGCC 系统中，IGCC 系统是一种新型的清洁燃煤发电技术，是在已经非常成熟的燃气-蒸汽联合循环发电基础上，增加一套煤的气化和净化设备，促使煤转化为相当洁净的人造合成煤气，进而在联合循环发电系统中实现煤的洁净发电。燃烧前捕集工艺主要有聚乙二醇二甲醚法和低温甲醇法。这两种方法都属于低温吸收过程，均比较成熟。另外，这两种技术能够同时脱除二氧化碳和硫化氢，且净化度较高，可以在系统中省去脱硫单元，但相应气体处理单元需要采用耐硫变换技术。IGCC 基本流程如下：将煤或其他的含碳物质首先经过预处理，经气化炉气化产生粗煤气，经过除尘、脱硫集脱碳等净化工艺生成合成气，然后合成气再供给燃气轮机燃烧做功，燃气轮机排气余热经废热锅炉回收将水加热成过热蒸汽，带动蒸汽做功、发电，从而实现煤气化燃气-蒸汽联合循环发电的目的。典型的 IGCC 工艺流程见图 8-1。

8.3.2　富氧燃烧捕集技术

富氧燃烧捕集是指燃料在 O_2 和 CO_2 的混合气体中燃烧，燃烧产物主要是 CO_2、H_2O 以及少量其他成分，经过冷却后 CO_2 含量在 80%～90%。在富氧燃烧系统中，由于 CO_2 浓度高，从而降低了 CO_2 的捕集分离成本。富氧燃烧系统的缺点是供氧成本高。

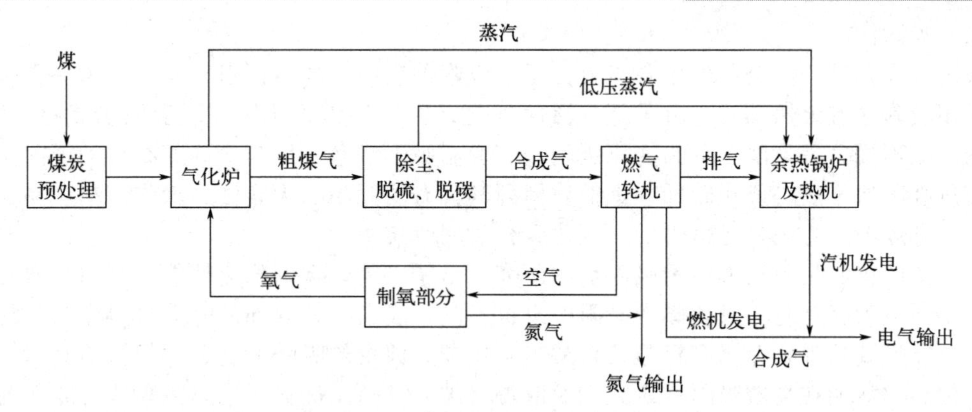

图 8-1　典型的 IGCC 工艺流程

富氧燃烧技术即让燃料在高纯度（如 95%纯度或以上）O_2 中燃烧，目的是尽可能地增大烟气中的 CO_2 体积分数，以便可以从烟气中直接提纯和压缩 CO_2。为达到这一目的，通常将燃烧后的烟气再通入燃烧器（锅炉）内燃烧，以使烟气中的 CO_2 体积分数尽可能大，并降低富氧燃烧条件下的火焰温度，保护锅炉管束。从技术角度，纯氧的体积分数在 97%左右为宜，但考虑到成本，一般控制在 95%左右。其能耗主要来源于制备纯氧的空分环节，总体能耗与胺洗涤法相当。该技术最主要的吸引力在于其产物为 CO_2 和 H_2O 的混合物，H_2O 很容易通过冷凝的方式去除，同时可获得纯 CO_2，并且燃烧过程中助燃物为纯氧，燃烧效率得到提高，NO_x 的合成大量减少，没有 N_2，热力型 NO_x 不会产生，燃料型 NO_x 的产生也受到抑制，所以整体 NO_x 排放下降约 50%。

8.3.3　燃烧后脱碳技术

燃煤电厂二氧化碳捕获技术中燃烧后化学吸收法脱碳技术是一种先进成熟的技术，在工业碳捕获领域得到了广泛的应用。燃烧后脱碳是从燃料燃烧后的烟气中分离 CO_2。现有的大多数火电厂都采用燃烧后烟气捕集的方法进行 CO_2 的分离。燃烧后 CO_2 的捕集方法主要有吸收法、吸附法和膜分离法。

（1）吸收法

化学吸收法是最早被研究且目前技术最成熟的碳捕集技术，经过除尘、脱硫预处理后的烟道气进入吸收塔塔底，二氧化碳负载较低的吸收剂贫液由顶喷淋而下，气液两相在吸收塔内逆向流动发生传质，脱除二氧化碳的贫气从塔顶流出，吸收二氧化碳后的富液进入解吸塔再生（变压或变温再生）后转变为贫液循环使用，解吸出的富集的二氧化碳从塔顶排出后进入下道工序。根据吸收解吸原理的不同，吸收法可分为化学吸收法、物理吸收法和物理化学吸收法。对于燃烧后二氧化碳捕获而言，由于烟道气中二氧化碳分压较低，因此，化学吸收法是目前应用最为广泛，也是最有希望实现二氧化碳大规模捕集分离的技术。二氧化碳吸收法捕集技术分类见表 8-3。

表 8-3　二氧化碳吸收法捕集技术分类

分类	吸收原理	主要方法
化学吸收法	吸收剂与二氧化碳发生化学反应	热钾碱法、氨基酸盐法、醇胺法、氨水洗涤法、联碱法等
物理吸收法	吸收剂不与二氧化碳发生化学反应	水洗涤法、碳酸丙烯酯法、低温甲醇法、聚乙二醇二甲醚法、*N*-甲基吡咯烷酮法等
物理化学吸收法	介于物理吸收和化学吸收之间	环丁砜-二乙醇胺法等

（2）吸附法

吸附分离是基于混合气体中各组分分子与吸附剂表面上的活性点之间的引力差异来实现的，常用吸附剂有天然沸石、分子筛、活性氧化铝、硅胶和活性炭等。依照二氧化碳吸附、解吸的方法不同，吸附法又分为变压吸附法、变温吸附法和变压与变温相结合的吸附法。其中，变压吸附法虽然二氧化碳回收率低，但因其具有能耗小、无腐蚀、操作简单、易自动化等特点，已逐渐成为颇具竞争力的二氧化碳分离回收技术。

吸附法的核心是新型大容量吸附剂的研究。由于二氧化碳的物化性能和吸附材料孔径等特点，不同吸附材料对二氧化碳的吸附效果也不同。表面接枝修饰的介孔材料作为吸附分离介质的研究受到重视，金属有机框架材料也是比较有前景的吸附剂之一。但目前吸附剂的成本普遍偏高，如能在高效吸附剂研究方面取得突破并进一步优化工艺，吸附法有望成为一种有竞争力的技术。

（3）膜分离法

气体膜分离法是一种以压力为驱动力的分离过程，在膜两侧混合气体各组分分压差的驱动下出现气体渗透，因各组分渗透速率不同，从而实现混合气体的分离。膜分离法的能耗高，不宜用于火电厂大流量的 CO_2 的捕集和分离。

用于二氧化碳气体分离的膜主要有有机膜和无机膜。分离气体中二氧化碳的有机膜包括乙酸纤维素膜、聚砜膜、聚醚砜膜、聚酰胺膜、聚苯氧改性膜和硅橡胶膜等。有机膜分离系数高，但气体透过量低、使用温度低（30～60℃）。无机膜具有耐热、耐酸、耐烃类腐蚀性能，气体渗透率比有机膜大，但分离系数小。近年来，无机膜用于气体分离过程显示出良好的发展前景。

8.4　二氧化碳利用及封存技术

8.4.1　二氧化碳利用

二氧化碳的捕集与封存能够减少二氧化碳的排放，但这种方式只能够将二氧化碳封存起来，并不能实现二次利用，而且投资较大。因此，寻找一种方式，将二氧化碳作为一种资源进行利用，逐渐受到了关注。目前，资源化利用二氧化碳的方式主要有物理利用、化工利用和生物质利用。

二氧化碳物理利用主要覆盖饮料、啤酒等食品行业。二氧化碳是公认的安全可靠的自然制冷剂，主要用于超市陈列冷柜、空调、热泵等方面。液态 CO_2 可以直接喷淋到食品上，能够使食品快速冻结，并且食品的细胞不会被破坏，可以保持原本的新鲜程度，其最大的优势就是利用二氧化碳冻结食品的质量好于传统的冻结方式。另一种利用方式是制备干冰，干冰是十分理想的制冷剂，其冷却能力约为水冷却能力的 2 倍，最大的特点是升华时不会留下痕迹，没有毒性，不会造成二次污染，能够广泛用于各类食品的保鲜、保存、运输。

二氧化碳的化工利用是指以化学转化为主要特征，将二氧化碳与其他物质转化为目标产物，主要包括一些大宗基础化学品以及有机燃料等。目前，已经实现了二氧化碳较大规模化学利用的商业化技术，主要包括二氧化碳与氨气合成尿素、二氧化碳与氯化钠生产纯碱、二氧化碳与环氧烷烃合成碳酸酯以及二氧化碳合成水杨酸等技术。此外，二氧化碳化工利用技术能够替代部分化石资源以及传统的重污染过程，并协同处理了众多的其他工业废弃物和污

染物。这样既实现了降低化石资源的消耗，也创造了许多自主知识产权的清洁生产技术，促进了绿色产业的发展，符合循环经济和低碳发展的要求。

生物质利用方面，二氧化碳可用于生物农产品增产与利用的各类技术中。具体来说，以生物转化为主要特征，可通过植物的光合作用，将二氧化碳用于生物质的合成，从而实现二氧化碳的资源化利用。当前，二氧化碳生物利用技术还处于起步阶段，其研究主要集中在微藻固碳和二氧化碳气肥使用上。其中，微藻固碳技术主要用于能源、食品和饲料添加剂、肥料等生产，包括微藻固定二氧化碳转化为液体燃料和化工产品、微藻固定二氧化碳转化为生物肥料、微藻固定二氧化碳转化为食品和饲料添加剂等。

8.4.2　二氧化碳封存

二氧化碳封存的主要方法有陆地封存和深海封存。二氧化碳地质封存及利用是指将二氧化碳注入地层或深水层中，利用地下矿物或地质条件生产或强化有利用价值的产品。这种方式可以将二氧化碳封存，相对于传统工艺，能够进一步减少二氧化碳的排放。目前，二氧化碳地质利用技术主要包括以下几种：

（1）二氧化碳强化石油开采技术

将二氧化碳注入油藏，利用与石油的物理化学作用，提高石油的采收率，并对二氧化碳进行封存。目前，常用的提高石油采收率的方式是利用水驱采油，用二氧化碳驱替代水驱强化采油，能够减少水资源的消耗，对于旱缺水地区具有特殊的意义。正常情况下，在二氧化碳强化采油及封存过程中，二氧化碳发生大量泄漏的可能性很小，不会对油田及周边环境产生负面影响。

（2）二氧化碳驱替煤层气技术

二氧化碳驱替煤层气技术是指将二氧化碳或者含二氧化碳的混合气体注入深层极难开采的煤层中，以强化煤层气开采，同时实现二氧化碳长期封存。二氧化碳驱替煤层气技术比煤层气的单纯抽采方法有更高的煤层气产量，可以起到强化煤层气生产的作用。目前，制约这一技术规模化发展的主要因素并非煤层气资源和二氧化碳，而是技术经济性和产品的市场容纳量。

（3）二氧化碳强化天然气开采技术

二氧化碳强化天然气开采技术是指将二氧化碳注入天然气气藏底部，将天然气从地质结构中驱替出来从而提高采收率，同时将二氧化碳封存于气藏地质结构中。这一技术能够将枯竭气藏中的天然气驱替出来，提高自然资源的利用率，延长气田使用寿命，获得更多的清洁天然气，减小对煤炭的需求，有助于优化地区能源结构。

（4）二氧化碳增强页岩气开采技术

页岩气开发是全球能源领域的一次重要变革，不仅增加了天然气产量，更是对全球天然气市场、能源供应格局、气候变化政策等产生了重要影响。页岩气开采的核心技术之一就是水力压裂，而二氧化碳增强页岩气开采技术是指利用二氧化碳代替水来压裂页岩，并利用页岩对二氧化碳的吸附能力比甲烷强的特点，将附在页岩上的甲烷置换出来，从而提高页岩气采收率并实现对二氧化碳的封存。这一技术不仅可以利用二氧化碳进行强化采气，得到清洁能源，还可以将大量二氧化碳注入储层，实现二氧化碳的永久封存，并能够从中获取碳收益，降低页岩气开采成本。

8.4.3　国内外碳捕获技术发展情况

全球范围看，美国、英国、澳大利亚、加拿大、中国、挪威、荷兰等国家都在布局

CCUS试验、示范和工业规模的项目，发展势头良好。CCS工业示范项目呈现数目逐步增多、规模逐步扩大的发展特点，已投运的大型CCS工业示范项目中CO_2多为管道运输，用于驱油，且长年连续运行。截至2020年，全球CCUS运营的项目中，美国运行38个，占比50%，欧盟运行13个，占比17%，其他国家占比33%。

美国在发展CCS技术方面实行了以下补贴政策：给予45Q税收抵免；制定低碳燃料标准；放宽抵免条件，使私人资本也有抵免资格，由此保证了CCUS技术商业化的可行性，使项目能够长期健康运行，并且降低了私人项目的财务风险。

欧盟成立了碳交易市场，CCS主要应用在CO_2驱油（CO_2-EOR）方面，由于成本和公众接受度，其发展受到限制，并且碳交易市场的碳价浮动较大，具有不确定性，政策相对保守。但是目前欧洲实行以CCS枢纽和集群为基础的规划方案，有多个CO_2工业点源连接到CO_2运输和封存网络，并且有大规模可以进行地质封存的资源。欧洲实行的枢纽和集群规划方案，可以通过规模化大幅降低CO_2封存单位成本，形成商业合力，降低投资风险。截至2021年7月，欧洲境内所有运行、在建和计划的CCS项目总共70个，预计到2030年可实现封存CO_2 6×10^6 t/a。

日本的CCS技术发展大多数体现在海外投资上，因为其没有可用于EOR的油气产区，所以日本将重心放在了CO_2的利用上，其在地质封存上没有太多投入。

我国目前CCS技术研发活动已经由“十一五”期间的政府指导，科研单位、高校和企业共同开展基础和应用研究以及试点示范，逐步转变为政府指导、企业牵头，协同科研单位和高校等不同技术层面的实施主体共同实施项目示范以及相关理论研究，共同推进CCS领域的技术创新和应用发展。

在CO_2捕获方面，国内围绕低能耗吸收剂、不同技术路线捕获工艺等关键技术环节开展了一系列研究，已开发出可商业化应用的吸收剂，建成了燃煤电厂年CO_2捕获万吨级和10万吨级规模的工业示范。在CO_2运输方面，我国借鉴油气管输经验，开展了低压CO_2运输工程应用，高压、低温和超临界CO_2运输研究也已起步。在CO_2利用方面，我国围绕CO_2驱油、驱煤层气（ECBM）、CO_2生物转化和化工合成等不同利用途径开展了理论和关键技术研究，已开展CO_2驱油工业试验，建成微藻制生物柴油中试和小规模的CO_2制可降解塑料生产线。在CO_2封存方面，我国已启动全国CO_2地质存储潜力评价，初步结果表明，CO_2地质储存主要空间类型为深部咸水层，潜力可观，工业规模咸水层示范已启动。

我国已投运或建设中的CCS示范项目约为40个，捕获能力约为3×10^6t/a，多以石油、煤化工、电力行业小规模的捕获驱油示范为主，缺乏大规模的多种技术组合的全流程工业化示范。2019年以来，我国在CO_2捕获方面开展了多个项目，如国家能源集团某电厂新建了1.5×10^5t/a燃烧后CO_2捕获项目，中海油某气田开展了CO_2分离、液化及制取干冰项目等；在CO_2地质利用与封存方面的进展有某电厂拟将捕获的CO_2进行咸水层封存、部分CO_2-EOR项目规模扩大等；在化工、生物利用方面开展了2×10^5t/a微藻固定煤化工烟气CO_2生物利用项目、1×10^4t/a CO_2养护混凝土矿化利用项目、3000t/a碳化法钢渣化工利用项目等。我国目前已建成数套10万吨级以上的二氧化碳捕获示范装置，其中最大的捕获能力可以达到6×10^5t/a，采用的捕获技术覆盖了燃煤电厂的燃烧前、富氧燃烧以及燃烧后多种技术，广泛应用于燃煤电厂燃烧后捕获与煤化工捕获示范项目。在二氧化碳资源化利用方面，我国也进行了多种化工利用方式的示范，其中包括重整制备合成气技术、合成可降解聚合物技术以及合成有机碳酸酯等技术的示范。

8.4.4 二氧化碳利用及封存示范项目

（1）驱油

中石油吉林油田 EOR 项目是全球正在运行的 21 个大型 CCS 项目中唯一一个中国项目，也是亚洲最大的 EOR 项目，累计已注入 CO_2 超过 200 万吨。图 8-2 是中石油吉林油田 EOR 现场。齐鲁石化-胜利油田百万吨级 CCUS 项目是我国首个百万吨级 CCUS 项目。

图 8-2 中石油吉林油田 EOR 现场

（2）驱气

我国埋深小于 2000m 的煤层气总资源量为 $3.68\times10^{13}m^3$，埋深大于 1000m 的深煤层气资源量占 61%。ECBM 技术的规模化推广应用可产生巨大的直接经济效益，但煤层气开采还存在一些问题，目前没有能够对煤层储层进行精细表征的方法，缺少对煤层储层评价和预测的标准。

（3）地质封存

1966 年，挪威在北海实行了世界首个 CO_2 咸水层封存项目——Sleipner CCS 项目，运行时间长，封存 CO_2 量大，并且开发了一种理论模型，通过地震波测量在该场地封存的 CO_2 情况，迄今为止仍是 CO_2 咸水层封存的最典型的案例。

2000 年，日本首先在亚洲进行了陆地上的 CO_2 注入实验项目，该项目位于日本长冈市，在 2003 年 7 月到 2005 年 1 月期间，日本注入地下的 CO_2 量达到 10400t，该项目的埋深在地下 1100m 左右，并且相关学者还通过不同深度的取样，对地层流体进行分析，说明所注入的 CO_2 已经在咸水层中溶解。

国家能源集团通过一系列研究、试验，在鄂尔多斯建立了 CCS 项目，截至 2019 年 4 月该项目已累计注入 3×10^5tCO_2。鄂尔多斯项目地质封存现场如图 8-3 所示。

目前，CCS 技术应用推广的关键瓶颈主要有两个：一是经济性因素，从国内已投运的碳捕获示范项目来看，CCS 全流程初投资及维护成本总和约为 1000 元/t（以 CO_2 计），其中捕获过程成本为 200～300 元/t（以 CO_2 计）；二是 CO_2 的去向和利用，燃煤电站碳捕获的规模为 $1\times10^6\sim1\times10^7t/a$，如此大规模的 CO_2 很难找到经济可接受、转化速率快的利用途径。

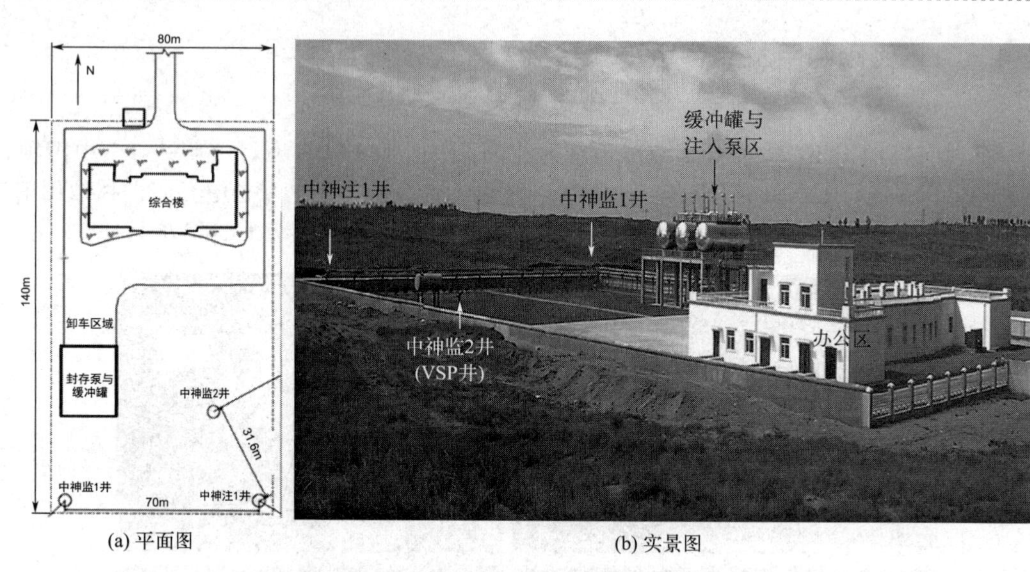

(a) 平面图 (b) 实景图

图 8-3 鄂尔多斯项目地质封存现场

第三篇 资源循环工程创新与发展

第9章 生物质材料化技术与应用

生物质材料化技术是将来自植物和动物的有机物质，通过各种加工和转化工艺制备成多种高性能材料的技术。生物质材料化技术涉及多个领域，如纤维素材料、生物基塑料、生物基聚合物、生物基涂料和黏合剂、生物基纤维及其复合材料等。在应用方面，生物质材料已渗透到多个行业，例如，纤维素材料广泛应用于包装、建筑和纸制品等行业；生物基塑料作为传统石油基塑料的替代品，具备生物降解性，可用于制造塑料袋、塑料容器等；生物基聚合物则是通过化学修饰从生物质中提取单体制备而成，广泛应用于制造生物降解塑料和包装材料。随着技术的不断进步和应用领域的拓展，生物质材料将在更多领域发挥重要作用。生物质材料化技术不仅推动了可再生资源的利用，还促进了绿色低碳和循环经济的发展，对实现“双碳”目标和环保节能具有重要意义。

9.1 生物质组分结构

“生物质”泛指以二氧化碳通过光合作用产生的可再生资源为原料，能够在自然界中被微生物或光降解为水和二氧化碳或通过堆肥作为肥料再利用的天然聚合物。生物质纤维遍及全球，这些物质包括木本植物、草本植物、茎、叶等，按化学组成可以分为纤维素、半纤维素、木质素、淀粉、甲壳素和油脂等。其中，纤维素和半纤维素称为总纤维素，属于糖类中的高聚物；木质素属于芳香族高聚物。纤维素、半纤维素、木质素组成植物细胞壁的主要成分，其含量在不同的植物原料中存在较大的差异，植物细胞壁的组成如图 9-1 所示。

9.1.1 纤维素

纤维素是由纤维二糖组成的链状多糖聚合物，是植物细胞壁的主要成分。天然纤维素以纤维素Ⅰ型的晶体结构排列，且具有由相同纤维二糖单元组成的化学结构。纤维素一般不溶于水及一般的有机溶剂。纤维素是自然界中分布最广、含量最多的一种多糖，占植物界碳含量的 50％以上。棉花的纤维素含量接近 100％，为最纯的天然纤维素来源。一般木材中，纤维素占 40％～50％，还有 10％～30％的半纤维素和 20％～30％的木质素。纤维素分子链中

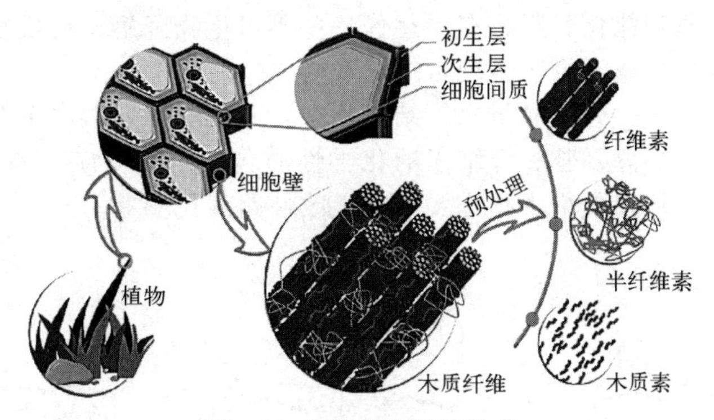

图 9-1 植物细胞壁的组成

存在大量反应性强的羟基，有利于形成分子内和分子间氢键，使得纤维素分子链易于聚集在一起，趋向于平行排列形成结晶性的原纤结构。纤维素分子内和分子间氢键对纤维素分子链形态和反应性有着深远的影响，尤其是C3羟基与邻近分子环上的氧所形成的分子间氢键，不仅增强了纤维素分子链的线性完整性和刚性，而且使分子链紧密排列成高度有序的结晶区，其中也存在着分子链疏松堆积的无定形区，这便是纤维素织态结构研究中最流行的两相共存学说。两相结构的存在深刻地影响纤维素的物理化学性质和反应性能。

纤维素可从木材等植物细胞壁分离成直径逐渐减小的原纤维（从小于100μm到2～4nm）或经过发酵培养得到具有独特微米、纳米结构的细菌纳米纤维素。原纤化纤维素的层次结构见图9-2。在分子链间和链内的范德华力和氢键的相互作用下，纤维素分子链平行堆叠的有序线性组合形成结晶区和无定型区，从而形成具有一定结晶结构的聚合物。纤维素分子链之间具有可调节的多尺度结构，目前研究人员已掌握成熟的纤维素制备技术，通过自上而下的方法制备具有高结晶刚性的纤维素纳米晶体，高比表面积、高柔性的纤维素纳米纤丝以及其他纳米级纤维素的一维结构材料，还可以进一步自组装成形状可设计、孔隙可调节，具有一定形态的高维结构材料，如纤维素膜、凝胶泡沫和功能性纤维素微球等。不同于纤维素的纳米制备技术，结合纤维素的溶解体系，通过自下而上的路线合成有理想性能的、具有Ⅱ型晶体结构的再生纤维素基功能材料的生产工艺成熟，而且商业纤维素的产品大多数来自再生纤维素。纤维素结构表面C2、C3、C6位含有羟基官能团，这些表面的基团可以通过一定的静电沉积、氢键吸附和化学改性与其他无机纳米材料、有机分子或骨架组成交错的功能

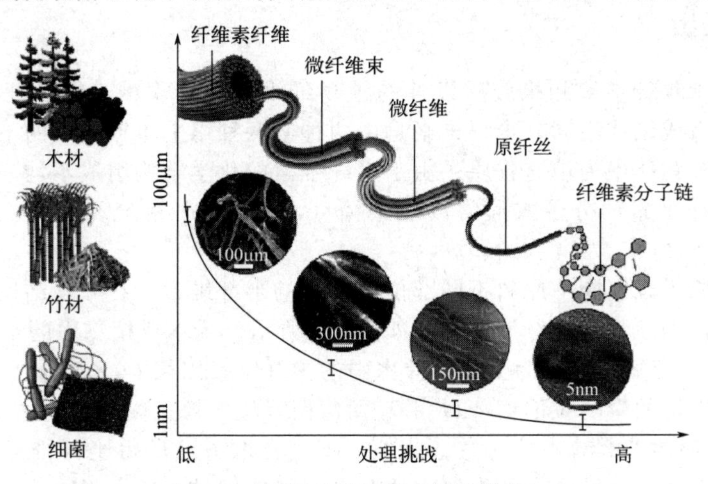

图 9-2 原纤化纤维素的层次结构

聚合物。可见纤维素基功能化材料将有望替代一些不可生物降解、合成复杂和高成本的石油基衍生材料，利于减少环境污染，实现可持续发展。

纤维素是天然高分子，分子质量大、结构复杂，其化学性质取决于纤维素分子中的糖苷键和葡萄糖基上的3个游离羟基。纤维素的化学性质包含水解反应、酯化反应、降解反应、氧化反应和烷基化等。纤维素衍生物主要的化学改性路线见图9-3。

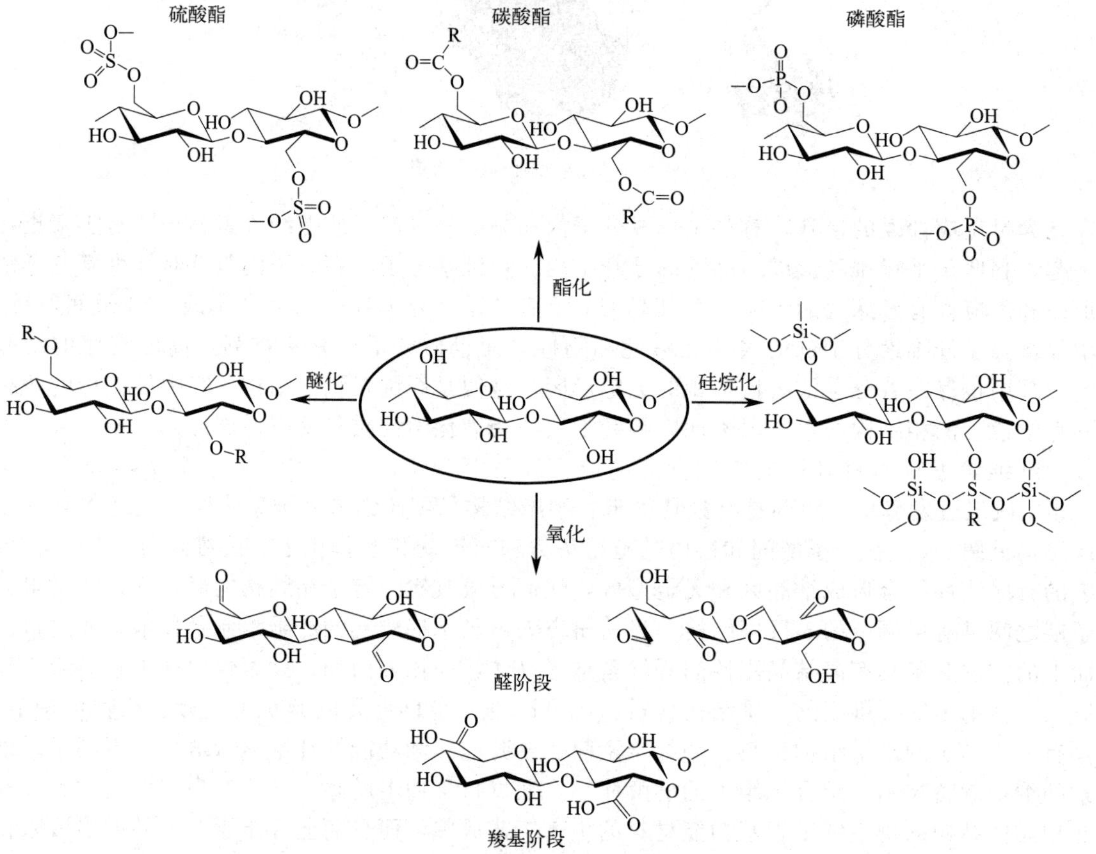

图 9-3　纤维素衍生物主要的化学改性路线

9.1.2　半纤维素

半纤维素是指除纤维素和果胶质以外的植物纤维细胞壁聚糖，即非纤维素的碳水化合物。与纤维素的组成结构不同，半纤维素是由两种或两种以上单糖构成的不均一聚糖，大多带有短支链，在植物体中为填充物质。由于半纤维素的化学结构组成不均一，天然半纤维素呈非结晶态。半纤维素的分子式通常以戊聚糖（$C_5H_8O_4$）$_n$ 和已聚糖（$C_6H_{10}O_5$）$_n$ 表示，聚合度通常在80～200。

从不同植物原料以及同一原料不同部位中提取的半纤维素，在微观结构和组成成分上会有所不同。不同植物原料的半纤维素种类如图9-4所示。禾本科植物中的半纤维素以聚阿拉伯糖-4-*O*-甲基葡萄糖醛酸木糖为主；针叶木中的半纤维素以聚*O*-乙酰基半乳糖葡萄糖甘露糖为主，并含有少量的聚阿拉伯糖-4-*O*-甲基葡萄糖醛酸木糖；阔叶木中的半纤维素以聚*O*-乙酰基-4-*O*-甲基葡萄糖醛酸木糖为主。此外，不同提取方法所得半纤维素侧链糖基的种类和含量也不同。因此，半纤维素的提取方法对其后续应用具有较大影响。

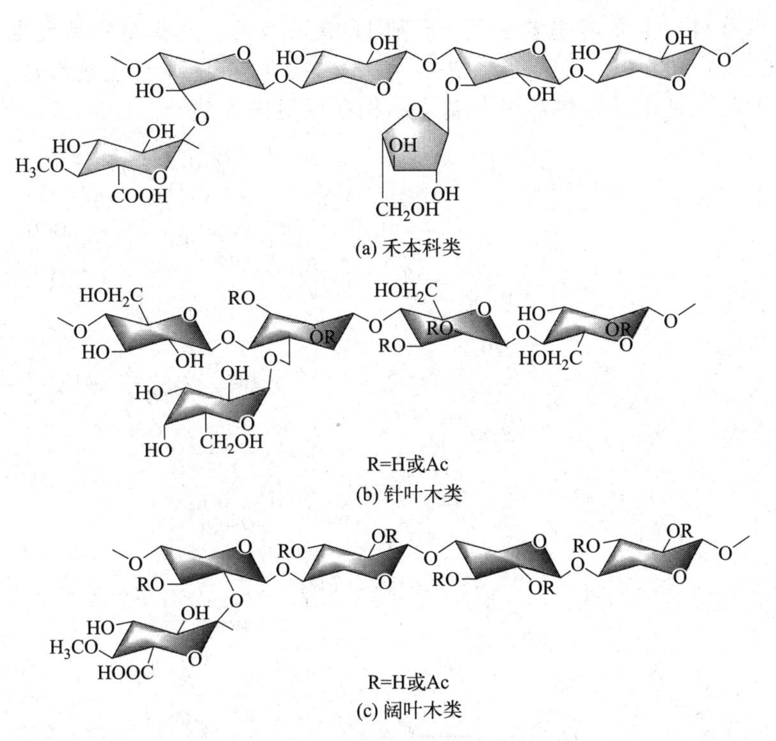

图 9-4　不同植物原料的半纤维素种类

化学法、物理法和生物法预处理均可提取半纤维素，为了减少单一预处理方法的局限性，可将各种预处理方法联合用于提取半纤维素。将超声辅助法、微波辅助法、蒸汽爆破法、碱法、混合有机溶剂萃取法等各种方法联合使用，能够提高生物质组分的提取效率，具有许多显著优势。与单一化学或物理的预处理方法相比，联合预处理方法可以有效提取木质纤维中的半纤维素组分，并且有效抑制乙酰基官能团损失，同时可制备得到纳米半纤维素组分。此外，联合预处理可有效降低反应时间和反应温度，同时提高半纤维素得率，有利于绿色化学概念的深化和可持续发展战略的践行。联合预处理所得半纤维素溶出率较高，但是半纤维素在剧烈反应条件下容易进一步转化成小分子物质，导致最终回收率较低，难以获得特定结构的半纤维素；此外，超声及微波预处理涉及精密仪器，只能小批量处理木质纤维素，难以实现工业化应用。因此，联合预处理提取半纤维素还需要开展更深入的研究，以促进半纤维素高值化利用及工业化生产。

9.1.3　木质素

木质素是木质纤维植物细胞壁中的三大组分之一，是植物界中仅次于纤维素的天然高分子化合物，是纸浆造纸和新兴的纤维素乙醇工业的主要副产品。化石燃料的大量消费及其对环境的负面影响，导致木质素成了基于化石燃料产品的潜在替代品。虽然每年生产超过 5×10^7 t 的木质素，但只有不到 2% 的木质素实现了高值化利用，主要包括混凝土添加剂、稳定剂、分散剂和表面活性剂等，剩余的用作低级燃料燃烧，导致严重的木质素浪费。

木质素化学结构复杂，会因植物种类、生长地点和生长周期的不同发生变化，具体结构至今仍未被完全确定。木质素主要含有对羟苯基丙烷（H）、愈创木基丙烷（G）和紫丁香基丙烷（S）这 3 种结构单元（对应的前驱体分别是香豆醇、松柏醇和芥子醇），裸子植物（针叶材）木质素主要由 G 单元组成，被子植物（阔叶材）木质素主要由 G 和 S 单元组成，单子叶植物（禾草科）木质素主要由 G、S 和 H 单元组成，这些结构单元通过醚键（β-O-4、α-O-4、4-O-5$'$）和 C—C 键（β-β、β-1、β-5、5-5$'$）等共价键连接形成三维网状结构。木质素分子模型与三种木质素单体及其基本结构单元见图 9-5。

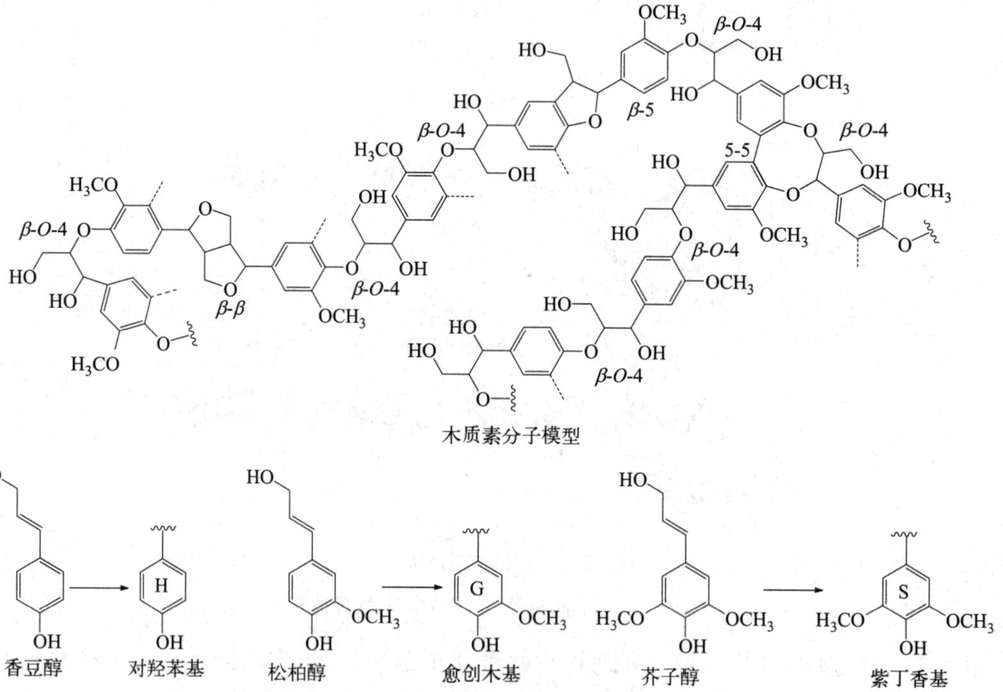

木质素分子模型

香豆醇 对羟苯基 松柏醇 愈创木基 芥子醇 紫丁香基

图 9-5 木质素分子模型与三种木质素单体及其基本结构单元

根据木质素的分离原理，可以将木质素的分离方法分为两大类。第一类是生物酶解法，将碳水化合物（纤维素和半纤维素）采用纤维素酶水解的方法尽可能去除，而保留残渣木质素，这类木质素的代表主要有纤维素酶解木质素、酶弱酸解木质素、预润胀纤维素酶解木质素等。第二类是溶剂法，采用酸性、碱性、有机溶剂溶解或结合物理研磨的方法提取木质素，代表性的方法是有机溶剂（例如不同浓度的 1,4-二氧六环，一般有 80%、85%、90%、96%，最常采用的是 96%二氧六环水溶液）提取制备磨木木质素。当前研究发现采用可设计的低共溶溶剂体系，先溶解其中的木质素部分，然后加入一定的丙酮或乙醇溶剂提高木质素溶解性从而分离出不溶纤维素组分，再利用反溶剂析出木质素，最后将此木质素残渣经过水洗纯化后获得木质素结构。这是近几年开发的木质素分离新方法，相较于传统方法，可获得接近原木木质素的结构。

木质素通过化学反应可以提高羟基的反应性或引入特定官能团，达到合成新化学位点的目的，通过溴化氢、硫醇、Fenton 反应等方法对木质素进行脱甲基化处理，将甲氧基转变为羟基，可以有效地提高其反应活性。图 9-6 为木质素合成新化学活性位点示意图。木质素的酯化反应大多通过与酸酐类试剂反应来实现，酯化改性可以有效降低木质素的极性，提高其与其他材料的共混性能。木质素在酸或碱催化条件下和苯酚反应，将更多的酚羟基引入木质素结构中，可有效增加其反应活性。胺化改性增加了木质素单元中活泼氢的数量，从而提高其反应活性。曼尼希（Mannich）反应是最常见的方法之一，木质素酚羟基的邻、对位以及侧链上羰基的 α 位上较活泼的氢原子可以与脂肪胺进行反应，将胺基引入木质素中，合成新化学位点，可以有效提高木质素的反应活性、功能性及其与聚合物的相容性，但此类方法一般涉及昂贵催化剂、强酸、强碱、有毒有害试剂的使用。

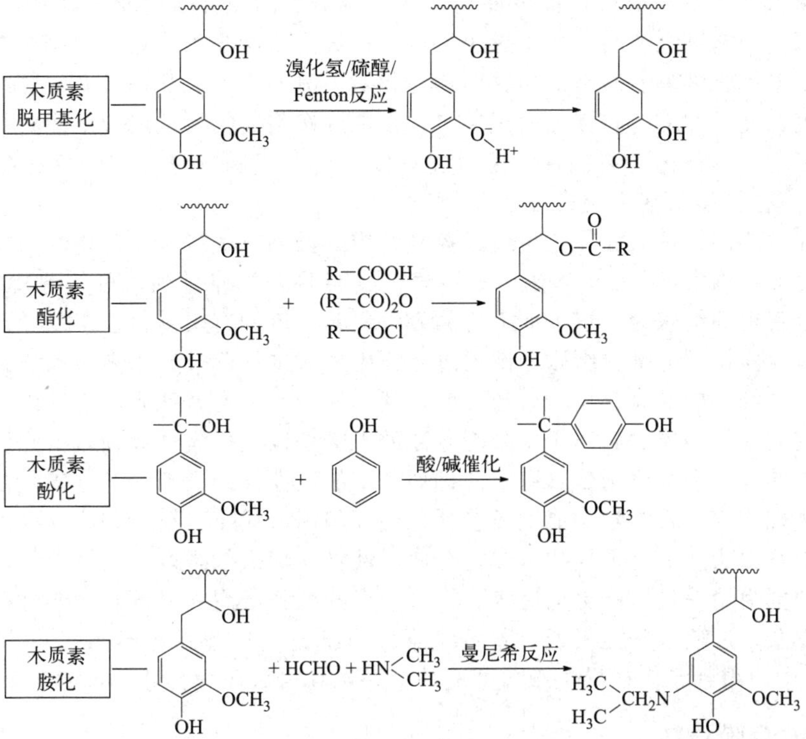

图 9-6　木质素合成新化学活性位点示意图

9.2　纤维素基功能材料

纤维素是地球储量最为丰富的生物质材料，这种 D-葡萄糖单体通过 β-1,4 糖苷键相互连接而成的线性高分子物质广泛存在于棉花、木材、竹藤等植物中，具有可再生、可持续、可生物降解、生物相容性好、化学稳定性强等一系列优点。近年来，纤维素基纤维、薄膜、气凝胶、水凝胶等功能材料发展迅速，实现了在纺织、包装、能源、医药等领域的应用。

9.2.1　纤维素功能纸材料

纸张是纤维素材料诸多存在形式中历史最为悠久和应用最为广泛的一种，随着造纸技术的飞速发展，丰富的纸类产品极大改善了生产与生活方式。由于纤维素纸价格低廉、环境友好、机械性能优异且易加工，纤维素纸得到了功能化开发并成功应用于能源、传感、光电子、柔性电子等新兴领域，其中纸基功能材料在能源转化器件中的应用显著促进了绿色能源的发展，对我国生态文明建设起到了推动作用。

基于纤维素原料制备的纸张是日常生活与生产过程中必不可少的产品，其性能与应用领域也在不断发展和进步中。纤维素纸的功能化根据时序可以分为“前处理”与“后处理”，其分别发生在纸张成形前后。物理法主要包括纤维素纸自身微纳结构的构建，以及与其他活性材料的复合，两者均可实现对纸张性能的调控并赋予其一定功能性。纳米纤维素是将原生纤维经机械剥离或化学处理后得到的纳米尺度（直径＜100nm）纤维，根据制备方法的不同，将纳米纤维素分为纤维素纳米纤丝（CNFs）和纤维素纳米晶（CNCs）。基于纳米纤维素构建的纳米纸在光学与机械性能方面均有显著提升。将 CNFs 分散于水中得到均匀分散液，后续通过真空辅助抽滤与常压干燥手段可制得纤维素纳米纸。由于 CNFs 具有较高的长径比，使纤维素纳米纸具有紧密的内部结构与相对平滑的表面，从而具有较高的透明度以及可调控的雾度；此外 CNFs 间接触面积较大，强氢键作用使纳米纸展现出优异的机械强度及韧性。由于 CNCs 具备自组装特性，可通过蒸发诱导方式制备具有结构色的纤维素纸（薄膜），其在液晶材料等光电子领域的应用前景广阔。

除了调控纤维的物理尺寸，也可通过控制纤维的排列方式以实现纸张的功能化。对于上述具有结构色的纤维素纸，CNCs 按照一定角度旋转并有规律排列，可实现特殊光学特性。传统由纤维制备得到纸张为“自下而上”的方法，然而近期有文献报道了以“自上而下”的方式制备具有定向排列纤维的纸张，即通过对原生木材进行部分脱木素与压缩处理，所制备的“纸张”中的纤维按照原有树木生长方向排列，该纸张具有特殊光学特性以及各向异性的机械性能与浸润性能，成功应用于太阳能电池的光管理以及微流体等领域。此外也可通过静电纺丝与预拉伸等技术手段制备具有定向排列纤维的改性纤维素纸和纤维素复合纸。

此外，物理法构建纤维素功能纸还包括打印或印刷、涂布、掺杂和溶解再生等方法。相比打印与涂布等方法，溶解再生技术往往会使活性材料深入纸张内部网络结构，从而使复合纸的整体结构更为均一且性能更加稳定。将已成形的纸张浸泡在分散有功能材料的溶液中同样可以实现掺杂。近期有研究者通过将纤维素面巾纸分别浸泡在石墨烯、碳纳米管和 MXene 的分散液中，得到了多种导电纸，并成功应用于高灵敏压力传感器件的制备中。

9.2.2　纤维素膜材料

膜分离技术作为一种绿色、高效的分离方法被广泛用于水净化、物料分离、化学电池、生物医药和食品生产等多个领域。然而，传统聚合物膜在废弃后面临难降解的问题，在自然界中易形成“微塑料”并进入生态循环威胁人类健康。因此，基于可降解特性的生物基膜材料进入研究人员的视野。目前，淀粉膜、蛋白膜和纤维素膜等都有优异的表现，其中源自植物的生物材料纤维素凭借其来源广泛、成本低廉和易生物降解等优点成为生物基膜材料的研究热点。

纳米纤维素与 PVA 极性相近，可有效提高其力学、热学等性能，拓宽其应用范围。可使用氢溴酸水解纤维素制得纳米纤维素，加入 PVA 水溶液，充分搅拌后利用溶液浇铸法制备纳米纤维素/PVA 薄膜。纯 PVA 薄膜拉伸强度是 49MPa，1.5mol/L 的氢溴酸水解纤维素制得的纳米纤维素在相同的添加量时，拉伸强度增加到 73MPa，增加了 49%，2.5mol/L 的氢溴酸水解纤维素制得的纳米纤维素在相同的添加量时，拉伸强度则增加到 79MPa，增加了 61%。正是由于纳米纤维素与 PVA 之间强烈的分子间作用力，复合材料薄膜的力学强度能有明显的上升。在 PVA 溶液中添加纳米纤维素，采用溶液浇铸法可以制备厚 100nm 的纳米膜。对薄膜进行力学分析发现其弹性模量随着纳米纤维素添加量的增加而增大，当添加 10%纳米纤维素时，弹性模量增大 40%；薄膜的拉伸强度与弹性模量有着相似的规律，这不仅与纳米纤维素和 PVA 的相互作用有关，还与纳米纤维素本身的网状结构有关。

纤维素本身难溶于大部分有机溶剂，因此可用于耐溶剂纳滤膜的制备，研究通过醋酸纤维素去乙酰化和热处理的方法制备了一种可降解的耐溶剂纳滤膜。该膜通过热处理降低了去乙酰化过程基团脱离带来的性能损失，在面对如 *N*,*N*-二甲基乙酰（DMAc）、*N*-甲基吡咯烷酮（NMP）等有机溶剂时，具有较高的分离性能。同时，该纤维素膜具备良好的生物降解性，在 24h 纤维素酶溶液中能够自然降解。该方法将使可持续制造的纤维素可降解膜不仅在有机溶剂纳滤应用领域，而且在膜技术领域取代化石基聚合物，实现真正的可持续分离。

此外，当前纤维素膜在摩擦纳米发电材料、柔性介电材料和工程薄膜的大规模制造领域都展现出了一定的应用潜力。

9.2.3　纤维素气凝胶材料

气凝胶作为最轻的固体材料，由于其低密度、高孔隙率、高比表面积、低热导率和生物相容性等特点，在热调节、能量收集和储存、传感器、环境修复和生物医学领域展现出越来越大的应用潜力。在气凝胶的各种物理性能中，机械响应受到很大的关注。力学性能的变化是限制气凝胶应用的重要因素，改善气凝胶的力学性能主要集中在提高气凝胶的压缩性能和弹性性能。弹性气凝胶由于其高回弹性、弹性和形状恢复性能而被积极研究，其从大的压缩应变恢复的能力有广泛的应用，如电信号传感、水处理、隔热和隔音、空气过滤和能量储存。超弹性气凝胶可以通过利用石墨碳、重构聚合物和陶瓷亚微米宽纤维的固有超弹性来实现。除了固有的弹性，还可以引入连续的亚微米纤维和交联网络结构向气凝胶提供额外的弹性。

近年来，纳米纤维素，特别是纤维素纳米纤丝已被广泛用于构建具有高比表面积和优异机械性能的气凝胶。由于 CNF 气凝胶具有高的比表面积和丰富的极性官能团，因此可以通过冷冻干燥水性 CNF 悬浮液来制备超轻质气凝胶，从而显示出其优异的结构完整性。虽然 CNF 气凝胶显示出良好的可压缩性，90%的应变下结构不塌陷，但压缩的气凝胶通常显示出较差的弹性并且不能恢复到原始状态。弹性的缺乏归因于非弹性的微观结构和相邻 CNF 之间形成的强氢键。弹性 CNF 气凝胶虽然可以通过单向冷冻方法制备，但获得的气凝胶纵向的弹性性能达不到要求。弹性 CNF 气凝胶也可以通过自上而下的方法从木材中选择性地去除木质素和半纤维素来制备，但是获得气凝胶仅显示出沿径向方向的弹性性能。

相关研究表明，超弹性 CNF 气凝胶可以通过双冰模板法合成（图 9-7），第一，将 TEMPO 氧化的 CNF（3～5nm 宽，500～1000nm 长）在－196℃下组装成具有弹性的连续

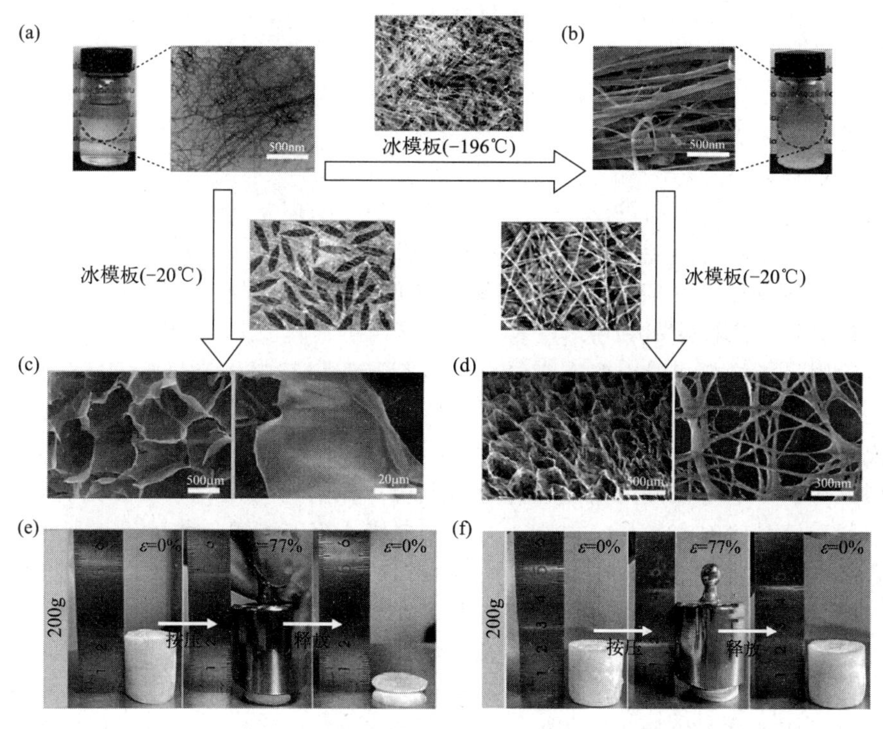

图 9-7　常规和超弹性纤维素纳米纤丝气凝胶的组装过程

亚微米纤维（100～200nm 宽）；第二，通过在－20℃下冷冻预组装的亚微米纤维构建增强体弹性的分级层状纤维结构。由于这两个过程都是通过冰模板技术实现的，因此这种策略被称为双冰模板组装（DITA）。与常规 CNF 气凝胶相比，DITA 工艺制备的 CNF 气凝胶在径向和纵向都具有优异的弹性性能，在去除 200g 重量砝码后，该 CNF 气凝胶可以恢复到其原始尺寸。这种优异的弹性归因于互联的超弹性亚微米纤维的存在。

同时通过甲基三甲氧基硅烷（MTMS）改性后的 MTMS-CNF 气凝胶具有优良的疏水性能和吸附性能。由于低密度，CNF 气凝胶显示出对各种油和有机溶剂的高吸收能力，范围为其自身质量的 234～489 倍，显著高于目前报道的大多数气凝胶。CNF 气凝胶显示出非常低的热导率，低至 0.023W/mK，并表现出优异的隔热和红外屏蔽性能。此外，纤维素基气凝胶材料复合材料在水处理领域、传感领域和保温隔热领域均展现出一定的应用潜力。

9.2.4 其他纤维素基功能材料

（1）纤维素基胶黏剂材料

据估计，2010 年我国使用胶黏剂约 1200 万吨，其中又以“三醛胶”为主，即脲醛树脂（UF）、酚醛树脂（PF）、三聚氰胺-甲醛树脂（MF）。每种胶黏剂的适用场合各异，通常情况下，UF 适用于室内，PF 适用于室外，而 MF 主要适用于人造板表面加工、浸渍纸处理。由于我国人造板产品主要用在家具制造和室内装修领域，因此 UF 的使用量占各个木材胶黏剂用量的 80％以上。近年来，随着市场对防水板材的需求增加，三聚氰胺-脲醛-甲醛树脂（MUF）及聚氨酯（CPU）的用量有所提高。其他用于木材工业的胶黏剂还包括聚乙酸乙烯酯乳液胶黏剂、热熔胶、橡胶类胶黏剂、木质素胶黏剂、单宁胶黏剂、蛋白胶黏剂（主要是豆胶）、淀粉胶黏剂、纤维素胶黏剂等。一定量的纤维素加入可提高大豆蛋白胶黏剂的黏接强度和耐水性；在 UF 中添加了 5％纳米纤维素后，剪切强度明显增加，为（13.8±1.4）MPa，同时胶黏剂的韧性提高，进而提升胶合强度。添加纳米纤维素后，MF 涂饰后单板的色牢度比不添加纳米纤维素及不涂饰 MF 的杨木单板都要高。此外，添加纳米纤维素后，单板表面的耐磨性也显著提高。

（2）纤维素基涂料

随着国家节能减排倡导的提出，加上人们日益增强的环保意识，涂料市场也在发生着深刻的改变。传统的涂料对环境、人体都有不利的影响，已经不适应时代的发展需求，所以科研人员都致力于研究和开发环境友好型的绿色环保涂料。涂料按挥发特点可分为溶剂型涂料、无溶剂型涂料、水性涂料和粉末涂料。

溶剂型涂料是指涂料组成中含有大量有机溶剂，依靠其中的有机溶剂挥发而干燥成膜，如醇酸漆、硝基漆，这类涂料因有机溶剂挥发所以对环境有一定污染。无溶剂型涂料一般均为双液反应型，即分成树脂和硬化剂，有时需特殊添加剂，如抗氧化剂、抗 UV 剂、热稳定剂、流展剂等，一般均在使用前加入树脂中混合，然后再与硬化剂交联反应而成为涂料。常见的无溶剂双液型涂料有：环氧树脂、丙烯酸树脂、聚氨酯等。水性涂料所用的树脂是以水为载体合成的，目前广泛应用的有水性丙烯酸涂料、水性聚氨酯涂料等。其与溶剂型涂料相比，最大的优点就是挥发性有机物含量较低、无异味、不燃烧且毒性低，但也存在耐水性和耐溶剂性差、硬度低、光泽和丰满度差及干燥速度慢等缺点。粉末涂料是粉末状的涂料，没有溶剂，多用于建筑领域。纳米纤维素拥有高强度、高硬度、低密度、可降解等特性，使其拥有其他涂料所不具备的优势，此外，制备纳米纤维素时为了防止其团聚通常在水溶液中进行，用其对水性涂料改性更有利于分散均匀。

9.3　半纤维素基功能材料

长期以来，纤维素和木质素被广泛应用于造纸、食品、化妆品、医药卫生和石油工业等领域。相比而言，由于半纤维素分子的分支度高，具有多分散性以及无定形等结构，从而使含量仅次于纤维素的半纤维素未被充分利用，造成了资源的流失。随着半纤维素分离纯化及改性技术的不断发展，其在造纸、食品、包装、能源、化工、环保和生物医药等领域表现出了潜在的应用价值。半纤维素具有无定形结构，与纤维素相比，其易在普通溶剂中溶解和化学改性，具有较好的加工性能。并且，半纤维素的主链和侧链上含有大量羟基、羰基、羧基和乙酰基等，可以利用这些基团对其进行酯化、醚化、氧化及交联等改性，改变其部分理化性质如溶解性、热稳定性和生物活性等，进而获得不同性质和不同功能的半纤维素基材料。近年来有关半纤维素基膜材料、水凝胶、医用材料、吸附材料和催化剂载体等的研究较多，可为开辟木质纤维生物质高值化利用途径提供一定的借鉴。

9.3.1　半纤维素膜材料

目前，日常生活中见到的大部分包装材料都由石油基不可再生资源制备，难以降解，长期使用会造成环境污染。木质纤维生物质基膜材料与之相比具有可再生、易降解、原料来源广泛等优点。相对于纤维素，半纤维素分子量较低，膜的强度较低，但其具有易成膜、易改性和加工性能好的优点。因此，近年来关于半纤维素膜方面的研究取得了较大进展，主要有包装材料、食品包覆膜和可食性食品包覆膜等。

基于外观形态和用途，生物质基膜通常包括平板膜和中空膜，其制备工艺存在明显差异。半纤维素膜材料一般都是平板膜，通常采用共混流延、浇铸以及将成膜液置于平整的容器中进行干燥成膜等方法制备。半纤维素平板膜制备的常用工艺流程如图 9-8 所示。然而，为了改善半纤维素膜的性能或赋予半纤维素膜一些特性，常常将一些增塑剂或增强剂等与半纤维素膜液混合，或者对半纤维素进行化学改性获得综合性能优异的半纤维素膜。

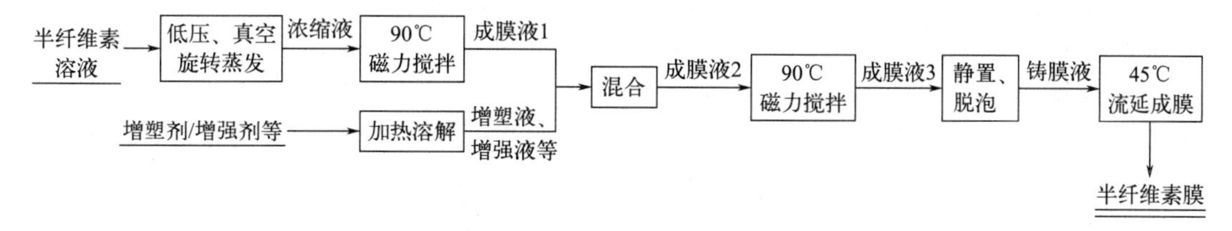

图 9-8　半纤维素平板膜制备的常用工艺流程

几乎所有的半纤维素膜都具有质脆、韧性和强度不够的缺点，需要进行塑化来提高其柔韧性。为了改善半纤维素膜的柔韧性，通常加入塑化剂如丙三醇、山梨醇和木糖醇等。有研究将木糖醇和山梨醇分别加入葡萄糖醛酸木聚糖中，当塑化剂质量分数为 20%时，薄膜具有较高的拉伸强度，但比较脆，断裂伸长率仅为 2%，随着塑化剂用量增加，薄膜的断裂伸长率逐渐增大，但拉伸强度下降；当两种塑化剂质量分数均为 50%时，山梨醇塑化膜的断裂伸长率约为 10.5%；而木糖醇塑化膜的断裂伸长率约为 8%，并且通过同步辐射小角 X 射线散射和差示扫描量热法发现了明显的木糖醇晶相，这不仅不利于塑化，而且会使得薄膜碎裂，因此相对来说山梨醇塑化的薄膜柔韧性更好。

为了提高半纤维素膜的强度，有研究将纳米材料混合到膜材料中，当向木聚糖膜中添加

7%的磺化纳米纤维素晶须时，膜的抗张能量吸收能力提高了 445%，拉伸强度提高了 141%。将半纤维素与其他天然或合成的高分子聚合物进行共混制膜，也可提高半纤维素膜的强度性能。利用季铵化的半纤维素与无机蒙脱土通过静电、氢键作用等制备出半纤维素-蒙脱土复合膜材料，半纤维素穿插于蒙脱土片层之间，具有良好的热稳定性和强度性能。

利用半纤维素膜作为包装材料，要求其具有机械强度高和柔韧性好的性能。然而，目前大部分的半纤维素膜存在强度低、易脆易碎、柔韧性差的问题，限制了其在包装行业的推广应用。尽管有研究通过加入增塑剂、增强剂或化学改性等方法来改善其柔韧性或强度性能，但强度和柔韧性往往不能同时得到改善。

9.3.2　半纤维素基水凝胶材料

水凝胶是以水为分散介质的交联聚合物，当其放入水中时能够吸收大量的水分，迅速溶胀而不被溶解。基于水凝胶高效吸水、保水以及生物可降解等优良特性，其在生物医药、食品、农业、环境等领域得到广泛应用。半纤维素基水凝胶的制备方法总的来说可分为化学交联法、物理交联法。相对而言，化学凝胶比物理凝胶更稳定，但是，由于半纤维素不能自成凝胶，凝胶性能较差，机械性能没有纤维素基水凝胶好，因此需要借助其分子结构上的羟基，与高分子化合物以氢键、微结晶和离子相互作用形成互穿或半互穿网络结构，改善半纤维素基水凝胶的机械性能。半纤维素基水凝胶制备方法包括化学交联法和物理交联法：

（1）化学交联法

化学交联法以自由基聚合为主，包括光引发自由基聚合、酶引发自由基聚合以及微波辐射辅助的自由基聚合等。半纤维素结构单元中含有较多羟基，但羟基的活性有限，在化学法制备水凝胶时需要对半纤维素进行改性，引入活性基团。将丙烯酸单体接枝共聚到黄竹半纤维素分子链上制备具有多重响应的半纤维素基水凝胶，在其三维网络中存在大量的阴离子羧基，具有极强的水溶胀性，同时，该水凝胶对 pH 值、离子强度及种类、有机溶剂具有多重响应行为。利用光辐射产生的自由基引发单体聚合成凝胶的方法，具有绿色环保、反应条件温和等优点。利用马来酸酐与半纤维素中的羟基发生酯化反应，在半纤维素结构单元中引入双键，之后在紫外光引发下，以 2,2-二甲基氧基-2-苯基苯乙酮为引发剂，与 *N*-异丙基丙烯酰胺反应得到温敏型水凝胶。当马来酸酐改性的半纤维素由 20%增加到 70%时，水凝胶的最低临界溶解温度由 27℃升高到 32℃；随着外界温度的升高，含马来酸酐改性半纤维素 20%的水凝胶最大润胀率随之下降，当外界温度由 25℃上升到 28℃时，其最大润胀率由 600%下降至 250%。酶引发的自由基聚合也具有反应条件温和、效率高的特点，一般不使用化学引发剂和有机溶剂，所得水凝胶生物相容性好，在生物组织工程等领域具有广泛应用。微波辐射结合自由基引发剂也经常被用于自由基聚合制备水凝胶。半纤维素也可直接通过化学反应交联制备水凝胶，如从云杉热磨机械浆废水中分离的半纤维素与苯胺五聚体在碱性条件下，利用环氧氯丙烷作为交联剂，一锅法制备具有导电性能的水凝胶，但环氧氯丙烷的加入会使得水凝胶的生物可降解性下降，因此需要控制其加入量。

（2）物理交联法

水凝胶的物理交联主要是通过分子间作用力如氢键、离子键、结晶等形成。物理交联制备过程不需要化学试剂形成化学键，通过一定的物理手段即可实现水凝胶内部结构的良好稳定性和生物相容性，近年来逐渐受到关注。氢键、结晶或静电作用是目前物理交联法最常见的作用方式，除此之外还有冻融技术以及与无机纳米粒子复合等物理交联法。将从杨木中分离的木聚糖与壳聚糖混合成胶，随着壳聚糖的加入，成膜能力逐渐增强，将薄膜在水中浸泡后即得到水凝胶，壳聚糖在凝胶中以离子形式存在，在成膜过程中形成微晶，在凝胶网络中起到物理交联点的作用。冻融技术指的是先对聚合物溶液进行冷冻一段时间，然后在室温下解冻，进而使聚合物通过物理作用交联成胶的方法。冻融技术用于半纤维素水凝胶的制备具有不使用任何交联剂、生物相容性好的优点。利用半纤维素、聚乙烯醇和几丁质纳米晶须混合，在通过多次冻融循环处理后，使得分子间氢键诱导上述 3 种聚合物形成物理交联链堆积。随着冻融次数增加，水凝胶的热稳定性、结晶度和抗压强度等性能都得到明显提高。

将无机纳米粒子如黏土纳米片或纳米 TiO_2 引入凝胶不仅可以提高凝胶的机械强度和溶胀性，还可根据添加纳米粒子种类的不同赋予凝胶电化学响应性、磁敏感性及紫外吸收性等性能。将半纤维素与合成高分子聚乙烯醇混合，通过物理交联也可以制备机械强度高、可生物降解的混合水凝胶，将马来酰化的山毛榉聚木糖在酸性条件下与不同量的聚乙烯醇在 70℃保持 4h，得到二者混合的水凝胶，其能够吸附自身质量 10～30 倍的水，该水凝胶不具有细胞毒性，有望应用于生物医药领域。

9.3.3 其他半纤维素基功能材料

（1）吸附材料

生物质吸附剂由于来源于可再生资源、具有环境友好的优点而受到广泛关注。利用半纤维素分子链上的羧基，通过对其进行改性可获得羧甲基化半纤维素，羧甲基化半纤维素可作为吸附材料用于吸附废水中的重金属离子。利用羧基化的蔗渣半纤维素吸附 Cu^{2+}、Pb^{2+} 和 Cd^{2+}，研究结果表明：吸附 Cu^{2+} 和 Pb^{2+} 的最佳 pH 值为 5.5，而吸附 Cd^{2+} 的最适 pH 值为 7.5，且随着离子初始浓度的增加吸附容量增大。利用木聚糖分子链末端还原羰基与壳聚糖分子链上的氨基进行反应，可制备具有多重结构和多个吸附位点的木聚糖-壳聚糖-纳米 TiO_2 杂化高效吸附材料，具有高度多孔结构和较高的比表面积，对多种重金属离子如 Cu^{2+}、Cr^{6+}、Ni^{2+} 和 Hg^{2+} 等具有优良的吸附能力，且该吸附为单分子层吸附，对重金属离子在高浓度下的吸附效果更好，经过 4 次吸附-解吸循环后，仍然保留 80%的吸附能力。

（2）医用材料

壳聚糖本身具有抗菌、无毒、生物相容性和可生物降解的优点，可用壳聚糖对半纤维素进行改性，拓宽半纤维素的高值化应用途径。壳聚糖改性半纤维素主要是利用壳聚糖分子链上的氨基与半纤维素分子链上的末端羰基发生 Maillard 和席夫碱反应制备半纤维素基医用材料。有研究将玉米芯半纤维素与壳聚糖及其衍生物进行 Maillard 反应，制备出木聚糖-壳聚糖-锌的复合材料，该材料的抗氧化能力和抗菌性分别是壳聚糖的 2.5 倍和 5 倍，对大肠杆菌、金黄色葡萄球菌、沙门氏菌等具有优良的抗菌性。利用壳聚糖分子链上的氨基与半纤维素分子链上末端还原羰基发生席夫碱反应，并与经过表面活性剂改性的纳米 TiO_2 复合，构建出的新材料具有优良的止血功能和抗菌活性，其对兔耳动脉创面止血时间为 1min，出血量仅为 0.08g，明显优于市场上同类产品，如明胶海绵和止血海绵；同时，生物相容性试验表明该复合材料还对人胚肺成纤维细胞无细胞毒性，具有良好的生物相容性；对肺炎双球菌处理 2h 后，其抑菌率接近 100%，对金黄色葡萄球菌处理 4h，抑菌率接近 100%。羧甲基化半纤维素也可用于医药方面，具有提高免疫功能的作用，防止化疗引起的骨髓抑制，其效果优于其他天然多糖羧基化衍生物。同样，通过对木聚糖半纤维素进行阳离子化改性，获得具有一定抗菌性的阳离子木聚糖半纤维素，能够抵抗某些革兰氏阴性和革兰氏阳性细菌的侵蚀。

（3）催化剂载体

在众多有机分子合成反应中催化技术是实现绿色化学的重要途径。由于均相催化剂具有难回收、易失活及成本高的特点，近年来负载型固体催化剂得到了更多关注。目前固体催化剂载体可分为无机材料（金属氧化物、硅胶、沸石、碳材料等）和合成有机聚合物材料（聚乙烯、聚丙烯、聚苯乙烯等），虽然都有一些优点，但也存在成本高、原料不可再生、制备过程复杂烦琐以及不环保等缺点。半纤维素是一类制备环境友好型催化剂的理想载体材料，因为具有链状的分子结构和较高的比表面积，可为催化活性组分提供充足的稳定点，大量的羟基、羧基、羰基等活性功能基团具有较好的配位能力，能够有效地螯合和稳定金属离子和纳米颗粒，从而制得稳定的催化剂。

利用半纤维素作为催化剂载体，可通过氢键、范德华力等分子间作用力将活性组分吸附到固体载体表面制备催化剂，主要方式有浸渍法和包埋法，或者利用醚化及酯化等化学方式把活性组分引入到半纤维素表面，合成功能化半纤维素配体，然后再与金属配位获得负载型金属催化剂。利用一氯乙酸对木聚糖进行醚化改性形成含 O 配体的半纤维素基载体，然后通过原位还原-沉积的方法制得含 O 配体固载的钯纳米催化剂。该催化剂用于催化碘代芳烃及溴代芳烃和烯烃间的反应，产率高达 99%，并且重复使用 5 次后仍保持了 92%的活性；经过异质性测试，在催化反应过程中钯元素的流失量基本可以忽略，说明半纤维素在该催化剂中还起到稳定剂的作用。利用吡啶对木聚糖类半纤维素进行改性，并进一步制备吡啶半纤维素作为载体的钯纳米粒子催化剂，用于催化芳基硼酸和芳基卤烃之间的反应，产率高达 98%，且该催化剂具有很好的稳定性和可重复使用性能。

9.4 木质素基功能材料

木质素是由苯丙烷结构单元连接的高度复杂的高聚物，但同时，木质素复杂的结构以及官能团赋予木质素不同于纤维素的结构特性和生物学活性。在实际生产中，木质素主要来源于化学制浆，是造纸工业的主要副产品，具有含量丰富、可生物降解、低成本、环境友好等优点。近年来，木质素的开发利用受到越来越多的研究者重视。到目前为止，木质素在能源、医学、农林、食品等领域已表现出巨大的应用前景。此外，木质素大量的活性位点为进一步拓展木质素的功能应用提供了便利，例如纳米胶囊、染料分散剂、生物油等高附加值产品。随着木质素功能特性研究的不断深入和完善，木质素在先进材料，如光电材料、声学材料、智能响应材料等方面的应用也有望取得新的突破。

木质素具有细胞壁结构的强度和刚性，是天然的胶黏剂和增强剂；木质素的苯丙烷大分子结构具有良好的水稳定性和疏水性；木质素丰富的酚羟基赋予木质素优异的抗氧化性、抗菌性以及紫外防护性，同时也提供了木质素的活性位点，为木质素的改性提供了便利；此外，木质素酚-醌可逆转化的氧化还原特性可使木质素作为优良的氧化还原电极。由于木质素高碳含量、低成本、可再生、来源广等优点，木质素在材料领域表现出巨大的优势。

9.4.1 木质素纳米材料

不同类型的木质素含有不同的官能团，表现出不同的分子质量和元素组成，导致木质素的结构复杂，难以确定。除了木质素本身结构的复杂性外，不同提取方法和制浆工艺也会导致木质素的复杂性和不均匀性进一步增加，这种在结构和形态上的异质性使木质素的利用受到限制，木质素纳米化处理是解决这种局限性有效方法之一。木质素纳米化后，其固有的异质性、分散性差和大颗粒尺寸等问题可在很大程度上被解决。另外将木质素加工到纳米级，能够有效地改善木质素的一些基本特性，为木质素的应用提供一种新的途径。早期的研究已经表明，木质素溶解在某些溶剂中时本身就是纳米级的胶体，但其形状和尺寸取决于所选择的溶剂及分析方法。

与原始木质素粉末不规则的形状和尺寸相比，木质素纳米颗粒（LNP）的大小可以被调控，形态控制也更容易。木质素的不同分子质量和官能团含量影响了 LNP 尺寸的大小，高分子质量和低亲水基团含量的木质素部分将形成小尺寸 LNP。LNP 由于粒径减小、比表面积和活性表面功能位点增加，相比原始的木质素具有优异的抗氧化性、抗菌性、紫外吸收性。LNP 作为纳米填料可以改善刚性、强度和韧性以及热稳定性等性能。LNP 在制备过程中形成的中空结构可用于药物传递、农业运载等。

目前已经开发了多种制备 LNP 的方法，可分为化学法、物理法和生物法。物理法即机械法，主要是通过均质机对木质素进行剪切，以及利用超声波在超声能量作用下破坏木质素分子键。此外，制备 LNP 的方法还有生物酶法，通过特定的酶来分解并去除木质素以外的物质，从而得到 LNP。利用不同的制备方法得到的 LNP 在产率、尺寸和形貌等方面具有差异。

（1）自组装法

自组装法是化学法中的常用方法，指在没有任何外部作用的情况下，由于某些特定的分子间非共价相互作用（如疏水、静电、氢键和范德华力）而产生有序或有组织的结构的过程。聚合物的疏水性与范德华力和 π-π 相互作用有关，强 π-π 相互作用是形成 LNP 的主要作用力。LNP 的中空结构与酚羟基有关，高酚羟基含量会使分子间氢键和静电作用力变强，使 LNP 的 π-π 相互作用形成的致密结构变弱从而形成中空结构。自组装法主要包括反溶剂沉淀法、酸沉淀法和透析法等。

1）反溶剂沉淀法

将过量的反溶剂加入溶有木质素的有机溶剂，诱发疏水效应驱动的自组装形成 LNP。通过溶剂转移结合超声波工艺制备的 LNP 生成迅速且容易分离，所使用的溶剂可以回收再利用，LNP 的尺寸随制备条件的不同而变化，包括木质素种类、木质素的初始浓度和超声强度等。将来自不同树种的木质素溶解在 γ-戊内酯（GVL）/水溶液（GWBS）中，以获得饱和木质素溶液（SLS）。SLS 与水通过溶剂交换形成的 LNP 最后经离心收集，所得上清液在真空下蒸发或用干燥剂干燥以除去水，用于回收 GVL。GWBS 可以大量溶解不同类型的木质素，包括来源于针叶木、阔叶木以及经过不同方法处理的木质素，这些优点将提高 LNP 大规模生产的可行性。除 GVL 外，溶剂交换法常用的有机溶剂还有四氢呋喃（THF）、二甲基亚砜、丙酮等。

2）酸沉淀法

将木质素溶解在有机溶剂或碱性水溶液中，降低溶液的 pH 值，利用木质素在不同环境下的溶解度不同，通过调节 pH 值的大小使木质素纳米化并沉淀。研究人员提出了一种从黑液中制备稳定且尺寸可控的 LNP 的方法，纳米粒子的大小可以通过调整系统的最终 pH 值来控制。研究发现将酸沉淀和超声相结合是快速制备 LNP 的绿色方法，只需 5min 的超声处理就产生了具有分级纳米结构和高负表面电荷的球形 LNP。超声处理的木质素无需事先干燥和透析，该方法最大限度地减少了酸的消耗，具有直接处理高浓度木质素碱性液体的潜力。

3）透析法

与反溶剂沉淀法相似，透析法是在溶剂交换过程中利用透析材料的选择性来制备浓度均匀的 LNP 溶液的方法。将 HNO_3 溶液缓慢滴加到溶解有碱木质素的乙二醇溶液中，连续搅拌后用超声处理，同时将溶液置于冰水浴中控制温度，在去离子水中透析后经冷冻干燥得到固体 LNP。该方法制备的 LNP 在保持木质素化学结构完整性的同时，热稳定性和有机溶剂（乙醇、丙酮和四氢呋喃）溶解度明显增加。将不同浓度的硫酸盐木质素溶解后，以 THF

为溶剂制备的 LNP 更加匀称。在 THF 中，经过注射器过滤后将其引入透析袋，然后浸入过量的去离子水中，LNP 的透析过程要在通风橱中缓慢搅拌至少 24h。与以乙二醇为溶剂制备的 LNP 相比，由于 THF 的极性较小以及对木质素的溶解性更好，以 THF 为溶剂制备的 LNP 更加匀称。

（2）机械法

机械法是通过施加一定的外力使木质素溶液发生界面反应从而使木质素纳米化的方法。机械法以高剪切均质法和超声波法为主。机械法制备的 LNP 多为粉末状，有成本低廉、绿色环保等优势，但尺寸和结构不够稳定。与原始木质素相比，机械法制备的 LNP 的结构和官能团变化不明显，保留了原始木质素的基本物理和化学性质，获得了更高的反应性。

（3）交联聚合法

交联聚合法是在两种互不相溶且分别溶解有两种单体的溶液的界面上进行交联聚合反应，制备 LNP 的方法。将硫酸盐木质素溶液加入含有表面活性剂混合物的辛烷中制备乳液，接着将环氧氯丙烷加入乳液，并在 55℃下通过搅拌促进环氧氯丙烷和木质素之间的交联反应，然后加入过量水使溶液分层，最后通过离心使油相（上层）与含有木质素颗粒的水相（底层）分离。通过醚化将木质素与烯丙基接枝，在硫醇交联剂的作用下烯丙基功能化木质素在微乳液的液滴界面发生硫醇-烯自由基反应形成纳米胶囊。

9.4.2　木质素基薄膜材料

近年来，为缓解不可降解塑料制品给环境和资源带来的压力，研究人员发现许多天然聚合物（淀粉、壳聚糖等）和一些合成聚合物（聚乳酸、聚乙二醇、聚己内酯等）可用于开发具有高附加值环保型复合功能材料。木质素是一种热塑性高分子化合物，在自然界中受到微生物菌落的作用可实现完全降解，相较于其他的生物可降解高分子材料具有成本低廉，且疏水性、紫外屏蔽、生物相容性好等突出优点。通过对木质素进行适当的改性、修饰或功能化，使其与其他材料发生物理、化学交联等反应，通过热压、共混、溶剂浇铸及旋涂等方法可成功制备出许多性能优异的木质素复合型多功能膜材料。木质素衍生复合膜材料的应用见图 9-9。

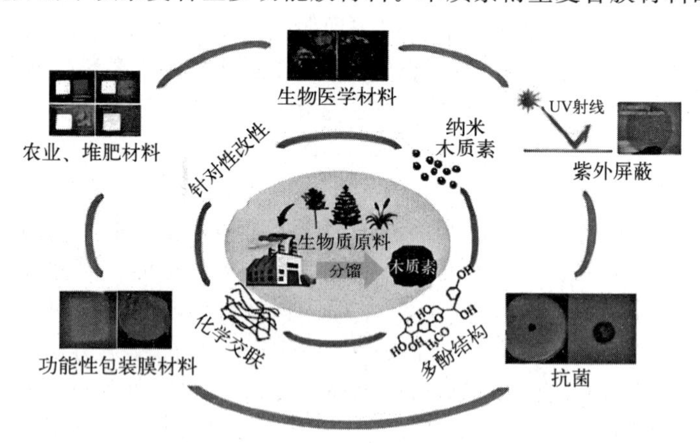

图 9-9　木质素衍生复合膜材料的应用

（1）木质素/天然聚合物复合膜

天然高分子聚合物具有多功能特性和良好的生物相容性，但单一材料制得的膜材料通常存在机械强度和疏水性差等问题。木质素是一种疏水性聚合物，可以改善天然聚合物膜材料的水蒸气阻隔性能。此外，木质素作为植物细胞中的天然“黏合剂”，还具有优异的韧性及强度，可以提高复合膜的机械性能，使其更好地应用于市场。

1）木质素/淀粉复合膜

木质素具有良好的耐水性，可以有效改善淀粉基薄膜材料易老化变脆、机械性能差、耐水性低等缺陷。羟基含量和分子量高的木质素与淀粉膜密度和刚度之间呈正相关关系，木质素的加入通常会增加复合膜的杨氏模量，使其能够承受更大的冲击力。而且分子量低的木质素可以提高木质素与淀粉之间的相容性，进而增强复合膜的机械强度。利用羟甲基化碱木质素制备的一种交联膜，其制备工艺流程见图 9-10。利用从油棕黑液中分离出的低分子量木质素制备淀粉基复合膜，较添加工业木质素制得的复合膜具有更高的耐水性及机械强度，拉伸强度可达（4.2±0.4）MPa，分别为工业木质素/淀粉膜和纯淀粉膜的 1.5 倍和 1.4 倍。

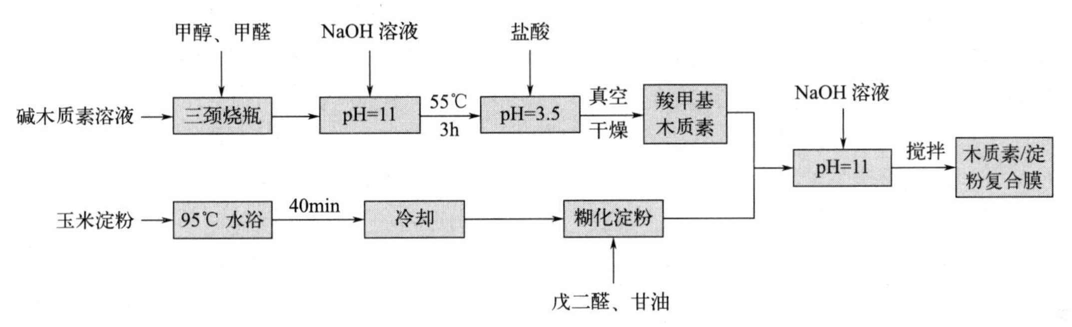

图 9-10　木质素/淀粉复合膜制备工艺流程

2）木质素/壳聚糖复合膜

由于木质素和壳聚糖之间存在较强的界面相互作用，木质素可以很好地分散在壳聚糖膜中。采用溶剂浇铸法制备木质素/壳聚糖共混膜，木质素与壳聚糖膜的相容性较好，与壳聚糖膜相比，共混膜的耐水性、玻璃化转变温度和降解温度均明显提高，拉伸强度由 43.3MPa 提高到 68MPa。研究发现，将木质素均质化为分子量较低的木质素纳米粒子可以使复合膜具有更好的相容性，制得的复合膜不仅具有较好的热稳定性和抑菌性，拉伸强度和杨氏模量也得到明显提高，且能屏蔽 98%的紫外光线，可以应用于食品包装行业。木质素/壳聚糖复合膜还可以用于金属离子吸附，进行废水处理。利用离子液体和 γ-戊内酯为助溶剂即可制备出具有较高吸附量的可降解功能薄膜。在 48h 内，木质素/甲壳素膜对 Fe（Ⅲ）和 Cu（Ⅱ）的最大吸附量分别为 84%和 22%，并且吸附后的水溶液稳定性好、易解吸、可重复使用，为木质素膜材料在水净化领域的应用提供了思路。

（2）木质素/合成聚合物复合膜

合成聚合物制备的膜材料机械强度虽高，但其成本较高且大部分聚合物不具备抗菌、抗氧化等功能，很难大规模应用于食品包装、农业地膜等领域。向合成聚合物中加入木质素可以降低共混膜的成本并赋予其紫外屏蔽、抗菌、抗氧化和疏水等特性，大大促进了生物可降解高分子材料的发展。

1）木质素/聚乳酸（PLA）复合膜

PLA 作为石油基聚合物的潜在替代品，具有良好的透明度和强度高等优点，但由于成本高、产率低、固有脆性和耐热性差等缺陷，阻碍了其大规模商业应用。而将木质素作为填充剂添加到 PLA 中，不仅可以保持 PLA 的生物降解性，降低成本，还可以提高其冲击韧性和耐热性，从而扩大 PLA 薄膜的使用范围。木质素在 PLA 基体中的分散效果会对共混薄膜的热性能和力学性能产生重要影响，为了改善其分散状况，利用 Pickering 乳液模板法可以得到分散性高、粒径较小的木质素纳米颗粒。木质素纳米颗粒使 PLA 的结晶度从 7.5%提高到15%以上，共混膜的杨氏模量从3.5GPa提高到4.0GPa，当木质素含量大于5%时，性能出现下降。将木质素经乙酰化处理也可以提高复合膜组分间的相容性，将经乙酰化处理的有机溶剂木质素和工业碱木质素分别与PLA复合发现，乙酰化木质素的加入抑制了PLA的水解，明显促进了组分间的相容性，提高了复合膜的断裂伸长率及热稳定性。木质素和纳米银的加入改善了PLA薄膜的机械性能、水蒸气阻隔性和热稳定性。并且，木质素分子结构中的芳环结构使得复合膜具有优异的紫外屏蔽作用，而纳米银在复合膜表面以银单质的状态存在，因此还具有良好的抗菌作用。

2）木质素/聚乙烯醇（PVA）复合膜

PVA是一种无毒、无污染的高分子聚合物，具有优异的力学性能、生物相容性和成膜性等特性，是乙烯基聚合物中唯一可生物降解的聚合物。木质素高分子结构侧链上含有大量羟基等活性基团，可以部分替代酚、多元醇进一步与PVA复合制备膜材料，改善纯PVA膜的耐水性差、热稳定性差及紫外吸收率低等缺陷。木质素磺酸盐与PVA具有较强的氢键作用及界面结合力，对PVA复合膜具有一定的增强作用。以戊二醛、甲醛为交联剂，碱木质素与PVA质量比分别为2∶10和2∶8，制备两种不同的交联薄膜，戊二醛交联的薄膜的表面较光滑，其断裂伸长率达到283%，拉伸强度达到36MPa。木质素以纳米粒子的形式存在可以使其均匀地分散在聚合物基体中，以此提高复合膜的界面相容性和机械性能。

3）木质素/聚丁二酸丁二醇酯（PBS）类复合膜

应用比较广泛的二元酸二元醇共聚酯系列主要有PBS和聚己二酸/对苯二甲酸丁二醇酯（PBAT）两种可降解材料，其中PBS是由丁二酸、丁二醇缩合聚合而成，综合性能与聚乙烯、聚丙烯等传统材料相当，具有非常好的可加工性、耐热性及力学性能。然而，共聚酯材料成本高、水蒸气阻隔性能差限制了其大规模应用，为了降低成本并保持其生物降解性，通常在共聚酯基体中添加一些价格低、可降解的填料。木质素虽价格低、可降解，但其分子结构复杂、容易聚集，与疏水聚合物不相容。为了提高木质素与共聚酯的相容性，可以利用马来酸酐（MAH）对木质素进行改性，并以柠檬酸三乙酯（TEC）为增塑剂加入PBS基体中，制备一种可降解的紫外线防护膜基材。PBAT归属于PBS类聚合物，是己二酸丁二醇酯、对苯二甲酸丁二醇酯的共聚物，综合了脂肪族聚酯优异的力学性能和热稳定性。木质素的加入可以提高PBAT复合膜的透气性，除此之外，研究人员已经提出甲基化、马来酸酐改性木质素可以提高木质素与聚合物的相容性，并且制备的复合膜中木质素含量虽高达60%，但仍具有较好的拉伸强度，完全达到国家包装标准，且成本较纯PBAT膜降低了36%。

4）木质素/聚己内酯（PCL）复合膜

PCL是一种半结晶型的脂肪族聚酯，具有良好的可加工性、生物相容性及生物降解性，但其缺点在于高结晶度导致的韧性较差、熔点过低、价格较高，不能单独用于薄膜的制备。因此，将木质素与PCL共混可以获得价格低廉、力学性能优异的可生物降解材料。可将生物乙醇副产物纤维素酶木质素用作填料，这是一种高度功能化的生物大分子，具有相对较低的分子量和多分散性，将这种木质素与PCL共混即可制得拉伸强度较高的共混材料，两者相容性良好且纤维素酶木质素的含量几乎不会影响共混物的热稳定性，但其断裂伸长率有所降低。木质素经改性后与PCL共混，能够提高两者的相容性及复合膜的力学性能。利用木质素纳米颗粒表面的羟基引发L-丙交酯和ε-己内酯开环聚合的方法，合成聚(丙交酯-ε-己内酯）接枝木质素纳米颗粒，然后用溶剂浇铸法将PLA、PCL与不同量的共聚物进行共混。研究表明，PCL和PLA的相容性良好，韧性和结晶性能得到提高，添加6%共聚物使其韧性比纯PLA提高了4倍。另外，掺入12%共聚物，使得PCL/PLA膜可以完全屏蔽中、短

波紫外线。

(3) 纯木质素基膜

在木质素膜制造过程中将丙酸：尿素（2：1）形成的低共熔溶剂（DES）用作聚合物溶液浇铸的单一溶剂，在 DES 中溶解木质素以形成聚合物浓度高达 25%的均匀溶液，以完全绿色的工艺通过溶解和浇铸制备纯木质素基膜。研究发现在壳聚糖基质中加入苎麻纤维和木质素，添加 20%木质素后，抗氧化活性提高 288%，吸水率降低 41.2%。在食品储存实验中，其包裹鸡胸肉的微生物生长数量远少于聚乙烯薄膜。木质素/壳聚糖复合膜在抗氧化、抗菌等方面具有明显优势，在食品包装领域显示出了巨大的应用潜力。

9.4.3 木质素基复合水凝胶

水凝胶是由化学或物理交联的均聚物或共聚物制成的具有 3D 网络的亲水聚合物。传统水凝胶通常表现出较差的机械性和韧性从而限制了大多数水凝胶的实际应用。LNP 可与聚合物混合作为增强剂，使得共聚物表现出比原始聚合物更好的机械性、热稳定性和生物相容性。

将 LNP 与丙烯酰胺、双丙烯酰胺和 1-羟基环己基苯基酮分别作为单体、交联剂和光引发剂，通过紫外固化工艺合成纳米凝胶。通过压缩试验分析纳米凝胶的力学性能，发现纳米凝胶具有更好的承载能力和杨氏模量，杨氏模量是水凝胶杨氏模量的 4 倍。PAM/LNP 水凝胶表现出非常高的抗压、抗拉强度以及高恢复能力，因其机械性能良好、无细胞毒性以及合成方法简单的优点在生物医学方面具有一定的应用潜力，如组织工程或再生材料等。研究人员采用环糊精（β-CD）和聚乙烯醇（PVA）为骨架，硼砂为交联剂，碱木质素为增塑剂，制备了一系列基于木质素基的 β-CD-PVA（LCP）水凝胶。

交联剂对水凝胶的形成以及性能会产生显著的影响，使用无毒的交联剂与其他聚合物交联可使其适用于农业、纺织和医疗保健等多领域。通过硫醇化透明质酸（HA-SH）和丝质纤维素（SF）两种生物聚合物与抗菌和抗氧化的酚化木质素自组装，可制备用于伤口愈合的纯生物基多功能自组装水凝胶。流变力学研究表明，酚化木质素纳米粒子（PLN）作为交联剂，是凝胶化的主要原因，未添加 PLN 的对照组则形成了混合物。PLN 中存在的儿茶酚基团通过氢键、π-π 和硫醇-π 相互作用，与 HA-SH 和 SF 的许多非共价相互作用可以形成物理交联的网络。

基于木质素的多功能材料虽然取得了一些进展，但仍然存在诸多问题。首先是木质素结构复杂，受原料种类、生长年份、预处理方法等诸多因素影响，得到具有稳定结构的木质素仍然存在问题。甚至可以说，木质素是一类酚类聚合物的集合体，其概念仍然有待厘清。木质素的预处理方法较多，但适合工业化生产的方法仍然较少，诸多研究技术仍然停留于实验室研究阶段，无法实现大规模工业化生产。工业木质素由于原料和工艺差异，重复性差，限制了其应用。木质素的资源化、功能化以及高值化是提高木质素附加值的重要方式和手段。研究人员对木质素多功能材料在能源、环境、传感以及“碳达峰碳中和”等领域进行了一些研究，但其作用机理有待进一步探索，尤其是构建木质素结构与功能材料性能的有机联系是今后的研究重点。优化木质素复合材料结构设计，集成多功能于一体，开发高灵敏度、宽工作范围以及良好线性度的传感器是未来的发展方向。木质素本身来源广泛、成本低廉，但复合成为多功能材料后，可能存在制备工艺复杂、成本较高、优势不明显等问题。制备纳米木质素可能是木质素应用的方向之一，但如何体现木质素纳米结构的优势是后续需要进一步研究的问题。

9.5　生物质衍生碳基功能材料的技术与应用

9.5.1　纤维素衍生碳基功能材料

（1）固体酸碳基催化材料

固体酸碳基催化剂在取代传统的从反应体系中分离和回收液体酸催化剂、建立环境友好和可持续发展的催化过程中发挥着关键作用。由低成本的细菌纳米纤维素不完全碳化后，利用硫酸磺化制备的一种由磺化碳纳米纤维组成的新型酸位点催化剂（BC-CNFs-SO_3H SACs）制备过程如图 9-11 所示。这种可大批量制备的具有纳米纤维骨架、丰富的网络结构、高比表面积和理想的磺酸基活性位点以及羟基和羧基官能团的催化剂，在各种重要的酸催化的液相反应（包括亲水性和疏水性酸催化反应）中均有很好的催化性能。

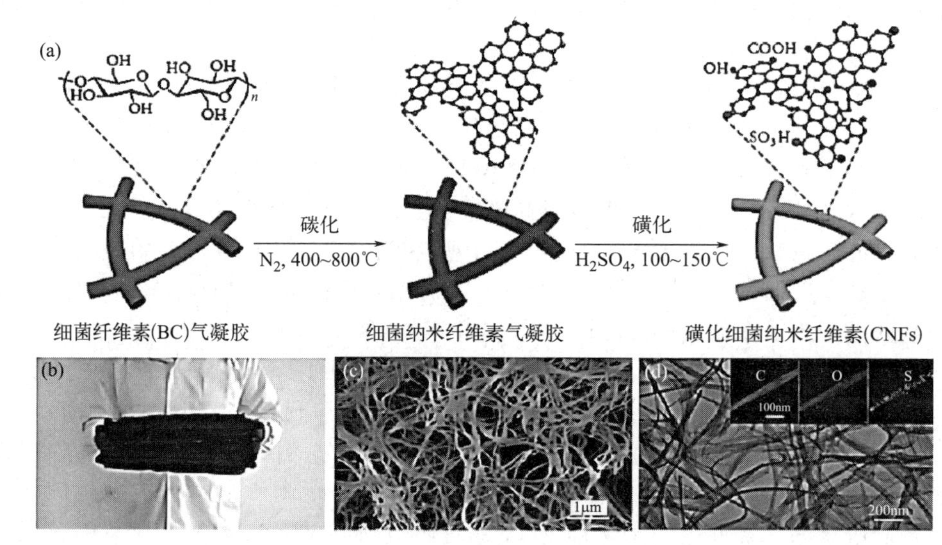

图 9-11　BC-CNFs-SO_3H SACs 制备过程

纤维素非金属碳基材料的催化活性与表面基团（—OH、—SO_3、—COOH 等）和杂原子类型以及碳骨架缺陷的相关电子结构排列有关。因为掺杂到碳骨架中的一种或多种杂原子（B、N、P、S、O、Cl 等）及其相关的特征官能团可以破坏纯碳结构高度对称的电子排列状态和激发边缘结构，显著改善电子活性，从而提高催化性能。该固体酸催化剂（HA-CC-SO_3H）是由稀盐酸预处理微晶纤维素后和硫酸碳化、磺化合成的无定形碳材料。研究发现，Cl^- 接枝到纤维素的衍生碳上，并在碳化过程中影响碳材料的组成和结构。芳族碳的电子转移到—Cl 和—SO_3H 基团会影响催化剂整体的电子状态。在催化纤维素水解的过程中，活跃的电子态使—Cl 基团更容易与纤维素形成氢键，而酸性更强的—SO_3H 基团容易破坏纤维素的糖苷键生成葡萄糖。HA-CC-SO_3H 催化剂在中等温度（155℃）水热条件下表现出优异的葡萄糖选择性（95.8%）。

（2）杂原子掺杂碳材料

杂原子掺杂的纤维素衍生非金属碳基催化剂是替代负载金属/贵金属催化剂的理想催化材料，是实现可持续有机催化发展的长期目标。目前的非金属杂原子掺杂方法多数采用将杂原子前驱体和纤维素混合，然后通过碳化、相转移组装来制备共价键合掺杂碳基催化材料。

纤维素分子链中丰富的羟基基团提供了许多可以与杂原子前体结合的位点。此外，纤维素的多尺度结构促进了微纳米尺度和分子尺度的掺杂，为实现高水平杂原子掺杂提供了更多机会。因此，纤维素是制备杂原子掺杂碳材料的理想前驱体。磷（P）原子具有比碳原子更大的直径，引入碳晶格中形成凸起结构，在杂原子掺杂非金属碳材料的发展中备受关注。但常规的 P 掺杂碳主要来源于氧化石墨烯的还原、杂原子碳前驱体掺杂生物质等碳化方法，通常表现出不均匀分散的 P 原子和低的负载，严重限制催化活性。因此，将高含量、分散良好的 P 原子引入碳骨架对于获得高活性的催化材料至关重要。可将纤维素室温溶解在磷酸溶液中制备纤维素-磷酸掺杂超分子共溶胶，磷酸溶液既是溶剂又是磷源，磷酸基团与纤维素分子链上的羟基最大程度地均匀锚定在这种碳前体溶胶中，通过共溶胶直接碳化策略，获得了高掺杂量的磷掺杂纳米多孔碳。溶解掺杂策略制备高水平 P 掺杂纳米多孔碳与常规浸渍掺杂对比如图 9-12 所示。磷掺杂纳米多孔碳在苯甲醇选择性氧化成苯甲醛中表现出优异的催化活性和循环稳定性，对各种伯醇具有良好的催化反应普适性。

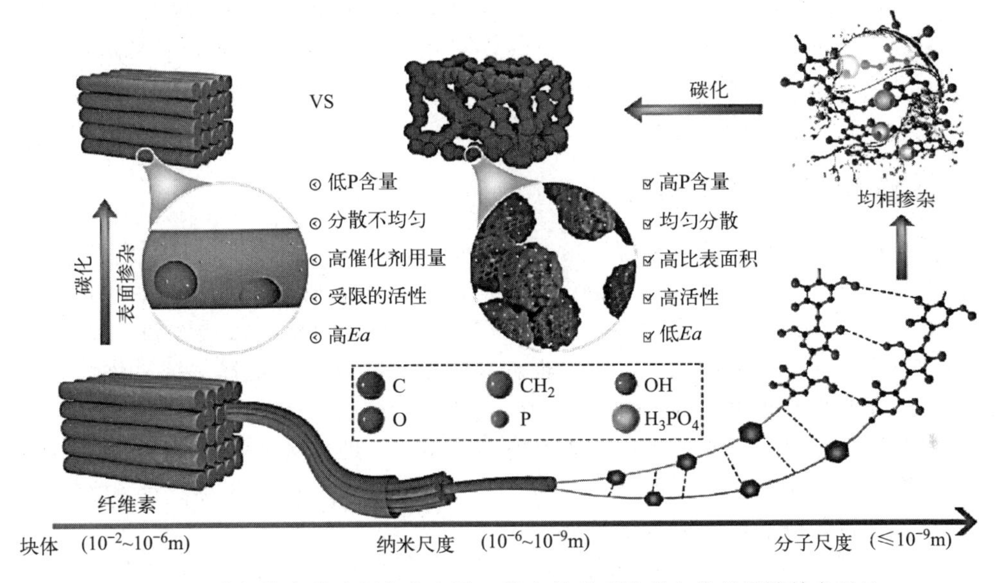

图 9-12 溶解掺杂策略制备高水平 P 掺杂纳米多孔碳与常规浸渍掺杂对比

溶解后无序的纤维素分子结构更有助于增强磷酸分子在促进溶胶碳化过程中其掺杂碳的层状石墨化进程，说明纤维素-磷酸溶胶掺杂碳化策略使纳米多孔碳形成具有较多缺陷的 P 掺杂局部石墨层状碳结构，这可能为催化应用提供结构优势。P 掺杂碳材料中的 P 原子存在于 C_3PO、C_2PO_2、CPO_3 和 $COPO_3$ 这四种 P-C 结合的不同还原态和氧化态的石墨结构模型中，这种 P 和 C/O 原子之间的不同键合方式下的相互作用可能会影响 P 掺杂碳材料电子结构的态密度。与纯碳的总态密度（TDOS）相比，P 掺杂碳的费米能级向价带移动，TDOS 中心向空轨道移动。费米能级附近较高的 TDOS 促进了催化活性，这可能有助于增强催化剂与反应物以及中间体之间的相互作用。含 P 基团局部的原子结构对于整体结构在费米能级 TDOS 的影响明显不同，其中 C_3PO 的分波态密度（PDOS）对 TDOS 的贡献最大。因此，这个位置的 P 掺杂结构的反应性可能是最高的。这些结果表明还原态的石墨磷结构 C_3PO 可以改善电子转移，从而有助于改善反应物的吸附和活化，最终促进催化活性。此外，由于 P 原子的尺寸明显大于 C 原子并且在其第三能级中具有空轨道，因此 P 原子能从碳平面突出并用作有效的催化位点，从而高效、选择性地催化氧化苯甲醇。

9.5.2 木质素衍生碳基功能材料

木质素被认为是碳质材料的可持续前体。利用木质素制备碳纤维材料、活性炭材料、多孔炭材料和石墨炭包覆金属材料的报道很多。在所有的碳质材料中，石墨炭包覆金属材料因其高的电子导电性、良好的热稳定性和优异的催化活性而越来越受到关注。目前，化学气相沉积法、模板法、电弧放电法、有机前驱体热解法等已先后用于形成石墨炭包覆金属材料。虽然通过各种方法对石墨炭包覆金属材料进行了改进，但这种材料仍然存在一些不足。首先，碳源几乎来自乙醇、乙炔、甲烷和二甲苯等化石燃料的衍生物，易燃易爆且不可再生。此外，石墨炭包覆的外壳太厚，大多超过 10 层。因此，利用生物可再生碳源制备石墨碳包覆金属材料一直是一个巨大的挑战。

通过调控炭化工艺可以制备出高性能碳基催化材料。第一种是以木质素和硝酸铁为前驱体，利用反程序升温炭化工艺，将木质素制备成薄壁石墨层包覆铁的材料，作为 Fischer-Tropsch 合成低烯烃（FTO）的催化剂。第二种以木质素为原料，加入与木质素相容性良好的聚环氧乙烷（PEO）作为共混剂，并与 Ni、Co 等金属混溶，构建基于木质素-过渡金属纳米前驱体，通过静电纺丝以及预氧化和炭化两步法工艺，获得碳纳米纤维包覆过渡金属催化剂，该催化剂具有良好的电化学性能。

9.5.3 生物质本征结构碳材料

生物质材料本征结构多样、来源广泛和官能团丰富，是制备碳材料的理想原料。其中木材由纤维素、半纤维素和木质素等细胞壁化合物构成，其细胞壁之间有许多小孔和纤维束，形成了具有多孔结构的木材。这种多孔结构决定了木头的吸水性、渗透性和气孔形态。多孔结构使得木头的表面能够吸附水分，同时也影响了木头的尺寸稳定性、抗风化性和耐久性。从宏观上看，木头呈现出纵向的纤维方向和横向的年轮结构，这是木头的第一级和第二级结构。而在更小的尺度上，木头的细胞壁则具有多层结构，即木头的第三级结构。其中，纤维素和半纤维素的层间距离和层厚度不一，这决定了木头的强度和韧性的差异。此外，木质素的含量和结晶度也影响了木头的力学性质。

提升天然材料的功能和性能，拓展其现代应用，将对社会的可持续发展起到重要的推动作用。木材具有良好的生物降解性，且来源丰富。然而，长期以来，植物作为生命体受限于生长尺寸、缺陷、兼顾生命需求等，其性能不能满足现代需求，从而使得其应用长期局限于传统的建筑、家具等领域。表面微纳结构是很多光学、光子学等器件的基础，在木材的表面实现微纳结构的调控，将实现其在光学、光子学等材料和器件中的应用，发展完全生物降解、可抛弃的环境友好材料与器件。然而，木材是由纵向排列的细胞构成的多孔结构，微米尺度的粗糙表面难以形成纳米结构。此外，木材的主要构成材料天然纤维素没有热塑性。因此，在木材表面实现精密的微纳结构仍是一个挑战。

第10章 膜分离技术与贵金属回收

生物技术与化学工程结合形成的生物化工技术已成为21世纪高新技术的重要核心。分离技术处于生物化工产品制备流程末端，直接影响产品生产的速率及产品的纯度、性状等，在整个生产过程中占有极为重要的地位。与常规化工产品的分离相比，生物化工产品的分离具有一定的特殊性，往往对纯度、生物活性要求更高，生物分离过程要求在低温、洁净的条件下进行，并保证整个过程不改变生物活性。膜分离技术与传统分离技术相比具有明显优势，设备及操作相对简单，分离效率更高，周期更短，并能很好地保持生物活性。膜分离技术是21世纪最具发展前景的高新技术之一，已广泛运用于石油、环保、食品等多个行业，对生物化工领域技术创新与发展有着重要的推动作用。

10.1 膜分离技术概述

10.1.1 膜分离技术原理及主要类型

膜是一种半透水材料的选择性薄层，通过施加位势梯度，如利用压力、温度、电气或浓度差作为驱动力，根据其大小或亲和力将不需要的材料分离出来。膜材料可以是有机的，也可以是无机的。有机膜材料有聚砜（PSF）、聚醚砜（PES）、聚偏氟乙烯（PVDF）、聚丙烯腈（PAN）、聚四氟乙烯（PTFE）、聚酰亚胺（PAI）等。这些是实验室和工业应用中最常见的聚合物膜。最常见的无机膜有金属膜、陶瓷膜和沸石膜。无机薄膜（如金属或陶瓷）与聚合物相比表现出更好的机械、化学和热性能，但是制造成本更高，因此不是首选。

根据横截面形态，膜分为两种类型：各向异性（不对称）膜和各向同性（对称）膜。不同形态膜的示意图见图10-1。不对称膜包括复合膜、集成不对称膜和支撑液膜，而各向同性膜由微孔膜、无孔致密膜和荷电膜组成。根据膜的孔径大小，膜可分为致密膜和多孔膜。多孔膜用于微滤（MF）、超滤（UF）、膜蒸馏（MD）过程。

膜分离技术是利用膜的选择性（孔径大小），在膜两侧推动力（压力差、浓度差、电位差、温度差等）作用下，混合物各组分选择性地透过膜，从而达到分离、纯化和浓缩目的的一种技术。该过程主要是一个物理分离过程，低分子量的物质能透过选择性膜而高分子量的

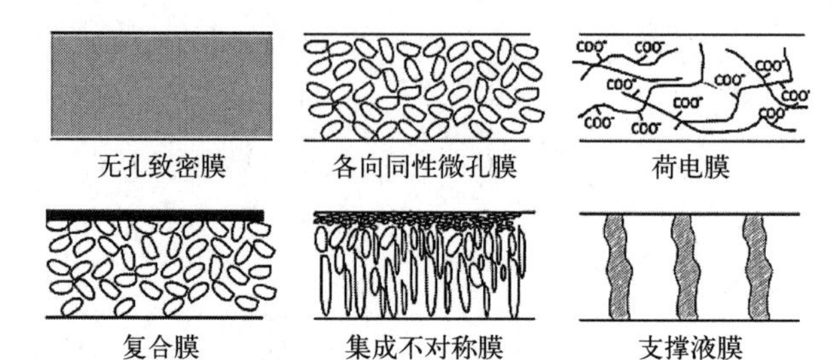

图 10-1　不同形态膜的示意图

物质被截留下来，基本原理如图 10-2 所示。膜技术因具有在常温下操作、无相变、无化学变化、选择性好、适应性强、节能高效、无二次污染等优点，在环境工程（水、大气处理）、石油化工（油气分离、海水脱盐）、食品工业（果汁饮料浓缩提纯）、医药工业和医疗设备（药物精制、血液透析）、生物技术（蛋白质酶的提纯）等众多领域得到了广泛的应用。

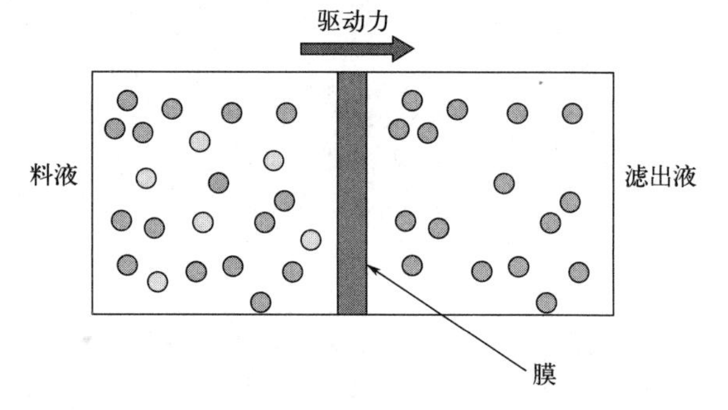

图 10-2　膜分离过程基本原理

膜分离技术作为一个新型的高效分离、浓缩、提纯及净化技术，由于其多学科性特点，可应用于大量的分离过程。一般来说，采用能透过气体或液体的膜分离技术对下述体系进行分离具有特殊的优势，如化学性质及物理性质相似的化合物的混合物、结构或取代基位置不同的异构物混合物、含有受热不稳定组分的混合物。当利用常规分离方法不能经济、合理地进行分离时，膜分离技术就特别适用。另外，膜分离可以和常规的分离单元结合起来作为单元操作来运用。当然，膜分离过程也有自身的缺点，如易浓差极化和膜污染、膜寿命有限等，而这些也正是需要研究人员解决的问题。

膜分离技术主要是将选择性透过膜作为分离介质，在膜的两侧分别施以某种推力，如压力差、浓度差、化学位差等，通过这样的方式迫使选择性透过膜一侧的化学原料通过膜，从而实现化学原料的分离与提纯。根据膜分离的过程以及分离对象的不同，可以将其分为微滤、超滤、反渗透等多种类型，膜分离过程的分类及其基本特征见表 10-1。

表 10-1　膜分离过程的分类及其基本特征

膜分离技术	原理	推动力	透过组分	截留组分	膜类型	处理物质形态
微滤	筛分	20～100kPa（压力差）	溶剂、盐类及大分子物质	0.02～10μm	多孔膜	液体或气体
超滤	筛分	100～1000kPa（压力差）	高分子溶剂或小分子物质	5～100nm	非对称膜	液体
反渗透	溶解、扩散	1000～10000kPa（压力差）	溶解性物质	0.1～1nm	非对称膜或复合膜	液体
纳滤	溶解、扩散、Donna 效应	500～1500kPa（压力差）	溶剂或小分子物质	>1nm	非对称膜或复合膜	液体
电渗析	离子交换	电位差	小离子组合	大离子和水	离子交换膜	液体

续表

膜分离技术	原理	推动力	透过组分	截留组分	膜类型	处理物质形态
膜蒸馏	传质分离	蒸汽压差	挥发性组分	离子、胶体、大分子等不挥发组分和无法扩散组分	多孔疏水膜	液体或气体
液膜	溶解扩散	浓度差	可透过组分	无法透过组分	液膜	液体
渗透汽化	溶解扩散	浓度差	膜内易溶解或易挥发组分	不易溶解或不易挥发组分	均值膜、复合膜或非对称膜	进料为液态，渗透为气态

(1) 微滤 (MF)

MF 是指使用膜在 20～100kPa 的压力下分离直径为 0.02～10μm 的悬浮颗粒或大分子的过滤过程。微滤的原理是利用膜上的微孔大小与颗粒或分子大小的差异，把较大的颗粒或分子阻挡在膜的外部，而较小的颗粒或分子通过膜透过。对于 MF，可以使用各向同性膜和各向异性膜，但分离层最好为 10～50μm。聚合物材料主要用于制备这种类型的膜。微滤常用于生物制药、食品和饮料、电子工业等领域，例如用于制造蛋白质药物、液体饮料的纯化等。

(2) 超滤 (UF)

超滤是一种压力驱动的基于膜的分离过程，其中孔径在 2～100nm 范围内的多孔膜能够实现纳米级物质的分子分离。具体来说，在 UF 过程中，基于浓度梯度的分离在跨膜的驱动压力以及 UF 膜的孔隙率下进行，分离水或其他常规有机溶剂进料中携带的纳米级物质通过大小筛选机制进行。考虑到分离效率的多孔结构控制，超滤膜已广泛应用于工业分离和研究纯化过程，主要用于悬浮固体、天然有机物、胶体颗粒和大分子物质的浓缩。UF 膜系统广泛用于蛋白质纯化，其中分子质量从 10kDa 至 1000kDa 不等。考虑到这种分子大小的筛分性能，除了在研究领域应用外，超滤膜系统在工业分离技术中也发挥着重要作用。由于 UF 膜具有特定的 MWCO 值，即截留 90%溶质时对应的分子量，该系统在纯化分离大量蛋白质方面表现出优异的能力，能通过简单的物理膜屏障对牛奶蛋白质和酶进行纯化。UF 膜与 MF 膜相似，但这种膜能够截留小分子。UF 膜实际上用于分离分子质量大于 10000Da 的大分子、胶体和溶液，跨膜压差（TMP）范围为 100～1000kPa。超滤膜的选择性取决于溶质大小、膜性能和水动力条件。超滤膜通常通过相转化过程制备，这一过程可能导致膜具有不对称的多孔结构。超滤常用于食品、饮料、制药、化工等领域，例如用于生产葡萄糖浓缩液、纯化生物药物等。

(3) 纳滤 (NF)

纳滤的原理是通过调节流体的浓度差，使得物质通过膜的渗透压力差移动到另一侧。NF 膜通常对分子质量高于 200Da 的大多数溶解有机溶质具有高排斥性，并且在盐浓度低于 1000mg/L 时具有良好的盐排斥性。该膜比海水反渗透膜更具渗透性。这种膜可以在 0.5～1.5MPa 的压力下工作。因此，纳滤膜优先用于水软化或作为生产超纯水的初始预处理单元。

(4) 反渗透 (RO)

渗透和反渗透过程如图 10-3 所示。在正常的渗透作用中，用一层膜把纯水和盐溶液分开，半透膜允许水通过，盐不能通过，纯水浓度低于盐水浓度导致纯水向盐水侧扩散。当渗透达到平衡时，盐水侧的液面会比纯水的液面高出一定高度，即形成一个压差，此压差即渗透压。若在盐溶液一侧施加一个大于渗透压的压力时，这一施加的压力使得盐水向纯水的那一侧流动，这一过程称为反渗透，因此反渗透是淡化盐水的一种方法。平衡渗透压与盐浓度成正比，而且非常大。例如，对于1%的盐溶液，氯化钠溶液的渗透压约为690kPa。目前安装的反渗透系统中，大约有一半在淡化苦咸水或海水，另有40%用于生产电子、制药和发电用的超纯水，其余的则用于污染控制和食品加工等领域。

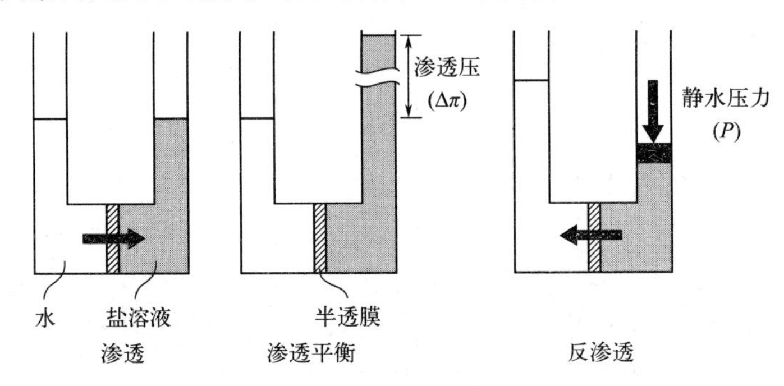

图10-3　渗透和反渗透过程

（5）正渗透（FO）

正渗透是一种自然现象，但同样也是近年来发展起来的一种浓度驱动的新型膜分离技术，是依靠选择性渗透膜两侧的渗透压差为驱动力自发实现水传递的膜分离过程，是世界膜分离领域研究的热点之一。正渗透是指水从较高水化学势（或较低渗透压）侧区域通过选择透过性膜流向较低水化学势（或较高渗透压）侧区域的过程。在具有选择透过性膜的两侧分别放置两种具有不同渗透压的溶液，一种为具有较低渗透压的原料液，另一种为具有较高渗透压的驱动溶液，正渗透正是应用了膜两侧溶液的渗透压差作为驱动力，才使得水能自发地从原料液一侧透过选择透过性膜到达驱动液一侧。不同于反渗透膜技术需要高压和相关膜技术，正渗透技术对于驱动溶液的高效性、低能耗性、可重复利用性十分依赖，常常在使用过程中将碳酸氢铵、氨水混合成驱动溶液，将“低”浓度的海水“吸”过来，其中，正渗透膜起到一个选择性通过的作用，再将被稀释过的溶液适度地加热分解成氨气和二氧化碳，剩下的就是干净的水了，如此循环下去可得到纯度较高的水。这个过程比多级闪蒸节省85%的能量。

（6）气体分离（GS）

气体分离主要使用无孔或各向同性膜。气体分离膜在制备过程中会出现缺口，从而降低膜的性能，因此，薄膜的顶面覆盖了一层非常薄的涂层来密封缺口。涂层具有去除缺口的功能，但对膜的固有分离性能没有贡献。还有一种用于气体分离的膜，使用复合膜作为选择层，该材料用于促进膜的固有分离性能，但原始的微孔膜仅是该材料的支撑物。该膜主要用于O_2/N_2和挥发性有机物（$VOCs/N_2$）的分离。与传统的气体分离技术相比，膜技术的运行成本最低。使用膜分离气体不需要气体混合物中的气液转换，因此显著降低了能源成本。气体分离膜已成功应用于氢分离、CO_2捕集、有机蒸气脱除和天然气分离等领域。

（7）膜蒸馏（MD）

MD主要依赖于进料界面/膜界面处的热蒸发。微孔疏水膜用于传递蒸汽，蒸汽随后在渗透侧冷凝。理论上，非挥发性化合物的去除率为100%，然而，如果含有挥发性物质，将与水蒸气一起通过膜。MD以气液平衡原理作为分离的基础，该过程的驱动力由液体和蒸汽界面之间的温度梯度引起的蒸汽压差提供。MD分离水溶液中的污染物，并产生高纯度的渗透液。MD工艺可替代传统的海水淡化工艺。与其他工艺相比，MD具有多方面的优势，如较低的操作进料温度，可以利用废热作为一种较好的能源；与传统蒸馏相比，该系统需要更

低的蒸气空间；不需要施加外部压力作为驱动力，并且对溶解和非挥发性物质具有完全的排斥作用；膜的性能不受高渗透压或浓差极化的限制。尽管 MD 技术比其他膜技术更有优势，但阻碍 MD 实施的主要问题是缺乏膜设计、膜表面对水的润湿性不满足要求、进料加热成本高和较低的膜通量。

10.1.2　膜分离技术主要问题与对策

（1）膜污染

膜分离技术虽然已经得到了产业化的应用，但膜污染仍然是在实际应用过程中面临的最严重的问题。膜污染是指与膜接触的料液中的悬浮微粒或溶质大分子由于与膜存在物理、化学或机械作用，在膜表面或膜孔内吸附、沉积造成膜孔径变小或堵塞，使膜产生通量与分离特性不可逆变化的现象。图 10-4 为膜污染过程示意图。

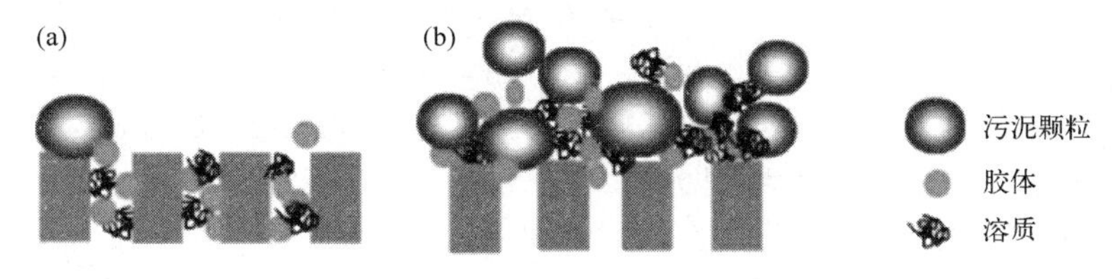

图 10-4　膜污染过程示意图

膜污染是一个非常复杂的现象和过程，在膜生物反应器（MBR）中其过程包括：①溶质或者胶体物质在膜表面或者膜孔内部的吸附；②污泥絮体在膜表面的沉积；③污染物在膜表面形成滤饼层；④在水力剪切作用下污染物从膜表面的脱落；⑤污染物组成在长期运行过程中随空间和时间发生相应的变化，如微生物群落和滤饼层中生物大分子组成的变化。

一般来说，膜污染可以分为可逆污染和不可逆污染。但是到目前为止，对于这两种污染的具体定义和范围仍存在分歧。可逆污染指的是能够很容易被物理清洗方式（反冲洗）除去的污染，通常由一些松散堆积的污染物造成；不可逆污染是指仅能用化学清洗去除的污染。然而，对于不可逆污染的理解应该是不能用任何物理或者化学清洗的方式去除的污染。因此，研究人员针对膜污染提出了更为清晰的分类：可去除污染、不可除污染和不可逆污染。膜污染过程及其分类详见图 10-5。

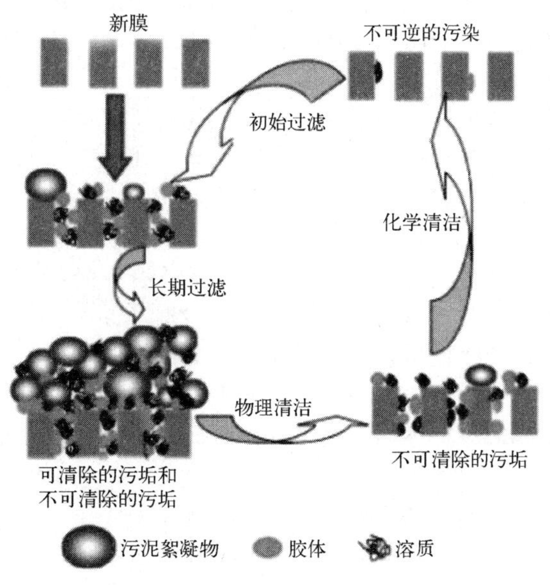

图 10-5　膜污染过程及其分类

可去除污染：能够通过物理清洗去除的污染，与污染物松散堆积形成滤饼层有关。

不可去除污染：需要用化学清洗去除的污染，通常由膜孔堵塞造成。

不可逆污染：不能用任何清洗方式去除、永久性、不可恢复的膜污染。

从定义可知，前两种污染可以通过水力条件的优化、工艺参数的改进及最后的膜清洗加以改善和控制，而无法恢复的不可逆污染是任何膜组件在长期使用过程中都无法避免的难题。

膜污染按污染物的类型可以分为有机污染、无机污染和生物污染。

有机污染指的是生物分子，如蛋白质和多糖类，在膜表面的沉积。由于尺寸较小，这些生物分子可以随着水流快速沉积在膜表面，但由于提升力的存在，相比大的胶体或者污泥絮体颗粒，小粒径物质的传输速率较小。研究表明，多糖类和分子质量大于120kDa的非沉降有机物会严重影响膜污染过程。此外，污泥悬浮物中的多糖浓度是控制膜污染速率的决定因素。溶解性微生物产物和胞外聚合物是有机污染的源头，在MBR膜污染过程中是不可忽视的重要因素。同时除了膜孔大小，溶解性微生物产物和胞外聚合物与膜表面的亲和力大小决定了这些产物在膜表面的沉积。

无机污染是原料液中的无机物质在膜表面沉积结垢造成的污染。通过研究有机膜和无机膜在厌氧膜生物反应中的过滤性能，发现在膜表面尤其是无机膜表面形成了很厚的主要由生物质和鸟粪石（$MgNH_4PO_4 \cdot H_2O$）组成的滤饼层。研究人员在由陶瓷膜组件构成的中试MBR中发现了严重的$CaCO_3$污染，高碱度（pH=8～9）的活性污泥能够引起$CaCO_3$的沉积。研究发现，无机膜表面更易发生无机污染，而无机污染由于与膜表面紧密结合很难被去除；在滤饼层中同时存在有机物质和Mg、Al、Fe、Ca、Si等无机成分，二者相互作用加剧了滤饼层的形成；金属成分相比生物聚合物在膜污染过程中起的作用更大，有时即使采用化学清洗都很难将无机污染清除。

无机污染通常是由化学沉积和生物沉积产生。在MBR中存在着大量的Ca^{2+}、Mg^{2+}、Al^{3+}、Fe^{3+}、CO_3^{2-}、SO_4^{2-}、PO_4^{3-}、OH^-等，浓差极化将导致盐分在膜表面截留。浓差极化使化学成分的浓度超过其饱和浓度时就会发生化学沉积。碳酸盐是最主要的一种无机污染，曝气和微生物活动产生的CO_2能够影响污泥的pH值和碳酸盐的过饱和度。

生物沉积是另一种无机污染过程。由于生物分子中COO^-、CO_3^{2-}、SO_4^{2-}、PO_4^{3-}、OH^-等阴离子基团的存在，带正电的金属离子很容易被这些基团捕集形成沉淀。由钙离子和含有羧基团的分子结合形成的配合物构建的致密生物凝胶层会使通量大幅下降。当金属离子通过膜材料时，会被生物滤饼层以电位中和或者配位络合的方式吸附形成膜污染。金属离子在这个过程中起着至关重要的架桥作用。

生物污染是指细菌细胞或絮体在膜表面附着、生长和繁殖。生物膜在膜表面的不利沉积和生长造成的生物污染被认为是危害最大的一项膜污染。生物污染与生物膜的形成密切相关。生物膜是一个含水量很高，由微生物细胞、碎片和胞外聚合物构成的复杂体系，其中胞外聚合物是由微生物代谢产生的具有三维结构的凝胶状物质，含有多糖、蛋白质、糖蛋白、脂蛋白和其他的生物大分子，占据了50%～90%的总有机碳量，被认为是生物膜的主要成分，同时也被认为是引起膜污染的主要物质。生物膜的物理特性主要由胞外聚合物决定，生理特性则主要由细菌细胞来决定。自然界中大部分细菌以生物膜形式存在，而胞外聚合物不仅能够保持不同微生物种群之间的稳定性，更能从环境中固定营养物质，这也是微生物在贫瘠环境中生存的方式之一。

生物膜的形成过程如图10-6所示，一般包括以下过程：①浸没在水中的膜表面被多糖、蛋白质、腐殖酸等有机大分子和无机物质覆盖，单个细胞疏松地与膜表面结合，并可以在膜表面移动，有时大量的细菌也可以随着水流蜂拥而出，这个过程在短短几秒钟内就可发生，是生物膜形成过程中至关重要的一步；②细菌在膜表面的不可逆黏附，一旦细菌被黏附，细胞便开始产生胞外聚合物，通过吸收水中营养物质快速进行生长和繁殖，在此过程中，胞外聚合物不断产生，以此来增加生物膜体系的强度，同时也可以屏蔽外界化学杀菌剂，储存营养物质，经过长期的细胞繁殖，胞外聚合物的分泌有助于细菌形成成熟的生物膜；③微生物菌落中的细胞从生物膜中脱落。

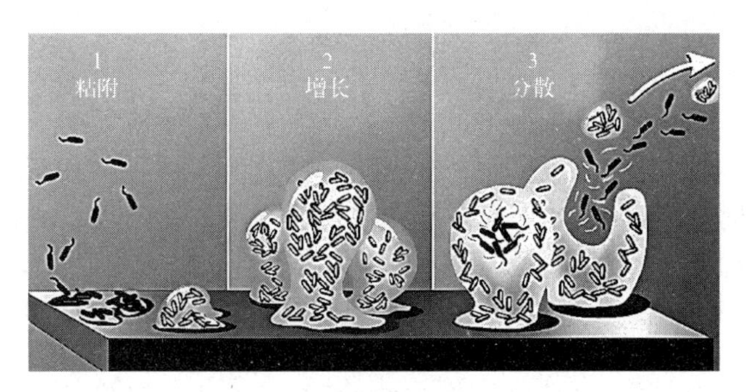

图 10-6　生物膜形成过程示意图

不同于其他污染，生物污染很容易发生，但是不易通过原水预处理的方式进行有效控制。自然界中微生物无处不在，任何消毒方式都不可能对微生物进行百分之百的去除，而单个残存的细菌可以充分利用环境中少量的营养物进行快速生长和繁殖。一旦膜材料表面被有机物和细菌附着，生物膜形成过程中最重要的第一步就已经完成，随着生物膜不断成熟，生物污染就会发生。一旦发生膜污染，各种污染物将会沉积在膜表面或者膜孔内对膜过程产生各种不利影响。具体表现为：

1）膜通量下降

对于任何形式的膜污染，由于膜孔的堵塞都会使膜通量发生不同程度的下降。膜通量可以在几天之内迅速下降，也可以在几周或者几个月内持续缓慢下降，这依赖于原水物理化学及微生物特性、膜材料和生物膜。水通量下降呈现最初急剧下降和逐步稳定下降两个阶段。最初的下降一般是由各种污染物的黏附和微生物在膜表面的繁殖引起的。随着污染物的不断累积，细菌大量生长，伴随着生物膜的形成、成熟、脱落，大量胞外聚合物（EPS）分泌，膜表面水力剪切力的存在使污染层最终达到一个平衡状态，膜通量持续稳定下降。多数情况下，为了维持稳定的产水量，不得不加大泵的工作功率提高跨膜压力来补偿膜污染引起的通量下降，这势必会增加运行过程中的能量消耗，进而增加运行成本。

2）膜截留性能下降

随着滤膜表面生物膜的形成，膜的水通量和盐截留率均有所下降。压力驱动的膜分离过程中，由于水透过膜溶质被截留必然使原水侧溶质浓度增加，这种溶质浓度在近膜表面逐渐增加的现象即“浓差极化”。在浓度梯度作用下，溶质与水以相反方向向本体溶液扩散，在达到平衡状态时，膜表面形成一个溶质浓度分布边界层，对水的透过起着阻碍作用，降低水通量，增加透盐量。生物膜及 EPS 的形成，抑制了膜表面水力湍流混合，恰似形成一个边界层，使溶质不断累积，增加了“浓差极化”发生的概率。边界层中较高的离子活性也会增加膜的透盐量，使盐截留率下降。

（2）控制膜污染的措施

膜污染无法避免，但可以采取一定措施来减轻或者减缓膜污染。控制膜污染的措施可以概括为：改善混合液特性、优化操作水力条件、使用杀菌剂、膜清洗和制备高性能抗污染膜材料等。

1）改善混合液特性

改善混合液特性可以有效地控制膜污染，一方面，可以在工艺中增加相应的预处理组件，以去除优势污染物；另一方面，改善影响膜污染的污泥特性参数。向混合液中投加絮凝剂 PAC 可以有效减小细菌胞外多聚物（ECP）含量。ECP 是引起混合液黏度的主要因素，ECP 含量的减小，相应的混合液黏度降低，膜过滤阻力减小。加 PAC 还可以促进污泥絮体增大，大大改善了混合液的可过滤性，减缓膜污染。

2）优化操作水力条件

不同的操作条件会在MBR中产生不同的水力条件。水力条件与反应器的曝气强度、曝气方式、气泡大小、膜组件的构成、污泥浓度和黏度等因素都有关系，因此膜生物反应器中的水力条件是一个非常复杂的体系，而各个因素对膜污染的影响也不尽相同，所以应根据实际情况选择合适的操作条件来优化MBR中的水力条件，进而减轻膜污染。

膜过滤有两种基本模式，即错流过滤和死端过滤。研究表明，死端过滤能量利用充分，但容易较快引起膜污染，错流过滤则是针对死端过滤易污染的缺点而提出的，但能量消耗大。对于过滤活性污泥而言，采用错流过滤可以降低膜污染。另外，控制合理的曝气强度和抽吸时间可以有效减少颗粒物质在膜面的沉积，减缓膜污染。膜面沉积层的去除效率可以通过提高空气流率或曝气密度来提高。但空气流率对沉积层的去除效率又受到流速标准差的影响，即空气流的紊流程度的影响，同时空气流率的增加只是一定程度上影响沉积层的去除效率，并且存在一个临界值，超过此值，空气流率的增加对沉积层的去除效率影响不大，因此控制合理的曝气强度可以有效地减缓膜污染。如果膜面沉积较严重，应该停止出水进行空曝，空曝是去除膜面沉积层的有效方法之一。

3）使用杀菌剂

使用杀菌剂是一个传统的抗菌策略。杀菌剂是一种能够引起微生物失活的消毒剂。杀菌剂在膜系统中主要有两方面的应用：第一，为了抑制生物膜在膜表面的生长，用泵向进水系统中连续或间接地加入杀菌剂；第二，在聚合物膜或者相关膜组件保存过程中应用杀菌剂。常见的有效的杀菌剂包括以下几种：

① 氯。氯消毒曾经是控制原水中生物生长的标准方法。游离氯（次氯酸 HClO 和次氯酸根 $OClO^-$）是在海水反渗透系统中最常用的杀菌剂。有报道称生物膜的形成和水中消毒剂的枯竭有关，所以当水中余氯浓度在0.04～0.05mg/L时，生物膜的形成会被很好地抑制。其他常用的氯系消毒剂包括氯胺（NH_2Cl）和二氧化氯（ClO_2）。自由氯消毒剂在使用过程中所面临的挑战是强氧化性可能会对聚酰胺膜材料中的酰胺键产生腐蚀。另外，氯的添加和脱除过程有时不仅会加剧膜生物污染，同时还会产生一些致癌的消毒副产物，如三氯甲烷（THMs）和卤乙酸（HAA）。游离氯在控制水生病原体方面效果甚微，因为病原体在全世界有水存在的系统中无处不在，而且自然水体由于较高的pH或者较低的温度会有很强的抗氯性。许多研究表明氯消毒系统不可能完全抑制膜生物污染的发生。

② 臭氧。臭氧由于其较高的氧化电位，产生较少的卤化消毒副产物，能够氧化溶解在水中的铁和锰而被广泛地应用在饮用水消毒中。研究表明，臭氧不仅对抑制生物膜有效，还能最大限度减少有毒副产物的生成。臭氧削弱了生物膜基质，有利于通过水力剪切去除生物质。臭氧氧化和颗粒活性炭预处理相结合，在错流和死端过滤过程中都能最大限度减少膜污染的发生。然而，此技术的一个主要不足就是臭氧制备的成本大约是氯制备的四倍。此外，由于其强氧化性，很容易对膜表面产生破坏。研究发现臭氧氧化海水过程中产生的溴化物不仅有致癌性还会对膜表面造成破坏。在一项微滤研究中，臭氧会使有利于微生物生长和加快生物污染的大分子有机物发生降解，进而使膜污染得到抑制。

③ 紫外线。利用光线照射进行微生物灭活的方式目前被重新重视起来，所不同的是现在使用的是从紫外线到可见光的较长波段范围的光线，而以前主要使用太阳光。254nm的紫外线可损害细菌的DNA序列，抑制其复制增殖。正常情况下，UV-B射线可在贝类幼体浮至水面之前将其杀死。这种消毒方式的好处是其不会产生消毒副产物及有毒有害物质，且不受pH影响。除了可以直接杀死微生物外，UV处理同时还可高效地降解反渗透膜上的有

机化合物（可作为微生物养分的物质）。

4）膜清洗

虽然可以采取措施最大限度减轻膜污染，但是必须清楚的是膜污染是一种不可避免的现象。对于已经被污染的膜组件，工业上通常用膜清洗的方式部分恢复膜性能。清洗是指去除物体上存在的非自身的物质。一般来说，大部分的膜性能下降可以通过清洗来恢复。在膜通量低于目标值 10%，或者进水压力增加 10%时就需要进行膜清洗来恢复其性能。膜清洗方式可以分为水力清洗、物理清洗、化学清洗。膜清洗费用大概占总运行费用的 5%～20%。

通过进水曝气、反冲洗、紊流、高强度剪切力来控制颗粒物及其他溶质在膜表面的黏附，这些是常见的水力及物理清洗。对于已经形成的生物膜的机械稳定性可由以下步骤打破：①使用合适的化学物质来削弱生物膜与基底的黏附性能；②在剪切力的作用下去除膜上的生物膜。目前能够商业化购买的化学清洗剂主要有以下 6 种：碱、酸、金属螯合剂、表面活性剂、氧化剂以及酶类。化学清洗过程一般需要将膜组件间歇性地浸泡在高浓度酸、碱、含氯消毒液中，一些情况下还需要连续计量地投加次氯酸钠和其他氧化性化学物质。膜清洗的强度和频率需根据膜通量、膜传输机制、表面化学特性及进水水质来确定。

5）制备高性能抗污染膜材料

虽然通过预处理或者膜清洗的方式可以有效减轻或者部分恢复膜过滤性能，但是频繁的物理、化学清洗会增加整个过程的运行成本，其中一些具有强氧化性的化学物质还会给膜材料本身带来不可逆的破坏，缩短膜组件的使用寿命。因此，为了从根本上控制膜污染，抗污染膜材料的研制成了本领域的研究热点。膜是膜分离过程的核心，膜分离过程是一个发生在表面的现象，而膜污染的最初阶段也发生在表面，因此膜的表层在整个过程中发挥着至关重要的作用。所以，可以通过对膜表面进行修饰来降低膜污染。

有许多高分子聚合物和无机材料可以成膜，但由于机械性和化学稳定性的限制，目前只有聚偏氟乙烯（PVDF）、聚砜（PSF）、聚醚砜（PES）等一小部分材料被用于商业化膜生产。这些膜材料通常具有化学稳定性和疏水性，因此必须采用一定措施改善膜表面特性来降低膜污染。常见的有：①聚合物膜材料的预处理；②聚合物和修饰性添加剂共混；③膜成型后对表面进行化学或者辐照接枝改性等。有时，膜表面修饰也许会导致孔径变化、通量降低等负面效应，但较高的通量恢复率仍然值得研究者为之努力。

10.2 贵金属回收技术概述

10.2.1 贵金属二次资源

贵金属二次资源来源广、品类多。常见的贵金属废料可以按属性分为以下三类：①生产过程中产生的边角料，以及贵金属产品的次生或派生物料；②物理损坏或变形失去功能性的贵金属物件，需要回炉重新加工的化合物或材料；③废弃的嵌制在各种设备中的贵金属，如贵金属用具、家用电器以及汽车零部件等。

贵金属废料产生于贵金属产品生产、使用和报废的各个阶段，主要的含金废料来源于各种废弃零部件、废弃合金以及废弃镀金液，含银废料主要来源于电子工业相关的接触材料，如银电极等。石油化工行业的银废料主要来源于废弃的含银催化剂。铂族金属废料多以铂族合金以及含铂金属催化剂等为回收资源的来源。常见贵金属二次资源预处理办法见表 10-2。

表 10-2 常见贵金属二次资源预处理办法

预处理办法	二次资源类型	可能存在的贵金属
焚烧-研磨-筛分	照片和打印垃圾	银
	含有有机物质和其他废物的施胶剂	贵金属的类型可能与施胶剂的类型不同
	陶瓷工业废料	银、金、铂、钯等
	助催化剂	银、金、铂、钯等
	珠宝加工及清理废物	银、金、铂、钯等
干燥-研磨-筛分	薄膜和废纸的可燃灰	银等
	珠宝加工的抛光灰	银、金、铂、钯等
	固废化学试剂	银、金、铂、钯等
	电镀液的沉淀	银、金、铂、钯等
	制镜液的沉淀	银等
磁性分离	钻磨珠宝废料的加工	银、金、铂、钯等
熔铸	适合火法处理的固体废物	银、金、铂、钯等
转入溶液	适合火法处理的废物	银、金、铂、钯等

10.2.2 贵金属回收方法

（1）传统回收方法

传统的贵金属回收方法是贵金属资源再利用的早期方法，虽然在某些情况下仍然有效，但通常会伴随着一些限制和环境问题。

1）火法提炼

火法提炼通常适用于金、银和铂族元素。在火法提炼中，矿石或含有贵金属的材料被加热到高温，将贵金属从其他杂质分离出来。这种方法虽然可以有效地分离贵金属，但伴随着高能耗和大气污染的问题，高温过程还会导致能源消耗增加，排放的气体可能包含有害的物质，对环境产生不利影响。

2）化学浸出

贵金属矿石被处理成溶液，然后用化学物质来提取其中的贵金属。这种方法通常用于金和银的回收，但同样存在环境问题。使用化学物质可能导致有害废物的产生，需要严格的废物处理措施以防止污染。

3）氰化法

金矿石被处理成氰化液，金与氰化物形成可溶的配合物。虽然氰化法在金矿业中得到广泛应用，但氰化物具有高度毒性，可能泄漏到土壤和水中，对生态系统产生不可逆的影响，对环境构成严重威胁。尽管传统回收方法在过去的几十年里为贵金属回收提供了有效的途径，但其局限性和环境问题已经引起了广泛关注。随着环保法规的不断加强和可持续发展的要求，现代的贵金属回收方法变得更具吸引力。

（2）生物法回收

生物法回收是基于生物多样性，利用特定的微生物和植物物种在自然界中具有吸收、富集和还原金属元素的能力。这些生物体可以通过吸附、沉淀、还原或溶解等方式从含有贵金属的溶液中有效地分离贵金属。最常用的生物法回收方法之一是生物吸附，其中生物体的细胞壁或表面上的生物分子能够结合贵金属离子，形成固定的复合物，随后可以通过物理或化学方法来回收贵金属。

生物法回收的优点之一是环保性。与传统的火法提炼和化学浸出方法不同，生物法回收不需要高温或强酸、强碱条件，从而降低了能源消耗，减少了有害废物的产生。此外，生物法回收还有助于减少对土壤和水体的污染，因为这些方法通常使用的微生物和植物物种不会对环境造成负面影响。

生物法广泛用于金矿冶炼中，可以有效地从含金矿石和电子废物中提取金。此外，生物法回收还在电子废物回收、水处理、废水处理和环境修复等领域得到应用。这些应用表明，生物法回收不仅有助于贵金属资源的可持续管理，还有助于解决废物管理和环境保护方面的问题。尽管生物法回收具有许多优点，但仍然面临一些挑战，如微生物的活性维持、生物过程的控制和优化，以及技术的经济可行性。

（3）高效分离技术

高效分离技术是贵金属回收领域的一项关键技术，旨在提高贵金属的分离效率，减少资源浪费，并减小环境影响。这些技术基于物理、化学或材料科学原理，能够有效地将贵金属从复杂的混合物中提取和纯化。高效分离技术的出现对贵金属回收领域产生了深远的影响，并具有以下独特优势：

提高分离效率：相较于传统的火法提炼或化学浸出方法，高效分离技术能够更准确和高效地选择性分离贵金属，减少了贵金属的损失和杂质的混入，有助于提高贵金属回收的经济可行性。

多元化应用：高效分离技术包括多种方法，如溶剂提取、离子交换、气浮、电化学分离和膜分离等，可以根据不同的贵金属性质、矿石复杂性和回收目标进行选择。这种多元化使这些技术适用于多种贵金属资源，包括金、银、铂族元素等，以及不同形式的原材料，如矿石、废电子设备等废物。

有效降低环境影响：高效分离技术通常不需要高温或强酸、强碱条件，因此减少了能源消耗和有害废物的产生，降低了环境污染的风险，有助于实现可持续资源管理的目标。

提高贵金属资源可持续性：通过高效分离技术，贵金属资源的回收率和可持续性得到提高，有助于减少对原始矿石的需求，延长资源的利用寿命，减轻对自然资源的依赖。

随着科学技术的不断进步，高效分离技术也在不断创新和发展。新的方法和材料的引入为贵金属回收领域提供了更多可能性，使分离过程更为高效和环保。总之，高效分离技术在贵金属回收中发挥着关键作用，提高了资源回收的经济可行性和环境友好性。这些技术的广泛应用为实现可持续的贵金属资源管理目标提供了有力支持，同时有助于减轻资源的过度开采和环境破坏。

在贵金属的回收技术中，要重视的是在回收过程中的技术难题。贵金属往往与其他金属混合存在，如何有效分离是一个技术上的挑战。解决方案包括利用化学溶解、萃取、电解等技术来分离和纯化目标金属，还可以通过优化回收流程、改进提取技术以及回收后的再利用来提高金属的回收率和利用率，减少资源浪费。其次是环境影响和安全问题。回收过程中使用的化学品可能对环境和人员安全构成风险。解决方案包括使用更环保的化学替代品，以及严格控制废物处理过程，减少对环境的负面影响。另外，在新技术和创新应用方面，引入自动化和智能化技术可以提高生产效率和减少人为失误。例如，利用机器学习和互联网设备来监控和优化生产过程；发展新的环保技术和方法，如使用绿色溶剂、生物提取剂等。

10.3　膜分离技术在贵金属回收中的应用

膜分离技术在贵金属回收中展现出了独特的优势，包括高效、环保和可持续性。在回收电子废物中的贵金属过程中，膜分离技术能够通过选择透过性来分离目标金属离子，例如通过离子交换膜或复合膜实现特定金属离子的分离。相比传统的溶剂萃取或电解方法，膜分离技术可以更高效地提取贵金属，其操作过程更简便，并且减少了化学品使用量和废物产生。膜分离技术通常使用少量溶剂或是完全干净的物理过程，从而降低了化学品对环境的负面影响。

在工业生产过程中，特别是在金属加工和电子制造行业，膜分离技术也广泛应用于贵金属的回收。工业废水中含有微量的贵金属，通过膜分离技术可以有效地将这些金属离子集中回收，从而达到资源再利用和环境保护的双重目的。膜分离技术能够与现有的工业生产流程集成，例如与金属加工的废水处理设施结合使用，从而最大限度地减少资源浪费和污染排放。

此外，医疗设备中使用的一些高端材料和电子元件中含有贵金属，膜分离技术可以用于回收这些设备废弃时所含的贵金属。某些药品生产过程中需要使用贵金属作为催化剂或其他特定用途，膜分离技术可以从废弃的生产废水中回收这些贵金属，确保资源的可持续利用。

回收贵金属使用的膜分离技术包括吸附膜分离、离子交换膜分离、液膜分离、膜蒸馏、正渗透膜分离、纳滤膜分离、反渗透膜分离技术等。各种膜分离技术在贵金属回收领域各有千秋，选择合适的技术需考虑具体应用场景、成本效益分析和环境因素。

10.3.1　吸附膜分离技术回收贵金属

吸附膜分离技术结合了吸附材料与膜分离的优势，主要用于从废水或电子垃圾中回收贵金属。这项技术依靠吸附材料（如碳基纳米材料、聚合物基质材料、无机纳米材料等）来高效吸附金属离子。该方法具有大吸附容量、高选择性和较快的吸附速率，适用于回收低浓度的贵金属溶液。

将膜技术与吸附法相结合，选择合适的吸附剂作为骨架，选择合适的功能单体对原有吸附剂进行修饰，增加膜材料对 Ag（Ⅰ）的结合位点，提高选择性，制备出新型吸附膜材料，结合外电场的电驱动辅助，可以选择性吸附水溶液中的 Ag（Ⅰ）。

以硫脲为功能单体对壳聚糖进行改性，制备新型聚乙烯醇平面双层复合吸附膜，采用该吸附膜对水溶液中的 Ag（Ⅰ）进行吸附，将复合吸附膜应用于实际含银废水，实际含银废水中 Ag（Ⅰ）的去除率为 88%。

以硫脲为功能单体对聚芳醚酮进行改性，制备一种表面光滑透明的新型 TU-PAEK 吸附膜。采用 TU-PAEK 吸附膜对水溶液中的 Ag（Ⅰ）进行吸附，在通电条件下，膜对 Ag（Ⅰ）的吸附量比浸渍条件下的吸附量提高了 2～3 倍，实际含银废水中 Ag（Ⅰ）的去除率为 98%。

以上两种膜材料在外加电场的电驱动辅助下，对 Ag（Ⅰ）有着优异的选择性，改性吸附膜材料与通电结合不仅可以回收银，还可以用类似的方法提高膜材料对其他重金属废水的选择性和吸附能力，具有良好的应用前景。

10.3.2　离子交换膜分离技术回收贵金属

离子交换膜分离技术使用具有离子交换功能的膜材料来分离金属离子。这种技术通常用于从含有混合金属离子的溶液中选择性地回收特定贵金属。离子交换膜具有较高的选择性，可以针对特定的一价或二价金属离子进行操作。目前已经在资源回收和清洁工业生产等领域得到应用。

（1）采用 h-WO_3 还原性离子交换膜回收贵金属

以 $Na_2WO_4 \cdot 2H_2O$、$H_2C_2O_4$、$(NH_4)_2SO_4$ 为原料，去离子水为溶剂，HCl 为 pH 调

节剂，通过水热法制备六方相三氧化钨（h-WO_3），使用聚偏二氟乙烯（PVDF）作为黏结剂，科琴黑（KB）作为导电剂，通过溶剂 N-甲基吡咯烷酮（NMP）与 h-WO_3 混合研磨，在钛网上构筑了六方相三氧化钨还原性离子交换膜（h-WO_3 RIM）。将还原态的 h-WO_3 RIM 置于含有贵金属离子的溶液（分别是浓度为 0.1mol/L 的 $AgNO_3$、$HAuCl_4$、H_2PtCl_6 和 K_2PdCl_4 溶液）中，贵金属离子会向 h-WO_3RIM 表面迁移并自发发生还原反应，同时膜中的 H^+ 会释放出来，相当于贵金属离子与 h-WO_3RIM 发生了还原性离子交换反应，该还原性离子交换膜可以将贵金属离子直接还原为高纯的单质，通过简单的离心和真空抽滤即可实现贵金属的回收，且具有优异的循环使用性能。当溶液中含有非贵金属离子和有机物时，h-WO_3 RIM 依旧可以保持对低浓度贵金属离子的高回收效果。

（2）采用 AC@h-WO_3 还原性离子交换膜回收贵金属

活性炭是一种常用的双电层电容材料，具有很好的吸附性能。将活性炭（AC）与 h-WO_3 RIM 进行复合，可以制得具有还原性离子交换性能的 AC@h-WO_3 RIM。AC@h-WO_3 RIM 具有双电层电容性质，AC 的复合对 h-WO_3 RIM 的氧化还原电位影响不大，但可以提升 h-WO_3 RIM 的比电容量。将还原态的 AC@h-WO_3 RIM 置于 1000mg/L 的 $AgNO_3$ 溶液中，AC 表面可以吸附由 AC@h-WO_3 RIM 通过还原性离子交换出来的银单质。当低浓度贵金属离子溶液以大流速通过复合膜时，AC@h-WO_3 RIM 对溶液中的贵金属离子仍然具有优异的还原回收能力。

10.3.3 膜蒸馏技术回收贵金属

膜蒸馏技术利用热驱动，使水蒸气通过疏水性膜从热侧转移到冷侧，留下溶质如贵金属离子。此技术多用于高盐分或放射性废水中的贵金属回收。膜蒸馏分离技术能够实现高盐分和贵金属离子的有效分离，但需要经济有效的温控系统来保证效率。

膜蒸馏也可用于回收有价值的盐以及处理高盐溶液。与反渗透等其他膜技术相比，膜蒸馏具有低工作压力、高回收率、100%剔除非挥发性溶质的潜力和占地面积小等优势。然而，膜蒸馏是一个能源密集型过程，为了减少或替代额外的能源输入，可以在膜蒸馏工艺中使用工业余热和太阳能。

10.3.4 其他膜分离技术

（1）液膜分离技术回收贵金属

液膜分离技术通过两相液体界面上的选择性迁移来实现物质的分离。在贵金属回收中，这种技术可以用来从水溶液中提取和浓缩贵金属离子。液膜分离技术具有能耗低、操作简单和可连续操作等优点，但面临的挑战包括膜的稳定性和有机溶剂的流失问题。

（2）正渗透膜分离技术回收贵金属

正渗透膜分离技术利用半透膜两侧溶液的渗透压差驱动水流，从而实现溶质的分离，主要应用于溶液中贵金属离子的浓缩和回收。正渗透膜分离技术具有能耗低和膜污染少的特点，特别适合于处理高盐或高浓度有机废水中的金属回收。

（3）纳滤膜分离技术回收贵金属

纳滤膜分离技术介于超滤和反渗透之间，能通过分子尺寸和电荷效应从溶液中分离出贵金属离子。纳滤膜通常孔径在 1nm 左右，可实现高效率和选择性的过滤。纳滤膜分离技术操作压力较低，能有效去除重金属离子及部分有机分子，广泛应用于废水处理和金属回收。

（4）反渗透膜分离技术回收贵金属

反渗透膜分离技术使用半透膜在压力作用下，使溶剂反向渗透，从而将溶质如贵金属离子集中。这一技术主要用于海水淡化和废水处理中的金属离子回收。反渗透技术的分离效率高，能从极低浓度的溶液中回收金属离子，但需要较高的操作压力，因此能耗相对较大。

贵金属回收中膜分离技术的应用涉及多方面的考量，如膜材料选择标准及其对回收效率的影响，以及膜模块和系统设计对贵金属回收的作用。膜材料应具有对贵金属离子或分子的高选择性，应具有适当的分离特性，以确保高效回收。贵金属回收过程中可能涉及酸性或碱性环境，因此，膜材料需具备良好的耐化学腐蚀性。膜材料还应具备足够的机械强度和稳定性，以抵御操作过程中的压力和应力。膜材料的操作温度范围也需适合贵金属回收的工艺条件。高选择性的膜材料能够有效地分离贵金属，但需保持足够的通透性以确保高效的质量传递率。合适的膜材料可以降低能耗，提高回收过程的能效比。优良的膜模块和系统设计能够提高回收率、降低系统成本。设计高效的膜模块结构，如螺旋卷绕、平板和空心纤维等，以最大的膜表面积和贵金属相接触，整合先进的流体动力学设计和自动化控制系统，可以提高贵金属的回收率并降低运营成本。

当前，膜分离技术在贵金属回收中仍有需要解决的技术难题，如膜分离技术在选择性方面仍有局限性，尤其在处理含有多种金属离子的复杂溶液时，如何提高对目标贵金属的选择性是关键；膜在使用过程中容易受到污染，导致通量下降和分离效率降低，因此需要研究有效的防污和清洗策略来延长膜的使用寿命；实验室规模的膜分离技术往往难以直接放大到工业规模，需要解决规模化过程中的技术和经济问题；膜材料和膜分离设备的成本较高，如何在保证性能的同时降低成本，是推动膜分离技术广泛应用的关键因素；随着技术的发展，需要制定相应的法规和标准来规范膜分离技术在贵金属回收领域的应用，确保环境安全。

未来，膜分离技术在贵金属回收领域需向高性能膜材料开发、膜过程优化、膜组件设计创新、集成化和模块化、膜再生和循环利用及耦合技术等方向发展。要研究和开发新型的膜材料，如纳米复合膜、分子印迹膜等，以提高对特定贵金属离子的选择性和吸附能力；优化膜分离过程的操作条件，如压力、温度、流速等，提高分离效率并降低能耗；设计新型的膜组件结构，如螺旋卷式、平板式等，以适应不同应用场景和提高膜的利用率；开发集成化的膜分离系统，实现自动化和智能化操作，提高系统的可靠性和便捷性；研究膜的再生方法，如化学清洗、电化学再生等，延长膜的使用寿命，减小更换频率和成本；将膜分离技术与其他分离技术，如离子交换、溶剂萃取等相结合，形成多级或联合回收工艺，提高整体回收效率。面对膜污染挑战、技术挑战、成本挑战，应采用适当的预处理技术，如前置过滤或添加抗污染剂，以延长膜的使用寿命并减少维护需求，在设计阶段进行全面的成本效益分析，考虑投资和运营成本以优化回收流程。

第11章 生物电化学技术在资源循环中的应用

生物电化学技术是一种结合生物学与电化学原理的综合性技术体系，通过将微生物的代谢活动与传统电化学体系相结合，利用微生物，特别是电活性微生物或产电微生物，作为生物催化剂，在电极表面进行电子传递，从而驱动一系列电化学反应，这些反应不仅涉及污染物的降解、能量的转换与储存，还包括特定化学物质的合成或生物传感等。生物电化学系统具有多种类型，其中最常见的包括微生物燃料电池和微生物电解池。在微生物燃料电池中，微生物通过代谢活动在阳极表面氧化底物释放电子，电子通过外部电路传递到阴极，产生电流，通过阴极还原反应，可以实现在处理污染物的同时回收有价组分。微生物电解池则通过施加一定的外加电压，通过生物催化在阴极产生氢气或甲烷等清洁能源，或将难降解的有机物降解为无害物质，进一步拓展了资源回收的范围。生物电化学技术作为一种前沿的污染物处理与资源回收方法，在资源循环中展现出巨大的应用潜力。

11.1 生物电现象与产电微生物

11.1.1 生物电现象

生物电现象是生物体在生命活动过程中展现出的电现象，这些现象是生物体内部细胞、组织和器官在生命活动过程中的电位和极性变化的反映。生物体在生命活动过程中，由于细胞内外带电离子的分布和运动而产生电位和电流的变化，这些电位和电流变化是生物体正常生理活动的表现，也是生物活组织的基本特征之一。

有关生物电的研究已发展成一门专门的学科，称为电生理学，其研究领域包括细胞和组织的电学特性及其在不同条件下的变化，生物电现象和各种生理功能的关系，不同功能单元之间的电活动及其相互关系等。

早在18世纪末，Galvani在研究蛙的神经肌肉标本时发现，如用两种金属导体接触神经和肌肉形成回路，肌肉就会产生颤抖。据此，他提出了神经和肌肉各自带有“动物电”的著名论断。这一见解在当时引起了一场激烈的争论，物理学家伏特认为这是两种具有不同电学属性的金属造成的“双金属电流”，纯属物理现象。基于这一理解，伏特后来发明了伏特电池，而 Galvani 则坚持己见，直接将神经肌肉标本的完整表面置于损伤处，发现也引起了肌肉收缩，从而验证了生物电的存在。

20 世纪 20 年代，阴极射线示波器应用于生理学研究，标志着现代电生理学的开始。20 世纪 40 年代和 50 年代，由于微电极技术和电压钳技术的发展，使得将电极插入细胞内在仅数平方微米的细胞膜片上进行记录成为可能，从而得以在细胞水平上深入研究生物电的本质。20 世纪 60 年代以来，生理学研究逐步引进电子计算机技术，从而使生物电信号的分析和处理进入一个崭新的发展阶段。

生物电现象在医学、仿生学、信息控制等领域具有广泛的应用。例如，在医学领域，心电图、脑电图等生物电检测技术被广泛应用于心脏和脑部的疾病诊断；在仿生学领域，通过研究生物电现象开发出了仿生机器人和智能设备等；在信息控制领域，生物电信号被用于实现人机交互和意念控制等前沿技术。

11.1.2　产电微生物简介

微生物是肉眼看不见的，必须在光学显微镜或电子显微镜下才能看见的所有微小生物的统称。按细胞结构的有或无可分为非细胞结构微生物（如病毒、类病毒）以及细胞结构微生物，按细胞核膜、细胞器及有丝分裂等的有或无，可分为原核微生物和真核微生物两大类。

为了识别和研究微生物，将各种微生物按其客观存在的生物属性（如个体形态及大小、染色反应、菌落特征、细胞结构、生理生化反应、与氧的关系、血清学反应等）及其亲缘关系，有次序地分门别类排列成一个系统，从大到小，按域、界、门、纲、目、科、属、种等分类，把主要的、基本属性类似的微生物分为域，在域内从类似的微生物中找出差别，再列为界，以此类推，一直分到种。“种”是分类的最小单位，种内微生物之间的差别很小，有时为了区分小差别可用株表示，但“株”不是分类单位。在两个分类单位之间可加亚门、亚纲、亚目、亚科、亚属、亚种及变种等次要分类单位，最后对每一属或种给予严格的科学名称。

自然界中各种微生物虽然不同，却有许多共同特点：

（1）个体极小

微生物的个体极小，大小在微米级范围内，要通过光学显微镜才能看见；病毒小于 0.2μm，是纳米级的，在光学显微镜可视范围外，要通过电子显微镜才可看见。

（2）分布广，种类繁多

因微生物极小，很轻，附着于尘土随风飞扬，漂洋过海，栖息在世界各处，分布极广。同一种微生物可能在世界各地都有，在江、河、湖、海、土壤、空气、高山、温泉水、人和动物体内外、酷热的沙漠、寒冷的雪地、南极、北极、冰川、污水、淤泥、固体废物里等处处都有。自然界物质丰富，品种多样，为微生物提供了丰富的食物。微生物的营养类型和代谢途径呈多样性，从无机营养型到有机营养型，均能充分利用自然资源。其呼吸类型同样呈现多样性，在有氧环境、缺氧环境，甚至是无氧环境下均有能生活的种类。环境的多样性，如极端高温和低温、高盐度和极端 pH 造就了微生物的种类繁多和数量庞大。

（3）繁殖快

大多数微生物以裂殖方式繁殖后代，在适宜的环境条件下，十几分钟至二十分钟就可繁殖一代，在物种竞争上具有明显优势，是其生存竞争的保证。

（4）易变异

多数微生物为单细胞，结构简单，整个细胞直接与环境接触，易受环境因素影响，引起遗传物质 DNA 的改变而发生变异，或变异为优良菌种，或使菌种退化。

在生物电化学中，起主要作用的是产电微生物，产电微生物特指那些通过氧化有机物获取能量支持自身生长并且将电子传递给电极的微生物，也称胞外呼吸细菌或金属异化还原菌。产电微生物种类丰富多样，包含原核微生物和真核微生物。大部分产电微生物为兼性厌氧或者绝对厌氧的细菌。产电细菌有许多其他称谓，如“胞外产电菌”“阳极呼吸菌”“电化学活性细菌”“异化铁还原细菌”“亲阳极菌”“亲电极菌”等。产电细菌广泛分布在不同的环境中，例如海洋、湖泊、河流底泥和工业废水中，产电微生物类群见表 11-1。

表 11-1　产电微生物类群

类群	门	纲	属	种
细菌	变形菌门	α-变形菌纲	红假单细胞菌属	沼泽红假单细胞菌
			苍白杆菌属	人苍白杆菌
			嗜酸菌属	隐藏嗜酸菌
		β-变形菌纲	红育菌属	铁还原红育菌
		γ-变形菌纲	气单胞菌属	嗜水气单胞菌
			假单细胞菌属	铜绿假单胞菌
			埃希氏菌属	大肠杆菌
		δ-变形菌纲	地杆菌属	硫还原地杆菌
				金属还原地杆菌
			除硫单胞菌属	乙硫醇脱硫单胞菌
	厚壁菌门	梭菌纲	梭菌属	丁酸梭菌
				拜氏梭菌
				丙酸梭菌
		芽孢杆菌纲	芽孢杆菌属	枯草芽孢杆菌
	酸杆菌门	全噬菌纲	地发菌属	—
	放线菌门	放线菌纲	棒杆菌属	—
古菌	广古菌门	盐杆菌纲	富盐菌属	—
			钠白菌属	—
酵母菌	子囊菌门 酵母菌亚门	酵母纲	酵母属	异常汉逊氏酵母
				酿酒酵母
			毕赤酵母属	异常毕赤酵母

11.1.3　产电微生物生理特征

11.1.3.1　产电微生物的营养

产电微生物从外界环境中不断摄取营养物质，经过一系列的生物化学反应，转变成细胞组分，同时产生废物并排泄到体外，这是产电微生物与环境之间的物质交换过程，一般称为物质代谢或新陈代谢。新陈代谢是活细胞中进行的所有化学反应的总称，是生物最基本的特征之一。新陈代谢包括同化作用（合成代谢）和异化作用（分解代谢），两者是相辅相成的，异化作用为同化作用提供物质基础和能量，同化作用为异化作用提供基质。物质的新陈代谢是异化作用和同化作用的对立和统一，推动着全部的生命活动，两者紧密联系，组成一个微妙的代谢体系，其结果是将外界的营养物质转变为细胞物质，排出废物，产电微生物得以生长和繁殖。

营养是指生物体从外部环境中摄取的其生命活动所必需的能量和物质，以满足正常生长繁殖需要。营养是生命活动的起点，为一切生命活动提供物质基础，包括能量、代谢调节物质和必要的生理环境等。产电微生物要求的营养物质有水、碳素营养源、氮素营养源、无机盐及生长因子。

（1）水

水是微生物机体的重要组成成分，也是微生物代谢过程中必不可少的溶剂，有助于营养物质溶解，并通过细胞质膜被微生物吸收，保证细胞内、外各种生物化学反应在溶液中正常进行。水可维持各种生物大分子结构的稳定性，并参与某些重要的生物化学反应。此外，水具有优良的物理性能，例如比热容高，能有效地吸收代谢过程中放出的热能等；水又是较好的导体，有利于散热，起到调节细胞温度和保持环境温度恒定的作用。

（2）能源和碳源

能为微生物生命活动提供最初能量来源的营养物或辐射能被称为能源。凡能供给微生物碳素营养的物质被称为碳源。碳源的主要作用是构成微生物细胞的含碳物质和供给微生物生长、繁殖及运动所需要的能量。从简单的无机含碳化合物到复杂的有机化合物，都可作为碳源。例如：糖类、脂肪、氨基酸、简单蛋白质、脂肪酸、丙酮酸、柠檬酸、淀粉、纤维素、半纤维素、果胶、木质素，醇类、醛类、烷烃类、芳香族化合物、各种低浓度的染料等。微生物最好的碳源是糖类，尤其是葡萄糖和蔗糖最易被微生物吸收和利用。

大多数产电微生物以有机物（包括有机酸、醇类、糖类和氨基酸等）为碳源，个别以 CO_2 为碳源。各种产电微生物所能利用的碳源差异很大。假单胞菌属、希瓦氏菌属、梭菌属等能利用众多有机物；乙硫醇脱硫单胞菌、丙酸梭菌等只能利用小分子有机物（如乙酸、丙酸、丁酸、乙醇、丙醇、丁醇等）；硫还原地杆菌只能利用几种有机物（如乙醇、乙酸等）。丙酸梭菌、硫还原地杆菌等少数产电菌能以 SO 或 H_2 为能源，以 CO_2 为碳源进行化能自养生长。

（3）氮源

凡是能够供给微生物含氮物质的营养物被称为氮源。氮源是合成蛋白质的主要原料，一般不提供能量。但硝化细菌却能利用氨作为氮源和能源，某些氨基酸也能作为能源。蛋白质是细胞的主要组成成分，氮素是微生物生长所需要的主要营养源。对于不能固氮的微生物来说，氮的来源包括大量的无机氮化合物（如硝酸盐、铵盐等）以及有机氮化合物。有机氮化合物包括尿素、胺、酰胺、嘌呤和嘧啶碱、氨基酸、蛋白质等，都能被不同的微生物所利用。

产电微生物能利用多种氮源，如 N_2、NH_4^+、NO_3^- 及部分氨基酸。沼泽红假单胞菌、希瓦氏菌、大肠杆菌和拜氏梭菌等能以 NH_3 为氮源，沼泽红假单胞菌和丁酸梭菌能以 N_2 为氮源，铜绿假单胞菌能以硝酸盐为氮源，沼泽红假单胞菌和变形杆菌能以氨基酸为氮源。

（4）无机盐

无机盐的生理功能包括：构成细胞组分，构成酶的组分和维持酶的活性，调节渗透压、氢离子浓度、氧化还原电位等。微生物需要的无机盐有磷酸盐、硫酸盐、氯化物、碳酸盐、碳酸氢盐等。这些无机盐中含有钾、钠、钙、镁、铁等主要元素，其中，微生物对磷和硫的需求量最大。此外，微生物还需要锌、锰、钴、钼、铜、硼、钒、镍等微量元素。

1）磷

细胞中的磷对微生物的生长、繁殖、代谢都起着极其重要的作用。① 磷是微生物细胞合成核酸、核蛋白、磷脂及其他含磷化合物的重要元素；②磷是辅酶Ⅰ（NAD^+）、辅酶Ⅱ

($NADP^+$)、辅酶 A、各种腺苷磷酸（AMP、ADP、ATP）等的组分；③磷在糖代谢磷酸化过程中起关键性的作用；④腺苷磷酸中的高能磷酸键在能量贮存和传递中起重要作用；⑤磷酸盐是重要的缓冲剂，调节 pH；⑥磷酸盐可促进巨大芽孢杆菌的芽孢发芽和发育。几乎所有的微生物都需要磷酸盐。

2）硫

硫是含硫氨基酸（胱氨酸、半胱氨酸、甲硫氨酸）的组成成分。硫和硫化物是好氧硫细菌的能源，好氧硫细菌从无机硫化物和有机硫化物的氧化过程中取得能源、硫元素和供氢体。

3）镁

镁是己糖磷酸化酶、异柠檬酸脱氢酶、肽酶、羧化酶等的活化剂，是光合细菌的菌绿素和藻类叶绿素的重要组分。镁在细胞中起稳定核糖体、细胞质膜和核酸的作用。镁的缺乏会使核糖体和细胞质膜遭受破坏，微生物生长停止。不同微生物对镁的需求量不同，革兰氏阳性菌对镁的需求量比革兰氏阴性菌高 10 倍左右。例如，枯草芽孢杆菌需要质量浓度为 25mg/L 的镁，梭状芽孢杆菌需要 40mg/L 的镁，而革兰氏阴性的灵杆菌需要 4～6mg/L 的镁。重金属钴、镍、镁有拮抗作用，当镁的浓度低，镍的质量浓度为 0.2mg/L 时，将会完全抑制产气气杆菌生长；当镁质量浓度增加到 20mg/L 时，镍的抑制作用极小。微生物需要的镁源有硫酸镁及其他镁盐。

4）铁

铁是过氧化氢酶、细胞色素、氧化酶等的组分，是细胞色素和氧化还原反应中必不可少的电子载体，在电子传递体系中起至关重要的作用。不同的微生物对铁的需求量不同，如大肠杆菌需铁 2mg/L，污水生物处理中的活性污泥需铁量为 2mg/L，破伤风杆菌、梭状芽孢杆菌需铁量 0.5～0.6mg/L。铁的缺乏对大肠杆菌影响较大，表现在两方面：①影响酶的合成，若大肠杆菌缺铁，就不能合成甲酸脱氢酶，不能催化甲酸分解为 H_2 和 CO_2，所以，大肠杆菌分解葡萄糖时，只产酸不产气；②影响细胞分裂，例如，大肠杆菌在分裂时若缺铁，则大肠杆菌的核物质只增长、延长而不分裂，整个细胞呈丝状生长。若在活性污泥法的污水生物处理中，出现大肠杆菌呈丝状生长的状况，就会引起活性污泥膨胀，造成活性污泥在沉池中的沉淀效果差，活性污泥随水流失，影响出水质量。

5）钙

钙是微生物重要的阳离子，是蛋白酶的激活剂，是细菌芽孢的重要组分。钙离子在细菌芽孢的热稳定性中起着关键性的作用，并且还与细胞壁的稳定性有关。在活性污泥中，钙与菌体间的凝聚有关，若用蒸馏水对细菌加以冲洗，会导致绒粒解体，投入钙后则会再次形成绒粒。

6）钾

钾是微生物重要的阳离子，是许多酶的激活剂，但不参与细胞结构物质的组成。钾离子对磷的传递、ATP 的水解、苹果酸的脱羧反应等有重要作用。钾能促进糖类的代谢，在细胞内积累的浓度往往要比培养基中高出许多倍。

7）其他微量元素

微量元素是微生物维持正常生长发育所必需的，包括锰、锌、钴、镍、铜、钼、钒、碘、溴、硼等，极微量时就可刺激微生物的生命活动。许多微量元素是酶的组分或是酶的激活剂。微生物对微量元素的需求量极小，一般培养中微量元素质量浓度到 0.1mg/L 就够了。天然有机物都含上述微量元素，采用天然有机物配制培养基时，不需添加微量元素。过量的微量元素会引起微生物中毒，单独一种微量元素过量，其毒性更大。

产电微生物需要多种微量金属元素，如铁、锰、钴、镍、铜、锌等，各种产电微生物所需的微量元素种类各不相同。铁元素为大多数产电微生物所必需的元素，也是细胞色素和铁硫蛋白的关键成分，在产电微生物呼吸链中发挥着十分重要的作用。

（5）生长因子

除了碳源、氮源和微量元素，一些产电微生物还需要一种或多种生长因子。生长因子是一类调节微生物正常代谢所必需的，但不能用简单的碳源、氮源自行合成的有机物。广义的生长因子除了维生素外，还包括碱基、嘌呤、嘧啶、生物素等，有时还包括氨基酸营养缺陷突变株所需要的氨基酸在内；狭义的生长因子一般仅指维生素。

生长因子虽也属重要营养要素，但与碳源、氮源和能源有所区别，即并非所有微生物都需要外界为其提供生长因子，只是当某些微生物在具有上述四大类营养后仍生长不好时，才需供给生长因子。多数真菌、放线菌和不少细菌均有合成生长因子的能力，例如，酵母菌能合成核黄素，链霉菌和丙酸杆菌能合成维生素 B12 等。各种乳酸菌、动物致病菌、支原体和原生动物等则需要从外界吸收多种生长因子才能维持正常生长，如一般的乳酸菌都需要多种维生素，某些微生物及其营养缺陷突变株需要碱基，支原体需要甾醇等。在酵母浸出液、动物肝浸出液和麦芽浸出液中含有多种生长因子，是配制培养基时常用的天然物质。

生长因子主要有维生素、氨基酸、嘌呤、嘧啶以及 p-氨基苯甲酸盐等。沼泽红假单细胞菌和丙酸梭菌需要 p-氨基苯甲酸盐作为生长因子。乙硫醇脱硫单胞菌、脱硫弧菌需要维生素（主要为维生素 H）作为生长因子。

11.1.3.2　产电微生物的生存因子

产电微生物除了需要营养外，还需要环境中合适的生存因子，例如：温度、pH、溶解氧、太阳辐射、活度与渗透压、表面张力等。环境条件不正常，会影响微生物的生命活动，甚至使其发生变异或死亡。

（1）温度

温度是微生物的重要生存因子，在适宜的温度范围内，温度每提高 10℃，酶促反应速率将提高 1～2 倍，微生物的代谢速率和生长速率均可相应提高。适宜的培养温度使微生物以最快的生长速度生长，过低或过高的温度均会降低代谢速率及生长速率。

在适宜的温度范围内微生物能大量生长繁殖，根据一般微生物对温度的最适生长需求，可将微生物分为四大类：嗜冷菌、嗜中温菌、嗜热菌及嗜超热菌。低温对嗜中温和嗜高温微生物生长不利，在低温条件下，微生物的代谢极微弱，基本处于休眠状态，但不致死。嗜中温微生物在低于 10℃的温度下不生长，因为蛋白质的合成启动受阻，不能合成蛋白质。许多酶对反馈抑制异常敏感，很容易和反馈抑制剂紧密结合，从而影响微生物的生长。处于低温下的微生物一旦获得适宜温度，即可恢复活性，以原来的生长速率生长繁殖。大多数产电微生物为中温微生物，其生长温度范围为 10～45℃，最适生长温度为 20～39℃；少数为兼性嗜冷微生物，其生长温度范围为 0～45℃，最适生长温度为 10～20℃；还有少数产电微生物为嗜热微生物，能在 50～60℃的高温下生长。

（2）pH

不同微生物的生命活动、物质代谢与 pH 有密切关系，大多数细菌、藻类和原生动物的最适 pH 为 6.5～7.5。细菌一般要求中性和偏碱性，某些细菌，例如氧化硫硫杆菌和极端嗜酸菌需在酸性环境中生活，其最适 pH 为 3，在 pH 达 1.5 后仍可存活。放线菌在中性和偏碱性环境中生长，以 pH 为 7～8 最适宜。酵母菌和霉菌要求在酸性或偏酸性的环境中生活，最适 pH 范围在 3～6，有的在 5～6，其生长极限在 1.5～10。凡对 pH 的变化适应性强的微生物，对 pH 的要求不甚严格；而对 pH 变化适应性不强的微生物，则对 pH 要求严格。大多数细菌、藻类、放线菌和原生动物等在这种 pH 下均能生长繁殖，尤其是形成菌胶团的细菌能互相凝聚形成良好的絮状物，取得良好的净化效果。

极端 pH 对微生物的影响有：影响蛋白质的解离，从而影响细胞表面的电荷，影响营养物质的吸收；影响营养物质的离子化，影响其进入细胞；影响酶的活性；降低抗热性。产电微生物绝大多数属于嗜中性微生物，其生长 pH 范围为 4.5～8.5，最适生长 pH 为 6.6～7.5。

(3) 溶解氧

根据微生物与分子氧的关系，微生物被分为好氧微生物（包括专性好氧微生物和微量好氧微生物）、耐氧厌氧微生物、兼性厌氧微生物（或兼性好氧微生物）及专性厌氧微生物。专性好氧微生物是指在氧分压 0.21×101kPa 的条件下生长繁殖良好的微生物，微量好氧微生物是指在氧分压（0.003～0.2）×101kPa 的条件下生长繁殖良好的微生物，专性厌氧微生物是指只能在氧分压小于 0.005×101kPa 的琼脂表面生长的微生物，兼性厌氧微生物是既可在有氧条件下，又可在无氧条件下生长的微生物。

氧气是影响产电微生物生长的重要因素。对于一些产电微生物来说，氧气是不可缺少的生命物质，但对于另一些产电微生物来说，氧气却是十分有害的毒性物质。大多数产电微生物是兼性厌氧微生物，能适应较大范围的溶解氧浓度变化。

(4) 渗透压

溶液渗透压决定于其浓度，溶质的离子或分子数目越多渗透压越大。在同一质量浓度的溶液中，含小分子溶质的溶液比含大分子溶质的溶液渗透压大，例如，质量浓度为 50g/L 的葡萄糖溶液的渗透压大于质量浓度为 50g/L 的蔗糖溶液的渗透压。培养基的渗透压通常不会大于菌体内的渗透压，即使略大一些也无妨，因为细菌的细胞壁和细胞质膜有一定的坚韧性和弹性，对细菌有保护作用。

微生物在不同渗透压的溶液中有不同的反应：在等渗溶液中微生物生长得很好；在低渗溶液中，水分子大量渗入微生物体内，使微生物细胞发生膨胀，严重者破裂；在高渗溶液中，微生物体内水分子大量渗到体外，使细胞发生质壁分离，但也有些微生物可以在高渗溶液中生长，例如，海洋微生物、盐湖中生长的微生物及水果汁中生长的微生物都是嗜高渗透压的，这类微生物称为嗜高渗微生物，在淡水中不能生长。

渗透压也是影响产电微生物生长的重要因素。一些来自淡水河流或湖泊的产电微生物易受高渗透压的抑制，而一些来自咸湖或海洋的产电微生物，则需要一定的渗透压来维持正常生长。沼泽红假单胞菌可生长在 NaCl 浓度为 0.1%～3.0%的环境中，丁酸梭菌、拜氏梭菌和屎肠球菌可生长在 NaCl 浓度为 6.5%的环境中，乙硫醇脱硫单胞菌可生长在 NaCl 浓度为 20g/L 和 $MgCl_2 \cdot 6H_2O$ 浓度为 3g/L 的高渗透压环境中。

11.1.3.3　产电微生物的生长曲线

典型的微生物生长曲线包括四个时期：迟缓期、对数增长期、减速增长期和内源呼吸期。

(1) 迟缓期

特点：生长速率常数为零，菌体粗大，RNA 含量增加，代谢活力强，对不良环境的抵抗能力下降。成因：微生物刚刚接种到培养基上，其代谢系统需要适应新的环境，同时要合成酶、辅酶、其他中间代谢产物等，所以此时期的细胞数目没有增加。

(2) 对数增长期

特点：生长速率最快，代谢旺盛，酶系活跃，活细菌数和总细菌数大致接近，细胞的化学组成、形态、理化性质基本一致。成因：经过调整期的准备，为此时期的微生物生长提供了足够的物质基础，同时外界环境也是最佳状态。

(3) 减速增长期

特点：活细菌数保持相对稳定，总细菌数达到最高水平，细胞代谢产物积累达到最高峰，是生产的收获期，芽孢杆菌开始形成芽孢。成因：营养的消耗使营养物比例失调，有害代谢产物积累，pH 值等理化条件不适宜。

(4) 内源呼吸期

特点：细菌死亡速度大于新生成的速度，细胞开始畸形，细胞死亡，出现自溶现象。成因：主要是外界环境对继续生长越来越不利，细胞的分解代谢大于合成代谢，继而导致大量细菌死亡。

11.1.3.4 产电微生物的代谢

在细胞内部进行生物化学反应时，除需要酶外，还需要能量。微生物通过无机物或无机物在细胞内部的氧化作用或光合作用释放出能量，这些能量被某些化合物获取，储存在细胞内。最常见的贮能化合物是三磷酸腺苷（ATP）。微生物从 ATP 获取能量，用于机体新细胞的合成、维持生命及运动，而 ATP 则变成释能态的二磷酸腺苷（ADP），ADP 再获取有机物和无机物分解过程中释放出的能量，重新转化为贮能态的 ATP。

异化作用与同化作用是新陈代谢的两种基本形式，通过异化作用与同化作用，微生物不断地从外界环境中摄取营养物质，满足自身生长和繁殖过程对物质和能量的需要，并同时排出代谢产物。

异养菌代谢过程中只将一部分有机物转化为最终产物，并从这一过程中获取能量，用于使剩余有机物合成新细胞（原生质）的反应。应该指出，在新细胞合成与微生物增长过程中，除氧化一部分有机物以获得能量外，还有一部分微生物细胞物质也被氧化分解，并供应能量，这一过程称为内源呼吸。当有机物充足时，内源呼吸不明显。但当有机物近乎耗尽时，内源呼吸就成为供应能量的主要方式。

(1) 呼吸作用

呼吸是指基质在氧化过程中放出的电子，通过呼吸链传递，最终交给氧分子的生物过程。呼吸作用的电子流和碳流都为“有机物→O_2”。呼吸作用是微生物广泛采取的代谢方式，一些专性好氧菌和兼性厌氧菌均能进行呼吸作用，这些产电微生物具有完整的呼吸链，能够将电子传递给末端氧化酶，并催化 O_2 还原。

(2) 厌氧呼吸作用

厌氧呼吸是指基质氧化过程中脱下的质子和电子，经一系列电子传递体，最终交给无机氧化物等外源电子受体的生物过程。厌氧呼吸的电子流为“有机物→NO_3^-、SO_4^{2-} 和 CO_3^{2-} 等”，碳流为“有机物→CO_2”。许多产电微生物为兼性厌氧微生物，能以 NO_3^- 或 SO_4^{2-} 为电子受体进行厌氧呼吸。值得注意的是，一些产电菌能以铁、锰氧化物作为电子受体进行厌氧呼吸。

(3) 发酵作用

发酵是指基质氧化过程中脱下的质子和电子，经辅酶或者辅基传递给自身的代谢中间产物，最终产生还原性产物的生物过程。发酵的电子流为“有机物→中间产物”，碳流为“有机物→发酵产物”。在产电微生物中，部分兼性厌氧菌和专性厌氧菌能够进行发酵作用。

11.2 微生物燃料电池

11.2.1 微生物燃料电池基本原理

微生物燃料电池是利用产电微生物的作用，将燃料（有机物质）的化学能转化为电能的一种装置，其工作原理与传统燃料电池存在许多相同之处。通过富集在阳极表面的产电微生物，在厌氧条件下代谢有机物产生电子和质子，随后电子传递到阳极，并通过外电路到达阴极，质子则可通过质子交换膜渗透到阴极。

在阳极主要进行的是厌氧反应，接种物可以是单一菌种，大多数可以从废水或污泥中提取；也可以是混合菌，如直接使用废水或污泥作底物。微生物在厌氧条件下代谢有机物，一方面从中获得能量维持生存，另一方面向阳极传送电子，完成电量的输出。

在阴极既可以进行好氧反应，也可以进行厌氧反应。好氧反应相较于厌氧反应来说，过程相对简单，不需要微生物的参与。好氧反应中，O_2 作为最终电子受体，阳极产生的电子和质子分别通过外电路和质子交换膜到达阴极后，与 O_2 结合生成 H_2O。而厌氧条件下，硝酸盐、硫酸盐、铁、锰等可借助微生物的作用作为最终电子受体。

目前微生物燃料电池的研究中混合菌是最常用的接种形式。相对于纯种菌，混合菌具有可用基质范围广、抗外界冲击能力强等优点。利用生活污水、工业废水、活性污泥、垃圾渗滤液等进行接种，都能使微生物燃料电池出现产电现象，这也表明接种物中存在产电微生物，但由于菌种复杂，很难确定何种微生物起产电作用。此外，由于接种源的不同，微生物富集效果也往往有较大差别。

通过对纯种菌的研究，发现多种可以向细胞外直接转移电子的细菌，简称胞外产电菌。研究人员关于电子由胞外传递至胞外电子受体的机理还知之甚少，目前比较认同的电子传递途径有两种：纳米导线电子传递和利用中介体进行电子传递。其实，在微生物燃料电池的培养基中，电子中介体并不是必需的，一些细菌本身能够产生类似于绿脓菌素的中介体，实现电子传递。

11.2.2 微生物燃料电池基本结构

11.2.2.1 直接与间接微生物燃料电池

根据电子传递方式不同，可将微生物燃料电池分为直接微生物燃料电池和间接微生物燃料电池。

（1）直接微生物燃料电池

直接微生物燃料电池是指燃料在电极上氧化的同时，电子直接从燃料转移到电极，也称无介体微生物燃料电池。这种微生物燃料电池由于不需要投加电子中介体，在一定程度上降低了运行成本。

在直接微生物燃料电池中，影响电子传递速率的因素很多，如微生物对底物的氧化、电子从微生物到电极的传递、外电路的负载电阻、向阴极提供质子的过程、氧气的供给和阴极反应等。针对这些影响因素，可通过改进阴极和阳极材料、电极表面积，增强质子交换膜穿透性以及对燃料多样性的研究来提高微生物燃料电池的性能。

（2）间接微生物燃料电池

间接微生物燃料电池也称作介体型微生物燃料电池。在间接微生物燃料电池中，燃料被氧化后产生的电子通过某种途径传递到电极上，大多需要电子传递中间体促进电子传递。电子传递中间体应具备如下条件：①容易通过细胞壁；②容易从细胞膜上的电子受体获取电子；③电极反应快；④溶解度、稳定性好；⑤对微生物无毒；⑥不能成为微生物的食料。一些有机物和金属有机物可以用作微生物燃料电池的电子传递中间体，其中较为典型的是硫堇、中性红等。电子传递中间体的功能依赖于电极反应的动力学参数，其中最主要的是电子传递中间体的氧化还原速率常数。

11.2.2.2　微生物燃料电池构型

按照反应器内是否有隔膜可将微生物燃料电池反应器分成单室反应器和双室反应器。双室反应器采用隔膜将阳极室和阴极室隔开，隔膜材料有离子交换膜和质子交换膜等类型，主要目的是使部分离子定向扩散，抑制阳极和阴极物质相互扩散，从而获得较为纯净的产物，但是由于隔膜的存在，反应器内阻增大导致电流密度下降，且隔膜增加反应器的成本。

（1）双室微生物燃料电池

双室微生物燃料电池反应器由一个阳极室和一个阴极室组成，中间由质子交换膜（PEM）隔开。这种构型是为了实现氧气和细菌的隔离，防止氧气渗入阳极室影响细菌产电。与此同时，质子交换膜还允许细菌分解有机物所产生的质子透过到达阴极室，以保持阳极室与阴极室电荷平衡和酸度平衡。由于双室微生物燃料电池的密闭性好，抗生物污染的能力较强，双室微生物燃料电池通常用于产电菌的分离及其性能测试试验，也可以通过控制阳极室的反应条件研究阴极。有研究使用微生物燃料电池进行阴极电子受体的测试，发现除了氧气可以作为电子受体外，许多污染物也可以作为阴极受体，如硫化物、苯酚、重金属离子等。

（2）单室微生物燃料电池

单室微生物燃料电池从电极形式上可以分为二合一型、三合一型以及无膜型三种。二合一型微生物燃料电池省略了阴极室，将阴极和质子膜压制在一起，阳极和阴极间的距离缩小，减小了质子在阴极室内的传质阻力，提高了阴极传质速率，其欧姆电阻要远小于双室微生物燃料电池。三合一型微生物燃料电池是将阳极、质子膜和阴极依次压合在一起，最大幅度降低阳极和阴极之间的距离，减小其内阻。无膜微生物燃料电池去除了传统的质子交换膜，这种设计简化了电池结构，降低了成本，并可提高能量转换效率。以空气阴极微生物燃料电池为例，单室空气阴极微生物燃料电池与化学燃料电池相比，用微生物代替了昂贵的化学催化剂，以空气作为阴极，成本大大降低。

11.2.2.3　微生物燃料电池堆栈

针对微生物燃料电池功率偏低的问题，研究人员开始构建放大的反应器，以便在实际应用中得到更高的输出功率。但输出功率的提高并不是随着单个反应器电极的面积或者体积的增大而等比例增加的，将多个反应器或电极堆栈放大是提高输出功率的一种有效方法。目前，微生物燃料电池的堆栈技术主要是将单体微生物燃料电池堆栈连接或在一个微生物燃料电池反应器中将多个阳极电极堆栈连接。

单体微生物燃料电池堆栈连接是指将多个单体微生物燃料电池串联或者并联连接，可以增加电压和电流，即通过将微生物燃料电池单元串联提升电压输出，并联提升总电流的方式，获取需要的电压和电流。虽然串联微生物燃料电池可以提高电池的总电压，但是在微生物燃料电池串联的过程中由于串联电池组之间电子交叉传递的阻力及微生物的生长代谢会消耗底物等原因，造成串联电池组中能量转化率低、部分能量损失，使得串联微生物燃料电池的总电压有所降低，最大输出功率也相应变小。

多个阳极电极堆栈连接是指阳极室中多个阳极电极共用同一阳极液并进行串联连接。在一个反应器中安装多个阳极可以增加阳极室中阳极面积与体积的比率，进而产生更高的功率密度。

11.2.3　电极与质子交换膜

11.2.3.1　阳极

微生物燃料电池的阳极材料必须具备高导电率、无腐蚀性、高比表面积、高空隙率、价格合理、制造简单且易放大等特点。微生物燃料电池的电极种类丰富，有不锈钢、改性电极、石墨颗粒、碳毡、碳刷和生物阴极等，目前主要以碳材料为主。铂掺杂的不锈钢电极具有明显优势，研究表明，使用掺杂改性的电极材料后，废水处理效果和产能效率都高于单一的不锈钢电极或者生物阴极，但是其运行成本较高，目前很难推广。

碳材料具有良好的生物兼容性、化学稳定性、导电性，且成本低，是微生物燃料电池的主要电极材料。碳布、碳纸、石墨板等都是实验室常用的电极材料。为了获得更高性能的阳极材料，可以运用各种物理、化学方法对阳极碳材料进行改性。电化学氧化修饰法主要通过在酸性溶液中的电解，增加电极表面的羧基基团。虽然微生物表面净电荷为负电，电极表面羧基的增加会增大静电排斥力，但是由于微生物表面存在着大量细胞色素，其上含有许多活性基团，羧基可以与细胞色素上的活性基团形成强烈的氢键等作用，增强了微生物与电极之间的化学相互作用。目前，碳材料的各种金属和金属涂层在微生物燃料电池领域的研究尚不完善。已知的可用于阳极修饰的金属有 Fe、Mn、Ni、Pt 等元素。也有研究人员使用过渡态金属氧化物对电极进行修饰，研究比较成熟的金属化合物主要有 Fe_3O_4、MnO_2、碳化钨（WC）等。

11.2.3.2　阴极

阳极材料如碳纸、碳毡、石墨等同样可以用于阴极，但直接使用效果不佳，可以以碳布、石墨或碳纸等为基本材料，通过负载高活性催化剂得到改善。根据阴极催化剂种类可以将微生物燃料电池阴极分为非生物阴极和生物阴极，与生物阴极催化剂相比，非生物阴极催化剂能显著提高微生物燃料电池的产电性能。近几年来，非贵金属氧化物催化剂由于其来源广泛、价格低廉，被广泛应用于多种电池体系，如 PbO_2、MnO_x、TiO_2、铁氧化物等，其中，MnO_2 和 TiO_2 是目前研究较多的微生物燃料电池阴极催化剂。

与非生物阴极相比，生物阴极具有以下优点：①降低微生物燃料电池系统的运行成本；②不存在化学催化剂失活现象，避免催化剂中毒问题，提高了系统的稳定性；③在阴极室生长的微生物可处理废水；④操作条件温和，不会破坏反应体系。

除了利用好氧生物阴极，还可以用厌氧型生物阴极。在厌氧条件下，许多化合物如硝酸盐、硫酸盐、硒酸盐、吡酸盐、尿素、延胡索酸盐和二氧化碳等都可以作为电子受体。用厌氧型生物阴极可以阻止氧通过交换膜扩散到阳极，防止氧气消耗电子而导致库伦效率的下降。

11.2.3.3　质子交换膜

质子交换膜也称为质子膜或氢离子交换膜，是一种离子选择性透过的膜。在电池中，质子交换膜为质子迁移和传输提供通道，分离气体反应物并阻隔电解液。质子交换膜通常位于中心位置，作为质子传递载体将阳极催化层产生的质子转移至阴极催化层，与氧气反应生成水。质子交换膜根据其材料组成和特性可以分为多种类型，主要包括：

（1）全氟磺酸型质子交换膜

这类膜具有出色的质子导电性和化学稳定性，是目前最常用的质子交换膜之一。代表产品如美国杜邦公司的 Nafion 膜，其结构由中性半结晶聚合物骨架（聚四氟乙烯主链）、连接主链和离子簇的支链（聚磺酰氟化物乙烯基醚）以及包含磺酸基团的离子簇组成。

（2）非氟聚合物质子交换膜

如磺化聚醚醚酮、磺化聚苯乙烯等，这类膜不含氟元素，具有较低的成本和较好的环境友好性。

（3）复合质子交换膜

由两种或多种材料复合而成，旨在结合不同材料的优点以提高膜的整体性能。例如，以聚四氟乙烯薄膜为支撑层的复合膜，可以提高膜的机械强度和耐久性。

(4) 有机-无机杂化质子交换膜

结合了有机聚合物和无机材料的特性，通过化学键或物理作用将两者结合在一起，以提高质子导电性、热稳定性和机械性能。

(5) 高温质子交换膜

针对需要在高温下运行的应用场景，研究人员开发了能够在较高温度下保持质子导电性的质子交换膜。这类膜通常采用无机酸或聚合物酸掺杂的方式来提高其性能。

11.2.4 电解液与底物

11.2.4.1 电解液

电解液在微生物燃料电池中扮演着至关重要的角色，不仅是电子和质子传递的媒介，还影响微生物的生长和代谢活动。电解液的种类、浓度、pH值等因素均会直接影响微生物燃料电池的性能。电解液的基本功能在于提供离子导电通道，确保电子和质子在微生物燃料电池内部的有效传递。

(1) 电解液需满足的基本要求

在微生物燃料电池中，电解液需要满足以下基本要求：

① 良好的传导性。电解液应具有较高的离子浓度和适当的离子迁移率，以确保电子和质子在阳极和阴极之间的快速传递。

② 化学稳定性强。电解液应能在微生物燃料电池的运行条件下保持化学稳定，避免与电极材料、微生物或质子交换膜发生反应，导致性能下降或失效。

③ 生物相容性好。电解液应支持微生物的生长和代谢活动，避免对微生物产生毒性或抑制作用。

④ 经济性和环保性。电解液的成本应尽可能低，且其制备、使用和废弃处理过程应符合环保要求。

(2) 电解液的组成

电解液的组成因微生物燃料电池的类型和应用场景而异，通常包含以下几种主要成分：

① 溶剂。溶剂是电解液的主要组成部分，常用的溶剂有水、有机溶剂等。水作为溶剂时，由于其良好的导电性和生物相容性，被广泛应用于微生物燃料电池中。

② 电解质。电解质可以是无机盐（如硫酸钠、磷酸钾等）或有机盐（如四乙基铵盐等）。这些电解质在溶液中解离成离子，提供导电通道。

③ 缓冲剂。缓冲剂用于调节电解液的pH值，保持其在微生物生长和代谢的适宜范围内。常用的缓冲剂有磷酸盐缓冲液、碳酸氢盐缓冲液等。

④ 营养物质。在某些微生物燃料电池中，电解液还需包含微生物生长所需的营养物质，如碳源、氮源、矿物质等。这些营养物质有助于维持微生物的活性和代谢能力。

⑤ 电子传递介体。在某些间接微生物燃料电池中，需要向电解液中添加电子传递介体以促进电子从微生物到阳极的传递。这些介体可以是人工合成的（如吩嗪、吩噻嗪等）或微生物自身合成的（如绿脓菌素、吩嗪-1-甲酰胺等）。

(3) 电解液的类型

根据电解液的种类和特性，微生物燃料电池中的电解液可分为多种类型：

1) 酸性电解液

酸性电解液通常具有较高的离子浓度和导电性，但可能对微生物产生一定的毒性或抑制作用。因此，在选择酸性电解液时，需要综合考虑其对微生物生长和代谢的影响。常见的酸性电解液有硫酸溶液、盐酸溶液等。

2）碱性电解液

碱性电解液具有较高的 pH 值，有利于某些微生物的生长和代谢活动。同时，碱性环境还能促进某些有机物的分解和氧化过程。然而，碱性电解液也可能对电极材料和质子交换膜产生腐蚀作用。常见的碱性电解液有氢氧化钠溶液、氢氧化钾溶液等。

3）中性电解液

中性电解液具有较宽的 pH 范围（通常接近 7），对微生物的生长和代谢影响较小。中性电解液适用于多种微生物种类和底物类型，是微生物燃料电池中较为常用的电解液类型之一。常见的中性电解液有磷酸盐缓冲液、碳酸氢盐缓冲液等。

4）有机电解液

有机电解液是指含有有机溶剂的电解液体系。有机溶剂通常具有较高的离子迁移率和化学稳定性，但生物相容性较差。因此，有机电解液在微生物燃料电池中的应用相对较少，主要用于特定场景下的研究或应用。

11.2.4.2　底物

微生物燃料电池底物是指能够被微生物作为能源或碳源利用的有机物质。在微生物燃料电池中，这些底物通过微生物的代谢作用产生电子和质子，进而驱动电流的产生。底物的种类和特性直接影响微生物燃料电池的能源转换效率，选择合适的底物可以显著提高微生物燃料电池的产电能力和稳定性。微生物燃料电池技术的一大优势在于其能够利用废弃物作为底物，实现资源的循环利用，因此，底物的选择对于微生物燃料电池技术的环保性和可持续性至关重要。

微生物燃料电池底物的组成因来源和性质而异，通常包含碳源、氮源、矿物质和微量元素。碳源通过微生物的代谢作用产生电子和质子，常见的碳源包括葡萄糖、乙酸、乳酸、纤维素等。虽然氮源不是微生物燃料电池产电的直接原料，但其对微生物的生长和代谢活动具有重要影响。矿物质和微量元素是微生物正常生长和代谢所必需的辅助因子，这些元素在微生物燃料电池中的含量和种类会影响微生物的代谢途径和产电效率。

根据来源和性质不同，微生物燃料电池底物可以分为单一有机物、复杂有机物和复合底物等类型：

（1）单一有机物

1）葡萄糖

葡萄糖是一种简单的糖类化合物，易于被微生物利用。在微生物燃料电池中，葡萄糖作为底物时，其代谢产生的电子和质子能够高效地通过微生物传递至电极，从而产生电流。然而，葡萄糖的成本较高，限制了其在微生物燃料电池中的大规模应用。

2）乙酸

乙酸是一种常见的有机酸，广泛存在于自然界中。乙酸作为微生物燃料电池底物时，其代谢过程相对简单且稳定，能够产生较高的电流密度。此外，乙酸的成本较低，易于获取和储存，因此在微生物燃料电池研究中得到了广泛应用。

（2）复杂有机物

1）纤维素

纤维素由于分子结构复杂且难以降解，因此直接作为微生物燃料电池底物时效果较差。然而，通过预处理（如酸解、酶解等）将纤维素转化为小分子糖类后，可以显著提高微生物燃料电池的产电能力。

2）污水和污泥

污水和污泥中含有大量的有机物质和微生物，是微生物燃料电池理想的底物来源。污水和污泥中的有机物质可以通过微生物的代谢作用产生电子和质子，从而实现废弃物的资源化利用。此外，污水和污泥的处理过程还可以与微生物燃料电池技术相结合，实现污水的净化和能源的回收。

随着研究人员对微生物燃料电池的研究逐步深入，不断有新的有机质被作为底物应用其中，尤其是与污水处理相结合的产电装置，利用不同种类污水中的生物质，达到污水净化和提高电能输出的目的。如酿酒厂、制糖厂、制药厂等排放的废水中含有丰富的有机质，且产生的废水量很大，对于微生物燃料电池来说是良好的可持续性能源物质。底物的范围不断拓宽，也使得筛选更多高活性的产电菌种成为可能。高效产电菌的逐步发现，有望进一步提高微生物燃料电池的产电性能。

（3）复合底物

复合底物是指由多种有机物质组成的混合物。在微生物燃料电池中，复合底物可以提供更丰富的营养物质和更复杂的代谢途径，从而提高微生物燃料电池的产电能力和稳定性。例如，将葡萄糖和乙酸按一定比例混合作为微生物燃料电池底物时，可以产生比单一底物更高的电流密度和更稳定的产电性能。

11.3　微生物电解池

11.3.1　微生物电解池基本原理

微生物电解池是从微生物燃料电池衍生而来的，微生物燃料电池反向操作即为微生物电解池。其原理为阳极微生物在外加电压的辅助下克服能量壁垒后氧化有机物，并通过电路将氧化有机物所得电子传递至阴极，与传递过来的质子结合形成氢气，从而达到分解有机物、处理有机废水的目的。从运行机制上讲，微生物燃料电池是当阴极金属离子作为电子受体氧化还原电位较高时，电池吉布斯自由能小于零，反应自发进行产生电能，在阴极金属离子得到电子还原成金属单质或降价之后毒性降低。微生物电解池是当金属离子氧化还原电位较低时，电池吉布斯自由能大于零，金属离子的还原反应不能自发进行，需要额外输入电能驱动系统进行反应。

微生物电解池不像微生物燃料电池一样能自主运行，在阳极厌氧的条件下，需要通过在外电路中外加电压，克服热力学障碍，推动反应进行，使阳极有机物氧化产生的电子传递到阴极与质子结合产生氢气。当全电池电位高于0.414V时，从原理上讲在阴极可以产生氢气，但是在实际的运行中，阳极通过有机物的氧化反应只能提供0.2～0.5V的电压，所以还需要提供0.2V或者更高的电压才能在阴极得到氢气。

11.3.2　微生物电解池与微生物燃料电池的区别

微生物电解池是微生物燃料电池研究上的延伸，起初是研究微生物燃料电池自身产能，通过对微生物燃料电池系统装置构型、体积、阴阳极材料、底物浓度、生物物种、微生物生存条件、添加剂等系列参数的调整来提高燃料电池产生的电能，而微生物电解池则可以表述为一个电解池，其本身的条件不足以提供阴极电解产氢的条件，需要在系统中外加一个电源提供外加电压，才能保证装置的稳定运行。

微生物燃料电池和微生物电解池两者均为生物电池，两者阴极产物不同，微生物燃料电池为水，微生物电解池为氢。两者研究的主要方向不同，微生物燃料电池主要是研究产生电能，微生物电解池主要研究的是阴极产生的氢气能源。由于两者侧重点不同，两者在实验中的优势菌种也不同。微生物燃料电池产电系统通常采用空气阴极，这样的条件下氧气易扩散到阳极室，对阳极产电菌造成影响，好氧菌会成为优势菌种。而微生物电解池产氢系统是完全厌氧的，实验中厌氧菌会成为优势菌种，所以两个装置对于菌种的培养和利用也是有区别的。微生物电解池阴极产生的氢气会扩散到阳极，产生的氢气就会有损失，所以微生物电解池装置制氢系统需要考虑的因素更复杂，而微生物燃料电池产电系统则不需要考虑相关的问题，相比而言微生物电解池对于装置的气密性要求更高。

近年来，微生物燃料电池和微生物电解池在处理重金属废水的研究越来越多，研究发现可以利用重金属废水作为阴极液，能够得到较高的电压，同时在阴极液金属离子自身氧化还原电位较低时可以利用微生物燃料电池产能的同时回收金属，在阴极液金属离子自身氧化还原电位较高时利用微生物电解池系统自身产能与外加能源共用的方式回收金属。

11.4　微生物燃料电池在金属回收中的应用

传统的金属回收方法往往存在能耗高、成本高、污染重等问题。微生物燃料电池作为一种新兴的生物电化学技术，通过微生物的代谢作用将有机物中的化学能直接转化为电能，并在此过程中实现金属离子的还原与金属回收利用，展现出了独特的优势和应用潜力。

微生物燃料电池在金属回收过程中不产生废气、废液和固体废物，避免了传统金属回收技术中可能产生的二次污染问题。同时，微生物燃料电池技术不存在高能量消耗等问题，因此具有更好的环保和节能效果。这种绿色、可持续的金属回收方式符合当前全球对环境保护和可持续发展的迫切需求。在微生物燃料电池中，金属离子可以被微生物有效地还原成固体金属沉淀，因此金属回收率较高。相较于传统方法，微生物燃料电池技术能够更彻底地从废水中去除并回收金属离子，提高资源利用效率。微生物燃料电池的操作相对简单，无需复杂的仪器和设备，这种简单的操作方式降低了技术门槛和运营成本，使得微生物燃料电池技术在金属回收领域具有更广泛的应用前景。微生物燃料电池技术利用微生物作为催化剂和电极材料，具有良好的生物相容性。这种生物相容性不仅有助于微生物在电极表面的附着和生长，还能够提高电子传递效率，从而增强微生物燃料电池的性能和稳定性。微生物燃料电池以有机废物为底物进行产电和金属回收，实现了废物的资源化利用。这种“以废治废”的方式不仅解决了废物处理问题，还为金属回收提供了新的途径。

在生物电化学系统中，金属常被用作阴极上的电子受体，而有机废物则作为阳极上的电子供体。通过微生物的代谢作用，阴极上的金属离子被还原为金属单质，从而实现金属的回收。生物电化学系统回收金属的方法主要包括：

（1）用非生物阴极直接回收金属

利用阴极比阳极高的氧化还原电位，将非生物阴极上的金属直接还原。这种方法适用于 Au（Ⅲ）、V（Ⅴ）、Cr（Ⅵ）、Ag（Ⅰ）、Cu（Ⅱ）、Fe（Ⅲ）和 Hg（Ⅱ）等金属。

（2）用非生物阴极配合外加电源回收金属

对于氧化还原电位较低的金属离子（如 Ni^{2+}），需要外加电源来驱动电子从阳极转移到非生物阴极，从而实现金属的还原回收。

（3）用生物阴极回收金属

异化金属还原菌在阴极上将金属氧化物作为呼吸作用的最终电子受体，将电子转移给金属氧化物还原金属。这种方法在铬的还原回收上取得了显著效果。

（4）用生物阴极加外加电源回收金属

外加电源不仅使不能自发进行的反应发生，而且可以提高金属离子向阴极转移的速率，从而加速金属的还原过程。

11.4.1 微生物燃料电池金属回收实例

实例一：双室微生物燃料电池回收金属铜

随着电镀、冶金、石油工业等行业的不断发展，大量含铜废水产生，采用微生物燃料电池技术可通过微生物代谢作用将含铜废水的化学能转化产生电能，并在阴极室中还原铜离子，实现金属铜的回收。工艺过程如下：

（1）系统构建

构建双室微生物燃料电池反应器，阳极室内接种厌氧活性污泥，作为产电微生物的来源，阴极液为含铜离子的废水，作为待回收的金属源。选择合适的电极材料（如碳布、碳刷、石墨等）和膜材料（如质子交换膜），确保系统的稳定性和高效性。

（2）微生物代谢

向阳极室加入有机底物（如葡萄糖、乙酸钠等），为微生物提供能量来源。

（3）金属铜回收

在阴极室内，铜离子接受来自阳极的电子被还原成金属铜，并沉积在阴极表面或溶液中。通过调节阴极液的组成、pH 值、温度等条件，可以优化铜离子的还原效率和沉积形态。

（4）金属分离与后续处理

经过一段时间的运行后，阴极表面会沉积一定量的金属铜。通过适当的物理或化学方法（如刮取、溶解等）将金属铜从阴极表面分离出来。对回收的金属铜进行进一步处理（如精炼、纯化等），以提高其纯度和利用价值。

以石墨为电极材料，有机废水为阳极底物，厌氧活性污泥为厌氧菌种，含铜废水为阴极液，构建连续流双室微生物燃料电池反应器，微生物燃料电池在产电的同时从含铜废水中回收金属铜。研究发现，连续流微生物燃料电池的最大电流密度可达 0.63mA/m^2，且加入磷酸盐缓冲溶液的连续流微生物燃料电池的最大电流密度更高，可达 4.44mA/m^2。微生物燃料电池对含铜废水中 Cu^{2+} 的去除率可达 80%左右，尤其是连续流微生物燃料电池，对 Cu^{2+} 的去除率可达 99%以上。

实例二：光催化微生物燃料电池回收铜

光催化微生物燃料电池结合了光催化和微生物燃料电池技术的优势，通过光能和化学能的协同作用提高电池的产电性能和金属回收能力。在回收铜的过程中，研究人员构建了以剩余污泥为燃料、以 g-C_3N_4/MnO_2@PANI 为光催化阴极的双室光催化微生物燃料电池系统。该系统利用阳极微生物氧化分解有机物的能力产生电能，并通过光催化阴极的还原作用将废水中的铜离子还原成铜单质。实验结果表明，该系统在回收铜方面表现出色，铜回收率可达 97.6%。同时，该系统还实现了污泥的减量化、资源化利用，具有显著的环境效益和经济效益。

实例三：微生物燃料电池处理含铬废水及铬回收

微生物燃料电池回收铬的工艺是一种创新的废水处理与资源回收技术。该技术通过微生物的代谢活动，在降解废水中有机物的同时，将废水中的高毒性六价铬 Cr（Ⅵ）还原为低毒性的三价铬 Cr（Ⅲ）或进一步转化为可回收的铬形态。工艺过程如下：

（1）废水预处理

对含铬废水进行预处理，以去除悬浮物、油脂等杂质，提高废水的可生物降解性。

（2）系统构建

选择合适的阳极和阴极材料，构建微生物燃料电池，阳极材料通常选用具有良好导电性和生物相容性的材料，如碳刷、碳布等；阴极材料则根据具体需求选择，如碳布、金属网等。

（3）微生物接种与驯化

向微生物燃料电池中接种具有Cr（Ⅵ）还原能力的微生物，并在适宜条件下进行驯化，使微生物适应微生物燃料电池的环境并发挥最大效能。

（4）废水处理与铬回收

将预处理后的含铬废水引入微生物燃料电池的阳极室，微生物在阳极分解有机物产生电能的同时，阴极的Cr（Ⅵ）被还原为Cr（Ⅲ）或更低价态的铬。通过控制微生物燃料电池的运行参数，可以优化废水的处理效果和铬的回收率。

（5）产物收集与处理

收集微生物燃料电池处理后的废水和还原产物，对废水进行进一步处理以达到排放标准；对还原产物进行分离、纯化等处理，得到可回收的铬资源。

实例四：微生物燃料电池从废锂离子电池中回收钴

微生物燃料电池从废锂离子电池中回收钴是一个相对新颖且复杂的领域，目前直接应用微生物燃料电池从废锂离子电池中回收钴的实例和研究还有限。由于废锂离子电池的结构复杂，通常需要先进行拆解、破碎和分离等预处理步骤，以提取出含有钴的正极材料。工艺流程包括：

（1）废锂离子电池预处理

拆解电池，分离出正极、负极、电解液等部分，对正极材料进行破碎、物理分离等预处理。

（2）微生物燃料电池系统构建

选择合适的阳极和阴极材料，构建微生物燃料电池系统。向微生物燃料电池系统中接种产电微生物菌株，在适宜条件下进行微生物驯化，使其适应微生物燃料电池系统的环境并发挥最大效能。

（3）废锂离子电池正极材料处理与钴回收

将预处理后的正极材料作为微生物燃料电池系统的底物，引入阳极室或单独的反应器中。通过微生物的代谢活动和微生物燃料电池的电化学过程，实现钴离子的溶解、迁移和还原。在阴极区，钴离子接受电子被还原为金属钴。

（4）产物收集与处理

对产物进行分离、纯化等处理，得到高纯度的钴金属或化合物。

11.4.2　微生物燃料电池金属回收影响因素分析

（1）微生物种类与活性

微生物是微生物燃料电池的核心，其种类和活性直接决定了微生物燃料电池的性能。对于金属回收而言，需要筛选或培育具有高效金属离子还原能力的微生物菌株。这些微生物的代谢途径、电子传递机制以及对金属离子的耐受性等因素都会影响微生物燃料电池的产电能力和金属回收效率。不同种类的微生物对金属离子的还原能力存在差异。例如，某些细菌能够利用特定酶系统催化金属离子的还原反应，而另一些细菌则可能通过间接途径实现金属离子的回收。微生物的活性受温度、pH 值、营养物质等多种环境因素的影响。在微生物燃料电池系统中，保持适宜的微生物活性是确保金属回收效率的关键。

（2）阳极材料与结构

阳极是微生物燃料电池中微生物附着和生长的重要场所，其材料和结构对微生物燃料电池的性能有显著影响。阳极材料应具有良好的导电性、生物相容性和稳定性。常见的阳极材料包括碳布、碳纸、不锈钢网等。不同的阳极材料对微生物的附着和生长具有不同的影响，进而影响微生物燃料电池的产电能力和金属回收效率。阳极的结构设计应有利于微生物的附着和生长，同时确保电子的有效传递。例如，通过增加阳极的比表面积、优化孔隙结构等方式可以提高微生物的附着量，进而提高微生物燃料电池的产电能力和金属回收效率。

（3）阴极类型与催化剂

阴极是微生物燃料电池中发生还原反应的地方，其类型和催化剂的选择对金属回收效率具有重要影响。微生物燃料电池的阴极可分为非生物阴极和生物阴极两种。生物阴极利用微生物作为催化剂，能够避免使用贵金属催化剂，降低成本并提高环境可持续性。然而，生物阴极的稳定性和产电能力仍需进一步改善。催化剂的选择对金属离子的还原速率和效率具有显著影响。传统的贵金属催化剂虽然具有较高的催化活性，但成本较高且易中毒。因此，研究非贵金属催化剂和生物催化剂成为当前的研究热点。

（4）电解质与 pH 值

电解质是微生物燃料电池中传递电子和离子的介质，其种类和浓度对微生物燃料电池的性能具有重要影响，不同的电解质对微生物的代谢活动和金属离子的还原反应具有不同的影响。例如，某些电解质可能抑制微生物的生长或影响金属离子的还原速率。pH 值是影响微生物代谢和金属离子形态的重要因素。在微生物燃料电池系统中，保持适宜的 pH 值有利于微生物的生长和金属离子的还原。

（5）操作条件与外部环境

微生物燃料电池的操作条件和外部环境也会影响其金属回收效率。温度是影响微生物活性和酶促反应速率的重要因素。在微生物燃料电池中，保持适宜的温度有利于微生物的生长和金属离子的还原。废水或废弃物的流速（或水力停留时间）会影响微生物燃料电池的传质效率和反应速率。适当的流速可以提高微生物燃料电池的产电能力和金属回收效率。在某些情况下，外部电源的辅助可以提高微生物燃料电池的启动速度和性能稳定性。然而，这也增加了系统的复杂性和成本。

可见，利用微生物燃料电池技术回收金属受到多种因素的影响，为了提高微生物燃料电池的金属回收效率，需要从微生物种类与活性、阳极材料与结构、阴极类型与催化剂、电解质与 pH 值以及操作条件与外部环境等多个方面进行综合考虑和优化。

参考文献

[1] 安鑫南. 林产化学工艺学[M]. 北京：中国林业出版社，2002.

[2] 保罗·汉斯·布鲁纳，赫尔穆特·莱希伯格. 物质流分析的理论与实践[M]. 刘刚，楚春礼，译. 北京：化学工业出版社，2022.

[3] 材料科学姑苏实验室，生态环境部固体废物与化学品管理技术中心，苏州博萃循环科技有限公司. 退役动力锂电池再生利用蓝皮书[M]. 北京：科学技术文献出版社，2022.

[4] 程明，张建忠，王念春. 可再生能源发电技术[M]. 3版. 北京：机械工业出版社，2024.

[5] 杜祥琬. 固体废物分类资源化利用战略研究：第3卷[M]. 北京：科学出版社，2019.

[6] 郭学益，王亲猛，田庆华. 氧气底吹炼铜基础[M]. 长沙：中南大学出版社，2018.

[7] 郭学益，田庆华，李栋. 有色金属资源循环创新研究及应用[M]. 长沙：中南大学出版社，2021.

[8] 黄勇. 动力电池及能源管理技术[M]. 重庆：重庆大学出版社，2021.

[9] 李丽，姚莹，郁亚娟，等. 锂离子电池回收与资源化技术[M]. 北京：科学出版社，2021.

[10] 刘明华，李小娟. 废旧塑料资源综合利用[M]. 北京：化学工业出版社，2018.

[11] 刘荣厚，牛卫生，张大雷. 生物质热化学转换技术[M]. 北京：化学工业出版社，2005.

[12] 刘维平. 资源循环概论[M]. 北京：化学工业出版社，2017.

[13] 刘伟. 废旧塑料回收利用技术创新发展研究[M]. 北京：科学技术文献出版社，2018.

[14] 潘明珠，连海兰. 生物质纳米材料的制备及其功能应用[M]. 北京：科学出版社，2016.

[15] 任学勇，张扬，贺亮. 生物质材料与能源加工技术[M]. 北京：中国水利水电出版社，2016.

[16] 任学勇，常建民. 林木生物质快速热解理论与技术[M]. 北京：中国水利水电出版社，2016.

[17] 王洪涛，陆文静. 农村固体废物处理处置与资源化技术[M]. 北京：中国环境科学出版社，2006.

[18] 王敏晰. 生态文明与资源循环利用[M]. 北京：社会科学文献出版社，2021.

[19] 吴创之，马隆龙. 生物质能现代化利用技术[M]. 北京：化学工业出版社，2003.

[20] 肖波，周英彪，李建芬. 生物质能循环经济技术[M]. 北京：化学工业出版社，2006.

[21] 徐功娣，李旭峰，张永娟. 微生物燃料电池原理与应用[M]. 哈尔滨：哈尔滨工业大学出版社，2012.

[22] 杨合，程功金. 无机非金属资源循环利用[M]. 北京：冶金工业出版社，2021.

[23] 杨占红，罗宏. 资源循环利用产业发展路径研究[M]. 北京：科学出版社，2022.

[24] 袁同琦，孙卓华，戴林. 木质素化学[M]. 北京：中国轻工业出版社，2021.

[25] 袁振红，吴创之，马隆龙，等. 生物质能利用原理与技术[M]. 北京：化学工业出版社，2005.

[26] 钟史明. 能源与环境节能减排理论与研究[M]. 南京：东南大学出版社，2017.

[27] 朱锡锋. 生物质热解原理与技术[M]. 合肥：中国科学技术大学出版社，2006.

[28] 崔岩. 酶-CdSe-TiO_2 光/酶混合生物燃料电池[D]. 哈尔滨：哈尔滨工业大学，2010.

[29] 范景华. 微生物菌剂联合改性生物炭对餐厨垃圾好氧堆肥效果研究[D]. 天津：天津理工大学，2023.

[30] 刘诺. 餐厨垃圾厌氧发酵产酸产氢及恶臭控制技术研究[D]. 北京：清华大学，2018.

[31] 刘鑫蕊. 六方 WO_3 基还原性离子交换膜的构筑及其在低浓度贵金属离子回收方面的应用[D]. 济南：山东大学，2021.

[32] 孟娟. 木材纤维素基高性能催化材料的设计与机制研究[D]. 哈尔滨：东北林业大学，2022.

[33] 齐晓杰. 载重车辆翻新轮胎承载仿真及失效机理研究[D]. 哈尔滨：东北林业大学，2010.

[34] 王强. 工程翻新轮胎力学特性及性能补强机理研究[D]. 哈尔滨：东北林业大学，2015.

[35] 王宇. 基于巯基的选择性吸附膜的制备及其对废水中 Ag(Ⅰ)去除的应用[D]. 福州：福建师范大学，2022.

[36] 尉薛菲. 中国生活垃圾分类产业的经济学分析[D]. 北京：中国社会科学院研究生院，2020.

[37] 杨秋爽. 基于生命周期评价的生物炭固碳潜势与环境影响[D]. 上海：上海交通大学，2020.

[38] BENDER M H. Potential conservation of biomass in the production of synthetic organics [J]. Resource Conversion & Recycling，2010，30 (1)：49-58.

[39] CHA W，KIM I Y，LEE J M，et al. Sulfur-doped mesoporous carbon nitride with an ordered porous

structure for sodium-ion batteries[J]. ACS Applied Materials & Interfaces, 2019, 11 (30): 27192-27199.

[40] CHEN F J, GONG A S, ZHU M W, et al. Mesoporous, three-dimensional wood membrane decorated with nanoparticles for highly efficient water treatment[J]. ACS Nano, 2017, 11 (4): 4275-4282.

[41] CHEN G, ANDRIES J, SPLIENTHOFF H, et al. Biomass gasification integrated with pyrolysis in a circulating fluidised bed [J]. Solar Energy, 2014, 76 (1): 345-349.

[42] CHEN G, ANDRIES J, SPLIETHOFF H. Catalytic pyrolysis of biomass for hydrogen rich fuel gas production [J]. Energy Conversion and Management, 2013, 44 (14): 2289-2296.

[43] CHEN Y, KANG Y, ZHAO Y, et al. A review of lithium-ion battery safety concerns: the issues, strategies, and testing standards [J]. Journal of Energy Chemistry, 2021, 59 (8), 83-99.

[44] CHEN Z N, LUO J, HU Y X, et al. Fabrication of lignin reinforced hybrid hydrogels with antimicrobial and self-adhesion for strain sensors[J]. International Journal of Biological Macromolecules, 2022, 222: 487-496.

[45] ENCINAR J M, BELTRÁN F J, RAMIRO A, et al. Pyrolysis/gasification of agricultural residues by carbon dioxide in the presence of different additives: influence of variables[J]. Fuel Processing Technology, 1998, 55 (3): 219-233.

[46] FAN E, LI L, WANG Z P, et al. Sustainable recycling technology for Li-ion batteries and beyond: challenges and future prospects [J]. Chemical Reviews, 2020, 120 (14): 7020-7063.

[47] FORMELA K. Waste tire rubber-based materials: processing, performance properties and development strategies[J]. Advanced Industrial and Engineering Polymer Research, 2022, 5 (4): 234-247.

[48] GRAGLIA M, PAMPEL J, HANTKE T, et al. Nitro lignin-derived nitrogen-doped carbon as an efficient and sustainable electrocatalyst for oxygen reduction[J]. ACS Nano, 2016, 10 (4): 4364-4371.

[49] JIANG G, NOWAKOWSKI D J, BRIDGWATER A V. Effect of the temperature on the composition of lignin pyrolysis products [J]. Energy & Fuels, 2010, 24 (8): 4470-4475.

[50] LAITINEN O, SUOPAJÄRVI T, ÖSTERBERG M, et al. Hydrophobic, superabsorbing aerogels from choline chloride-based deep eutectic solvent pretreated and silylated cellulose nanofibrils for selective oil removal [J]. ACS Applied Materials & Interfaces, 2017, 9 (29): 25029-25037.

[51] LI A M, LI X D, LI S Q, et al. Experimental studies on municipal solid waste pyrolysis in a laboratory-scale rotary kiln[J]. Energy, 1999, 24 (3): 209-218.

[52] LINDNER S, LUCCHINI R, BROBERG K. Genetics and epigenetics of manganese toxicity [J]. Current Environmental Health Reports, 2022, 9 (4): 697-713.

[53] MEDIĆB, STOJANOVIĆM, STIMEC B V, et al. Lithium-pharmacological and toxicological aspects: the current state of the art[J]. Current Medicinal Chemistry, 2020, 27 (3), 337-351.

[54] QIN H F, ZHOU Y, BAI J R, et al. Lignin-derived thin-walled graphitic carbon-encapsulated iron nanoparticles: growth, characterization, and applications[J]. ACS Sustainable Chemistry & Engineering, 2017, 5 (2): 1917-1923.

[55] QIN H F, ZHOU Y, HUANG Q Y, et al. Metal organic framework (MOF) wood derived multi-cylinders high-power 3D reactor[J]. ACS Applied Materials & Interfaces, 2021, 13 (4), 5460-5468.

[56] RAVEENDRAN K, GANESH A, KHILAR K C. Pyrolysis characteristics of biomass and biomass components[J]. Fuel, 1996, 75 (8): 987-998.

[57] SAMOLADA M C, BALDANF W, VASALOS I A. Production of a bio-gasoline by upgrading biomass flash pyrolysis liquids via hydrogen processing and catalytic cracking[J]. Fuel, 1998, 77 (14): 1667-1675.

[58] SHEN Z, DAY M, COONEY J D, et al. Ultrapyrolysis of automobile shredder residue[J]. The Canadian Journal of Chemistry Engineering, 1995, 73 (3): 357-366.

[59] SUN Z, CAO H B, ZHANG X H, et al. Spent lead-acid battery recycling in China-a review and sustainable analyses on mass flow of lead[J]. Waste Management, 2017, 64: 190-201.

[60] VAN T V, PARK D, LEE Y C. Hydrogel applications for adsorption of contaminants in water and wastewater treatment [J]. Environmental Science and Pollution Research International, 2018, 25 (25): 24569-24599.

[61] WANG H, SHAO Y, MEI S L, et al. Polymer-derived heteroatom-doped porous carbon materials

[J]. Chemical Reviews，2020，120（17）：9363-9419.

[62] WANG H，ZHENG L，LIU G G，et al. Enhanced adsorption of Ag^+ on triethanolamine modified titanate nanotubes[J]. Colloids and Surfaces A：Physicochemical and Engineering Aspects，2018，537：28-35.

[63] WANG L，ZHANG M Y，YANG B，et al. Highly compressible，thermally stable，light-weight，and robust aramid nanofibers/Ti_3AlC_2 Mxene composite aerogel for sensitive pressure sensor [J]. ACS Nano，2020，14（8）：10633-10647.

[64] WANG Z，CONG Y，FU J. Stretchable and tough conductive hydrogels for flexible pressure and strain sensors[J]. Journal of Materials Chemistry. B，2020，8（16）：3437-3459.

[65] WU H，CHEN Z M，WANG Y，et al. Regulating the allocation of N and P in codoped graphene via supramolecular control to remarkably boost hydrogen evolution [J]. Energy & Environmental Science，2019，12（9）：2697-2705.

[66] YAMAN S. Pyrolysis of biomass to produce fuels and chemical feedstocks [J]. Energy Conversion & Management，2004，（45）：651-671.

[67] YU Q Z，BRAGE C，CHEN G X，et al. Temperature impact on the formation of tar from biomass pyrolysis in a free-fall reactor [J]. Journal of Analytical and Applied Pyrolysis，2017：481-489.

[68] ZHANG X X，LI L，FAN E，et al. Toward sustainable and systematic recycling of spent rechargeable batteries [J]. Chemical Society Reviews，2018，47（19）：7239-7302.

[69] ZHAO H N，HAO S W，FU Q J，et al. Ultrafast fabrication of lignin-encapsulated silica nanoparticles reinforced conductive hydrogels with high elasticity and self-adhesion for strain sensors [J]. Chemistry of Materials，2022，34（11）：5258-5272.

[70] ZHOU Y，YUAN J F，DONG R Y，et al. High-performance electrospun carbon fiber derived from lignin and metal composite [J]. Ionics，2022，28：1119-1127.

[71] 薄涛，翟洪艳，季民. 微生物电解池在氢气制备中的应用[J]. 现代化工，2017，37（8）：50-54.

[72] 曹凯锋. 城市建筑垃圾分类及治理措施研究[J]. 住宅与房地产，2018（25）：242.

[73] 曹小玲，蒋绍坚，翁一武. 生物质高温空气气化分析、现状及前景[J]. 节能技术，2004（1）：47-49.

[74] 柴立元，王云燕，孙竹梅，等. 绿色冶金创新发展战略研究[J]. 中国工程科学，2022，24（2）：10-21.

[75] 常定明，张海芹，卢智昊，等. 金属离子在微生物燃料电池中的行为[J]. 化学进展，2014，26（7）：1244-1254.

[76] 陈冠益，高文学，马文超. 生物质制氢技术的研究现状与展望[J]. 太阳能学报，2006（12）：1276-1284.

[77] 陈蔚萍，陈迎伟，刘振峰. 生物质气化工艺技术应用与进展[J]. 河南大学学报（自然科学版），2007（1）：35-41.

[78] 成小强，李鹏翔，冯彬，等. 蒽醌法制备过氧化氢用钯催化剂的再生及科学使用探讨[J]. 化学推进剂与高分子材料，2022，20（6）：25-30.

[79] 樊磊，赵煜，李婷，等. 葡萄糖乙酸钠不同基质微生物燃料电池电化学性能对比研究[J]. 电化学，2016，22（1）：81-87.

[80] 冯雅丽，毕耜超，李浩然，等. 单室无膜空气阴极微生物燃料电池处理沼液的研究[J]. 高校化学工程学报，2013，27（5）：889-895.

[81] 傅旭峰，仲兆平. 生物质热解液化工艺及其影响因素[J]. 能源研究与利用，2008，（3）：16-19+29.

[82] 干勇，彭苏萍，毛景文，等. 我国关键矿产及其材料产业供应链高质量发展战略研究[J]. 中国工程科学，2022，24（3）：1-9.

[83] 高利敏，张海东，申渝. 微生物燃料电池堆栈技术研究[J]. 山东化工，2015，44（23）：135-138.

[84] 郭学益，田庆华，刘咏，等. 有色金属资源循环研究应用进展[J]. 中国有色金属学报，2019，29（9）：1859-1901.

[85] 郭艳，王垚，魏飞，等. 生物质快速裂解液化技术的研究进展[J]. 化工进展，2001（8）：13-17.

[86] 黄波. 废弃混凝土再利用处理工艺技术研究[J]. 绿色建造与智能建筑，2023（7）：9-11.

[87] 黄璐，穆江峰. 废旧橡胶再生循环利用技术研究进展[J]. 世界橡胶工业，2015，42（11）：1-8.

[88] 纪奎江. 我国废旧橡胶循环利用行业的现状与发展[J]. 橡胶工业，2023，70（9）：755-761.

[89] 江畹兰. 国外全钢丝帘线子午线轮胎的生产及轮胎翻新的现状[J]. 世界橡胶工业，2014，41（3）：48-54.

[90] 蒋焜，李雨舟. 长沙市城市道路沥青路面再生技术可行性研究[J]. 黑龙江交通科技，2017，40 (4)：32-34.

[91] 况新亮，刘垂祥，熊朋. 锂离子电池产业分析及市场展望[J]. 无机盐工业，2022，54 (8)：12-19+32.

[92] 赖艳华，吕明新，马春元，等. 两段气化对降低生物质气化过程焦油生成量的影响[J]. 燃烧科学与技术，2002 (5)：478-481.

[93] 黎华玲，陈永珍，宋文吉，等. 锂离子动力电池的电极材料回收模式及经济性分析[J]. 新能源进展，2018，6 (6)：505-511.

[94] 李利丽，常海锋. 废旧铅酸蓄电池高酸水在工业硫酸生产中的应用实践[J]. 硫酸工业，2018 (9)：20-21+25.

[95] 李利丽. 废铅酸蓄电池废酸资源化利用研究及实践[J]. 硫酸工业，2019 (1)：33-36.

[96] 李庆龄，董瑞华. 电子废弃物中贵金属化学回收新技术研究[J]. 世界有色金属，2021 (19)：223-224.

[97] 李亚东，范兴祥，徐征，等. 贵金属二次资源回收研究[J]. 化工设计通讯，2021，47 (9)：168-169.

[98] 李耀东，李振林，王辉，等. 燃烧后化学吸收法脱碳节能工艺研究进展[J]. 现代化工，2023，43 (4)：60-65.

[99] 李永波. 我国生活垃圾焚烧技术现状与趋势[J]. 中小企业管理与科技 (中旬刊)，2020 (1)：182-183.

[100] 李之钦，庄绪宁，宋小龙，等. 废锂离子电池正极材料的火法资源化技术研究进展[J]. 环境工程，2021，39 (4)：115-122+146.

[101] 李治雨，化春雨，李丹，等. 废铅酸电池主要回收工艺与发展现状[J]. 有色金属 (冶炼部分)，2022 (9)：9-27.

[102] 廖艳芬，王树荣，骆仲泱，等. 金属离子催化生物质热裂解规律及其对产物的影响[J]. 林产化学与工业，2015 (2)：25-30.

[103] 刘宝亮，蒋剑春. 中国生物质气化发电技术研究开发进展[J]. 生物质化学工程，2066 (4)：47-52.

[104] 刘博洋，周华兰，夏峰峰，等. 废塑料制油技术研究及产业化进展[J]. 化工进展，2017，36 (S1)：416-427.

[105] 刘春梅，刘磊，徐斌，等. 底物浓度和缓冲液浓度对 MFC 性能影响研究[J]. 环境科学与技术，2015，38 (2)：48-51.

[106] 刘荣涛，朱建辉，朱玮杰，等. 建筑废弃黏土砖资源化综合利用综述[J]. 硅酸盐通报，2016，35 (10)：3191-3195.

[107] 刘盛虎，陈南光，许明明，等. 贵金属二次资源回收及检测方法[J]. 冶金与材料，2023，43 (11)：64-66.

[108] 刘思明，孙蕾蕾. 建筑垃圾预处理及资源化利用研究[J]. 节能与环保，2023 (9)：26-29.

[109] 刘长. 轮胎翻新技术与装备现状及发展方向[J]. 化工新型材料，2012，40 (2)：1-3+34.

[110] 路桂娟，祁迎春. 全氟磺酸膜燃料电池的研究[J]. 电源技术，2016，40 (6)：1209-1211.

[111] 吕鹏梅，常杰，付严，等. 生物质流化床催化气化制取富氢燃气[J]. 太阳能学报，2004 (6)：769-775.

[112] 马盛伟，朱磊，李彬，等. 城市生活垃圾生产现状及处置方式的研究进展[J]. 四川建材，2020，46 (7)：24-25.

[113] 米铁，唐汝江，陈汉平，等. 生物质气化技术及其研究进展[J]. 化工装备技术，2005 (2)：50-56.

[114] 米铁，张春林，刘武标，等. 流化床作为生物质气化反应器试验研究[J]. 化学工程，2003 (5)：26-30+2-3.

[115] 齐国利，董芃，徐艳英. 生物质热解气化技术的现状、应用和前景[J]. 节能技术，2004 (5)：17-19.

[116] 齐亚兵. 电子废弃物中稀贵金属回收技术的发展现状及研究进展[J]. 材料导报，2022，36 (S1)：436-443.

[117] 乔国朝，王述洋. 生物质热解液化技术研究现状及展望[J]. 农业机械与木工设备，2005 (5)：4-7.

[118] 任启柏. 废旧脱硝催化剂再生工艺及工程案例[J]. 山东化工，2019，48 (11)：195-197+200.

[119] 荣玥芳，姚彤，孙啸松. 北京市建筑垃圾减量化规划应对策略研究[J]. 现代城市研究，2021 (3)：62-68.

[120] 苏俊. 浅谈膜分离技术在生物化工方面的应用[J]. 四川化工，2024，27 (1)：16-19.
[121] 唐艳. 微生物燃料电池不同离子强度的实验研究[J]. 北京联合大学学报（自然科学版），2015，29 (2)：67-73.
[122] 王博，高冠道，李凤祥，等. 微生物电解池应用研究进展[J]. 化工进展，2017，36 (3)：1084-1092.
[123] 王铁军，常杰，祝京旭. 生物质合成燃料二甲醚的技术[J]. 化工进展，2013，22 (11)：1156-1159.
[124] 吴莹莹，张坤，杨文龙，等. 贵金属二次资源回收及检测方法研究[J]. 世界有色金属，2021 (18)：162-163.
[125] 武建业. 城市生活垃圾焚烧处理技术综述[J]. 甘肃科技，2020，36 (5)：22-26.
[126] 夏静，张哲鸣，贺文智，等. 废锂离子电池负极活性材料的分析测试[J]. 化工进展，2013，32 (11)：2783-2786.
[127] 徐源，陈柳柳，范梦婕，等. 聚苯胺-多壁碳纳米管修饰生物阴极微生物电解池产氢性能[J]. 南京工业大学学报（自然科学版），2016，38 (3)：25-30.
[128] 杨得兵. 大型工程机械轮胎预硫化翻新[J]. 轮胎工业，2013，33 (6)：323-325.
[129] 杨开宇. 燃煤电厂二氧化碳捕捉技术进展研究[J]. 能源与节能，2022 (1)：49-53.
[130] 杨普. 新时代下我国建筑垃圾处理现状和应对对策[J]. 居业，2022 (1)：229-231.
[131] 姚冬龄，张小平. 中国蒽醌法生产过氧化氢的发展过程及技术进步[J]. 无机盐工业，2020，52 (6)：1-7＋19.
[132] 阴秀丽，常杰，汪俊峰，等. 由生物质气化方法制取甲醇燃料[J]. 煤炭转化，2003 (4)：26-30.
[133] 阴秀丽，常杰，汪俊锋，等. 生物质气化制甲醇的关键技术和可行性分析[J]. 煤炭转化，2004 (3)：17-22.
[134] 闵凡飞，张明旭，陈清如，等. 新鲜生物质催化热解气化制富氢燃料气的试验研究[J]. 煤炭学报，2006 (5)：649-653.
[135] 张锁江，张香平，葛蔚，等. 工业过程绿色低碳技术[J]. 中国科学院院刊，2022，37 (4)：511-521.
[136] 张淼，孟令尧，王云霞，等. 我国城乡建筑垃圾处置现状及改善对策[J]. 再生资源与循环经济，2022，15 (4)：18-21.
[137] 张英民，尚晓博，李开明，等. 城市生活垃圾处理技术现状与管理对策[J]. 生态环境学报，2011，20 (2)：389-396.
[138] 张勇. 废玻璃的加工再利用[J]. 上海化工，2022，47 (6)：41-43.
[139] 赵超超，杜官本. 操作条件对生物质热解的影响研究[J]. 林业机械与木工设备. 2009，37 (5)：7-10.
[140] 赵娜，苏艳蓉，尤翔宇. 奥斯麦特富氧顶吹炼铅工艺技术改造及烟气净化除尘[J]. 有色金属科学与工程，2019，10 (1)：92-97.
[141] 赵亚楠，李秀芬，任月萍，等. 阳极添加三价铁离子对沉积型微生物燃料电池运行特性的影响[J]. 环境工程学报，2015，9 (12)：6073-6077.
[142] 钟浩，谢建，杨宗涛，等. 生物质热解气化技术的研究现状及其发展[J]. 云南师范大学学报（自然科学版），2001 (1)：41-45.
[143] 周廷熙. 稀贵金属二次资源回收工艺的清洁化升级综述[J]. 贵金属，2020，41 (S1)：114-119.
[144] 周颖，周红军，徐春明. 中国钢铁工业低碳绿色生产氢源思考与探索[J]. 化工进展，2022，41 (2)：1073-1077.
[145] 周自立，王毅. 餐厨垃圾资源化利用技术现状分析[J]. 四川化工，2023，26 (1)：18-21.
[146] 朱锡锋，郑冀鲁，郭庆祥，等. 生物质热解油的性质精制与利用[J]. 中国工程科学，2005 (9)：83-88.
[147] 朱锡锋. 生物质液化制备合成气的研究[J]. 可再生能源，2003 (1)：11-14.